YONGDIAN JIANCHA

YEWU ZHISHI WEN

用电检查业务知识问答

陶菊勤　祝红伟　戴悦　郑希　编著

内 容 提 要

本书总结提炼了供用电技术和电力营销管理及电气设备的相关知识，旨在提高用电检查人员及电力营销管理人员的综合素质和业务技能水平。全书共分 14 章，主要内容包括电力系统基础知识、高低压配电装置、变压器与电动机、电力线路、电能计量、继电保护与自动装置、过电压及电能质量、电气试验及运行管理、用电管理及需求侧管理、用电安全管理、光伏发电的安全技术要求与规范、电力用户用电信息采集系统的基本应用、SG186 电力营销业务应用系统中用电检查业务操作、智能电力营销。

本书可作为供电企业用电检查人员开展岗位技能知识培训的参考书，也可供电力营销人员在实际工作中参考，同时还可作为大专院校相关专业师生，以及进网作业电工培训及考试的参考用书。

图书在版编目（CIP）数据

用电检查业务知识问答 / 陶菊勤等编著 .—北京：中国电力出版社，2021.6
ISBN 978-7-5198-5347-1

Ⅰ.①用… Ⅱ.①陶… Ⅲ.①用电管理—问题解答 Ⅳ.① TM92-44

中国版本图书馆 CIP 数据核字（2021）第 022681 号

出版发行：中国电力出版社
地　　址：北京市东城区北京站西街 19 号（邮政编码 100005）
网　　址：http：//www.cepp.sgcc.com.cn
责任编辑：莫冰莹（010-63412526） 李文娟
责任校对：黄　蓓　郝军燕　李　楠
装帧设计：赵姗姗
责任印制：杨晓东

印　　刷：北京雁林吉兆印刷有限公司
版　　次：2021 年 6 月第一版
印　　次：2021 年 6 月北京第一次印刷
开　　本：880 毫米 ×1230 毫米　32 开本
印　　张：15
字　　数：550 千字
定　　价：59.00 元

前言

在我国电力行业深化体制改革和“互联网 + 智慧能源”政策的推动下，能源行业互联网化特征日趋明显。在深化“互联网 + 营销服务”过程中，为使营销管理实现“三化”（作业自动化、管理数字化、服务互动化）目标战略部署，电力营销改革步伐日趋深入。尽快培养出合格的电力营销人员，适应当前体制改革变化，是确保各项体制改革的重要保障。

本书以问答的形式，总结提炼了用电检查、智能化管理与营销管理的相关知识，旨在帮助广大用电检查人员提高专业素质与业务技能水平，解决实际工作中遇到的问题。

全书共 14 章，主要内容包括电力系统基础知识、高低压配电装置、变压器与电动机、电力线路、电能计量、继电保护与自动装置、过电压及电能质量、电气试验及运行管理、用电管理及需求侧管理、用电安全管理、光伏发电的安全技术要求与规范、电力用户用电信息采集系统的基本应用、SG186 电力营销业务应用系统中用电检查业务操作、智能电力营销，并结合工作实际进行案例分析。

本书可供从事电力营销、客户安全用电的管理人员、专业人员及相关人员学习和参考。

目录

前言

目录

目录

目录

YONGDIAN JIANCHA
YEWU ZHISHI WENDA

用电检查业务知识问答

第1章
电力系统基础知识

1.1 电力系统的基本概念

1.1.1 什么叫电力系统?

答 由发电、变电、输配电和用电等各种电气设备组成的统一体称为电力系统。

1.1.2 什么是电力网?分为哪几类?

答 将各电压等级的输电线路和各种类型的变电站连接而成的网络称为电力网。电力网按其在电力系统中的作用不同，分为输电网和配电网。

1.1.3 我国电网的额定电压等级有哪些?

答 我国交流电网的额定电压等级有0.22/0.38、3、6、10、20、35、110、220、330、500、750、1000kV。直流电网的额定电压等级有±500kV和±800kV。

1.1.4 我国超高压和特高压的额定电压范围是如何规定的?

答 （1）我国超高压额定电压范围：330、500、750kV。

（2）我国特高压额定电压范围：超过750kV，实际有直流±800kV、交流1000kV。

1.1.5 电力系统运行的特点有哪些?

答 电力系统运行的特点有：电能不能大量存储；各环节组成的统一整体不可分割；过渡过程非常迅速（百分之几秒到十分之几秒）；电力系统的地区性特点较强；对电能质量的要求颇为严格；与国民经济各部门和人民生

活关系极其密切。

1.1.6 电力系统运行的基本要求是什么?

答 电力系统运行的基本要求如下:

(1)保证供电的可靠性:减少停电损失,要求元件有足够的可靠性,要求提高系统运行的稳定性。

(2)保证良好的供电质量:包括电压、频率、波形的质量。

(3)提高电力系统运行的经济性:降低能耗。

1.1.7 什么叫电力系统的稳定运行?电力系统稳定分为哪几类?

答 (1)当电力系统受到扰动后,能自动地恢复到原来的运行状态,或者凭借控制设备的作用过渡到新的稳定状态运行,即电力系统稳定运行。

(2)电力系统的稳定从广义角度来看,可分为:

1)发电机同步运行的稳定性问题,根据电力系统所承受的扰动大小的不同,又可分为静态稳定、暂态稳定、动态稳定三大类。

2)电力系统无功不足引起的电压稳定性问题。

3)电力系统有功功率不足引起的频率稳定性问题。

1.1.8 电力系统的中性点接地方式有哪几种?

答 电力系统的中性点接地方式有:

(1)中性点不接地(属于小电流接地)。

(2)中性点经消弧线圈接地(属于小电流接地)。

(3)中性点直接接地(属于大电流接地)。

(4)中性点经电阻接地(属于大电流接地),又分为高电阻接地、中电阻接地、低电阻接地三种。

1.1.9 电力系统中性点接地几种方式的适用范围和作用如何?

(1)中性点不接地系统:6 ~ 10kV 系统中性点是不接地的。当发生单相金属性接地时,三相系统的对称性被破坏,系统还可以运行,但非接地相电压达到线电压,这要求系统绝缘必须按线电压设计。

(2)中性点经消弧线圈接地系统:在 30 ~ 60kV 系统中采用。这个系统容量较大,线路较长。当单相接地电流大于某一值时,接地电弧不能自行熄灭,可能发生危险的间歇性过电压,采用消弧线圈接地可以补偿接地时的电容电流,使故障点接地电流减少,电弧可以自行熄灭,避免了电弧过电压的产生。

（3）中性点直接接地系统：110kV及以上系统采用，绝缘投资较少。

（4）中性点经电阻接地：中性点与大地之间接入一定电阻值的电阻，该电阻与系统对地电容构成并联回路，由于电阻是耗能元件，也是电容电荷释放元件和谐振的阻压元件，对防止谐振过电压和间歇性电弧接地过电压有一定作用。

（5）对于用电容量大且以电缆线路为主的电力系统，其电容电流往往大于30A，如果采用消弧线圈接地方式，不仅调谐工作烦琐困难，故障点不易寻找，而且消弧线圈补偿量增大，占地面积也随之增大，使得投资增加。电缆线路不宜带故障运行，消弧线圈可以带故障运行的优点也不能发挥，因此这样的系统常采用电阻接地。

1.1.10 什么叫潮流？潮流计算的内容有哪些？

答 所谓潮流，就是电力系统中电能从电源流向各负荷点的现象。

潮流计算的内容一般包括：计算各支路（即线路）的功率（或电流），计算各节点（即母线）的电压。

1.1.11 电网中发生短路的类型有哪些？

答 电网发生短路的类型有以下几种：

（1）对称短路：即三相短路，三相同时在一点发生的短路，由于短路回路三相阻抗相等，因此三相电流和电压仍然是对称的。

（2）不对称短路：短路后三相回路不对称。电网在同一地点发生不对称短路主要有以下几种：两相短路，单相接地短路，两相接地短路。

（3）也有可能在不同地点同时发生短路，这主要发生在中性点不接地系统中。

1.1.12 什么是最大运行方式？什么是最小运行方式？

答 （1）最大运行方式下，具有最小的短路阻抗值，发生短路时产生的短路电流最大。

（2）最小运行方式下，具有最大的短路阻抗值，发生短路后产生的短路电流最小。

1.1.13 电力系统中变电站的作用是什么？

答 变电站的作用主要是：

（1）变换电压等级。

（2）汇集电能。

（3）分配电能。

（4）控制电能的流向。

（5）调整电压。

1.1.14　在电力系统中提高功率因数有哪些作用?

答　提高功率因数有以下作用：

（1）减少线路电压损失和电能损失。

（2）提高设备的利用率。

（3）提高电能的质量。

1.1.15　什么叫大接地电流系统、小接地电流系统？其划分标准如何?

答　（1）中性点直接接地系统（包括中性点经小电阻接地系统），发生单相接地故障时，接地短路电流很大，这种系统称为大接地电流系统。

（2）中性点不直接接地系统（包括中性点经消弧线圈接地系统），发生单相接地故障时，由于不直接构成短路回路，接地故障电流往往比负荷电流小得多，故称其为小接地电流系统。

（3）在我国划分标准为：$X_0/X_1 \leqslant 4$ 的系统属于大接地电流系统；$X_0/X_1 > 4$ 的系统属于小接地电流系统。其中：X_0 为系统零序电抗，X_1 为系统正序电抗。

1.1.16　电力系统中性点直接接地和不直接接地系统中，发生单相接地故障时各有什么特点?

答　电力系统中性点运行方式主要分两类，即直接接地和不直接接地。

（1）直接接地系统供电可靠性相对较低。这种系统中发生单相接地故障时，出现了除中性点外的另一个接地点，就构成了短路回路，接地相电流很大，为了防止损坏设备，必须迅速切除接地相甚至三相。

（2）不直接接地系统供电可靠性相对较高，但对绝缘水平的要求也高。这种系统中发生单相接地故障时，不直接构成短路回路，接地相电流不大，不必立即切除接地相，但这时非接地相的对地电压却升高为相电压的1.7倍。

1.1.17　小接地电流系统中，为什么采用中性点经消弧线圈接地?

答　小接地电流系统中发生单相接地故障时，接地点将通过接地故障线路对应电压等级电网的全部对地电容电流。如果此电容电流相当大，就会在接地点产生间歇性电弧，引起过电压，使非故障相对地电压有较大增加。在电弧接地过电压的作用下，可能导致绝缘损坏，造成两点或多点的接地短路，使事故扩大。

我国采取的措施是：当小接地电流系统电网发生单相接地故障时，如果接地电容电流超过一定数值（35kV 电网为 10A，10kV 电网为 10A，3 ~ 6kV 电网为 30A），就在中性点装设消弧线圈，其目的是利用消弧线圈的感性电流补偿接地故障时的容性电流，使接地故障点电流减小，提高自动熄弧能力并能自动熄弧，保证继续供电。

1.1.18 电气主接线的基本要求是什么？

答 电气主接线的基本要求为：

（1）可靠性：对用户保证供电可靠和电能质量。

（2）灵活性：能适合各种运行方式、便于检修。

（3）操作方便，接线清晰，布置对称合理，运行方便。

（4）经济性：在满足上述三个基本要求的前提下，力求投资省，维护费用少。

1.1.19 电力系统发生短路会产生什么后果？

答 电力系统发生短路后有以下后果：

（1）短路时的电弧、短路电流和巨大的电动力都会缩短电气设备的使用寿命。

（2）严重时使电气设备遭到严重破坏。

（3）部分地区的电压降低，给用户造成经济损失。

（4）破坏系统运行的稳定性，甚至引起系统振荡，造成大面积停电或使系统瓦解。

1.1.20 什么是中性点位移？出现中性点位移有什么后果？

答 三相电路中，在电源电压对称的情况下，如果三相负载对称，根据基尔霍夫定律，不管有无中性线，中性点电压都等于零。在大多数情况下，电源的线电压和相电压都可以认为是近似对称的。若三相负载不对称，没有中性线或中性线阻抗较大，则负载中性点就会出现电压，即电源中性点和负载中性点间电压不再为零，这种现象称为中性点位移。

出现中性点位移的后果是负载各相电压不一致，将影响设备的正常工作。

1.1.21 什么是电力系统的一次调频与二次调频？

答 （1）一次调频：由发电机组的调速器（所有发电机组均装有调速器，所以除已满载的机组外，每台机组均参加频率的一次调整）来完成，按发电机组调速器的静态频率特性自动完成。

（2）二次调频：由发电机组的调频器完成，使发电机组的静态特性平行上移，以保证频率偏差在允许范围内。由主调频厂和辅助调频厂来完成。

1.1.22　什么是等微增率准则？

答　等微增率准则是指电力系统中的各发电机组按相等的耗量微增率运行，从而使得总的能源损耗最小，即按各机组微增率相等的原则分配发电机发电功率，能源消耗就最小，运行最经济。

等微增率准则包括等耗量微增率准则和等网损微增率准则，是经典的电力系统经济运行准则。等耗量微增率准则是电力系统有功负荷分布的最优准则，等网损微增率准则是电力系统无功电源分布的最优准则，而电力系统最优潮流则是近年来经济的调度运行理论。

从理论上对等耗量微增率和等网损微增率与最优潮流进行了分析和推导，通过对目标函数的比较、约束条件的比较、物理含义的分析以及仿真算例的证明，表明最优潮流包含了等耗量微增率和等网损微增率，是这两个准则在电力系统中的进一步灵活运用。

1.1.23　无功电源电压调整的措施有哪些？

答　无功电源包括：发电机、同步调相机、静止无功补偿器、静电电容器。

电压调整的措施：改变发电机的励磁调压；改变变压器变比；改变电力网的无功功率分布；改变输电线路参数。

需要注意的是，在无功不足的系统中，不能用改变变压器变比的办法来改善用户的电压质量，否则会顾此失彼，不能从根本上解决全系统的调压问题。

1.1.24　什么是电力系统静态稳定？提高静态稳定的措施有哪些？

答　（1）静态稳定的定义：发电机组在遭受微小干扰后能自动恢复到原来运行状态（或相近状态）的能力。

（2）提高静态稳定的措施：① 采用自动励磁调节装置；② 采用分裂导线；③ 提高线路的额定电压等级；④ 改善系统结构、减小电气距离；⑤ 采用串联补偿。

1.1.25　什么是电力系统暂态稳定？提高暂态稳定的措施有哪些？

答　（1）暂态稳定的定义：电力系统受到大的干扰后，经过暂态过程，达到新的（或恢复到原来的）稳态运行状态。

（2）提高暂态稳定的措施：① 实现故障的快速切除；② 应用自动重合闸装置；③ 发电机采用快速强行励磁装置；④ 采用电气制动；⑤ 变压器中性点经小电阻接地；⑥ 通过快关和切机减小原动机出力；⑦ 采用高压直流输电联络线。

1.1.26 什么是电力系统频率特性？

答 电力系统的频率特性取决于负荷的频率特性和发电机的频率特性。负荷随频率的变化而变化的特性叫负荷的频率特性；发电机组的出力随频率的变化而变化的特性叫发电机的频率特性。

1.1.27 电力系统电压特性与频率特性的区别是什么？

答 （1）电力系统各节点的电压通常是不完全相同的，电压特性主要取决于各区的有功和无功供需平衡情况，也与网络结构(网络阻抗)有较大关系。因此，电压不能全网集中统一调整，只能分区调整控制。

（2）电力系统的频率特性取决于负荷的频率特性和发电机的频率特性，它是由系统的有功负荷平衡决定的，且与网络结构（网络阻抗）关系不大；在非振荡情况下，同一电力系统的稳态频率是相同的。因此，系统频率可以集中调整控制。

1.1.28 电网无功补偿的原则是什么？

答 电网无功补偿应基本上按分层分区和就地平衡原则考虑，并应能随负荷或电压进行调整；保证系统各枢纽点的电压在正常和事故后均能满足规定的要求，避免经长距离线路或多级变压器传送无功功率。

1.1.29 电力系统谐波对电网产生的影响有哪些？限制措施有哪些？

答 （1）谐波对电网的影响主要有：

1）谐波对旋转设备和变压器的主要危害是引起附加损耗和发热增加，还会引起旋转设备和变压器振动并发出噪声，长时间的振动会造成金属疲劳和机械损坏。

2）谐波对线路的主要危害是引起附加损耗。

3）谐波可引起系统的电感、电容发生谐振，使谐波放大。当谐波引起系统谐振时，谐波电压升高，谐波电流增大，造成继电保护及安全自动装置误动，损坏系统设备（如电力电容器、电缆、电动机等），引发系统事故，威胁电力系统的安全运行。

4）干扰通信设备，增加电力系统的功率损耗（如线损），使无功补偿设备不能正常运行等，给系统和用户带来危害。

（2）限制电网谐波的主要措施有：增加换流装置的脉动数；加装交流滤波器、有源电力滤波器；加强谐波管理。

1.1.30 什么叫电力系统理论线损和管理线损？

答 （1）电力系统理论线损是在输送和分配电能过程中无法避免的损失，是由当时电力网的负荷情况和供电设备的参数决定的，这部分损失可以通过理论计算得出。

（2）管理线损是电力网实际运行中的其他损失和各种不明损失。例如：由于用户电能表有误差，电能表的读数偏小；用户电能表读数漏抄、错算；因带电设备绝缘不良而漏电；由于无电能表用电和窃电等所损失的电量。

1.2 电工基础的基本概念

1.2.1 直流电和交流电有何区别？

答 直流电是方向不随时间变化的电流；交流电是大小和方向随时间做周期性变化的电流。

1.2.2 绝缘电阻表的作用是什么？怎样正确选用？

答 绝缘电阻表用来测量绝缘电阻，主要用于电机、电器、线路等。

应根据被测设备的额定电压等级来选择不同电压等级的绝缘电阻表；额定电压为500V以下的电气设备，应选用500V或者1000V的绝缘电阻表；额定电压为500V以上的电气设备，应选用1000～2500V的绝缘电阻表。

1.2.3 什么是正弦交流电的相位、初相位和相位差？

答 在正弦电压表达数字式中（$\omega t+\varphi$）是一个角度，也是时间函数，对应于确定的时间，就有一个确定的电角度，说明交流电在这段时间内变化了多少电角度。所以（$\omega t+\varphi$）是表示正弦交流电变化过程中的一个量，称为相位。

正弦量起始时间的相位称为初相角，即$t=0$时的相位。

两个频率相等的正弦交流电的相位之差，称为相位差，也就是它们的初相角之差，反映正弦交流电在相位上的超前和滞后的关系。

1.2.4 什么是相电流和线电流？它们之间有怎样的数学关系？

答 （1）在星形接线的绕组中，相电流和线电流是同一电流，它们是相等的。

（2）在三角形接线的绕组中，相电流是指电流流经负载的电流，而线电流是指流经线路的电流，线电流是相电流的$\sqrt{3}$倍。

1.2.5　对称三相电源的有何特点？

答　对称三相电源的特点有：

（1）对称三相电动势最大值相等，角频率相同，彼此间相位差120°。

（2）三相对称电动势的相量和等于零。

（3）三相对称电动势在任意瞬间的代数和等于零。

1.2.6　什么是星形连接的三相三线制供电和三相四线制供电？

答　将发电机三相绕组末端X、Y、Z连接成一公共点，以O表示，从三个始端A、B、C分别引出三根与负载相连的导线称为相线，这种连接方式称为星形连接。从电源中性点O引出一根与负载中性点相接的导线，叫中性线。有中性线星形连接的三相制供电叫三相四线制供电。无中性线星形连接的三相制供电叫三相三线制供电。

1.2.7　什么是电功和电功率、有功功率？

答　电功是指电流所做的功。电功率是指单位时间内所做的电功。在电路中，电阻所消耗的功率称为有功功率，以字母P表示，单位是W或kW。

1.2.8　什么功率因数？

答　在交流电路中，有功功率与视在功率的比值，即$P/S=\cos\varphi$，叫功率因数。

1.2.9　什么是电流的热效应与焦耳—楞次定律？

答　当电流通过导体时，由于电阻的存在，将因功耗而引起发热，这种现象叫电流的热效应。

电流通过导体所产生的热量跟电流强度的二次方、导体的电阻和通过的时间成正比，这个定律就称为焦耳—楞次定律。

1.2.10　什么是交流电的瞬时值、最大值和有效值？

答　（1）表示交流电在某时刻大小和方向的值称交流电的瞬时值。

（2）表示交流电在整个变化过程中所能达到的最大数值称最大值。

（3）同一电阻上，若一交流电和一直流电分别作用，产生相同的热量，则该直流电在数值上等于交流电的有效值。

1.2.11　何为正弦交流电的三个要素？各要素表示的意义是什么？

答　最大值、角频率和初相位称为正弦量的三要素。

最大值表示交流电在变化过程中所能达到的最大数值（即反映交流电的大小）；角频率表示交流量在单位时间内变化的角度（即反映交流电变化的快慢）；初相位表示正弦量在计时起点时的相位角（反映交流电起始时刻的状态）。

1.2.12　什么是交流电的角频率、频率和周期？它们的关系如何？我国的工业频率是多少？

答　正弦量在单位时间内变化的角度，称角频率（ω）；正弦量在单位时间内变化的循环次数，称频率（f）；正弦量每完成一个循环变化所需要的时间，称周期（T）。

上述三个量的关系为 $\omega = 2\pi / T = 2\pi f$。

我国工业频率（工频）f：50Hz，周期 T：0.2s，角频率 ω：314rad / s。

1.2.13　什么是负载的星形和三角形连接？星形和三角形连接时，线电压和相电压，线电流与相电流之间在数值上有什么关系？

答　将三相负载的末端 X、Y、Z 连到一起，从首端 A、B、C 引出连接电源的导线，这种连接方式称为负载的星形连接。将三相负载的首端 A、B、C 和末端 X、Y、Z 依次首尾连到一起，从每个连接点引出连接电源的导线，这种连接方式称为负载的三角形连接。星形连接时，线电压等于$\sqrt{3}$倍相电压，线电流等于相电流；三角形连接时，线电压等于相电压，线电流等于$\sqrt{3}$倍相电流。

1.2.14　电阻元件、电感元件和电容元件的特性各是什么？

答　电阻元件的特性是消耗电能；电感元件和电容元件的特性是储存磁场能。

1.2.15　电阻元件、电感元件和电容元件的特性与频率有什么关系？

答　电阻元件的电阻值与频率大小无关；电感元件的感抗值随频率增大而增大；电容元件的容抗值随频率增大而减小。

1.2.16　阻性电路、感性电路和容性电路的电压、电流的相位关系如何？

答　阻性电路中，电压和电流同相位；感性电路中，电压超前电流一个角度；容性电路中，电压滞后电流一个角度。

1.2.17 两只电灯泡（并联电路），当额定电压相同时，为什么额定功率大的电阻小，额定功率小的电阻大？

答 设两只灯泡的额定功率各为P_1、P_2，电阻各为R_1、R_2，且$P_1>P_2$，因为$P_1=U^2/R_1$，$P_2=U^2/R_2$，所以$P_1/P_2=R_2/R_1$。因此，$P_1>P_2$时，$R_2>R_1$，即功率小的电阻大，功率大的电阻小。

1.2.18 在一个日光灯电路中，为什么灯丝两端电压与镇流器两端电压大小相加不等于电源总电压？

答 日光灯电路可看成是电阻与电感串联的模型，灯丝端电压即为电阻端电压，而镇流器端电压即为电感端电压，由于这两部分电压之间有相位差，故总电压有效值不等于这两部分电压有效值之和，而等于它们相量之和。

1.2.19 何为有功功率、无功功率和视在功功率？它们之间有什么关系？

答 （1）网络吸收或发出的瞬时功率在一周期内的平均值叫平均功率，也叫有功功率，它等于网络内等效电阻吸收的功率。

（2）网络与电源之间交换的瞬时功率最大值定义为无功功率，它反映了储能元件与电源进行能量交换的规模。

（3）设备（或电路）端电压和电流有效值的乘积称为视在功率，用以表示该设备（或电路）所能输出的最大功率。

（4）它们的关系为$S=\sqrt{P^2+Q^2}$。

1.2.20 功率因数的作用是什么？负载功率因数过低有什么后果？

答 （1）功率因数是电路端电压与电流相位差角的余弦值，它是电力系统的一个重要经济技术指标，直接影响到发、变电设备容量的利用率和输电线路的功率损耗。

（2）如果负载功率因数过低，后果是：

1）会使电源设备的容量得不到充分利用；

2）当电压一定时，通过输电线路的电流大，导线电阻的能量损耗和导线阻抗的电压降大。

1.2.21 什么叫无功补偿？

答 电网中的电力负荷如电动机、变压器等，大部分属于感性负荷，在运行过程中需向这些设备提供相应的无功功率。在实际中常采用在感性负荷两端并联电容的方法，由电容提供感性负载所消耗的无功功率，因而减少了由电网电源提供、线路输送的无功功率，这就是无功补偿。由于无功补偿减少了无功功率在电网中的流动，可以降低线路和变压器中的电能损耗。

1.2.22　什么叫自然功率？

答　运行中的输电线路既能产生无功功率（由于分布电容），又消耗无功功率（由于串联阻抗），当线路中输送某一数值的有功功率时，线路上的这两种无功功率恰好能相互平衡，这个有功功率的数值叫作线路的自然功率或波阻抗功率。

1.2.23　在输电线路发生串联谐振有什么危害？

答　在电阻、电感及电容所组成的串联回路内，当感抗和容抗相等，即电路呈阻性时，电路所处的状态为串联谐振。输电线路发生串联谐振时，其危害如下：① 电流很大，而且电容与电感电压很大（电感与电容电压可能是电路电压的若干倍），造成电容、电感设备损坏；② 有可能使系统振荡，造成大面积停电。

1.2.24　什么叫同名端？实际中常采用什么方法来判断同各端？

答　在电工技术中，对两个及以上的线圈经常用标注同名端的方法反映线圈的绕向和相对位置。所谓同名端是指有耦合的两个互感线圈中的这样两个端钮：当电流分别由线固的两个端钮流入（或流出）时，它们产生的互感磁通和自感磁通的方向是相同的。这样的两个端钮，通常标上同样的点“.”或星号“*”来表示。

实际中常采用直流法和交流法判断同各端。

1.2.25　两个互感线圈的串联和并联，其等效电感大小取决于什么？

答　取决于两个线圈串联与并联的方式。串联方式：若顺向串联（将两线圈异名端相连），则等效电感大；反向串联（将两线圈同名端相连），则等效电感小。并联方式：同侧并联（两线圈同名端相连），等效电感大；异侧并联（两线圈异名端相连），等效电感小。

1.2.26　在交流电路中为什么用电感元件限流，而不用电阻元件？

答　因为电感元件在交流电路中，既能起限流的作用，又不像电阻那样要消耗能量。

1.2.27　什么是对称三相电源？对称三相电压相量和等于多少？

答　对称三相电源指三个有效值相同、频率相同、相位互差 120° 的正弦交流电压源。对称三相电压相量和等于零。

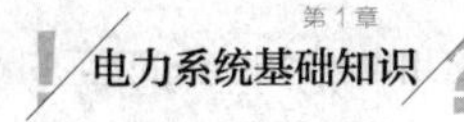

1.2.28　三相电路 A、B、C 相颜色分别是什么?

答　三相电路颜色划分为：A 相，黄色；B 相，绿色；C 相，红色。

1.2.29　什么是三相三线制、三相四线制和三相五线制?

答　（1）不引出中性线的星形和三角形接法，只有三根相线，称为三相三线制。

（2）引出中性线的星形接法，连同三根相线共有四根电源线，称为三相四线制。

（3）四线制再加单独接地线称三相五线制。

1.2.30　在不对称三相四线制供电电路中，中性线的作用是什么?

答　中性线的作用是：消除中性点位移；使不对称负载上获得的电压基本对称。

1.2.31　什么是对称三相负载?

答　三相负载具有相同的参数，即它们的复阻抗都相同，即为对称三相负载。

1.2.32　什么是对称三相电路? 对称三相电路的中性线是否起作用?

答　电源为对称三相电源，负载为对称三相负载，这样的电路称为对称三相电路。对称三相电路中中性线不起作用。

1.2.33　三相三线制、三相四线制电路中，各相电流的相量关系是什么?

答　在三相三线制电路中 A、B、C 三相电流的相量和为零，即 $I_A+I_B+I_C=0$；在三相四线制电路中 A、B、C 三相电流的相量和等于中性线电流，即 $I_N=I_A+I_B+I_C$。

1.2.34　对称三相电路负载三角形连接时线电流是相电流的多少倍?

答　对称三相电路负载三角形连接时，线电流是相电流的$\sqrt{3}$倍。

1.2.35　在三相四线制中，中性线流过的电流是线电流零序分量的几倍?

答　在三相四线制中，中性线流过的电流是线电流零序分量的 3 倍。

1.2.36　什么是对称分量法?

答　对称分量法就是把一组同频率的不对称三相正弦量分解为正序、负序和零序三组同频率而相序不同的对称分量。正序相序是 A1—B1—C1，相位互差 120°；负序相序是 A2－C2－B2，相位互差 120°；零序相位相同。

1.2.37　什么叫相序?

答　相序表示三相交流电各相相位的顺序，也就是三相交流电各相的瞬时值随时间依次从负值向正值变化的顺序。

1.2.38　任意一组相量可以分解成什么对称分量?

答　分析任意一组相量，可分解为三组对称相量：

（1）一组为正序分量，其大小相等、相位互差 120°，其相序是顺时针方向；

（2）一组为负序分量，其大小相等、相位互差 120°，其相序是逆时针方向。

（3）一组为零序分量，其大小相等、相位一致。

1.2.39　若三相电路三个线电压对称，三个线电压中是否含零序分量电压?

答　如果三相电路三个线电压对称，三个线电压中不含零序分量电压。

1.2.40　图 1-1 所示 RLC 并联电路中，$t=0$ 时开关 S 闭合。$t>0$ 时三个灯泡 LI、L2 和 L3 的亮度如何变化?

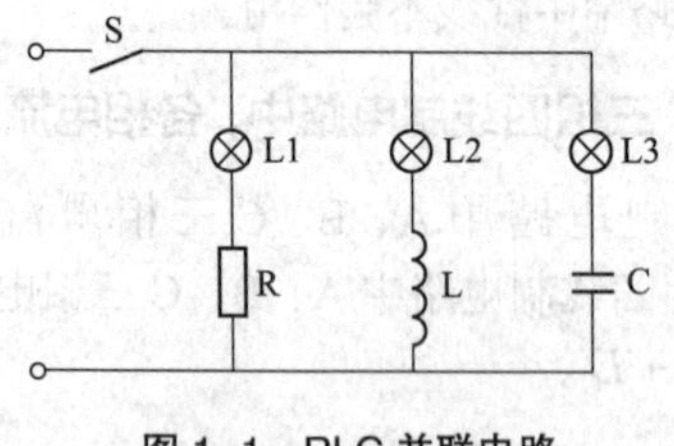

图 1-1　RLC 并联电路

答　L1 的亮度不变，L2 的亮度先最暗到最亮，L3 的亮度先最亮后熄灭。

1.2.41　换路定律的内容是什么?

答　换路定律的内容是：在换路瞬间，电容上的电压不能跃变，电感上的电流不能跃变。

1.2.42　直流电压源经过电阻向电容充电，充电的快慢与什么参数有关?

答　直流电压源经过电阻向电容充电，充电的快慢与电阻值和电容值有关，电容值越小，充电越快。

1.2.43 万用表能进行哪些电气测量?

答 万用表可用来测量交、直流电压，交、直流电流和直流电阻；有的万用表还可用来测量电容、电感和音频电平输出等。

1.2.44 测量电流和电压时，仪表应与被测电路怎样连接?

答 测量电流时，电流表应与被测电路串联；测量电压时，电压表应与被测电路并联。

1.2.45 怎样正确使用万用表?

答 使用万用表时应注意以下方面：

（1）使用时应放平，指针指零位，如指针没有指零需调零；

（2）根据测量对象将转换开关转到所需挡位上；

（3）选择合适的测量范围；

（4）测量直流电压时，一定分清正、负极；

（5）当转换开关在电流挡位时，绝对不能将两个测棒直接跨接在电源上；

（6）每挡测完后，应将转换开关转到测量高电压位置上；

（7）不得受震动、受热、受潮等。

1.2.46 电能表铭牌上标有哪两个电流？负载电流如何选择?

答 电能表铭牌上标有标定电流和最大额定电流。电能表电流量限制的选择，应使负载常用电流等于或接近标定电流；负载的最大电流不超过电能表的额定最大电流；负载的最小电流不低于标定电流的 10%。

1.2.47 电压和电动势有什么区别?

答 电压是外电路中衡量电场力做功的物理量，电动势则是在内电路衡量电源做功的物理量；电压表征在外电路中将电能转化为其他形式能的本领，电动势表征在电源内将其他形式能量转化为电能的本领；电压的方向是由高电位到低电位，电动势的方向与之相反。

1.2.48 在直流电路中，电流的频率、电感的感抗、电容的容抗各为多少?

答 在直流电路中，电流的频率为零，电感的感抗为零，电容的容抗为无穷大。

1.2.49 什么叫自感电动势?

答 由于线圈本身的电流变化而引起的电动势，叫自感电动势。

1.2.50 什么叫串联谐振？其有何特点?

答 在电阻、电感、电容串联电路中，出现端电压与总电流同相位的现象，叫串联谐振。串联谐振的特点是：电路呈阻性，端电压与总电流同相，电抗 X 等于零，阻抗 Z 等于电阻 R。此时，电路的阻抗最小，电流总大，在电感和电容上可产生比电源电压大 Q 倍的电压，所以串联谐振也称电压谐振。

1.2.51 什么是并联谐振？其特点是什么?

答 在电阻、电感、电容的并联电路中，出现电路端电压和总电流同相位的现象，叫并联谐振。

并联谐振的特点是：并联谐振是一种完全的补偿，电源无须提供无功功率，只提供电阻所需的有功功率；谐振时，电路的总电流最小，而支路的电流往往大于电路的总电流，因此，并联谐振也称电流谐振。

发生并联谐振时，在电感和电容元件中会流过很大的电流，会造成电路的熔丝熔断或烧毁电气设备等事故。

1.2.52 什么是全电路欧姆定律?

答 全电路欧姆定律用来说明在一个闭合电路中电压、电流、电阻之间的基本关系，即在一个闭合电路中，电流 I 与电源的电动势 E 成正比，与电源内阻 R_0 和外阻 R 之和成反比，用公式表示为

$$I=\frac{E}{R+R_0}$$

1.2.53 半导体导电的特性有哪三种?

答 半导体导电的特性有光敏特性、敏特性、掺杂特性。

1.2.54 晶体三极管有哪两种类型？它们的电流放大作用应满足什么条件?

答 晶体三极管有 NPN 型和 PNP 型两种。

它们的电流放大作用应满足下列条件：发射结正向偏置；集电结反向偏置。

1.2.55 什么是晶体管的反馈？反馈分哪几种?

答 在晶体管放大器中，将输出端的一部分电压或电流用某种方式反回

到输入端，这种方式叫反馈。

反馈有正反馈、负反馈两种，引入反馈后，使放大器的放大倍数增加的叫正反馈，使放大倍数减少的叫负反馈。

1.2.56　什么叫二极管的反向击穿和反向击穿电压？

答　当二极管外加反向电压过高时，反向电流突然增大，二极管失去单向导电性的现象，就是反向击穿。二极管反向击穿时的电压为反向击穿电压。

1.2.57　晶体二极管最主要的三个参数是什么？

答　晶体二极管主要有以下参数：

（1）最大整流电流：长期使用时，允许流过晶体二极管的最大正向电流。

（2）最高反向工作电压：晶体二极管所能承受的反向电压的峰值。

（3）最大反向漏电流：晶体二极管承受反向最高电压时电流。

1.2.58　晶闸管的工作特点是什么？

答　晶闸管的工作特点：由阻断到导通必须同时具备两个条件，一是晶闸管阳极与阴极间加有正向电压，二是在控制极与阴极间加入一个正向触发电压。

1.2.59　晶闸管导通和截止的必要条件是什么？

答　（1）导通条件：阳极和阴极之间加正向电压，控制极加正触发脉冲信号，晶闸管电流大于维持电流。

（2）截止条件：晶闸管导通后，控制极失去作用，要使它关断，必须使阳极与阴极间电流低到一定值，或使电路断开，或使阳极电压反向，则晶闸管关断。

1.2.60　什么叫整流？为什么整流回路中要有滤波电路？

答　整流就是将交流电变为直流电。

整流电路输出的直流中含有一定的交流成分，往往不符合一些电子或电气设备的要求，应采取滤波措施，将脉动直流中的交流分量尽量滤除。

1.2.61　常见的滤波电路主要有哪几种？

答　常见的滤波电路有：

（1）电容滤波；

（2）电感滤波；

（3）电感电容滤波；

（4）阻容滤波。

1.2.62 在什么情况下整流输出使用电容滤波、电感滤波、电容电感滤波？滤波效果有何不同？

答 （1）对于输出电流较小的整流电路，例如供控制电路的整流电源等，一般采用电容滤波较为合适。用电容滤波输出电压较高，最大电压接近整流后脉动电压的峰值。

（2）对于输出电流较大的整流电路，一般采用电感滤波效果好。用电感滤波时，输出电压值可接近整流后脉动电压的平均值。

（3）对于要求直流电压中脉动成分较小的电路，例如精度较高的稳压电源，常采用电容电感滤波。用电容电感滤波，当电感、电容都足够大时，输出电压脉动会更小。

1.2.63 什么是三极管的电流放大作用？

答 在三极管的基区同时存在两个过程：自由电子向集电结扩散的过程和自由电子再复合的过程。其电流放大能力取决于扩散与复合的比例，扩散运动愈是超过复合运动，就有更多的自由电子扩散到集电结，电流放大作用也就越强。当管子内部的复合与扩散比例确定后，基极电流 I_b 和集电极电流 I_c 的比例即确定，I_b 增大或减少多少倍，I_c 也随之增大或减小多少倍，因为 $I_b << I_c$，故 I_b 有微小的变化即会引起 I_c 极大的变化。这种以小电流控制大电流的作用就是三极管的电流放大作用。

1.2.64 有 A、B 两只电容器，A 的参数为 450V / 20μF，B 的参数为 300V / 60μF，是否可以将它们串联当作一只耐压 600V 的电容器使用？为什么？

答 两只电容串串联起来后，电容器 A 承受的电压为

$$U_A = \frac{C_B}{C_A + C_B} \times 600 = \frac{60}{80} \times 600 = 450\ (\text{V})$$

U_A 正好等于电容器 A 的耐压水平；$U_B = 600 - U_A = 150$（V），不大于电容器 B 的耐压。

因此，A、B 串联后当作一只耐压 660V 的电容器使用是可以的。

1.3 电网供电的基本知识

1.3.1 什么是供电质量？包含哪些方面？

答 供电质量是供电电源的电压质量和供电可靠性。专指用电与供电方

之间相互作用和影响中供电方的责任。

供电质量包括供电频率质量、电压质量和供电可靠性三方面：供电频率质量以频率波动偏差来衡量；供电电压质量以用户受电端的电压变动幅度来衡量；供电可靠性以对用户每年停电的时间或次数来衡量。

1.3.2 何为电能质量?

答 电能质量是电力系统指定处的电特性，是关系供用电设备正常工作（或运行）的电压、电流的各种指标偏离基准技术参数的程度。

1.3.3 何为用电质量?

答 用电质量是用户电力负荷对公用电网的干扰水平（干扰因素主要有谐波电流、负荷电流、零序电流、功率波动等），用电功率因数和非技术因素（按规律用电、及时缴纳电费等）。其专指用电方与供电方之间相互作用和影响中用电方的责任。

1.3.4 何为电压质量?

答 电压质量指实验电压各种指标偏离基准技术参数的程度。

1.3.5 何为电流质量?

答 电流质量指实际电流各种指标偏离基准技术参数的程度。

1.3.6 何为电能质量评估?

答 电能质量评估是通过建模仿和（或）电能质量检测，对电能各项指标作为评估的过程。

1.3.7 何为用电可靠性?

答 供电可靠性是供电系统对用户持续性供电能力。其主要指标有供电可靠率、用户平均停电时间、用户平均停电次数、用户平均故障停电次数等。

1.3.8 何为重要用电负荷?

答 不能正常运行时将危及人身健康或安全，并（或）造成重大的经济损失和社会影响的电气设备，即重要用电负荷。

1.3.9 何为线性负荷?

答 线性负荷指电压和电流呈线性关系的电气设备。

1.3.10　何为非线性负荷?

答　非线性负荷指电压和电流不成线性关系的电气设备。

1.3.11　何为冲击负荷?

答　冲击负荷指生产（或运行）过程中周期性或非周期性地从电网中取用快速变动功率的负荷。

1.3.12　何为电压敏感负荷?

答　电压敏感负荷指对电压质量的要求超过电站质量标准规定范围的负荷。

1.3.13　何为波动负荷?

答　波动负荷指生产（或运行）过程中周期性或非周期性地从供电网中取用变动功率的负荷，如炼钢电弧炉、轧机、电弧焊机等。

1.3.14　何为非永久性故障?

答　非永久性故障是可以自消除或通过快速重合闸消除的短路故障。

1.3.15　何为快速瞬态?

答　快速瞬态指由雷电、接地故障、切换电感性或电容性负荷而引起的瞬时扰动。该扰动通常会对同一电路的其他电气和电子设备产生干扰。这类干扰的特点是：脉冲成群出现，脉冲的重复频率较高，脉冲波形的上升时间短暂，单个脉冲的能量较低。

1.3.16　何为电压波动?

答　电压波动是基波电压方均根值（有效值）一系列的变动或连续的改变。

1.3.17　何为电压变动?

答　电压变动是电压方均根值曲线上相邻两个极值电压之差，以系统标称电压的百分数表示。

1.3.18　何为短时间闪变值?

答　短时间闪变值是衡量短时间（若干分钟）内闪变强弱的一个统计量值，短时间闪变的基本记录周期为10min。

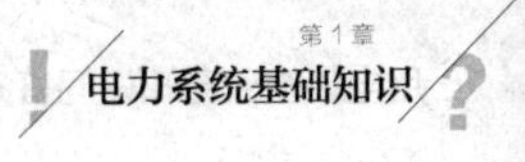

1.3.19 何为静止无功补偿器（SVC）?

答 静止无功补偿器是能够从电力系统中吸收可控的容性或感性电流，从而发出或吸收无功功率的一种静止的电气设备、系统或装置。

1.3.20 何为静止无功发生器（DVG）?

答 静止无功发生器是基于电压源变流器或电流源变流器的动态无功补偿装置。

1.3.21 何为动态电压恢复器（DVR）?

答 动态电压恢复器是串接于电源和负荷之间的电压源型电力电子补偿装置，一般用于快速补偿电压暂降。

1.3.22 何为用电信息采集系统?

答 用电信息采集系统是对配电变压器和终端用户的用电数据进行采集和分析的系统，具有用电监控、确定阶梯价格、负荷管理、线损分析和电能质量经济评估的功能，最终达到自动抄表、错峰用电、用电检查（防窃电）、负荷预测和节约用电成本等目的。

1.3.23 何为智能交互终端?

答 智能交互终端是实现家庭智能用电服务的关键设备，其通过先进的信息通信技术对家庭用电设备进行统一监控与管理，对电能质量、用电信息等数据进行采集和分析，指导用户进行合理用电、智能用电，协助调解电网峰谷负荷。此外，通过智能交互终端，可为用户提供家庭安防、社会服务、Internet 服务等增值服务。

1.3.24 何为能量管理系统?

答 能量管理系统是以计算机技术和电力系统应用软件技术为支撑的现代电力系统综合自动化系统，是能量系统和信息系统的一体化集成。

1.3.25 何为分布式发电?

答 分布式发电是指发电功率在几千瓦至几十兆瓦的小型化、分散式、布置在用户附近的发电单元。主要包括：以液体或气体为燃料的内热机、微型燃气轮机、太阳能发电（光伏电池、光热发电）、风力发电、生物质能发电。

1.3.26　什么是重要电力客户?

答　重要电力客户是指在国家或者一个地区（城市）的社会、政治、经济生活中占有重要地位，对其中断供电将可能造成人身伤亡、较大环境污染、较大政治影响、较大经济损失、社会公共秩序严重混乱的用电单位或对供电可靠性有特殊要求的用电场所。

1.3.27　重要电力客户如何分类?

答　根据供电可靠性的要求以及中断供电危害程度，重要电力客户可以分为特级、一级、二级、临时性重要电力客户。

1.3.28　何为特级重要电力客户?

答　特级重要电力客户，是指在管理国家事务中具有特别重要的作用，中断供电将可能危害国家安全的电力客户。

1.3.29　何为一级重要电力客户?

答　一级重要电力客户，是指中断供电将可能产生下列后果之一的:

（1）直接引发人身伤亡的;

（2）造成严重污染环境的;

（3）发生中毒、爆炸或火灾的;

（4）造成重大政治影响的;

（5）造成重大经济损失的;

（6）造成较大范围社会公共秩序严重混乱的。

1.3.30　何为二级重要电力客户?

答　二级重要电力客户，是指中断供电将可能产生下列后果之一的电力用户:

（1）造成较大环境污染的;

（2）造成较大政治影响的;

（3）造成较大经济损失的;

（4）造成一定范围社会公共秩序严重混乱的。

1.3.31　何为临时性重要客户?

答　临时性重要电力客户，是指需要临时特殊供电保障的电力客户。

1.3.32 重要电力客户供电电源配置原则是什么？

答 （1）重要电力客户的供电电源一般包括主供电源和备用电源，应依据其对供电可靠性的需求、负荷特性、用电设备特性、用电容量、对供电安全的要求、供电距离、当地公共电网现状、发展规划及所在行业的特定要求等因素，通过技术、经济比较后确定。

（2）重要电力客户的电压等级和供电电源数量应根据其用电需求、负荷特性和安全供电准则来确定。

（3）重要电力客户应根据其生产特点、负荷特性等，合理配置非电性质的保安措施。

（4）在地区公共电网无法满足重要电力客户的供电电源需求时，应根据自身需求，按照相关标准自行建设或配置独立电源。

1.3.33 重要电力客户供电电源配置技术要求是什么？

答 （1）重要电力客户的供电电源应采用多电源、双电源或双回路供电。当任何一路或一路以上电源发生故障时，至少仍有一路电源应能对保安负荷持续供电。

（2）特级重要电力客户宜采用双电源或多路电源供电；一级重要电力客户宜采用双电源供电；二级重要电力客户宜采用双回路供电。

（3）临时性重要电力用户按照用电负荷的重要性，在条件允许情况下，可以通过临时敷设线路等方式满足双回路或两路以上电源供电条件。

（4）重要电力客户供电电源的切换时间和切换方式宜满足允许断电时间的要求。切换时间不能满足重要负荷允许断电时间要求的，应自行采取技术手段解决。

（5）重要电力客户供电系统应当简单可靠，简化电压层级，供电系统设计应按GB 50052—2009《供配电系统设计规范》执行。如果对电能质量有特殊需求，应当自行加装电能质量控制装置。

（6）双电源或多路电源供电的重要电力客户，宜采用同级电压供电。但根据不同负荷需要及地区供电条件，亦可采用不同电压供电。采用双电源或双回路的同一重要电力客户，不应采用同杆架设供电。

1.3.34 自备应急电源配置原则是什么？

答 （1）重要电力客户均应自行配置自备应急电源，电源容量至少应满足全部保安负荷正常供电的要求。新增重要电力客户自备应急电源应同步建设，在正式生产运行前投运。有条件的可设置专用应急母线。

（2）自备应急电源的配置应依据保安负荷的允许断电时间、容量、停电影响等负荷特性，按照各类应急电源在启动时间、切换方式、容量大小、持续供电时间、电能质量、节能环保、适用场所等方面的技术性能，选用合适的自备应急电源。

（3）重要电力客户应具备外部自备应急电源接入条件，有特殊供电需求的及临时重要电力客户，应配置外部应急电源接入装置。

（4）自备应急电源应符合国家有关安全、消防、节能、环保等方面的技术规范和标准要求。

1.3.35 自备应急电源配置允许断电时间的技术要求有哪些？

答 （1）重要负荷允许断电时间为毫秒级的，用户应选用满足相应技术条件的静态储能不间断电源或动态储能不间断电源，且采用在线运行的方式。

（2）重要负荷允许断电时间为秒级的，用户应选用满足相应技术条件的静态储能电源、快速自动启动发电机组等电源，且自备应急电源应具有自动切换功能。

（3）重要负荷允许断电时间为分钟级的，用户应选用满足相应技术条件的发电机组等电源，可采用手动方式启动自备发电机。

1.3.36 自备应急电源需求容量的技术要求有哪些？

答 （1）自备应急电源需求容量达到百兆瓦级的，用户可选用满足相应技术条件的独立于电网的自备电厂等自备应急电源。

（2）自备应急电源需求容量达到兆瓦级的，用户应选用满足相应技术条件的大容量发电机组、动态储能装置、大容量静态储能装置（如 EPS）等自备应急电源，如选用往复式内燃机驱动的交流发电机组。

（3）自备应急电源需求容量达到百千瓦级的，用户可选用满足相应技术条件的中等容量静态储能不间断电源（如 UPS）或小型发电机组等自备应急电源。

（4）自备应急电源需求容量达到千瓦级的，用户可选用满足相应技术条件的小容量静态储能电源（如小型移动式 UPS、蓄电池、干电池）等自备应急电源。

1.3.37 自备应急电源需持续供电时间和供电质量的技术要求有哪些？

答 （1）对于持续供电时间要求在标准条件下 12h 以内，对供电质量要求不高的重要负荷，可选用满足相应技术条件的一般发电机组作为自备应急电源。

（2）对于持续供电时间要求在标准条件下12h以内，对供电质量要求较高的重要负荷，可选用满足相应技术条件的供电质量高的发电机组、动态储能不间断供电装置、静态储能装置与发电机组的组合作为自备应急电源。

（3）对于持续供电时间要求在标准条件下2h以内，对供电质量要求较高的重要负荷，可选用满足相应技术条件的大容量静态储能装置作为自备应急电源。

（4）对于持续供电时间要求在标准条件下30min以内，对供电质量要求较高的重要负荷，可选用满足相应技术条件的小容量静态储能装置作为自备应急电源。

（5）对于环保和防火等有特殊要求的用电场所，应选用满足相应要求的自备应急电源。

1.3.38　自备应急电源的运行有何要求？

答　（1）自备应急电源应定期进行安全检查、预防性试验、启机试验和切换装置的切换试验。

（2）用户装设自备发电机组应向供电企业提交相关资料，备案后机组方可投入运行。

（3）自备发电机组与供电企业签订并网调度协议后方可并入公共电网运行。签订并网调度协议的发电机组用户应严格执行电力调度计划和安全管理规定。

（4）重要电力客户的自备应急电源在使用过程中应杜绝和防止以下情况发生：

1）自行变更自备应急电源接线方式；

2）自行拆除自备应急电源的闭锁装置或者使其失效；

3）自备应急电源发生故障后长期不能修复并影响正常运行；

4）擅自将自备应急电源引入，转供其他用户；

5）其他可能发生自备应急电源向公共电网倒送电的。

1.3.39　何为保安负荷？

答　保安负荷指用于保障用电场所人身与财产安全所需的电力负荷。一般认为，断电后会造成下列后果之一的，为保安负荷：

（1）直接引发人身伤亡的；

（2）使有毒、有害物溢出，造成环境大面积污染的；

（3）将引起爆炸或火灾的；

（4）将引起较大范围社会秩序混乱或在政治上产生严重影响的；

（5）将造成重大生产设备损坏或引起重大直接经济损失的。

1.3.40　何为主供电源？

答　主供电源指在正常情况下，能正常有效且连续为全部负荷提供电力的电源。

1.3.41　何为备供电源？

答　备供电源指根据用户在安全、业务和生产上对供电可靠性的实际需求，在主供电源发生故障或断电时，能有效且连续为全部负荷或保安负荷提供电力的电源。

1.3.42　何为自备应急电源？

答　自备应急电源指由用户自行配备的，在正常供电电源全部发生中断的情况下，能为用户保安负荷可靠供电的独立电源。

1.3.43　何为双回路？

答　双回路指为同一用户负荷供电的两回供电线路。

1.3.44　何为双电源？

答　双电源指分别来自两个不同变电站，或来自不同电源进线的同一变电站内两段母线，为同一用户负荷供电的两路供电电源。

1.3.45　何为允许断电时间？

答　允许断电时间指电力用户的重要用电负荷所能容忍的最长断电时间。

1.3.46　何为非电保安措施？

答　非电保安措施指为保证安全用户所采取的非电性质的应急手段和方法。

1.3.47　哪些电源可作为自备应急电源？

答　下列电源可作为自备应急电源：

（1）自备电厂。

（2）发动机驱动发电机组，包括：

1）柴油发动机发电机组；

2）汽油发动机发电机组；

3）燃气发动机发电机组。

（3）静态储能装置，包括：

1）不间断电源（UPS）；

2）应急电源（EPS）；

3）蓄电池；

4）干电池。

（4）动态储能装置（飞轮储能装置）。

（5）移动发电设备，包括：

1）装有电源装置的专用车辆；

2）小型移动式发电机。

（6）其他新型电源装置。

1.3.48 客户对供电系统有哪些要求？

答 （1）供电可靠性。要求供电系统有足够的可靠性，特别是连续供电，要求在任何时间内都能满足客户用电的需求，即使局部出现故障情况，仍不能对某些重要客户的供电有很大的影响。因此，要求电力系统至少有 10% ~ 15% 的备用容量。

（2）电能质量合格。电能质量的优劣，直接关系用电设备的安全经济运行和生产的正常运行，对国民经济的发展也有重要意义。无论是供电的电压、频率，还是不间断供电，哪一方面达不到标准都会对客户造成不良后果。因此，应确保对客户供电的电能质量。

（3）安全、经济、合理性。供电系统要保证安全、经济、合理地供电，这也是供电、用电双方共同加强运行管理，做好技术管理工作的要求，同时还要求客户积极配合，密切协作，提供必要的方便条件。

（4）电力网运行调度的灵活性。对于一个庞大的电力系统和电力网，必须做到运行方式灵活，调度管理先进，才能保证系统安全、可靠经济、合理地运行。

1.3.49 什么是电压损耗和电压偏移？

答 电压损耗指线路两端电压的数值差。某点电压的实际值与额定电压的差值叫电压偏移。如图 1-2 所示电路中，线路损耗为 $\Delta U = 0.7$ kV；末端电压偏移为 −0.2 kV；末端电压偏移的百分率为 −2%（满足规程要求）。

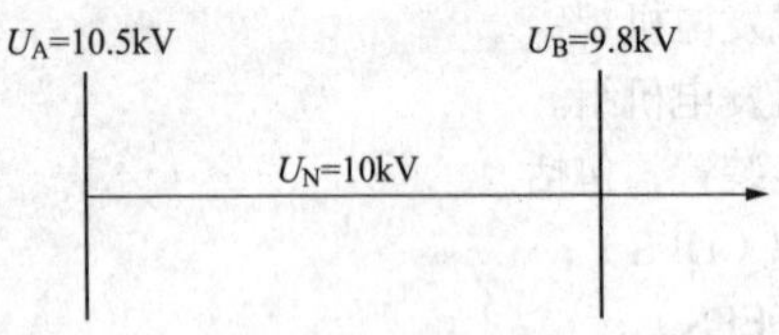

图 1-2　电压损耗和电压偏移计算电路

1.3.50　什么是线损？是如何产生的？

答　线损是电能在传输过程中产生的有功、无功电能和电压损失的简称，习惯上为有功电能损失。

电能从发电机输送到客户要经过输变电元件，这些元件都有一定的电阻和电抗，电流通过这些元件时就会产生一定的损失。电能在电磁交换过程中需要一定的励磁功率，也会形成损失。还有设备泄漏、计量设备误差和管理等因素造成的电能损失。这些损失的有功部分称为有功损失，通常称为线损，它以发热的形式通过空气和介质散发掉。

1.3.51　什么是线损率？

答　有功电能损失与输入端输送的电能量之比或有功功率损失与输入的有功功率之比的百分数称为线损率，即 $\Delta W\% = \Delta W / W \times 100\%$，$\Delta P\% = \Delta P / P \times 100\%$。

1.3.52　什么叫技术线损？

答　技术线损又称为理论线损，是电网各元件电能损耗的总称，主要包括不变损耗和可变损耗。技术线损可通过理论计算来预测。需要采取技术措施以降低技术线损。

1.3.53　什么叫管理线损？

答　管理线损是由于计量设备误差引起的线损以及由于管理不善和失误等原因造成的线损。如窃电和抄表核算过程中漏抄、错抄、错算等原因造成的线损，客观上并没有被损耗。要降低管理线损就需要加强管理。

1.3.54　衡量电能质量的三个主要指标是什么？

答　衡量电能质量的三个主要指标是电压、频率（周波）和波形。

1.3.55 什么叫供电频率？供电频率的允许偏差是多少？

答 发电机发出的正弦交流电每秒交变的次数称为频率。我国标准供电频率为50Hz。电力系统供电频率的允许偏差根据装机容量分为两种情况：装机容量在300万kW及以上的，为 ±0.2Hz；装机容量在300万kW以下的，为 ±0.5Hz。

1.3.56 什么是电流的经济密度？

答 电流的经济密度是指当输电线路单位导线截面上通过这一电流时，使输电线路的建设投资、电能损耗和运行维护费用等综合起来最经济的一个指标。

1.3.57 引起电网电压变化的原因是什么？如何调节？

答 （1）引起电网电压变化的根本原因是系统无功功率的变化。

（2）要调节电压就需要调节系统的无功功率，常用方法有：

1）调节发电机的无功功率；

2）改变变压器的分接头；

3）进行无功补偿；

4）改变网路参数等。

1.3.58 引起系统频率变化的原因是什么？系统频率如何调节？

答 （1）引起系统频率变化的根本原因是系统有功功率的变化，包括发电机输出功率的变化或负荷有功功率的变化。

（2）当系统频率变化时，通过调节发电厂的出力，进行频率的一次调整和二次调整，维持频率在允许范围内。

1.3.59 居民用电220V电压允许偏差值规程是如何规定的？

答 居民用电220V电压允许偏差范围为 +7%～−10%，即236～198V。

1.3.60 供电负载曲线如何分类？

答 （1）按负载种类分为：有功负荷曲线和无功负荷曲线。

（2）按时间段分为：日负荷曲线和年负荷曲线。

（3）按计算地点分为：个别用户、电力线路、变电站、发电机及整个电力系统的负荷曲线。

1.3.61 现代电网有哪些特点？

答 现代电网有以下特点：

（1）由较强的超高压系统构成主网架。

（2）各电网之间联系较强，电压等级相对简化。

（3）具有足够的调峰、调频、调压容量，能够实现自动发电控制，有较高的供电可靠性。

（4）具有相应的安全稳定控制系统，高度自动化的监控系统和高度现代化的通信系统。

（5）具有适应电力市场运营的技术支持系统，有利于合理利用能源。

1.3.62 区域电网互联有何意义与作用？

答 （1）可以合理利用能源，加强环境保护，有利于电力工业的可持续发展。

（2）可安装大容量、高效能火电机组、水电机组和核电机组，有利于降低造价，节约能源，加快电力建设速度。

（3）可以利用时差、温差，错开用电高峰，利用各地区用电的非同时性进行负荷调整，减少备用容量和装机容量。

（4）可以在各地区之间互供电力、互通有无、互为备用，可减少事故备用容量，增强抵御事故能力，提高电网安全水平和供电可靠性。

（5）能承受较大的冲击负荷，有利于改善电能质量。

（6）可以跨流域调节水电，并在更大范围内进行水火电经济调度，取得更大的经济效益。

1.3.63 什么是日负荷曲线、年最大负荷曲线？有何作用？

答 （1）日负荷曲线是描述一日内负荷随时间变化的曲线。日荷曲线对电力系统有很重要的意义，它是安排日发电计划，确定各发电厂发电任务以及确定系统运行方式等的重要依据。每日的最大负荷不尽相同，一般是年初低、年末高，夏季小于冬季。

（2）把每日的最大负荷抽取出来按年绘成曲线，成为年最大负荷曲线。年最大曲线是安排各发电厂检修计划及新装机组计划的依据。

1.3.64 电网调峰的手段主要有哪些？

答 电网调峰的手段有：

（1）抽水蓄能电厂改发电机状态为电动机状态，调峰能力接近200%。

（2）水电机组减负荷调峰或停机，调峰依最小出力（考虑震动区）接近 100%。

（3）燃油（气）机组减负荷，调峰能力在 50% 以上。

（4）燃煤机组通过减负荷、启停、少蒸汽运行、滑参数运行调峰，调峰能力分别为 50%（若投油或加装助燃器可减至 60%）、100%、100%、40%。

（5）核电机组减负荷调峰。

（6）通过对用户侧负荷管理的方法，削峰填谷调峰。

1.3.65 经济调度软件包括哪些功能模块？

答 经济调度软件包括负荷预计、机组优化组合、机组耗量特性及微增耗量特性拟合整编、等微增调度、线损修正等功能模块。

1.3.66 电力系统经济调度要求具有哪些基础资料？

答 （1）需通过热力试验得到火电机组带不同负荷运行工况下的热力特性，包括锅炉的效率试验及汽机的热耗、汽耗试验。

（2）水电机组耗量特性，该特性为不同水头下的机组出力 - 流量特性，应通过试验得到该特性，或依据厂家设计资料。

（3）火电机组的启、停损耗。

（4）线损计算基础参数。

（5）水煤转换当量系数。

第2章 高低压配电装置

2.1 高压配电装置

2.1.1 什么是配电装置？配电装置如何分类？

答 接受电能和分配电能需要装设的一整套相互关联的设备，称作配电装置，配电装置是电力系统的重要组成部分。

配电装置按其额定电压分为高压配电装置和低压配电装置，额定电压在1kV及以上者为高压配电装置，额定电压在1kV以下者为低压配电装置。

2.1.2 高压配电装置包括什么？什么是高压成套配电装置？

答 高压配电装置包括开关设备、测量仪表、连接母线、保护设施及其他辅助设备。高压成套配电装置也称开关柜，是以开关为主的成套电器，它用于配电系统，用于接受与分配电能。

2.1.3 高压装置如何分类？

答 高压配电装置分室内和室外（露天）两种：

（1）室内配电装置是将全部电气设备置于室内，大多数适用于10kV以下的电压等级。如果周围环境存在对电气设备有危害的气体和粉尘等物质时，60～110kV电压等级也应建造室内配电装置。

（2）室外配电装置是将电气设备放于室外，通常用于35kV以上电压等级，电压为6～10kV的小容量变压器一般也装于室外。

2.1.4 高压配电装置的一般要求什么？

答 （1）保证工作的可靠、安全，维护方便；保证电气设备发生故障或火灾等事故时，能局限在一定范围，并宜于快速消除。

（2）保证运行经济合理、技术先进、安装和维修时能运送设备，以及预留发展和扩建的余地（一般按 5～10 年规划）。

（3）配电装置的布置和导体、电器、构架的选择应满足运行、短路和过电压的要求，并不应危及人身安全和周围设备。

（4）绝缘等级应与电力系统额定电压相同，10kV 的室外重要变电站支持绝缘子和穿墙穿管应采用比受电电压高一级的产品。

（5）各回路的相序排列应一致，并涂色标明；间隔内的硬母线及接地线，应留有未涂漆的接触面和连接端子，以备装接携带式接地线。

（6）隔离开关和相应的断路器之间，应装设机械或电磁联锁装置，以防误操作。

（7）在污秽地区的室外高压配电设备及绝缘子等，应有防尘、防腐等措施，并应便于清扫；周围环境温度低于绝缘油、润滑油、仪表和继电器的允许温度时，要采取加热措施。

（8）地震较强烈地区，应采取抗震措施加强基础和配电装置的耐震性能。

（9）导线、悬挂式绝缘子和金具所采用的强度安全系数，在正常运行时不应小于 4.0。

2.1.5 高压配电装置的操作基本要求是什么？

答 （1）操作人员必须确切掌握变配电系统的接线情况、主要设备的性能及操作程序。

（2）送电前后都应按规定检查电气设备，测量绝缘电阻。

（3）高压电气设备的操作必须由两个人进行，一人操作，另一人监护，操作完毕后，应有相应的指示号和标牌。

（4）操作人员严禁口头约定停送电，必须持有工作票，严格执行工作票的程序。

（5）操作人员应穿工作服，戴绝缘于套，穿绝缘鞋，戴安全帽，使用绝缘操作工具。

（6）雷雨大风天气，严禁操作室外的高压电气设备，因情况特殊必须操作时，必须采取安全防护措施，才能进行操作。

（7）使用验电器时必须穿戴好防护用品，在强烈日光下验电时，验电器应装有特殊型灯罩。

（8）高压电气设备不论是否带电，未经值班员许可，任何人不准单独移开遮栏或跨越遮栏及警戒线进行操作或巡视。

（9）巡视和检查高层配电线路时，未经调度员许可，严禁攀登电气设备或扳动操作机构。

（10）电气设备发生异常现象时，值班员应迅速判断异常现象的原因，按事故处理规程切除有关电源，切勿乱拉闸，以免造成事故范围的扩大。

2.1.6 高压配电装置投入运行前应如何检查？

答 （1）检查变配电站的所有电气元件的型号是否与原设计相符，型号、规格、安装标准是否符合要求。

（2）检查一、二次配电设备的接线是否符合图纸要求，接线端子的编号应与图纸核对，检查接线端有无松动，继电保护的整定值有无变动。

（3）检查电气元器件安装是否符合规程要求，检查操作机构的灵活性、联锁机构的可靠性、各种器件动作的准确度。

（4）检查断路器、隔离开关及操作机构是否灵活可靠，应进行操作试验。

（5）检查各种指示仪表及二次元件的动作的正确性。

（6）检查保护接地系统是否符合技术规程的要求，绝缘电阻是否符合规程要求。

（7）电气设备全部合格后，才能投入运行。

（8）通信工具应良好，保证和调度联络有可靠保证。

2.1.7 高压配电站的电气设备运行与日常维护的要求是什么？

答 （1）保证变配电站室内外的环境卫生。

（2）从系统运行方式、保护及自动装置的配合情况，检查电流、电压、有功功率、无功功率及设备温度，分析运行是否正常。

（3）从巡视检查中发现的设备缺陷中找出规律性问题，制订反事故措施。

（4）按季节性的特点找出防范措施；分析工作票、操作票及各项规章制度的执行情况。

（5）从变配电站的线损原因中查找运行隐患。

（6）从运行发现的异常情况中查找设备故障的原因，及时检修或更换设备，避免事故发生。

（7）检查主变压器的负荷情况、各配电线的负荷情况、无功补偿情况，做好记录。

（8）检查电气设备的健康水平和绝缘水平，电气设备的修、试、校的质量情况，并做好记录。

（9）检查继电保护及自动装置的投入、退出的运行情况。

（10）检查通信工具是否完善。

2.2 高压配电柜

2.2.1 高压开关柜型号代表什么含义?

答　高压开关柜型号含义如下:

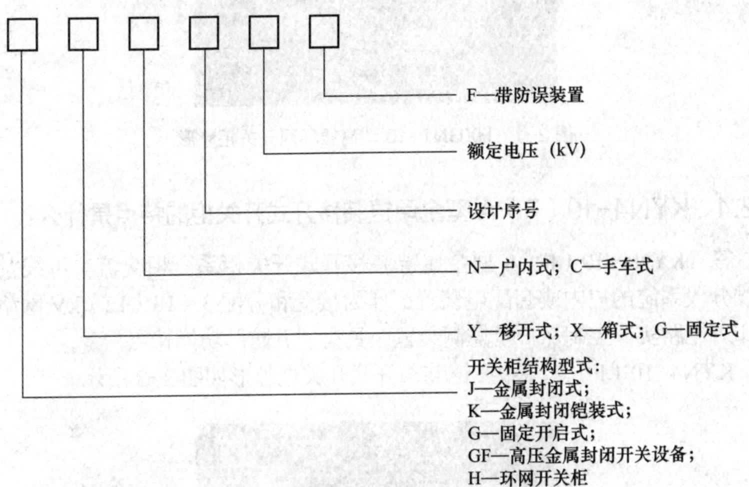

2.2.2 高压开关柜的“五防”指的是什么?

答　高压开关柜的“五防”是指:

（1）防止误分、误合断路器。

（2）防止带负荷拉、合隔离开关。

（3）防止带电（挂）合接地（线）开关。

（4）防止带接地线（开关）合断路器。

（5）防止误入带电间隔。

2.2.3 HXGN1-10 型高压环网开关柜特点是什么?

答　柜内选用性能优良可靠的压气式负荷开关和高分断能力熔断器，新颖型材拼装式柜体结构，具有体积小、质量轻、操作简单、操作力小、使用安全、维护方便、占地面积小等特点，并有可靠的操作防护措施，不会造成火灾或爆炸事故。

HXGN1-10 型高压环网开关柜的外形如图 2-1 所示。

图 2-1 HXGN1-10 型高压环网开关柜外形

2.2.4 KYN4-10（F）A 型金属铠装移开式开关柜的特点是什么？

答 KYN4-10（F）A 型金属铠装移开式开关柜系三相交流单母线及单母线分段系统的户内成套配电装置，作为接受和分配 3～10（12）kV 网络电能和对电路实行控制保护及监测装置，具有"五防"功能特点。

KYN4-10（F）A 型金属铠装移开式开关柜外形如图 2-2 所示。

图 2-2 KYN4-10（F）A 型金属铠装移开式开关柜外形

2.2.5 高压开关柜的巡视检查注意事项有哪些？

答 高压开关柜的巡视检查注意事项包括：

（1）检查注油设备有无渗油，油位、油色是否正常。

（2）仪表、信号、指示灯等指示是否正确。

（3）开关室内有无异常气味和声响。

（4）双电源电气及机械闭锁装置是否可靠。

（5）有无异常响声。

（6）继电保护的继电器是否掉牌。

（7）“五防”装置是否齐全、可靠。

2.2.6 交、直流母线油漆颜色有什么要求？

答 母线油漆颜色应按下列规定进行：

（1）三相交流母线：A相—黄色；B相—绿色；C相—红色。

（2）单相交流母线：从三相母线分支来的应与引出相颜色相同。

（3）直流母线：正极—褐色；负极—蓝色。

（4）直流均衡汇流母线及交流中性汇流母线：不接地者—紫色；接地—紫色带黑色横条。

2.2.7 硬母线接触面加工后，其截面减少值不应超过原截面的多少？

答 在相同等电压等级条件下，硬母线接触面加工后，其截面减少值应满足：铜母线应不超过原截面3%；铝母线应不超过5%。

2.3 高压断路器

2.3.1 什么是高压断路器？

答 高压断路器也叫高压开关，是发电厂及变电站的重要设备。

当电力系统正常运行时，它能切断和接通线路及各种电气设备的空载和负荷电流。当电力系统发生故障时，它和继电保护配合，能迅速切除故障电流，以防扩大事故范围。所以高压断路器同时承担着控制和保护双重任务，大部分断路器能进行快速自动重合闸操作，在排除线路临时性故障后，能及时恢复正常运行。

2.3.2 高压断路器的主要作用是什么？

答 （1）能切断或闭合高压线路的空载电流。

（2）能切断与闭合高压线路的负荷电流。

（3）能切断与闭合高压线路的故障电流。

（4）与断电保护配合，可快速切除故障，保证系统安全运行。

2.3.3 对高压断路器的基本要求是什么?

答 对高压断路器的基本要求如下:

(1)工作可靠，在额定工作条件下可靠、长期运行。

(2)具有足够的断路能力。

(3)具有尽可能短的切断时间。

(4)能够实现自动重合闸。

(5)结构力求简单、体积小、质量轻、价格低廉。

2.3.4 高压断路器的类型有哪些?

答 高压断路器的类型很多，根据不同的灭弧原理，高压断路器可分为:

(1)油断路器：利用油来灭弧。

(2)空气断路器：利用压缩空气灭弧。

(3)六氟化硫断路器：利用六氟化硫(SF_6)作灭弧介质。

(4)磁吹断路器：利用磁场力来灭弧。

(5)真空断路器：利用真空的高介质强度来灭弧。

2.3.5 高压断路器型号代表什么含义?

答 高压断路器型号含义如下:

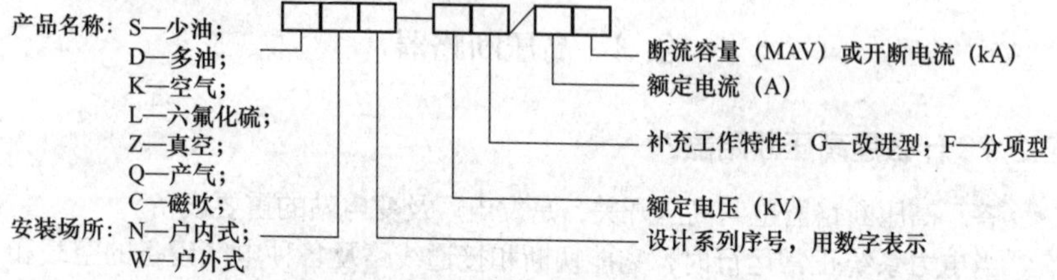

2.3.6 高压断路器的主要构成部件有哪些?分别有什么作用?

答 高压断路器的种类多，但基本结构相似，主要的构成部件有:

(1)开断元件：断路器关合、开断电路的执行元件。

(2)支撑绝缘件：把处于高电位的开断元件与地电位部件在电气上隔绝，承受断路器的操作力与各种外力。

(3)传动元件：将操作指令及操作力传递给开断元件的触头和其他部件的中间环节。

(4)基座：整台断路器的基础。

(5)操动机构：向开断元件的分、合操作提供能量，并实现各种规定顺序的操作。

2.3.7 高压断路器触头间的电弧是怎样形成的?

答　当断路器的触头刚分离时，触头间间隙很小，电场强度很大，阴极表面由于热发射或强电场发射的自由电子在强电场的作用下做加速运动，在触头间隙间不断与气体原子碰撞使中性原子游离，触头间隙中自由电子与离子数量不断增加。由于电子与原子不断互相碰撞，间隙间气体温度显著增加，当温度达到几千摄氏度时热游离成为游离的主要因素，触头间自由电子数量的增多，使原来绝缘的气体间隙变成了导电通道，使介质击穿而形成电弧。

2.3.8 高压断路器的灭弧原理是什么?

答　高压断路器的灭弧原理是利用电弧的游离和去游离的矛盾，加速去游离的进行，以加强再结合和扩散的作用。高压断路灭弧过程主要是在灭弧室内完成，灭弧方式有纵吹、横吹及纵横吹。

2.3.9 高压断路器为什么要加装缓冲器？常用的缓冲器有哪几种?

答　（1）高压断路器一般要装设合闸缓冲器与分闸缓冲器，作用是吸收合闸或分闸接近终了时的剩余动能，使可动部分从高速运动状态很快地变为静止状态。

（2）常用的缓冲器类型有：

1）油缓冲器，将动能转变成热能吸收掉；

2）弹簧缓冲器，将动能转变成势能储存起来，必要时再释放出来；

3）橡胶垫缓冲器，将动能转变成热能吸收掉，结构最简单；

4）油或气的同轴缓冲装置，在合、分闸的后期，使某一运动部件在充有压力油或气的狭小空间内运动，从而达到阻尼的目的。

2.3.10 油断路器的灭弧原理及过程是怎样的?

答　当油断路器开断电路时，只要电路中的电流超过 0.1A，电压超过几十伏，就会在断路器的动触头和静触头之间产生电弧，而且电流仍可以通过电弧继续流通，只有当动、静触头之间分开足够的距离时，电弧熄灭后电路才会断开。

油断路器的电弧熄灭过程是：当断路器的动触头和静触头相互分离的时候产生电弧，电弧高温使其附近的绝缘油蒸发气化和发生分解，形成灭弧能力很强的气体（主要是氢气）和压力较高的气泡，使得电弧很快熄灭。

2.3.11 少油断路器常采用哪几种灭弧方式？各有什么特点？

答 （1）横吹灭弧，即气流吹动的方向与电弧燃烧拉长的方向相垂直。其特点是开断大电流时，吹弧效果好，触头开距小，燃弧时间短；但开断小电流时吹弧压力小，灭弧性能差。

（2）纵吹灭弧，即气流吹弧的方向与电弧拉长的方向一致。其特点是靠纵向吹拂弧柱和拉长电弧来灭弧，所以触头开距大，燃弧时间长；在开断大电流时，灭弧室压力较高，纵吹灭弧性能也很好。

（3）纵横吹灭弧，即将纵吹和横吹两种方式组合起来。可兼有横吹、纵吹两种灭弧方式的优点。

2.3.12 高压断路器装油量过多或过少对断路器有什么影响？

答 油断路器在断开或合闸时产生电弧，在电弧高温作用下，周围的油被迅速分解气化，产生很高的压力，如油量过多而电弧尚未切断，气体继续产生，可能发生严重喷油或油箱因受高压力而爆炸。如油量不足，在灭弧时，灭弧时间加长甚至难以熄弧，含有大量氢气、甲烷、乙炔和油蒸气的混合气体泄入油面上空并与该空间的空气混合，比例达到一定数值时会引起断路器爆炸。

2.3.13 什么叫磁吹断路器？有何特点？

答 磁吹断路器是指利用磁场对电弧的作用，将电弧吹进灭弧栅内，电弧在固体介质灭弧栅的狭沟内加快冷却和复合而熄灭电弧的断路器。

由于电弧在灭弧栅内是被逐渐拉长的，所以灭弧过电压不会太高，这是这种断路器的特点之一。

2.3.14 什么是横吹灭弧方式？

答 在分闸时，动、静触头分开产生电弧，其热量将油气化并分解，使灭弧室中的压力急剧增高，这时气垫受压缩储存压力。

当动触头运动，喷口打开时，高压力将油和气自喷口喷出，横向（水平）吹电弧，使电弧拉长、冷却而熄灭，这种灭弧方式称为横吹灭弧方式。

2.3.15 什么叫真空断路器？它的优点是什么？

答 触头在高真空中关合和开断的断路器称为真空断路器。

真空断路器具有开距短、体积小、质量轻、电寿命和机械寿命长、维护少、无火灾和爆炸危险等优点。真空断路器近年来发展很快，特别在中等电压领域内使用很广泛，是配电开关无油化的最好换代产品。

2.3.16 真空断路器的灭弧原理是什么?

答　真空断路器原理：触头在真空中开断，利用电流过零时弧隙介质迅速恢复到高介电强度的真空绝缘状态而灭弧。

2.3.17 高压断路器的常见故障有哪些?

答　高压断路器常见故障有：

（1）断路器分、合闸失灵。

（2）少油断路器缺油。

（3）少油断路器喷油。

（4）少油断路器严重过热。

（5）少油断路器绝缘闪络或遭受破坏等。

2.3.18 常见断路器分、合闸失灵故障的原因是什么?

答　（1）断路器拒绝合闸。一般发生在合闸操作或重合闸过程中，主要原因有两方面：一是电气回路故障；二是机械故障。

（2）断路器拒绝跳闸，将会造成越级跳闸，有时甚至会造成系统解列，扩大事故范围。发生拒跳故障时，应先查明是继电保护拒动，还是断路器及操动机构本身拒动，再判明是电气回路故障还是机械方面故障。

2.3.19 少油断路器缺油时如何处理?

答　（1）运行中的少油断路器是否缺油，应认真进行判断，如果断路器长期渗油或漏油而看不到油位，断路器会因严重缺油而不能安全地灭弧。因此，必须立即取下该断路器的控制保护熔丝，并在操作处挂上“不准分闸”的指示牌。

（2）如果设置有旁路断路器，可进行倒闸操作，用旁路断路器替代缺油断路器运行，将缺油断路器停下检修。

（3）也可以先停上一级电源开关，然后再停缺油断路器。

2.3.20 常见少油断路器喷油的原因及处理方法是什么?

答　少油断路器喷油的原因主要有：少油断路器油面过高使内部缓冲空间减少；遮断容量不够；短时间多次切断大的故障电流；触头接触不良，严重过热和氧化。

断路器发生喷油时，不得对该断路器盲目试送电，应待检修排除故障后，方可投运。

2.3.21 常见少油断路器严重过热的原因及处理方法是什么?

答 少油断路器严重过热，主要表现在桶体发热(试温蜡片熔化)，部分框架也会发热。导致发热的原因可能是触头导电部分接触不良、氧化，引起接触电阻增大导致发热。过热可能引起绝缘件烧坏，绝缘子烧裂，断路器冒烟、喷油，甚至爆炸，所以一定要认真巡视，及早发现，及时处理。严重发热时应停止其运行，并进行检查。

2.3.22 常见少油断路器绝缘闪络或遭受破坏的原因及处理方法是什么?

答 (1)少油断路器绝缘闪络或破坏的主要原因有:

1)外部绝缘污秽或受潮，造成对地或相间闪络;

2)内部受潮造成绝缘下降;断路器内部接触不良;断路器遮断容量不足。

(2)少油断路器遇有下列情况之一者，应立即停电退出运行:

1)套管有严重破损和放电现象;

2)灭弧室冒烟;内部有异常响声;

3)喷油或过热;严重漏油已看不见油位;

4)桩头熔化，引线熔断等;

2.3.23 高压断路器对电气触头有何要求?

答 高压断路器对电气触头的要求如下:

(1)结构可靠;有良好的导电性能和接触性能，即触头必须有低的电阻值;

(2)通过规定的电流时，表面不过热;

(3)能可靠地开断规定容量的电流，有足够的抗熔焊和抗电弧烧伤性能;

(4)流过短路电流时，具有足够的动态稳定性的热稳定性。

2.3.24 影响断路器触头接触电阻的因素有哪些?

答 影响断路器触头接触电阻的因素主要有:

(1)触头表面加工状况。

(2)触头表面氧化程度。

(3)触头间的压力。

(4)触头间的接触面积。

(5)触头的材质。

2.3.25 设备的接触电阻过大时有什么危害?

答 设备接触电阻过大时的危害有：

（1）使设备的接触点发热。

（2）时间过长缩短设备的使用寿命。

（3）严重时可引起火灾，造成经济损失。

2.3.26 常用的减少接触电阻的方法有哪些?

答 减少接触电阻的方法有：

（1）磨光接触面，扩大接触面。

（2）加大接触部分压力，保证可靠接触。

（3）涂抹导电膏，采用铜、铝过渡线夹。

2.3.27 什么叫断路器的跳跃？防止跳跃的措施是什么?

答 （1）断路器的跳跃是指断路器在手动或自动合闸后，如果控制开关来不及复归，或控制开关触点、自动装置触点卡住，此时如设备或线路发生永久性短路故障，保护动作使断路器自动跳闸，则会出现多次“跳—合”的现象。

（2）防止跳跃的措施有：采用机械防跳（CD5 操动机构利用跳闸过程中辅助触点切换）或电气防跳（在控制回路中加装防跳跃闭锁继电器）。

2.3.28 SF_6 断路器是如何灭弧的?

答 采用压气式灭弧室的 SF_6 断路器，将 SF_6 气体压力作为断路器的内绝缘，操动机构分闸过程中由动触杆带动压力气缸，压缩气缸内的 SF_6 气体，得到高压力 SF_6 气体来吹弧，SF_6 大量吸收电弧能量，使电弧收缩并迅速冷却直至将电弧熄灭。

2.3.29 单压式和双压式 SF_6 断路器有何区别?

答 SF_6 断路器分为单压式和双压式两种。

（1）单压式 SF_6 断路器只有一种较低的压力系统，即只有 0.3～0.6MPa 压力（表压）的 SF_6 气体作为断路器的内绝缘。在断路器开断过程中，由动触头带动压气活塞或压气罩，利用压缩气流吹熄电弧。分闸完毕，压气作用停止，分离的动、静触头处在低压的 SF_6 气体中。

（2）双压式 SF_6 断路器内部有高压区和低压区，低压区 0.3～0.6MPa 的 SF_6 气体作为断路器的主绝缘。在分闸过程中，排气阀开启，利用高压区约 1.5MPa 的气体吹熄电弧。分闸完毕，动、静触头处于低压气体或高压气体中；

高压区喷向低压区的气体，再经气体循环系统和压缩气体打回高压区。

2.3.30 SF_6 断路器有什么特点？

答 SF_6 断路器有以下特点：

（1）适用于高电压电网，能断开故障线路，容易排除短路故障，电弧不经重燃就可以切断负荷电流，而且由于灭弧介质与第一次断开时的情况相同，第二次断开时仍能快速切断。

（2）独立性：采用单压密闭系统，不需任何辅助设备。

（3）可靠性：结构简单、操作安全，可在 −40~＋40℃之间使用。

（4）安全性：SF_6 无毒、无火焰，由于在密闭装置内使用不会有气体排向大气，并且 SF_6 具有吸音作用，操作时几乎没有声音。

（5）几乎不需要检查和保养。

（6）检修周期：15 年。

（7）缺点：要求加工精度高，密封性能严格；对水分和气体的检测控制要求严格。

2.3.31 SF_6 断路器从外形结构上分哪两类？各有何特点？

答 SF_6 断路器从外形结构上分为瓷柱式 SF_6 断路器和落地罐式 SF_6 断路器两种。

瓷柱式 SF_6 断路器在结构上和户外少油断路器相似，有系列性好、单断口电压高、开断电流大、运行可靠性高和检修维护工作量小等优点；但不能内附电流互感器，且抗地震能力相对较差。

落地罐式 SF_6 断路器具有瓷柱式 SF_6 断路器的所有优点，而且可以内附电流互感器，产品整体高度低，抗震能力相对提高；但造价比较昂贵。

2.3.32 SF_6 断路器内气体水分含量超标的危害有哪些？

答 （1）在 SF_6 作用下易产生金属氟化物，当它发生水解时会生成有害物质。

（2）对金属和含硅的绝缘材料产生腐蚀作用。

（3）影响开关的绝缘性能、灭弧性能和使用寿命。

（4）易使绝缘表面结露，造成绝缘下降，严重时产生闪络击穿。

2.3.33 SF_6 气体的临界温度和临界压力是什么含义？

答 临界温度表示气体可以被液化的最高温度。临界压力表示在临界温度下出现液化所需要的压力，即该温度下的饱和蒸汽压力。

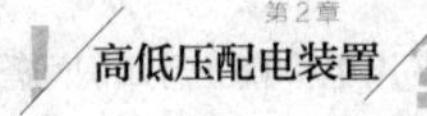

2.3.34 SF_6 断路器内气体水分含量增大的原因有哪些？

答 （1）新的气体或再生的气体本身就含有水分。

（2）设备组装时进入水分；组装时由于环境、现场装配和维修检查的影响，高压电器内部的内壁附着的水分。

（3）充气管道的材质自身含有水分，管道连接部分存在渗漏现象，造成外来水分进入内部。

（4）透过密封件而渗入水分。

2.3.35 高压断路器进行验收时应注意些什么？

答 （1）审核断路器的调试记录。

（2）检查断路的外观，包括油位及密封情况，瓷质部分、接地应完好，各部分无渗漏油等。

（3）机构的二次线接头应紧固，接线正确，绝缘良好；接触器无卡涩，接触良好；辅助断路器打开距离合适，动作接触无问题。

（4）液压机构应无渗油现象，各管路接头均紧固，各微动断路器动作正确无问题，预充压力符合标准。

（5）手动合闸不卡涩，电动分合动作正确，保护信号灯指示正确。

（6）记录验收中发现的问题及缺陷，上报有关部门。

2.3.36 高压断路器对电气接头有何要求？

答 （1）结构可靠。

（2）有良好的导电性能和接触性能，即触头必须有低的电阻值。

（3）通过规定的电流时，表面不过热。

（4）能可靠地开断规定容量的电流及有足够的抗熔焊和抗电弧烧伤性能。

（5）通过短路电流时，具有足够的动态稳定性的热稳定性。

2.3.37 SN10-10 断路器配断路器配 CD10 型电磁操动机构，合闸失灵原因有哪些？

答 （1）控制回路没有接通。

（2）辅助开关切换接触不良。

（3）合闸接触器失灵。

（4）控制回路的熔断器熔断。

（5）合闸线圈断线。

（6）合闸铁芯卡阻。

2.3.38 高压油断路器的油箱为什么有灰色、红色之分？

答 油箱为灰色的，说明箱体是接地的。油箱为红色的，表示危险，说明油箱是带电的，人体不可触及。

2.4 高压负荷开关

2.4.1 什么是高压负荷开关？它的作用是什么？

答 高压负荷开关是在 6～10kV 系统运行中用以切断和接通正常负荷电流的装置。

高压负荷开关在 10kV 系统和简易的配电室中被广泛采用。它虽有灭弧装置，但灭弧能力较小，因此高压负荷开关只能用来切断或接通正常的负荷电流，不能用来切断故障电流；为了保证设备和系统的安全运行，高压负荷开关应与熔断器配合使用，由熔断器起过载和短路保护作用；通常高压熔断器装在高压负荷开关后面，这样当更换高压熔断器时，只拉开负荷开关，停电后再进行更换是比较安全的。

2.4.2 高压真空负荷开关的用途和特点是什么？

答 高压真空负荷开关适用于交流额定电压 6～10kV 的网络中，可开断正常负荷电流和过负荷电流，但不能切断短路电流。特别适用于无油化、少检修及要求频繁操作的场所。具有开断安全可靠、电寿命长，可频繁操作、开断电流大、基本不需维护，且有明显的隔离断口等优点。特殊情况下负荷开关与熔断器配合，可以代替高压断路器。

2.4.3 高压真空负荷开关操作包括哪些？

高压真空负荷开关的操作包括：

（1）真空灭弧室的操作；

（2）隔离开关、接地开关的分合闸操作；

（3）熔断器分闸操作。

2.4.4 高压真空负荷开关的维护与检修有哪些内容？

答 （1）首先要根据制造厂规定，产品在使用中超出表 2-1 中的任一项规定时，应进行检查或修理。

表 2-1　　高压真空负荷开关维护、检修周期表

项目	运行维护	检查
运行时间（月）	24	240
操作次数（次）	500	1000
开断额定电流次数（次）		500

（2）维护内容：检验调整分、合闸位置、速度、行程、超程等，检查紧固螺钉、螺母、机构传动部位，清洁绝缘件表面，检查接地线是否紧固，接地应良好。

（3）检修内容：

1）更换磨损零部件或真空灭弧室，重新调整机械特性，可在制造厂指导下进行。

2）检查绝缘子有无损伤，触头接触是否良好。

3）所有机械摩擦部位，涂以中性凡士林。

4）全部检修调试完后，投入运行前应进行几次分、合闸试验。

5）必须在切断电源的情况下，做好安全措施后再进行检修。

2.5　高压隔离开关

2.5.1　隔离开关的作用是什么？

答　（1）隔离开关又称闸刀，它没有专用的灭弧装置，故不能用来接通和切断负荷电流及短路电流。

（2）隔离开关具有足够的热稳定性和动稳定性，尤其不能因电动力的作用而自动断开，否则将引起严重事故。

2.5.2　隔离开关由哪几部分组成？

答　隔离开关组成部分有：导电部分、绝缘部分、传动部分、底架（框架）部分。

2.5.3　隔离开关的主要用途是什么？

答　隔离开关的主要用途是：

（1）在无载的情况下关合和开断电路，隔离电源，将电气设备与运行中的电网隔离。

（2）可以与断路器相配合改变运行的接线方式，改变运行方式。

（3）可以进行一定范围内的空载线路的操作，接通或断开小电流电路，如电压互感器、避雷器等电路。

（4）可以形成可见的空气间隔。

（5）可以进行空载变压器的投入及退出的操作。

2.5.4 高压隔离开关的技术参数有哪些？

答 高压隔离开关的技术参数有：额定电压，额定电流，动稳定和热稳定电流，极限通过电流。

2.5.5 隔离开关的运行和维护应注意些什么？

答 （1）定期巡视检查运行中的隔离开关：绝缘子应完整，无裂纹、放电现象。

（2）在手动合上隔离开关时，应迅速果断，但在合闸行程终了时不能用力过猛，以防损坏支持绝缘子或合闸过头。

（3）使用隔离开关切断小容量变压器的空载电流，切断一定长度的架空线路、电缆线路的充电电流，解环操作等，均会产生一定长度的电弧，此时应迅速拉开隔离开关，以便尽快灭弧。

（4）操作隔离开关前应注意检查断路器的分、合位置，严防带负荷操作隔离开关。

（5）操作中若发生带负荷误合隔离开关，即使合错，甚至在合闸时发生电弧，也不准将隔离开关再拉开，因为带负荷拉隔离开关将造成三相弧光短路事故。若发生错拉隔离开关时，在刀片刚离开固定触头时，这时应立即合上，可以消灭电弧，避免事故。但如隔离开关刀片已离开固定触头，则不得将误拉的隔离开关再合上。

2.5.6 高压隔离开关对操动机构的合闸及分闸功能有何技术要求？

答 （1）合闸功消失后，触头能可靠地保持在合闸位置，任何短路电动力及振动等均不致引起触头分离。

（2）分闸时应满足断路器分闸速度要求，不仅能电动分闸，而且能手动分闸，并应尽可能省力。

2.5.7 高压隔离开关液压机构适用于什么场合？

答 高压隔离开关液压机构主要适用于 110kV 以上断路器，它是超高压断路器和 SF_6 断路器的主要机构。

2.5.8　高压隔离开关液压机构有什么优点和缺点?

答：其优点是：不需要直流电源；暂时失电时，仍然能操作几次；功率大，动作快；冲击小，操作平稳。

其缺点是：结构复杂，加工精度要求高；维护工作最大。

2.5.9　隔离开关的检修项目有哪些?

答　（1）检查隔离开关绝缘子是否完整，有无放电现象。

（2）检查传动件和机械部分。

（3）检查活动部件的润滑情况。

（4）检查触头是否完好，表面的无污垢。

（5）检查附件是否齐全、完好，包括弹簧片、铜辫子等。

2.5.10　隔离开关常见的故障有哪些?

答　隔离开关常见的故障有：

（1）触头过热。

（2）绝缘子表面闪络和松动。

（3）隔离开关拉不开。

（4）刀片自动断开。

（5）刀片弯曲。

2.5.11　高压隔离开关接触部分发热的原因有哪些?

答　（1）压紧弹簧或螺栓松动。

（2）接触面氧化，使接触电阻增大。

（3）刀片与静触头接触面积太小或过负荷运行。

（4）在拉、合闸过程中，会引起电弧烧伤触头或用力不当，使接触位置不正，引起触头压力降低。

2.5.12　高压隔离开关 GW5-35GK / 600 设备型号的含义代表什么?

答　GW5—35GK / 600 的含义为：G—隔离开关；W—户外式；5—设计序号；35—额定电压为 35kV；GK—快分式改进型产品；600—额定电流为 600A。

2.5.13　高压隔离开关对操动机构的分闸功能有何技术要求?

答　（1）应满足断路器分闸速度要求。

（2）不仅能电动分闸，而且能手动分闸，并应尽可能省力。

2.5.14 高压隔离开关对操动机构的合闸功能有何技术要求?

答 （1）合闸功能消失后，触头能可靠地保持在合闸位置。

（2）任何短路电动力及振动等均不致引起触头分离。

2.5.15 隔离开关和断路器的主要区别在哪里? 停、送电时的操作程序是什么?

答 （1）隔离开关和断路器的区别：断路器有灭弧装置，可用于通断负荷电流和短路电流；而隔离开关没有灭弧装置，不能用于切断负荷电流及短路电流。

（2）送电时，先合隔离开关，后合断路器；停电时，先断开断路器，后拉开隔离开关。

2.5.16 对隔离开关安全性有哪些要求?

答 对隔离开关安全性的要求主要有：

（1）绝缘性可靠，触头间有足够的绝缘距离，打开位置明显易见。

（2）具有足够的热稳定和机械稳定性。

（3）结构简单，动作灵活可靠。

（4）带接地开关的隔离开关，必须装有联锁装置，以保证先断开隔离开关后闭合接地开关，先断开接地开关后闭合隔离开关的操作顺序。

2.5.17 隔离开关验收检查的主要内容是什么?

答 隔离开关验收检查的主要内容为：

（1）底座及瓷柱部分：检查外观，应无损伤，稳定牢固，水平、垂直及中心距离误差尺寸应满足要求。

（2）导电部分：接触表面清洁，平整并涂有薄层中性凡士林或复合脂，接触紧密，压力均匀，触头动作灵活。

（3）传动装置：三相连杆中心线误差尺寸符合要求，拉杆平直无弯曲，传动部件清洁无锈蚀变形，安装正确，固定牢靠。

（4）操动机构：外观良好，固定牢靠；电气控制回路接线正确、美观；二次回路元件电气性能良好，闭锁准确；操作机构工作正确可靠，符合制造厂要求。

（5）金属表面油漆完整，相色标志正确，镀锌件镀锌质量良好，各部位接地符合要求。

2.5.18 安装、使用接触器时应注意哪些问题？

答 安装、使用接触器时应注意以下事项：

（1）必须选用合格产品。在85%额定电压时能合上，105%额定电压时不致烧坏线圈，接触器的合、分闸时间要符合要求。

（2）安装前必须检查铭牌及线圈上的技术数据，应符合使用条件；用手动分、合活动部分，动作应灵活。

（3）使用前，必须清洗掉铁芯极面上的防锈油，并再次检查活动部分是否灵活，接线是否正确，确认无误后方可通电。

（4）安装时，特别要注意不可将螺钉、螺母及其他杂物掉进接触器内。

（5）触头表面保持清洁，不允许涂油；对于银及银基表面，不要锉修因分断电弧产生的黑色氧化膜，以防止缩短使用寿命。

（6）灭弧罩如有损坏、脱落，应及时更换。

2.6 高压熔断器

2.6.1 高压熔断器的用途是什么？

答 高压熔断器用途是：

（1）高压熔断器用来保护电气设备免受过载和短路电流的损害。按安装条件及用途选择不同类型高压熔断器，如屋外跌落式、屋内式，对于一些专用设备的高压熔断器应选专用系列。

（2）高压熔断器主要用于高压输电线路、电压变压器、电压互感器等电气设备的过载和短路保护。

（3）高压熔断器在供电系统中，主要用于容量小而且不太重要的输、配电线路及电力变压器、电压互感器等电气设备的过负荷及短路保护。

2.6.2 高压熔断器的动作有什么特性？

答 高压熔断器的动作具有反时限特性，通过熔体的电流越大，熔体的熔断时间越短。

2.6.3 高压熔断器可以对哪些设备进行过载及短路保护？

答 高压熔断器可以对以下设备进行保护：

（1）输配电线路；

（2）电力变压器；

（3）电流互感器；

（4）电压互感器；

（5）电力电容器。

2.6.4 高压熔断器的特点是什么？

答　高压熔断器的特点是：结构简单；价格便宜；维护方便；体积小巧；使用可靠。

2.6.5 高压熔断器选用要求是什么？

答　（1）熔断器的型号应符合所使用的环境条件。

（2）熔断器的额定电压和电流不能小于工作电压和电流；高压熔断器熔管的额定电流应大于或等于熔体的额定电流。

（3）用于变压器的过负荷保护时，熔断器熔管的额定电流应大于或稍大于变压器的额定电流。

（4）用于支线路的保护时，熔断器熔管的额定电流按实际负荷电流选择。

（5）按照熔断器的保护特性选择熔体，以保证熔断器动作的选择性。

（6）高压熔断器熔体的额定电流应按保护熔断特性选择，并应满足保护的可靠性、选择性和灵敏性的要求。

（7）选择熔体时，应保证前后两级熔断器之间、熔断器与电源侧继电保护之间、熔断器与负荷侧继电保护之间动作的选择性。

2.6.6 高压熔断器运行维护要注意什么？

答　（1）对运行中的高压熔断器应经常检查接触是否良好，有无破损及熔体熔断现象，若发现熔体熔断时，则要查明原因，不可随意加大熔体容量。

（2）更换熔断器的熔管（丝），一般应在不带电情况下进行，若带电更换，则应使用绝缘工具，并按照有关防护要求进行。

2.7 电流互感器及电压互感器

2.7.1 什么是仪用互感器？它分为几类？

答　在电力系统中，由于安全要求和仪表制造等方面的原因，把电工测量仪表和保护装置直接接在一次回路中去测量大电流和高电压是不可能的。当测量大电流和高电压时，常常把大电流按一定比值变成小电流，把高电压按一定比值变成低电压，然后再用相应的仪表去测量。这种与测量仪表和保护装置配套使用的变换电流大小及电压高低的设备，称为仪用互感器。仪用互感器根据用途不同，可分为电流互感器和电压互感器两种。

2.7.2 电压互感器和电流互感器工作原理是什么?

答 （1）互感器和变压器的工作原理相同，都是运用电磁感应原理来工作的。变压器的作用是将一种等级的电压变换成另一种等级的同频率的电压，它只能实现电压的变换，不能实现功率的变换。互感器分为电压互感器和电流互感器。电压互感器的作用是供给测量仪表、继电器等二次系统电压，使测量仪表，继电器等二次电气系统与一次电气系统隔离，以保证人员和二次设备的安全。电压互感器是将一次电气系统的高电压变换成同一标准的低电压（例如 100，100 / 1.732，100 / 3 V）。电流互感器的作用与电压互感器的作用基本相同，不同的就是电流互感器是将一次电气系统的大电流变换成标准的 5A 或 1A 供给继电器，测量仪表的电流线圈。

（2）电流互感器用于变流，工作时相当于二次侧短路的变压器，在二次侧接入电流表测量电流（可以串联多个电流表）。电流互感器的二次侧不能开路。

（3）电压互感器用于变压，工作时相当于二次侧开路的变压器，在二次侧接入电压表测量电压（可以并联多个电压表）。电压互感器的二次侧不能短路。

2.7.3 电流互感器和电压互感器的区别是什么?

答 （1）电流互感器二次可以短路，但不得开路；电压互感器二次可以开路，但不得短路。

（2）相对于二次侧的负荷来说，电压互感器的一次内阻抗较小以至可以忽略，可以认为电压互感器是一个电压源；而电流互感器的一次却内阻很大，可以认为是一个内阻无穷大的电流源。

（3）电压互感器正常工作时的磁通密度接近饱和值，故障时磁通密度下降；电流互感器正常工作时磁通密度很低，而短路时由于一次侧短路电流变得很大，使磁通密度大大增加，有时甚至远远超过饱和值。

2.7.4 为什么电流互感器二次侧不能开路?

答 当运行中电流互感器二次侧开路后，一次侧电流仍然不变，二次侧电流等于零，则二次电流产生的去磁磁通也消失了。这时，一次电流全部变成励磁电流，使互感器铁芯饱和，磁通也很高，将产生以下后果：由于磁通饱和，其二次侧将产生数千伏高压，且波形改变，对人身和设备造成危害；由于铁芯磁通饱和，使铁芯损耗增加，产生高热，会损坏绝缘；将在铁芯中产生剩磁，使互感器比差和角差增大，失去准确性。所以电流互感器二次侧是不允许开路的。

2.7.5　为什么电压互感器二次侧不能短路？

答　电压互感器在正常运行中，二次负载阻抗很大，电压互感器是恒压源，内阻抗很小，容量很小，一次绕组导线很细，当互感器二次发生短路时，一次电流很大，若二次熔丝选择不当，熔丝不能熔断时电压互感器极易被烧坏。所以电压互感器二次侧是不允许短路的。

2.7.6　电子式电流互感器原理是什么？

答　（1）有源型电子式电流互感器。一次传感器为空心线圈，高压侧电子器件需要由电源稳压器供电方能工作。其原理如图 2-3 所示。

（2）无源磁光玻璃型电子电流互感器。一次传感器为磁光玻璃，无须电源供电。其原理如图 2-4 所示。

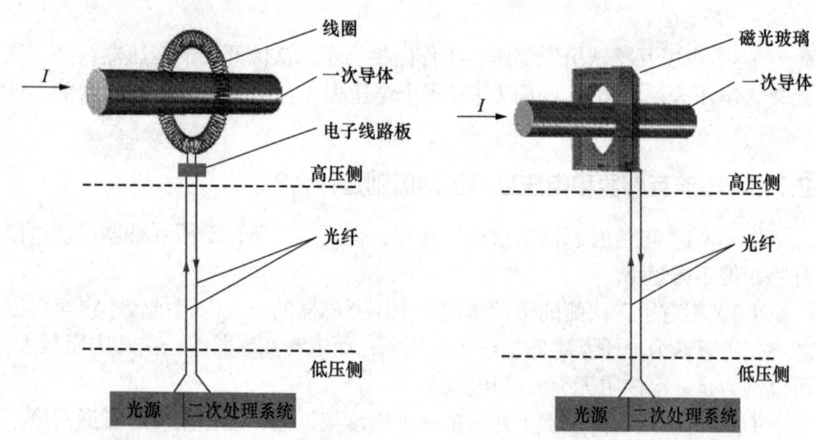

图 2-3　有源型电子式电流互感器原理示意图

图 2-4　无源磁光玻璃型电子式电流互感器原理示意图

2.7.7　电子式电流互感器有什么特点？

答　（1）不充油补充气，安全可靠，免维修。

（2）传感器无铁磁材料，不存在磁滞、剩磁和磁饱和现象。

（3）一次、二次间传感信号由光缆连接，绝缘性能优异，且具有较强的抗电磁干扰能力。

（4）体积小、质量轻，安装使用简便。

（5）低压侧无开路而引入高压的危险。

2.7.8 电流互感器的技术参数有哪些?

答 电流互感器的技术参数有：

（1）电流互感器一次绕组的额定电流。

（2）额定电流比。

（3）电流互感器的额定电压。

（4）准确等级。

（5）电流互感器的二次负荷阻抗。

（6）电流互感器的 1s 热稳定电流。

（7）电流互感器的动稳定电流。

2.8 避雷器

2.8.1 什么是避雷器？其作用是什么？

答 避雷器是一种能释放雷电或兼能释放电力系统操作过电压能量，保护电气设备免受瞬时过电压危害，又能截断续流，不致引起系统接地短路的电器装置。

避雷器用来限制过电压，保护电气设备的绝缘免受雷电或操作过电压的危害。避雷器通常接于带电导线和地之间，与被保护设备并联。当过电压值达到规定的动作电压时，避雷器立即动作，流过电荷，限制过电压幅值，保护设备绝缘；当电压值正常后，避雷器又迅速恢复原状，以保证系统正常供电。

2.8.2 常用避雷器有哪些类型？分别适用于什么场合？

答 常用的避雷器有：

（1）保护间隙：一般常用于电压不高且不太重要的线路上或农村线路上。

（2）管型避雷器：常用于 10kV 配电线路上，作为变压器、开关、电容器、电缆头等电气设备的防雷保护。

（3）阀型避雷器：常用于 3 ~ 550kV 电气线路、变配电设备、电动机、开关等的防雷。

（4）氧化锌避雷器：常用于 0.25 ~ 550kV 电气系统及电气设备的防雷及过电压保护，也适用于低压侧的过电压保护。

2.8.3 阀型避雷器的分类和结构是怎样的?

答 阀型避雷器分为碳化硅阀型避雷器和金属氧化物避雷器（又称氧化锌避雷器）。

阀型避雷器结构分有并联电阻（FZ）和无并联电阻（FS）两种。阀型避雷器的主要元件是火花间隙、阀片和外瓷套，其他由顶盖、弹簧、导电带、小毡垫、橡皮垫圈等构成。

2.8.4 阀型避雷器的工作原理是什么?

答 线路中没有雷电波传来时，避雷器的火花间隙具有足够的对地绝缘强度，因此它不会被正常的工频电压击穿，这时阀片电阻就不通过电流。当线路中雷电波传来，出现过电压时，火花间隙很快被击穿，使雷电流通过阀片电阻流入大地，从而保护了设备。火花间隙灭弧，电阻又变得很大，仍能限制工频电流通过，电路恢复正常工作。

2.8.5 管式避雷器的工作原理是怎样的?

答 管式避雷器的内间隙（又称灭弧间隙）置于产气材料制成的灭弧管内，外间隙将管子与电网隔开。雷电过电压使内外间隙放电，内间隙电弧高温使产气材料产生气体，管内气压迅速增加，高压气体从喷口喷出灭弧。

2.8.6 管式避雷器主要用于什么场合?

答 管式避雷器具有较大的冲击通流能力，可用在雷电流幅值很大的地方。但管式避雷器放电电压较高且分散性大，动作时产生截波，保护性能较差。主要用于变电站、发电厂的进线保护和线路绝缘弱点的保护。

2.8.7 阀型避雷器用于什么场合?

答 阀型避雷器结构较为简单，保护性能一般，价格低廉。一般用来保护10kV及以下的配电设备，如配电变压器、柱上断路器、隔离开关、电缆头等。

2.8.8 复合外套氧化锌避雷器结构是怎样的?

答 复合外套氧化锌避雷器一般由下面几个主要部件组成:

（1）串联的氧化锌非线性电阻片（或称阀片）组成阀芯。

（2）玻璃纤维增强热固性树脂（FRP）构成的内绝缘和机械强度材料。

（3）热硫化硅橡胶外伞套材料。

（4）有机硅密封胶和黏合剂。

（5）内电极、外接线端子及金具。

2.8.9 氧化锌避雷器工作原理是怎样的？

答 在正常的工作电压下，其主要部件氧化锌压敏电阻值很大，相当于绝缘状态。但在冲击电压作用下（大于压敏电压），压敏电阻呈低值被击穿，相当于短路状态。然而压敏电阻被击状态，是可以恢复的，当高于压敏电压的电压撤销后，它又恢复了高阻状态。因此，在电力线上如安装氧化锌避雷器后，当雷击时，雷电波的高电压使压敏电阻击穿，雷电流通过压敏电阻流入大地，使电源线上的电压控制在安全范围内，从而保护了电气设备的安全。

2.8.10 避雷器的技术参数有哪些？

答 避雷器的技术参数有：

（1）额定电压。

（2）灭弧电压。

（3）工频放电电压。

（4）冲击放电电压。

（5）冲击残压。

（6）通流容量。

2.8.11 氧化锌避雷器有哪些主要优点？

答 （1）无间隙，瓷套表面的污秽对其工作特性无影响，特别适用于污秽地区。

（2）无续流，能耐受多重雷、多重过电压。

（3）残压低、耐直流。

（4）通流能力强，使用寿命长。

（5）结构简单，体积小，质量轻，运行维护简单。

2.8.12 阀型避雷器和氧化锌避雷器的用途是什么？

答 （1）阀型避雷器：常用于配电变压器、电缆终端头、柱上开关与设备的防雷保护，也可用作变压器站电气设备的防雷保护和放置电机的防雷保护等。

（2）氧化锌避雷器：具有良好通流容量和抑制过电压的能力，是一种性能优良的避雷器。适用于配电变压器侧电能表及通信部门做防雷保护。

2.8.13 说明型号 FYZ220J 的各字母或数字的含义是什么？

答 FYZ220J 的含义是：F—阀型避雷器；Y—氧化锌；Z—电站用。J—中性点直接接地系统；220—额定电压为 220kV。

2.9 高压电缆

2.9.1 高压电缆有哪些种类？分别适用于什么场合？

答 （1）油纸绝缘电缆。油纸绝缘电缆具有优良的电气性能；使用历史悠久，一般场合下均可选用。对低中压（35kV及以下），如电缆落差较大时，可选用不滴流电缆；63、110kV可选用自容式充油电缆；220kV及以上优先选用自容式充油电缆。

（2）聚乙烯绝缘电缆（PVC）。由于聚乙烯绝缘电缆介质损耗大在较高电压下运行不经济，故只推荐用于1kV及以下线路。

（3）交联聚乙烯电缆（XLPE）。对于6～110kV交联聚乙烯电缆（XLPE），因有利于运行维护，通过技术经济比较后，可因地制宜采用；但对220kV及以上电压等级的产品，在选用时应慎重。

（4）乙丙橡胶绝缘电缆（EPR）。适用于35kV及以下的线路；虽价格较高，但耐湿性能好，可用于水底敷设和弯曲半径较小的场合。

2.9.2 高压电缆的结构和形状是怎样的？

答 高压电缆的基本结构由导电线芯、绝缘层和保护层三部分组成，如图2-5所示。

图2-5 高压电缆头外观

2.9.3 如何辨认电缆型号？

答 电缆型号是采用汉语拼音大写第一个字母来表示绝缘种类、导线材料、内护层材料和结构特点。Z表示纸；L代表铝；Q代表铅；F代表分组；ZR代表阻燃；YJ代表交联聚乙烯；V代表聚氯乙烯护套。例如YJLV22-3×120-10-300，表示铝芯、交联聚乙烯绝缘、聚氯乙烯护套，双钢带铠装

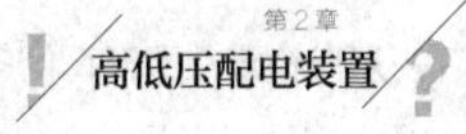

3 芯 120mm^2，电压为 10kV，长度为 300m 的电力电缆。

2.9.4 电缆在运行中通常会出现哪几种故障？

答 （1）接地故障。电缆一芯或多芯接地。

（2）短路故障。电缆两芯或三芯短路。

（3）断线故障。电缆一芯或多芯被故障电流烧断或外力破坏所至，形成完全或不完全断线。

（4）闪络性故障。这种故障大多数在预防性试验中发生，并多出现在电缆中间接头和终端头。故障现象是当所加电压升至某一数值时击穿，电压降至某一数值时绝缘又恢复。

2.9.5 电缆故障的处理步骤是怎样？

答 首先要做好安全措施，按以下步骤进行：

（1）查找电缆故障部分，一般是用绝缘电阻表测量绝缘电阻和做直流耐压试验并测量泄漏电流，来测试缆芯对地或缆芯间绝缘状况，以查找电缆故障。然后用故障探测仪找出故障点，切除故障部分。

（2）切除电缆故障部分后，必须进行电缆绝缘的潮气试验和绝缘电阻试验。

（3）电缆故障修复后，必须核对相位，并做耐压试验，经试验合格后，方可恢复运行。

（4）无论电缆是在运行中或试验时发现的故障，故障部位割除后应妥善保存，以便进行研究与分析，采取反事故对策。

（5）修理电缆线路故障，必须填写故障测试记录。

2.9.6 电缆绝缘电阻测试的注意事项是什么？

答 （1）测量绝缘电阻的方法适用于不太长的电缆。测量时一般用绝缘电阻表测量并算出吸收比。在同样测试条件下，电缆绝缘越好，吸收比值越大。

（2）电缆的绝缘电阻值一般不做具体规定，判断电缆绝缘情况应与原始记录进行比较。由于温度对电缆绝缘电阻值有所影响，所以在做电缆绝缘测试时应将气温、湿度等天气情况做好记录，以备比较时参考。0.5kV 及以上电压等级的电缆用 1000～2500V 绝缘电阻表。

（3）试验前电缆要充分放电并接地，方法是将导电线芯及电缆金属护套接地。

（4）测试前应将电缆终端头套管表面擦净，以减小表面泄漏。用电缆另一绝缘线芯作为屏蔽回路，将该绝缘线芯两端的导体用金属软线接到被测试绝缘线芯的套管或绝缘上并缠绕几圈，再引接到绝缘电阻表的屏蔽端子上。

（5）每次测完绝缘电阻后都要将电缆放电、接地。电缆线路越长，绝缘状态越好，则接地时间也要长些，一般不少于 1min。

2.9.7 高压电缆的内屏蔽和外屏蔽各有什么作用?

答 （1）为了使绝缘层和电缆导体有较好的接触，消除导体表面的不光滑（多股导线绞合产生的尖端）所引起导体表面电场强度的增加，一般在导体表面包有金属化纸或半导体纸带的内屏蔽层。

（2）为了使绝缘层和金属护套有较好的接触，一般在绝缘层外表面设有外屏蔽层。

（3）外屏蔽层用的材料与内屏蔽层相同，有时还外扎铜带或编织铜丝带，油浸纸绝缘分相铅包电缆各芯的铅包，都具有屏蔽电场的作用。

（4）为了防止电缆在运行中由于纸绝缘和铅包的膨胀系数不同，可能造成纸绝缘与铅包间微小的间隙产生游离，在分相铅包电缆内也加绝缘外屏蔽，使铅包与屏蔽层之间产生间隙而不形成游离放电。

2.10 成套变电站

2.10.1 什么是成套变电站?

答 成套变电站，也称为高压 / 低压预装箱式变电站，是将中压配电箱末端变电站预先在工厂制造装配，其中包括变压器、高压开关设备、低压开关设备、控制设备、内部接线、计量、补偿、避雷器等辅助设备，配置在一个共用外壳内，并通过型式试验的一种户外成套变电站。成套变电站也称为组合式变电站，俗称箱变，适用于城市房屋建筑密集区的集中供电设备。

ZBW 和 ZBN 系列（Z—组合式；B—变电站；W—户外；N—户内）组合式变电站，是一种将 10kV 高压配电装置、10 / 0.4kV 变压器和 380 / 220V 低压配电装置的主要电气设备成套安装在一个箱壳中的配电装置。其具有外形尺寸小，不需建筑物，运输、安装简便，电器性能更加完善，结构合理和使用维护方便等许多特点，特别适用于高层建筑、公共场所、住宅楼群和公园等场所，也可作为建筑工地的临时性供电设备。

2.10.2 箱式变电站的基本要求有哪些?

答 （1）每台箱式变电站应提供一个耐久和清晰易读的铭牌。

（2）箱式变电站现场设备及电气设计符合现场实际要求，安装位置符合环境条件的要求。

（3）箱式变电站内部各元件表面应清洁、干燥、无异物。

（4）操作机构灵活、可靠。

（5）具备“五防”功能。

（6）箱式变电站应装设一条可与每个元件相连接的接地导体，接地导体上应设有不少于两个与接地网连接的铜质接地端子，其电气接触面积应不小于160mm^2。

（7）箱式变电站的基座和外壳、隔板等，必须经过防腐处理，并喷涂料护层。

（8）箱式变电站的开关设备和控制设备的隔室应装设适当的驱潮装置，以防止因凝露而影响电气元件的绝缘性能和对金属材料的锈蚀。

（9）箱式变电站的门应加锁，锁能防雨、防堵、防锈。

（10）各隔室的门应与照明设施联锁，随着门的开、关自动控制照明设施的通、断。

（11）变压器隔室的门打开后，还应装设可靠的安全防护网或遮栏，并设有联锁装置，以防带电状态下人员进入。

（12）高压开关设备隔室和低压开关设备的门的内侧应标出主回路的线路图，同时应注明操作程序和注意事项。

（13）箱式变电站应设足够的自然通风口，如果变压器在周围环境温度下，采用自然通风不能保证在额定容量下正常运行时，应在变压器室内采用强制通风冷却，一般应在变压器隔室内装设不少于2台容量相当的风机，并可随变压器的运行温度的变化进行自动投切。

（14）箱式变电站内应装设低压无功补偿装置，其补偿容量一般为变压器额定容量的30%左右。无功补偿装置应能根据系统无功功率的变化自动投切，也可手动投切。

2.10.3 箱式变电站的检查项目要求有哪些？

答 （1）检查电缆。

（2）箱式变电站的避雷器及带电显示装置。

（3）接地开关：应有接地引下线并接地良好。

（4）负荷开关：铭牌参数符合图纸及现场使用要求。

（5）熔断器：熔断器与变压器配置合理。

（6）高、低压电流互感器。

（7）高压母排：相色标明顺序正确。

（8）变压器。

（9）低压电器。

（10）联锁装置：检查用户有无自发电或其他备用电源，两路电源之间应装设可靠的联锁装置，如双投刀闸，防止电源互送造成不安全的事故。

（11）掌握现场操作和运行管理的有关规程及运行人员名单。

（12）检查安全用具：10kV 验电笔、绝缘操作棒、三相携带型短路接地线、绝缘手套、绝缘靴等，并经试验合格。箱式变电站内应有足够空间存放。

（13）检查应配备的标示牌："止步、高压危险""禁止合闸，有人工作"等。

（14）检查应配备的消防设施：1211 灭火器、干粉灭火器、黄沙桶等。

（15）设备有合格的校、试报告。

（16）根据检查结果写出用电检查意见通知书，确定改进办法和完成日期。整改完毕，用检人员进行复查。

2.10.4 箱式变电站的电缆检查项目要求有哪些？

答 （1）电缆头安装牢固，电缆试验合格。

（2）电缆敷设方式、标示牌内容是否明确（线路编号、型号、规格、起讫地点）。

（3）电缆弯曲半径是否合格。

（4）电缆头两端的金属屏蔽层（或金属套）、铠装层应接地良好。

（5）电缆进线孔应有防小动物进入的措施。

2.10.5 箱式变电站的避雷器及带电显示装置检查项目要求有哪些？

答 （1）三相避雷器的接地线相连并接地良好。

（2）带电显示装置连接良好。

2.10.6 箱式变电站的高、低压电流互感器检查项目要求有哪些？

答 （1）注意非使用绕组应短接并接地。

（2）注意看铭牌，核对变比。

（3）注意各绕组准确度等级与测量、保护、计量回路是否对应。

2.10.7 箱式变电站的压变压器检查项目要求有哪些？

答 （1）变压器铭牌应面对可开启的门。

（2）核对容量。

（3）变压器低压侧中性点与变压器外壳相连并接地。

（4）变压器温度监视装置注意刻度设置。

（5）油浸变压器还须配置消防器材。

2.10.8 箱式变电站的低压电器检查项目要求有哪些？

答 （1）低压总断路器的选择正确，符合图纸要求。

（2）脱扣器整定值调试符合设备要求。

（3）所有出线孔洞封堵良好。

（4）用电负荷出线装置符合表计配置需求。

2.10.9 进入箱式变电站 SF_6 配电装置室应遵守哪些规定？

（1）进入之前，先进行强力通风 15min。

（2）通风完毕，须用检漏仪在规定的检测地点测量 SF_6 气体的含量，确证室内空气新鲜无问题。

（3）严格执行现场运行规程的规定，坚持应有两人进入室内巡视，尽量避免一人单独进入，以便突然发生危险情况时互相救助。

（4）为了保证人身和设备的运行安全，禁止单人进入 SF_6 配电装置室内从事检修工作。

2.10.10 在箱式变电站中测量 SF_6 气体水分的含量，不宜在哪些情况下进行？

答 （1）不宜在充气后立即进行，须在充气 24h 后再进行。

（2）不宜在温度很低的情况下进行。

（3）不宜在雨天和雨后进行。

（4）不宜在早晨化露前进行。

2.11 低压配电设备

2.11.1 什么是低压配电装置？它的范围和构成有哪些？

答 低压配电装置就是低压 380 / 220V 的配电装置；低压配电装置是由用来接受和分配电能的电气设备组合而成，它的范围是：从配电变压器低压侧出线绝缘套管起，经主进线、母线、各型控制电器，保护电器、监测电器、电能计量等电器至各分路的出线为止。主要设备有控制电器、保护电器、测量电器、母线及载流导体等。

2.11.2 低压配电设备在使用中的一般要求是什么？

答 （1）低压电气设备安装使用时，必须符合规程要求。

（2）电气设备不应设在有粉尘、振动严重的场所，距地面应有适当的高度，电源线与开关之间必须有固定点，也必须接在固定触头上。

（3）低压电器的金属外壳或金属支架必须可靠的接地（接零），电器的裸露部分应加装防护措施，双电源的双投开关分闸位置上应有防止自动重合闸的安全措施。

（4）在化工易燃、易爆或农村粮谷加工粉尘车间，电气设备应密封，在对有爆炸危险的场所必须使用防爆电器。

（5）低压开关的触头必须接触良好，触头有足够压力，触头动作一致，灭弧装置完整可靠。

（6）单极开关必须接在相线上。

（7）低压配电装置柜前、柜后的配电柜号应一致，所有的主控电器均应按操作编号原则统一编号，所控制的负荷分路清楚，标明负荷名称，接线与低压配电系统图要一致。

（8）检查低压控制电器的额定容量，应与受控制负荷的实际需要相适应，各级保护电器元件的选择与整定，均应符合动作可靠性的要求。

（9）低压配电装置上的指示灯及仪表均应齐全完好，满足运行监视的需要。

（10）低压配电装置电气设备的所有操作手柄、按钮、控制开关等部位所指示的“合上”“断开”等字样的标示，应与设备的实际运行状态相对应。

（11）装有低压电源自动投入的配电装置，应定期做传动试验，检验其动作的可靠性，并应在两个电源的联络处设有明显标志。

（12）刀开关、自动开关、交流接触器等主电路的主控设备，其灭弧罩必须齐全完好，操动机构应灵活可靠，三相分、合闸应同期。辅助回路中的控制回路、信号回路、联锁回路、测量回路应完好齐全。

（13）低压配电装置的前、后两侧操作、维护通道上不应堆放其他物品影响正常巡视及检查。

（14）低压配电装置前、后的固定照明灯应齐全完好，其控制开关宜设在配电装置的出入口处，重要用电处应设事故照明电源。

（15）低压配电系统内应设有与实际相符的操作模拟图板和系统接线图。

2.11.3 低压配电装置低压电器日常巡视检查内容是什么？

答 （1）主、分电路的负荷情况与仪表指示是否对应。

（2）电路中各部位的连接点有无过热现象。

（3）三相负荷是否平衡，三相电压是否相同，电路末端电压降是否超

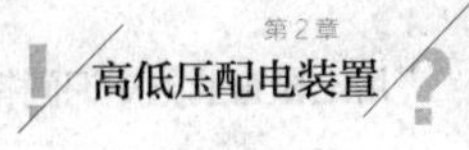

出规定。

（4）各配电装置和低压电器内部有无异声、异味。

（5）室外配电装置和低压电气设备、防雷雨措施是否完好，有无防雷接地失灵、防护箱套渗漏雨水现象。

（6）配电装置低电器表面是否洁净，接地连接是否良好。

（7）低压电器的备品、备件是否完整符合要求。

2.11.4　低压配电装置和低压电器在高峰负荷、异常天气或发生事故后的特殊巡视内容是什么？

答　（1）高峰负荷时应检查电气设备是否过负荷，各连接点是否严重发热。

（2）雷雨过后应检查配电室有无漏水现象、电线、电缆沟、管、井是否进水，瓷绝缘有无闪络，放电现象。

（3）设备发生事故后，应重点检查熔断器和各保护动作情况以及事故范围内的设备有无烧伤或毁坏情况。

2.11.5　春季秋季检修时低压配电装置的检测有何要求？

答　（1）低压配电装置的清扫和检修一般每年不应少于两次。

（2）应对有关设备进行绝缘摇测，用500V绝缘电阻表摇测低压配电装置的母线绝缘电阻值，不应低于100MΩ。

（3）开关、刀闸、接触器、互感器的绝缘电阻不应低于10MΩ。二次回路线对地绝缘电阻值不应低于2MΩ。

2.11.6　各种低压电器的清扫和检修项目、周期与要求是什么？

答　（1）自动开关故障跳闸后，应检修触头和灭弧罩，检查有无烧蚀和破损，再次合闸前应查清故障跳闸的原因，待故障排除后方可合闸投入运行。

（2）频繁操作的交流接触器，每三个月至少检查一次触头并清扫灭弧栅，检查三相触头是否同时闭合或分断，并测相间绝缘电阻值。

（3）检验交流接触器的吸引线圈，在线路电压为额定值的85%～105%时能可靠工作，当电压低于额定值的40%时才能可靠释放。

（4）检查熔断器的熔丝与实际负荷是否匹配，各连接点是否良好，有无烧损情况，并消除积炭。

（5）检查铁壳开关的机械闭锁是否正常，速断弹簧有无锈蚀变形。

（6）检查三相胶盖刀闸的安装环境是否符合要求。

2.11.7 低压配电装置的安全要求是什么？

答 （1）电压、电流、断流容量、操作次数、温升，等运行参数应符合要求。

（2）灭弧装置完好。

（3）外壳、手柄无变形损伤。

（4）触头接触面光洁，接触紧实，并有足够的压力，各接触点应同时动作。

（5）安全合理、牢固可靠、操作方便，并能防止重合闸，电源线应接在固定触头上。500V及以下不同相间距离不小于10mm，500～1200V为14mm。

（6）正常时不带电金属部分接地（接零）良好。

（7）绝缘电阻符合要求。

2.11.8 常见的低压配电屏有哪几种？

答 （1）BFC型低压配电屏：B—低压配电柜（板）；F—防护型；C—抽屉式。

（2）GGD型交流低压配电柜：G—交流低压配电柜；G—固定安装；D—电力用柜。

（3）PGL型低压配电屏：P—配电屏；G—固定式；L—动力用。

2.11.9 BFC型低压配电屏的特点是什么？

答 BFC低压配电屏的主要特点为各单元的主要电气设备均安装在一个特制的抽屉中或手车中，当某一回路单元发生故障时，可以换用备用抽屉或手车，以便迅速恢复供电。由于每个单元为抽屉式，密封性好，不会扩大事故，便于维护，提高了运行可靠性。BFC型低压配电屏的主电器在抽屉或手车上均为插入式结构，抽屉或手车上均设有连锁装置，以防止误操作。

2.11.10 GGD型交流低压配电柜的特点是什么？

答 GGD型交流低压配电柜是本着安全、经济、合理、可靠的原则设计的新型低压配电柜。具有分断能力高，动热稳定性好，电气方案灵活，组合方便，系列性、实用性强，结构新颖，防护等级高等特点，可作为低压成套开关设备的更新换代产品。

2.11.11 PGL型低压配电屏的特点是什么？

答 现在使用的通常有PGL1型和PGL2型低压配电屏（其中1型分断

能力为 15kA，2 型分断能力为 30kA），是用于户内安装的低压配电屏，采用型钢和薄钢板焊接结构，可前后开启，双面进行维护。屏前有门，上方为仪表板，是一可开启的小门，装设指示仪表。

2.11.12 低压配电屏及相关低压电气的运行检查内容有哪些？

答 （1）检查时注意保持与带电设备的安全距离。

（2）配电屏及屏上的电气元件的标志、编号及各路进出线名称等是否清楚、正确，盘上所有的操作把手、按钮和按键等的位置与现场情况是否相符，固定是否牢靠，操作是否灵活。

（3）配电屏上表示合、分等信号灯和其他信号指示是否正确。

（4）隔离开关、熔断器等的接触是否良好。

（5）低压电流互感器、断路器的二次回路导线的绝缘是否破损和老化。

（6）配电屏上电压、电流等仪表的指示是否正确。三相电流是否平衡。

（7）低压母排相色标志清楚。

（8）检查低压电容补偿装置的运行情况。

（9）有无巡视通道，屏周围是否敷设绝缘垫。

（10）低压室内的照明是否足够、完好。

（11）检查用电性质与表计是否相符。

2.11.13 低压配电盘发生短路故障的原因和预防措施有哪些？

答 （1）母线支持夹板和插入式触点的绝缘底座积有污垢，受潮或受机械损伤，形成电击穿而造成短路，应定期清扫，对受潮或损伤的胶木板和底座预应予以烘干或更换，缩短母线支架的距离，以提高动态稳定度。

（2）电气元件选择不当。应根据负荷的大小来选择遮断容量合适的元器件，并设计整理的保护线路。

（3）误操作（带负荷操作刀开关、带地线合闸）。应严格执行操作规程、防止误操作。

（4）停电检修时，将工具等物遗留在母线上，造成送电时短路。检修后应认真清点工具，以免事故发生。

（5）配电装置应设防护网，防止小动物钻入配电盘内，造成短路事故。

2.11.14 低压配电盘母线过热的原因和措施有哪些？

答 （1）母线接触不良。应重新连接，使接头接触严密可靠。

（2）母线对接太松。应加强紧固。

（3）母线与螺栓间易形成间隙，使接触电阻增大。应调整螺栓的栓紧程度，螺母压平后加弹簧垫即可。

2.11.15 低压断路器分为哪几类？有什么特点？

答 （1）框架式断路器。DW5、DW10系列框架式断路器，具有高分断能力，有理想的保护特性。

（2）塑料外壳式断路器。DZ5、DZ10、DZ20系列具有良好的保护特性，安全可靠。

（3）直流快速断路器。DS系列一般为单极，主要用于半导体元件的过载、短路保护。

（4）限流式断路器。具有快速动作、短路保护特点。

（5）漏电保护断路器。由断路器和漏电继电器组成，除能起一般断路器的作用外，还能在设备漏电或人身触电时迅速自动断开故障电路，保护人身及设备安全。

2.11.16 什么是框架式断路器？有何作用？

答 框架式断路器是用于交流380V及直流电压为400V的电气装置。

框架式断路器可在电路发生过载、短路、失压时自动分断电路；正常情况下作为接通和断开工作电流及电路的不频繁转换；在操作上有直接手柄、杠杆连动、电动传动、电磁铁操作等转动机构；且有数量较多的辅助触头，以满足开关本身、漏电保护及信号指示的需要。

2.11.17 塑料外壳式断路器的结构包括哪些？

答 （1）断路器绝缘底座及盖采用热固性塑料压制，具有良好的绝缘性能。

（2）灭弧室采用去离子栅式，用金属薄片分割电弧，使电弧迅速冷却、熄灭。

（3）触头采用银或银基合金制造，具有抗熔焊性强、耐磨损等特点。

（4）操动机构采用四连杆机构，在操作时能快速闭合或切断，触头分、合时间与操作速度无关。

（5）脱扣器分复式、电磁式、热脱扣和无脱扣四种，热脱扣器通过双金属片、热元件来动作，主要用于过载保护。

（6）接线方式分为板前和板后两种。

2.11.18 塑料外壳式断路器的使用与维护要求是什么？

答 （1）要断开断路器时，必须将手柄向“分”字处，要闭合时将手柄

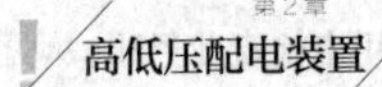

推向“合”字处。若将经自动脱扣器的断路器重新闭合，应先将手柄拉向“分”字处，使断路器再扣，然后将手柄推向“合”字处，即断路器闭合。

（2）装在断路器中的电磁脱扣器，用于调整牵引杆与双金属片间距的调节螺钉不得任意调整，以免影响脱扣器的动作而发生事故。

（3）当断路器中的电磁脱扣器的整定电流与使用场合电流不符时，应将断路器在检修设备重新调整后才能使用。

（4）断路器在正常情况下应定期维护，转动部分若有不良或不灵活、润滑油已干燥，可适当加滴润滑油。

（5）断路器断开短路电流后，应立即进行以下检查：

1）上下触头接触是否良好，螺钉、螺母是否拧紧，绝缘部分是否清洁，发现有不清洁之处或有金属粒子残渣时应予清除干净。

2）灭弧室的栅片是否有短路，尤其是中间几片，若被金属粒子短路，应用锉刀将其清除，以免再次遇到短路电流时影响断路器可靠分断。

3）电磁脱扣器的衔铁是否可靠地支撑在铁芯上，若衔铁已滑出支点，应将重新放入支点，并检查是否灵活。

4）当开关螺钉松动，造成分、合不灵活时，应打开胶盖进行检查维护。

（6）过载脱扣整定电流值可用旋转分、合按钮之间的标度盘进行调整，热脱扣器的同步调整螺钉在出厂后以整定不可更动。

（7）断路器因过载脱扣后，经 1 ~ 3min 的冷却，可重新闭合合闸按钮继续工作。

（8）断路器因过载而经常脱扣时，应消除过载故障后方能正常工作。对于因选配不当，采用了过低额定电流热脱扣器的断路器所引起的经常脱扣，应更换额定电流等级较大的热脱扣器的断路器，切不可将热脱扣器同步螺钉旋松。

（9）断路器热脱扣器在超过规定的额定值下使用时，将因温升过高而使断路器损坏。

2.11.19　低压断路器运行检查内容有哪些？

答　（1）检查负荷电流是否在额定值范围内。

（2）检查断路器的信号指示与电路、分合状态是否相符。

（3）检查断路器的各种脱扣器的设定值是否与定值相符。

（4）监听断路器在运行中有无异常音响。

（5）检查灭弧装置有无破裂和松动情况。

（6）询问电工断路器的运行情况。

2.11.20 常见低压刀形开关有哪几种？有何作用？

答 常见低压刀形开关包括隔离刀开关、熔断器式刀开关和负荷开关等。

低压刀形开关广泛应用于各种配电设备和供电线路中，可用于不频繁接通和分断低压供电线路，隔离电源以保证检修人员安全。

常用的 HD 系列刀形开关及 HS 系列刀形转换开关，主要用于交流额定电压 380V、直流额定电压 440V、额定电流 1500A 及以下装置中。

2.11.21 配电箱（室）的主要检修内容有哪些？

答 配电箱（室）的主要检修内容如下：

（1）修理漏雨的醒电箱（室）和损坏的门窗。

（2）清扫配电盘，修理损坏的设备和仪器。

（3）更换或紧固各部接线端子。

（4）修理或更换已损坏的绝缘子、引线和接地线。

2.11.22 交、直流接触器的铁芯有什么不同？

答 交流接触器的铁芯是由彼此绝缘的硅钢片叠压而成的，在铁芯断面的一部分铁芯上装有短路环；直流接触器的铁芯由整块软钢制成的磁轭和铁芯组成。

2.11.23 断路器的控制回路应满足哪些要求？

答 （1）操动机构分、合闸线圈通电应为短时的，在操作完成后立即断开。

（2）接线不仅应满足手动分、合闸的要求，而且应满足继电保护和自动装置实现自动跳、合闸的要求。

（3）应有反映断路器分、合闸位置的信号，并在继电保护和自动装置动作使断路器分、合闸后应有区别于手动操作的信号。

（4）应有防跳装置。

（5）有监视控制回路是否完好的装置。

2.11.24 什么是漏电保护断路器？

答 漏电保护断路器实质上是一种装有检漏保护元件的塑料外壳式断路器。它用于电压为 380V 以下及电流在 60A 以下的交流电路中作漏电保护，可用于线路和电动机的过载和短路保护；也可用于线路不频繁转换及电动机的不频繁启动。

2.11.25　漏电保护断路器由哪些部件组成？它的工作原理是怎样的？

答　漏电保护断路器主要由零序电流互感器、漏电脱扣器、试验检查部分和带有过负荷及短路保护的断路器组成。漏电保护断路器所控制和保护的电路在正常情况下，通过检测元件零序电流互感器主回路的三相电流相量和等于零，在零序电流互感器的二次回路中就不会有感应电压产生。漏电保护断路器在合闸状态下工作，当被保护电路中有漏电或人身触电时，只要漏电或触电电流达到漏电动作电流值，零序电流互感器的二次线圈就输出一个信号，并通过漏电脱扣器使断路器能在 0.1s 的时间内动作，可靠地切除电源，从而起到漏电和触电保护作用。

2.11.26　漏电保护断路器检修与故障排除有哪些要求？

答　（1）漏电保护断路器经常自行分断，当漏电动作电流变化时，应重新核对，如线路漏电应查找原因，应进行绝缘处理或更换。

（2）在线路敷设中有难免碰坏导线外缠绕的绝缘层，如前段未有保护，在合闸送电时可能造成开关本身相间短路事故，引起火灾。

（3）合闸送电前应对开关进行整体检测，确认无误后方可使用。

2.11.27　怎样选择熔断器熔体的电流？

答　熔断器熔体电流按以下规定选择：

（1）对于阻性负荷，为 1.2 ~ 1.5 倍的最大负荷电流。

（2）绕线式电动机和机械性负荷，为 2 ~ 2.5 倍的额定电流。

（3）水泵电动机及启动频繁电动机，为 2.5 ~ 3 倍的额定电流。

（4）启动电流曲线与熔断特性应配合。另外，为防止两相启动烧毁电动机，熔断器应尽可能选大一些。

2.12　电力电容器和电抗器

2.12.1　什么是电力电容器设备？

答　电力电容器分为串联电容器和并联电容器。它们都能改善电力系统的电压质量和提高输电线路的输电能力，是电力系统的重要设备。

2.12.2　串联电容器串接电力线路中的作用是什么？

答　（1）提高线路末端电压。串接在线路中的电容器，利用其容抗 X_C 补偿线路的感抗 X_L，使线路的电压降落减少，从而提高线路末端（受电端）的电压，一般线路末端电压最大可提高 10% ~ 20%。

（2）降低受电端电压波动。当线路受电端接有变化很大的冲击负荷（如电弧炉、电焊机、电气轨道等）时，串联电容器能消除电压的剧烈波动。这是因为串联电容器在线路中对电压降落的补偿作用是随通过电容器的负荷而变化的，具有随负荷的变化而瞬时调节的性能，能自动维持负荷端（受电端）的电压值。

（3）提高线路输电能力。由于线路串入了电容器的补偿电抗 X_C，线路的电压降落和功率损耗减少，相应地提高了线路的输送容量。

（4）改善了系统潮流分布。在闭合网络中的某些线路上串接一些电容器，部分地改变了线路电抗，使电流按指定的线路流动，以达到功率经济分布的目的。

（5）提高系统的稳定性。线路串入电容器后，提高了线路的输电能力，这本身就提高了系统的静稳定。当线路故障被部分切除时（如双回路被切除一回、但回路单相接地切除一相），系统等效电抗急剧增加，此时，将串联电容器进行强行补偿，即短时强行改变电容器串、并联数量，临时增加容抗 X_C，使系统总的等效电抗减少，提高了输送的极限功率 [$P_{max}=U_1U_2/(X_1-X_C)$]，从而提高系统的动稳定。

2.12.3 并联电容器串接电力线路中的作用是什么？

答 （1）并联电容器并联在系统的母线上，类似于系统母线上的一个容性负荷，它吸收系统的容性无功功率，这就相当于并联电容器向系统发出感性无功。

（2）并联电容器能向系统提供感性无功功率，提高了系统运行的功率因数，提高了受电端母线的电压水平。

（3）减少了线路上感性无功的输送，减少了电压和功率损耗，因而提高了线路的输电能力。

2.12.4 什么是电容器的正常运行状态？

答 电容器的正常运行状态是指在额定条件下，在额定参数允许的范围内，电容器能连续运行，且无任何异常现象。

2.12.5 什么是电容器补偿装置运行的基本要求？

答 （1）三相电容器各相的容量应相等。

（2）电容器应在额定电压和额定电流下运行，其变化应在允许范围内。

（3）电容器室内应保持通风良好，运行温度不超过允许值。

（4）电容器不可带残留电荷合闸，如在运行中发生跳闸，拉闸或合闸一次未成，必须经过充分放电后，方可合闸；对有放电电压互感器的电容器，可在断开 5min 后进行合闸。

（5）运行中投切电容器组的间隔时间为 15min。

2.12.6 电容器补偿装置的允许运行方式是什么？

答 （1）允许运行电压：并联电容器装置应在额定电压下运行，一般不宜超过额定电压的 1.05 倍，最高运行电压不用超过额定电压的 1.1 倍。母线超过 1.1 倍额定电压时，电容器应停用。

（2）允许运行电流：正常运行时，电容器应在额定电流下运行，最大运行电流不得超过额定电流的 1.3 倍，三相电流差不超过 5%。

（3）允许运行温度：正常运行时，其周围额定环境温度为 −25 ~ 40℃，电容器的外壳温度应不超过 55℃。

2.12.7 电容器熔断器保护有何作用？

答 低压并联电容器组通常采用熔断器保护，其结构简单，安装方便，容易及时发现故障，并能迅速切除故障电容器。单台电容器装设单独的熔断器时，当一台发生短路故障后，依靠熔丝熔断切除，可保证其他电容器的连续运行。

2.12.8 电容器为什么要有放电装置？

答 电容器从电源断开后，两极处于储能状态，残留一定电压，初始值为电容器的额定电压。电容器在带电荷的情况下再次合闸投运时，会产生很大的冲击合闸涌流和很高的过电压，对设备和人身有很大的危害。因此，电容器组必须加装放电装置。放电线圈的放电性能应使自动投切的电容器组的残留电压在电容器切断 5s 内下降至 50V 及以下。

2.12.9 电容器组的投入和切除运行有什么规定？

答 （1）正常情况下，电容器组的投入和切除应根据系统无功负荷潮流和负荷功率因数以及电压情况来决定。原则上应按供电部门对功率因数给定的指标决定是否投入电容器组，电压偏低时可投入电容器组。

（2）当变电站进行全部停电的操作时，应先拉开电容器组开关，后拉开各路出线开关；当变电站全部恢复送电时，应先合上各路出线开关，后合上电容器组开关。

（3）发生下列异常情况之一时，应立即拉开电容器组开关，使其退出运行：

1）电容器组母线电压超过电容器组额定电压 1.1 倍以及通过电容器组的电流超过额定电流的 1.3 倍；

2）电容器周围环境的温度超出允许范围（一般为 ±40℃），或电容器外壳最热点温度超出允许范围（一般为 −25 ~ +60℃）；

3）电容器接点严重过热或熔化；

4）电容器内部或放电装置有严重异常声响；

5）外壳有明显的异形膨胀；

6）电容器瓷套管发生严重放电、闪络。

2.12.10　并联电容器常见故障是怎样及处理的？

答　（1）渗漏油。外壳渗油不严重可将外壳渗漏处除锈、焊接、涂漆，渗漏严重的必须更换。

（2）外壳异形膨胀。应更换电容器。

（3）温升高。应改善通风条件，如果是由于电容器本身问题所致，则应更换。

（4）瓷套管表面闪络放电。应进行停电清扫，并注意保持电容器安装场所的卫生。

（5）异常声响。注意观察，严重时应立即退出运行，更换电容器。

（6）电容器爆炸。这是最严重的事故，应立即退出运行。平时应加强日常管理，及时发现有内部故障的电容器，尽量避免发生爆炸。

2.12.11　电容器在充放电时两端的电压为什么不能突变？

答　因为电容器两端的电压是靠电容器极板上的电荷维持的，电荷的变化过程实际上是电容器两极板间电场能量积累和释放过程；而能量的积累和释放对实际电路来说都需要一定的时间。所以，电容器在充放电时，两端的电压不能突变。

2.12.12　耦合电容器的结构是什么？

答　耦合电容器由多个电容芯子串联而成，电容芯子由有一定厚度和层数的介质和两张铝箔作为极板，按一定圈数卷绕后压扁而成。其介质可为油浸电容器纸或油浸电容器纸与聚丙烯薄膜做成的复合介质。电容芯子装在绝缘瓷套内，瓷套内充有绝缘油并装有钢板膨胀器，不使内部温度变化而产生气隙，防止内部放电，瓷套管两端有金属法兰进行密封。

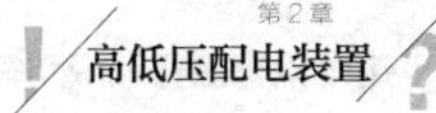

2.12.13 耦合电容器的工作原理是什么？

答 耦合电容器在电力系统中一般与阻波器、结合滤波器等组成高频通道，电容器的阻抗 $Z=1/(2\pi fC)$，与通过电流的频率成反比，频率越高，阻抗越小，便于高频电流通过，而对于工频电流，其阻抗就很大，相当于断路，从而起到了分离高频与工频的作用。

2.12.14 在室外安装电容器组有什么要求？

答 室外安装电容器组有以下要求：

（1）电容器组如采用落地安装时，地面应铺水泥，并在电容器周围设置护栏以防触电，电容器的底部应与地面离开不小于 0.4m。

（2）电容器和电网电压等级相同时，其外壳及支架应接地良好。电容器的电压等级低于电网，且采用星形接线或串联使用时，其外壳应对地绝缘，其绝缘水平应不低于电网额定电压。

（3）采用高位布置时，电容器组的台架距地不应小于 2.5m，500V 以上的电容器带电部分至地面的垂直距离不应小于 3.5m。

（4）室外安装的电容器还应考虑防止动物及鸟害，避开阳光直射，并合理安排各个电容器之间的距离。

（5）电容器有铭牌的一侧应向外，电容器组排列及设置的安全防护栏应考虑便于巡视检查和单台更换方便。

2.12.15 什么是电抗器？

答 一般而言，能在电路中起到阻抗的作用的电感元件即电抗器。电力网中所采用的电抗器，实质上是一个无导磁材料的空心线圈。它可以根据需要布置为垂直、水平和品字形三种装配形式。

2.12.16 电抗器有什么用途？

答 电抗器是一种电感元件，在电路中主要用于限流、稳流、无功补偿和移相等。电力系统发生短路时，会产生数值很大的短路电流，如果不加以限制，要保持电气设备的动态稳定和热稳定是非常困难的。为了满足某些断路器遮断容量的要求，常在出线断路器处串联电抗器，增大短路阻抗，限制短路电流。

2.12.17 电抗器是怎样分类的？

答 电抗器基本上有三种类型：

（1）空心电抗器。这种电抗器只有绕组而无铁芯，实际上是一个空心的电感线圈。

（2）带气隙的铁芯电抗器。这类电抗器的磁路是一个带气隙的铁芯，铁芯外面套有线圈。

（3）铁芯电抗器。其磁路为一闭合铁芯。

2.12.18　什么是消弧线圈?

答　消弧线圈是一种带铁芯的电感线圈，它接于变压器（或发电机）的中性点与大地之间，构成消弧线圈接地系统。

正常运行时，消弧线圈中无电流通过，而当电网受到雷击或发生单相电弧性接地时，中性点电位将上升到相电压，这时流经消弧线圈的电感性电流与单相接地的电容性故障电流相互抵消，使故障电流得到补偿，补偿后的残余电流变得很小，不足以维持电弧，从而自行熄灭。这样，就可使接地故障迅速消除而不致引起过电压。

2.12.19　消弧线圈有什么作用?

答　中性点不接地系统单相接地的间歇性电弧是引起弧光接地过电压的主要原因。由于消弧线圈的补偿作用，可以基本上杜绝电弧的重燃，从而制止了间歇性电弧的产生，因此也不会产生弧光接地过电压。由此可见，消弧线圈对过电压保护具有一定的作用。

2.12.20　消弧线圈的铁芯与单相变压器的铁芯有什么不同?

答　消弧线圈的铁芯柱由多段带间隙的铁芯组成。单相变压器的铁芯是由不带间隙的闭合铁芯组成。使用带间隙的铁芯，铁芯不易产生饱和现象；因此消弧线圈的感抗比较稳定，感抗较小，从而达到较大的感性电流来补偿线路单相接地时的电容电流。

2.12.21　补偿电网中性点装设消弧线圈目的是什么?

答　（1）自动消除电网的瞬间单相接地故障。

（2）当发生永久性（金属）单相接地故障时，有两种选择：

1）线装置或微机接地保护检出故障线路后，作用于跳闸；

2）电网在一定时间内带故障运行，待调度部门转移负荷后延时跳开故障线路，使电网具有很高的运行可靠性。

YONGDIAN JIANCHA
YEWU ZHISHI WENDA

用电检查业务知识问答

第3章 变压器与电动机

3.1 电力变压器

3.1.1 变压器的基本工作原理是什么？

答 变压器是利用电磁感应原理传输电能或电信号的器件。变压器由一次绕组、二次绕组和铁芯组成，当一次绕组加上交流电压时，铁芯中产生交变磁通，交变磁通在一次、二次绕组中感应出电动势。根据一次、二次绕组的匝数不同，一次、二次侧感应电动势的大小就不同，从而实现了变压的目的。一次、二次侧感应电动势之比等于一次、二次侧匝数之比。当二次侧接上负载时，二次侧电流也产生磁动势，而主磁通由于外加电压不变而趋于不变，随之在一次侧增加电流，使磁动势达到平衡，这样，一次侧和二次侧通过电磁感应而实现了能量的传递。根据电磁感应原理，变压器工作时的一、二次电压之比与变压器绕组匝数成正比，一、二次电流之比与变压器绕组的匝数成反比。

3.1.2 变压器的作用是什么？

答 变压器具有变压、变流和变阻抗的作用。电力变压器把发电机发出的电压升高后进行远距离输电，到达目的地后再用变压器把电压降低以便用户使用，以此减少传输过程中电能的损耗。

3.1.3 怎样表达电力变压器的功率大小和电压等级？

答 电力变压器的功率是用额定容量（额定视在功率）来表达的，单位为kVA或MVA。电力变压器的电压等级是以高压侧标准额定电压来表达的，单位为kV，如1000、500、220、110、35、10、6kV等。

3.1.4 电力变压器铭牌上标称的阻抗电压是什么？阻抗电压还有哪几种表达方法？

答 （1）阻抗电压是反映变压器短路阻抗大小的一个参数，铭牌上通常以百分数形式来表达。

（2）用额定电流乘以短路阻抗得到短路电压，短路电压占额定电压的百分数即为短路电压百分数。

（3）阻抗电压（的百分数）也称为短路电压（的百分数）、短路阻抗的标幺值。

3.1.5 电力变压器主要由哪些部件组成？

答 变压器主要由构成闭合磁路的铁芯和套在铁芯上的高、低压绕组组成。此外还有还有油箱、储油柜、绝缘瓷套管、分接开关、压力释放器、呼吸器、散热器以及气体继电器和压力继电器、冷却装置等部件。

3.1.6 什么是变压器铁芯？其作用是什么？

答 变压器铁芯是由磁导体（即将硅钢片用叠片的方法制成）和夹紧装置组成，是变压器的导磁回路，是电能转变成磁能的通道。

铁芯的作用是把一次绕组的电能转为磁能，又将该磁能转变为二次绕组的电能，简称为电磁转换；铁芯是电磁能量转换的媒介，另一个作用是通过叠片夹紧以后成为立柱，可以套装和固定绕组，支撑引线。

3.1.7 什么是变压器绕组？其作用是什么？

答 绕组是变压器输入和输出电能的电气回路，它通常由铜、铝导线绕制，也可以用铜箔或者铝箔绕制，再配以各种绝缘件如导线外面包扎的绝缘纸、线圈层间的绝缘材料、绕组对铁芯和其他接地体的绝缘等组成。

绕组的作用是在铁芯形成的磁通回路中缠绕铁芯的两个绕组内，由一个绕组的电流变化引起另一个绕组中产生感应电流。

3.1.8 变压器绕组的绕向如何确定？

答 （1）绕组感应电动势的方向与绕组绕向有关：

1）由起头开始，线匝沿左螺旋前进，或面对绕组起绕端观察，线匝由起端开始按逆时针方向旋转为左绕向，反之为右绕向；定绕向时，起头很重要。

2）当绕组水平放置时有左端和右端，垂直放置时有上端和下端，必须将水平放置时的右端作为垂直放置时的上端。通常当绕线人员和线盘位于绕组的同一侧时，左绕向的绕组是从绕组的右端起绕。

3）右绕向则是从绕组的左端起绕。绕线工作人员时常称为右起左绕向，左起右绕向。

4）确定一个绕组的绕向时，必须面对起绕端，观察起头的线匝旋转方向，而不能站在末端去观察起绕头的线匝旋转方向。

（2）变压器绕组出头标志，国家标准用下列字母：

1）单相变压器：高压绕组起头—A，末头—X；中压绕组起头—Am，末头—Xm；低压绕组起头—a，末头—x。

2）三相变压器：高压绕组起头—A、B、C，末头—X、Y、Z；中压绕组起头—Am、Bm、Cm，末头—Xm、Ym、Zm；低压绕组起头—a、b、c，末头—x、y、z；高压中部抽头—$A_{2\sim7}$、$B_{2\sim7}$、$C_{2\sim7}$。

3.1.9　什么叫变压器的变比？变比值由什么决定？

答　（1）变压器的变比是变压器一次侧电压 U_1 对二次侧电压 U_2 之比，即变比 $K=U_1/U_2$。

（2）将 $E=4.44fN\Phi\times10^{-8}$ 代入上式，可知变比由变压器的一次绕组匝数与二次绕组匝数之比决定，即 $K=N_1/N_2$。

3.1.10　什么是变压器分接开关？其作用是什么？

答　改变电压比是将变压器在绕组上预先安排好的匝数的抽头连接到一个固定的装置上进行切换，这个装置称分接开关。

变压器分接开关是起调压作用的，当电网电压高于或低于额定电压时，通过调分接开关，可以使变压器的输出电压在一定范围改变。变更分接开关位置，可使一、二次绕组的匝数比发生改变。调整的方法是改变变压器绕组的匝数，以保证变压器出线端电压稳定。分接开关一般分无励磁分接开关和有载分接开关两种，后一种开关允许在有负荷的时候进行切换，所以对于电压的调整比较方便，已经得到广泛的应用。

3.1.11　调压分接开关装设在变压器哪一侧？为什么？

答　不论是降压变压器还是升压变压器，分接开关均装设在高压侧。因为高压侧导线细，电流小，分接头装置和抽头体积小，灭弧相对容易。

3.1.12　呼吸器和净油器的作用是什么？

答　（1）呼吸器的作用是当油温下降时，使进入储油柜的空气所带潮气和杂质得到过滤。

（2）净油器的作用是吸附油中的水分、游离碳、氧化生成物等，使变压器油保持良好的电气、化学性能。

3.1.13 怎样区别电力变压器的高低压侧？

答 可以从变压器出线套管的外形上来区别：变压器套管长、所接导线细的一侧为高压侧，变压器套管短、所接导线粗的一侧为低压侧。

3.1.14 变压器主要绝缘的部位有哪些？

答 变压器主要绝缘部位有：

（1）绕组与铁芯之间。

（2）组与绕组之间。

（3）绕组与箱壳之间。

（4）引出线的绝缘。

（5）绕组中性点的绝缘。

（6）分接开关的绝缘。

（7）变压器的外部主绝缘。

3.1.15 什么是变压器套管？其作用是什么？

答 套管是将变压器内部的高、低压引出线引到油箱外部的装置。套管按作用分为高压和低压出线套管、铁芯接地套管、中性点套管；按结构分为穿缆套管、充油套管、电容套管等。

套管不但作为引线对地的绝缘，而且担负着固定引线的作用。

3.1.16 变压器油在变压器中的作用是什么？

答 （1）变压器中的油在运行时主要起散热冷却作用。

（2）变压器油对绕组等起绝缘和绝缘保养作用（保持良好绝缘状态）；对变压器绕组起绝缘作用。

（3）变压器油在高压引线处和分接开关接触点起消弧作用，防止电晕和电弧放电的产生。

（4）变压器利用油在箱体和散热器中的循环作用，可以将变压器绕组和铁芯的热量散发。

（5）利用变压器短路出现的高温对油的气化作用，来启动气体继电器或压力释放器对变压器起到保护作用。

3.1.17 什么是变压器储油柜？其作用是什么？

答 （1）随着变压器负荷和环境温度的变化，变压器内的油将产生热膨胀和冷收缩，变压器油在箱体中将随热和冷产生体积的变化。为了在油体积变化的过程中使油箱中永远充满油，并且维持一定的油位高度，在变压器的顶部安有一个储油柜（俗称油枕）进行调节。

（2）在受热的时候，油箱内的油向储油柜方向流动，在受冷的时候，油又从储油柜中回到油箱内，使油箱充满油，从而使油箱中的油位得以控制，而且也可以使对油位有特殊要求的部位（如套管）能够保持足够的油位。

3.1.18 储油柜分为哪几类？

答 储油柜的形式有四大类：一般的储油柜；采用胶囊袋密封方式使油和大气隔绝；采用隔膜方式使油和大气隔绝；采用不锈钢膨胀器。

3.1.19 在变压器油中添加抗氧化剂的作用是什么？

答 在变压器油中添加抗氧化剂的作用是减缓油的劣化速度，延长油的使用寿命。

3.1.20 变压器油为什么要进行过滤？

答 过滤的目的是除去油中的水分和杂质，提高油的耐电强度，保护油中的低绝缘，也可以在一定程度上提高油的物理、化学性能。

3.1.21 什么是变压器气体继电器？其作用是什么？

答 变压器的气体继电器是变压器本体的主要保护装置。

变压器气体继电器的作用为：

（1）气体继电器在变压器内部轻微故障时发出告警信号（一般称为轻瓦斯），是依靠气体继电器内部积聚的气体实现动作，而动作原理是油杯或者浮子原理。

（2）严重故障时气体继电器动作于跳闸（称为重瓦斯），变压器的电源断路器跳闸，使变压器内部的故障范围不再继续扩大。动作原理大部分是挡板或者浮子原理，依靠油在继电器中流动的速度实现动作。从动作正确率的统计看，采用挡板原理的可靠性更好。

3.1.22 什么是变压器的压力继电器？其作用是什么？

答 变压器的压力继电器也是变压器本体的主要保护装置。

变压器压力继电器主要作用就是：变压器内部如果发生严重故障，内部的气体膨胀会相当严重，可能危及油箱的安全时，就会在变压器外壳的顶部安装压力继电器和相应的压力释放装置，目的是保护变压器不致在大的压力下损坏和产生变压器箱壳爆裂等安全问题。

3.1.23　变压器油箱的作用是什么?

答　油浸式变压器的油箱具有容纳变压器器身（铁芯和变压器绕组以及相应的绝缘设施）、充注绝缘油以及供加装散热器进行冷却的作用。油箱结构随变压器容量的大小而异，大容量变压器为便于现场吊芯检查，把油箱的箱沿放在下部，上节油箱成钟罩形，下节油箱为盘形。而一般比较小的变压器的油箱往往是下面的部分是杯的形状，在上面加一个平板的大盖作为密封。

3.1.24　变压器的冷却装置由哪几部分构成？其作用是什么?

答　变压器冷却装置由散热器、风扇、油泵等组成。冷却装置的形式一般有三种：自冷方式散热器；采用风冷却的风冷散热器；采用油泵和风冷却一起作用的散热器（简称强油循环散热器）。

冷却装置的作用是散发变压器在运行中由空载损耗和负载损耗所产生的热量，如果不及时散发热量，变压器温度不断上升，会使绕组的绝缘过热而损坏。

3.1.25　电力变压器出线套管是如何构成的?

答　电力变压器出线套管是由导电部分和绝缘部分组成。导电部分包括导电杆、电缆或铜排；绝缘部分分为外绝缘和内绝缘，外绝缘一般为瓷套，内绝缘为纸板和变压器油、附加绝缘和电容型绝缘。

3.1.26　变压器套管的作用是什么？有哪些要求?

答　变压器套管的作用是：将变压器内部高、低压引线引到油箱外部，不但作为引线对地绝缘，而且担负着固定引线的作用；变压器套管是变压器载流元件之一，在变压器运行中，长期通过负载电流，当变压器外部发生短路时则通过短路电流。

因此，对变压器套管有以下要求：具有规定的电器强度和足够的机械强度；具有良好的热稳定性，并能承受短路时的瞬间过热；尺寸小、质量轻，密封性能好，通用性强，便于维修。

3.1.27　电力变压器出线套管按电压等级不同常用的有哪些型式？应用范围如何?

答　变压器的电压等级决定了套管的绝缘结构。套管的使用电流决定了导电部分的截面和接线头的结构，常用的出线套管按电压等级的不同有以下型式：

（1）复合瓷绝缘导杆式套管：由上瓷套和下瓷套组成，为拆卸式套管，常用于0.4kV电压等级出线。

（2）单体瓷绝缘导杆式套管：常用于10～20kV电压等级出线。

（3）有附加绝缘的穿缆式套管：在引线电缆上包以3～4mm厚电缆纸作为附加绝缘的穿缆式套管，用于35kV电压等级出线。

（4）油纸绝缘防污型电容套管：采用电容分压原理和高强度固体绝缘，为防污型，也适用于电压35kV电压等级出线。

（5）油纸电容型穿缆式套管：由电容芯子、上下瓷套气储油柜和中间法兰组成，用于110～220kV或者更高电压等级出线。

3.1.28 110kV油纸电容式套管的结构和原理是什么？

答 （1）110kV及以上电压等级的变压器本体110kV的引出端子广泛使用油纸电容式套管。

（2）油纸电容式套管主要由电容芯子、头部带油表的储油柜、上瓷套、中间法兰、下瓷套和均压球等组成。

（3）油纸电容芯子是套管的主绝缘，即导管与接地法兰之间的绝缘。

（4）电容芯子由电缆纸和铝箔交错卷在导管上制成。

（5）铝箔在电缆纸的层间每隔一定厚度放一层，形成多个与中心导管并列的同心圆柱体电容屏，利用电容分压原理调整电场，使其径向和轴向的电位分布均匀。

（6）导管一般是铜管，既是电容芯子的骨架，又是变压器引线穿过的通孔。电容芯子一般把最靠近导电侧的屏作为零屏，即带电端，最外层（远离导电部位）为地屏，并与安装法兰一起接地。

（7）地屏引出是用软绞线通过小套管接地的，电容芯子需用瓷套作为外绝缘。电容芯子本身以及和瓷套之间充满绝缘油。

（8）套管头部装有适应油热胀冷缩用的储油柜。头部结构与瓷套、中间法兰通常用强力弹簧串压而成整体。

3.1.29 110kV油纸电容式套管安装和检修试验时应注意哪些事项？

答 （1）油纸电容套管安装在变压器上，要注意油位表应面向外侧，方便平时检查油位，同时使三相油位一致。

（2）现场吊装需要调整安装角度时，应有滑轮组配合，安装时用绳子将引线从套管中心铜管中拉出；套管安装完，应设法检查瓷套下端的安装情况，确保引线绝缘锥进入均压球。

（3）套管顶端的接线头和引线接头应拧紧，固定接线头时必须检查密封圈，应规格合适，位置放正，防止因密封不良，雨水沿着铜管进入变压器内造成事故。

（4）绝缘预防性试验要拆除电容式套管地屏小套管接地时，应注意不使接线螺杆转动，防止接地屏引出的软绞线扭断。试验后仍然将接地接好，并保证接地可靠。

3.1.30 110kV 套管电流互感器安装的位置在哪里？

答 110kV 套管电流互感器是油纸电容式套管，安装在套管的升高座内，有测量级和保护级套管型电流互感器，分别给测量仪表和继电保护电路供电。电流互感器二次绕组的抽头引到升高座的接线盒上。

3.1.31 110kV 套管电流互感器在安装和检修试验时有哪些要求？

答 （1）110kV 套管电流互感器现场安装前，应先完成电气特性和绝缘试验。电流互感器绝缘电阻值应不低于 10MΩ（2500V 绝缘电阻表），对地耐压应为 2kV / 1min，否则需在 100～110℃下干燥 8～10h。

（2）电流互感器还应做极性、伏安特性、直流电阻、电流变比等测量，且在运行时不得开路。

（3）电流互感器装入升高座时，要注意一次电流方向朝着互感器“L”标记的端面，二次引线连接的端子板应绝缘良好，且无渗油。

（4）对于不用的电流互感器，应将其引出的分接头短接后用绝缘包布包扎好。

（5）套管电流互感器在安装过程脱离油的期间，要做好防潮、防尘措施。

（6）升高座安装位置如具有斜度，吊装时应注意放气塞的位置要在最高端。

（7）变压器注油后，要在升高座顶部放气，确保升高座内充满油。

3.1.32 油纸电容式套管为什么要高真空浸油？

答 油纸电容式套管芯子是由多层电缆纸和铝箔卷制的整体，如按常规注油，屏间容易残存空气，在高电场作用下会发生局部放电，甚至导致绝缘层击穿，造成事故，因而必须高真空浸油，以除去残存的空气。

3.1.33 油浸式电力变压器油的主要作用是什么？

答 （1）绝缘作用。纯净的变压器油具有良好的绝缘性能，耐电强度很高，一般可达到 120～200kV / cm，比空气的绝缘水平高 4～7 倍，它和固体绝缘一起使用，还能达到更好的绝缘效果。油是一种液体绝缘，流动性能好，同时又可以自己恢复绝缘，如当油被击穿以后，绝缘强度可以得到恢复，不会留下永久性的放电通道。另外，油可以浸满器身内部所有空间，赶走空气，提高变压器的整体绝缘强度。

（2）散热作用。变压器油有较大的比热容，决定了它有很好的导热特性。同时，充油设备具有良好的热循环回路，能将运行中变压器的铁芯和绕组等散发出来的热量，不断通过上下对流方式，转递给冷却装置，将热量散发，起到有效的散热作用。

（3）熄弧作用。当分接开关在切换的时候，变压器油作为灭弧介质，有熄弧的作用。

3.1.34 油浸电力变压器的冷却方式有几种?

答 油浸电力变压器的冷却方式，按其容量的大小，一般有以下几种:

（1）油浸自冷。

（2）油浸吹风冷却（一般称为风冷）。

（3）强迫油循环冷却。

3.1.35 油浸电力变压器油浸自冷方式的工作原理是怎样的?

答 油浸自冷方式一般用于小容量变压器，依靠油箱壁的辐射和周围空气的自然对流，把热量从油箱的表面带走。

中等以上容量变压器使用的散热器，较多的是片式散热器。片式散热器是由 1mm 厚钢板经冲压成形后，借助上下集油盒焊接组装而成，可以利用油在里面上下对流来对箱体内的油进行冷却。

3.1.36 油浸电力变压器的油浸吹风冷却方式的工作原理是怎样的?

答 对于容量大一些的大型变压器，不能单独依靠增加散热面积进行冷却，一般在散热器上加装风扇，因为表面散热系数与表面流体的流动速度有关，在吹风以后，对流部分的散热系数将增大，可以大大增强散热能力。风扇可采用底吹、侧吹等形式。风扇的启动可以采用温控装置自动开停，轻载时还可停止吹风，以节省电力消耗。

3.1.37 油浸电力变压器的强迫油循环冷却方式的工作原理是怎样的?

答 强迫油循环冷却适用于大型或特大型变压器，容量在十几万千伏安及以上的变压器。

强迫油循环冷却方式下，冷却器是通过油管与油箱相通的，在冷却器下端的连接油管中间装上油泵，以加速油的循环，油进入油箱后按器身中沿冷却需要的导向路径流动，流速增加，散热系数增大，散热效果增强。一般在冷却器上装风扇进行风冷或通水进行水冷，冷却效果更好。冷却器是分组安装的，每组冷却器与油管间加装阀门，轻载时可以关闭一部分冷却器不用或可停止部分冷却器的吹风。

3.1.38 油浸电力变压器有哪些防渗漏措施？

答 消除变压器渗漏油是一项综合治理工程，因为变压器从设计制造到投入运行，需要经历运输、安装、运行、检修等诸多环节，每个环节的工作质量都会影响变压器的密封性能。变压器的制造质量是防渗漏油最为重要的因素。消除变压器渗漏油有以下措施：

（1）选用耐油、耐热、耐老化且弹性强度好的优质橡胶密封件，是变压器防渗漏油的关键，对于确认使用效果好的橡胶密封材料，应固定配方，固定生产工艺，固定制造厂家。

（2）散热器、出线套管及油箱上所有的放气或放油螺塞件，在设计制造时，要考虑对密封垫有径向和轴向的限位止口。轴向限位是防止密封垫过量压缩，径向限位是控制密封垫不自由扩展，保证密封垫有一定的压紧度。

（3）散热器、气体继电器、储油柜等组件，出厂安装前都要进行严格的泵压试漏，不合格的不能使用。对体积小又容易渗漏的组件，应模拟运行温度进行热油泵压试漏，并适当延长加压时间。

（4）储油柜、有载分接开关处的注油或放油阀门与管子应采用法兰连接，不宜使用管螺纹连接。阀体的密封口要选用耐油性能好的材料。

（5）分布在大型变压器顶部两侧的导气分支管，应考虑用一段不锈钢波纹管做柔性连接，以便使法兰间密封垫的压紧度有伸缩调节余地。

（6）变压器下节油箱应有和基础梁相对应的千斤顶座，变压器上下基础不准顶在箱沿处，避免箱沿变形、焊缝受损，引起渗油。

（7）变压器出厂前必须经过整体试装，重点检查各组件连接的垂直和水平误差，发现安装尺寸超过偏差限度的应予以校正，防止组件间勉强结合，造成密封垫压不紧或压紧不均匀。

（8）片式散热器、储油柜等组件，因机械强度较差，运输、保管和现场吊装时，应有防挤压、防碰撞变形措施。

（9）现场安装或检修时，对法兰、封板等密封面应严格进行表面处理，去除油迹和杂质，使用新的密封垫，拧紧螺栓时应遵守对角十字交叉的方法均匀进行，并注意控制压缩量，压缩量以30%～35%为宜，过量压缩反而使

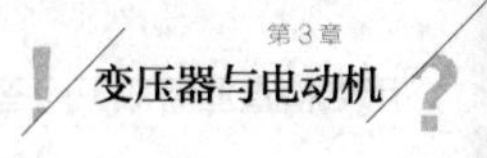

密封垫失去弹性，影响其密封效果。

（10）变压器套管与母线连接时，应考虑加装伸缩连接，防止套管因母线热胀冷缩或受外力影响产生水平位移而导致渗漏。

3.1.39 变压器油的牌号表示什么含义?

答 变压器油牌号分 10 号、25 号、45 号，它们表示变压器油的凝固点，分别为 −10℃以下、−25℃以下、−45℃以下。10 号适用于长江以南，25 号适用于黄河以南，45 号适用于北方寒冷地区。

3.1.40 为什么不同牌号的变压器油通常不能混用?

答 不同牌号的变压器油通常不能混用，这是因为变压器油的牌号是以凝固点的温度值命名的，不同牌号的变压器油混用后，对油的黏度、闪点、凝固点等都有一定影响，会加速油的老化。但在实际使用中又经常遇到变压器油的混用问题，一般原则是：对不同来源的新油混合使用时，首先必须测量油的凝固点，若相近方可混合使用。对运行中的主变压器需要加油时，应根据加入量，按比例抽取混合油进行油样分析试验，以确定可否混用。

3.1.41 取变压器的油样应注意什么?

答 （1）取油样应在空气干燥的晴天进行。

（2）装油样的容器应刷洗干净，并经干燥处理后使用。

（3）油样应由变压器底部放油阀来取，擦净油阀，放掉污油待油干净后取油样。

（4）取油样后要尽快将容器封好，严禁杂物、潮气混入容器。

（5）取完油样后应将放油阀关好，以防漏油。

3.1.42 什么是变压器铁芯的填充系数（利用系数）和叠片系数?

答 （1）变压器铁芯柱截面多为阶梯形，铁芯柱截面积与外接圆面积之比称为填充系数。在一定的直径下，铁芯柱的截面积越大，填充系数越大。但阶梯级数越多，叠片种类越多，从而使铁芯的制造工艺复杂化。

（2）铁芯柱的有效面积与其几何截面积之比叫叠片系数。它与硅钢片的平整程度、厚度和片间绝缘厚度有关。

3.1.43 为什么铁芯只允许一点接地?

答 铁芯如果有两点或两点以上接地，各接地点之间会形成闭合回路，当交变磁通穿过此闭合路时，会产生循环电流，使铁芯局部过热，损耗增加，甚至烧断接地片使铁芯产生悬浮电位。不稳定的多点接地还会引起放电。因此，铁芯只能有一点接地。

3.1.44 变压器铁芯绝缘损坏会造成什么后果?

答 （1）如因外部损伤或绝缘老化等原因，使硅钢片间绝缘损坏，会增大涡流，造成局部过热，严重时还会造成铁芯失火。

（2）穿心螺杆绝缘损坏，会在螺杆和铁芯间形成短路回路，产生环流，使铁芯局部过热，可能导致严重事故。

3.1.45 电力变压器的各类油阀有哪些？检修要求如何?

答 变压器使用的油阀有闸阀、球阀、蝶阀等，其中数量最多的是蝶阀，又称平面阀。

油阀的检修要求是开闭灵活、指示清楚、密封好、不渗油。

3.1.46 蝶阀有什么要求和特点?

答 （1）蝶阀有结构简单、通流口径大的特点，但是，阀片和阀腔的加工工艺要求比较高，蝶阀的开闭通过扁身轴操作，扁身轴内有O形圈密封，轴端标有开闭位置箭头。

（2）蝶阀在安装和检修时，要注意密封面光洁，密封圈放正，两侧压紧均匀。

（3）蝶阀上部发生漏时，应先处理扁身轴密封，O形圈老化后要及时更换，密封圈未压紧的要拧紧压紧圈。

（4）扁身轴密封是第一道密封，如果扁身轴密封处理不好，光靠帽盖密封是不够的，尤其是散热器下部的蝶阀，油的静压力比较大。

3.1.47 真空滤油机是怎样起到滤油作用的?

答 （1）通过滤油纸滤除固体杂质。

（2）通过雾化和抽真空除去水分和气体。

（3）通过对油加热，促进水分蒸发和气体析出。

3.1.48 电力变压器的气阀采用什么结构，检修要求如何?

答 变压器的气阀多为螺塞结构，它设置在散热器上部，主要起注油时排出空气的作用。变压器套管的顶部有放气的小孔，用于套管内部的放气，气阀的螺塞结构中的密封圈应有适当的限位间隔。气体继电器上也有放气塞，该气塞的开闭是通过塞杆上的锥状顶尖旋向塞座小孔来实现的。

气阀的检修要求是开闭灵活、指示清楚、密封好。

3.1.49 变压器型号 SFPSZ—63000 / 110 代表什么意义？

答 SFPSZ—63000 / 110 的含义为：

第 1 个 S 表示三相；F 表示风冷；P 表示强迫油循环；第 2 个 S 表示三绕组；Z 表示有载调压；63000 表示容量为 63000kVA；110 表示高压侧额定电压为 110kV。该变压器为三相强迫油循环风冷三绕组有载调压 110kV 变压器，额定容量为 63000kVA。

3.1.50 我国电力变压器有哪几种常用的联结组？

答 （1）普通三相双绕组电力变压器有：YNyO 联结组，用于高压变压器（如 220 / 121kV）；Yd11 联结组，用于中低压变压器（如 35 / 10.5kV）；YynO 联结组，用于低压配电变压器（如 10 / 0.4kV）。

（2）三相三绕组变压器的常用联结组为：YNynOd11（如 220/121/10.5kV）。

（3）三相三绕组组式自耦变压器的常用联结组为：IaOiO（单相变压器联结组），额定电压则用三相线电压来表示（如 525 / 242 / 36kV）。

3.1.51 什么叫全绝缘变压器？什么叫分级绝缘变压器？

答 （1）分级绝缘变压器就是变压器的靠近中性点部分绕组的主绝缘，其绝缘水平比端部绕组的绝缘水平低。

（2）一般变压器首端与尾端绕组绝缘水平一样的叫全绝缘变压器。

3.1.52 变压器常用的绝缘材料有哪几种？作用各是什么？

答 （1）变压器油：作用是绝缘和散热。

（2）绝缘纸板：用来做软纸筒、撑条、垫块、相间隔板、铁轭绝缘、垫脚绝缘以及角环的芯子等。

（3）电缆纸：一般用作变压器绕组的匝间绝缘、层间绝缘、引线绝缘以及端部引线的加强绝级。

（4）胶纸制品：常用作变压器绕组和铁芯、绕组和绕组之间的绝缘以及铁轭螺杆和分接开关的绝缘。

（5）木材：用作引线支架、分接支架以及制成木螺钉等。

（6）漆布或漆布带：用来包扎线弯曲处或用于绑扎质量要求较高的部位。

（7）电瓷制品：用作套管的外绝缘。

（8）环氧制品：用来浸渍绑扎铁芯立柱的玻璃丝带，有时也制成板、杆、圈和筒，做成绝缘零部件。

3.1.53 测量变压器绕组绝缘电阻时应注意什么？

答 测量变压器绝缘电阻时应注意以下问题：

（1）须在变压器停电时进行，各绕组都应有明显断开点。

（2）变压器周围清洁，无接地物，无作业人员。

（3）测量前变压器绕组和铁芯应对地放电，测量后也应对地放电。

（4）测量使用的绝缘电阻表应符合电压等级的要求。

（5）中性点接地的变压器，测量前应将中性点接地开关拉开，测量后应恢复原位。

3.1.54 如何判断变压器绝缘的好坏？

答 变压器绝缘状况的好坏按以下要求判定：变压器使用时所测得的绝缘电阻值，与变压器安装或大修干燥后投入运行前测得的数值之比，不得低于 50%；吸收比 R_{60}/R_{15} 不得小于 1.3 倍。符合上述条件，则认为变压器的绝缘合格。新安装或检修后及停运半个月以上的变压器，投入运行前，均应测定变压器绕组的绝缘电阻。

3.1.55 新变压器套管安装前应做哪些检查？

答 （1）检查套管的瓷件，应完整无损，表面和内腔要擦拭干净。

（2）检查充油套管的密封是否良好，油位是否正常。

（3）套管应经电气试验合格。

3.1.56 变压器的潜油泵在安装前应进行哪些试验？

答 （1）检查外观，无渗漏油，视孔玻璃应完好。

（2）按厂家的标准做渗漏试验，应无渗漏油。

（3）应做绝缘电阻和工频耐压试验，有条件时可做空载和转速试验。

3.1.57 为什么防爆管必须使用 2 ~ 3mm 的玻璃制造？

答 试验证明，装在防爆管上 2mm 的玻璃爆破压力不大于 49kPa（通气式防爆管防爆膜的爆破压力为 49kPa），而且玻璃又有不氧化变质的优点，只要安装得当，就不会出现裂纹。如采用金属或其他合成材料，除不易确保所规定的爆破压力外，合成材料还有氧化变质、出现裂缝、造成设备进水的缺点。因此，目前防爆膜还是采用玻璃制作。

3.1.58 说明型号 SFPSZL6-120000 / 220 的意义是什么？

答 各符号的意义：S—三相；F—油浸风冷；P—强迫油循环；S—三绕组；

L—铝绕组；6—设计序号6；Z—有载调压。该型号表明为三相三绕组，强油循环风冷带有载分接开关的铝线绕组变压器，容量为120000kVA，额定电压220kV。

3.1.59 安装大型变压器常用的器具有哪些？

答 安装大型变压器常用的器具有：

（1）压力式滤油机、真空滤油机；

（2）轻便油泵、高压冲洗机、真空泵；

（3）铜焊机、电扳手、油耐压机；

（4）吊车、油罐、烤箱；

（5）湿度表、干燥空气发生器；

（6）绝缘电阻表、电桥、万用表；

（7）起重搬运设备等。

3.2 变压器运行

3.2.1 变压器在电力系统运行中的主要作用是什么？

答 （1）变压器在电力系统运行中的作用是变换电压，以利于功率的传输。

（2）电压经升压变压器升压后，可以减少线路损耗，提高送电的经济性，达到远距离送电的目的。

（3）降压变压器能把高电压变为用户所需要的各级使用电压，满足用户需要。

3.2.2 电力变压器有几种调压方法？

答 电力变压器有无励磁调压和有载调压两种调压方式。

（1）无励磁调压是在变压器停电情况下，改变变压器分接开关的位置进行调压。

（2）有载调压是变压器在带负载运行中，改变变压器分接开关的位置进行调压。

3.2.3 电力变压器输出端电压低了应怎样调节分接开关？

答 变压器输出电压低了，应将分接开关向低位（高压侧电压减小的方向）调节，即向匝数减少的方向调节挡位（如从Ⅱ挡调至Ⅲ挡）。

3.2.4 电力变压器空载电流大约为多少?

答 中小型电力变压器的空载电流为额定电流的 1%~5%，大型电力变压器的空载电流在额定电流的 1% 以下。

3.2.5 电力变压器的主保护和后备保护要有哪些?

答 （1）电力变压器主保护包括变压器气体保护、变压器差动保护、变压器电流速断保护。

（2）电力变压器的后备保护一般由过电流保护和带时限的母线保护组成，由于后备保护和变压器差动保护装设在同一地点，所以起到近后备保护的作用，同时在一定的程度上还可以起远后备保护的作用（作为下级目线和线路的后备保护）。

3.2.6 电力变压器气体继电器保护的范围是什么?

（1）气体继电器保护是变压器内部故障最灵敏、最快速的保护，其保护范围是变压器内部故障，包括：

1）变压器内部多相短路、接地短路；

2）匣间短路、层间短路、绕组与铁芯绝缘损坏；

3）铁芯发热烧损；

4）油面严重下降；

5）分接开关接触不良。

（2）气体继电器保护不能反应变压器外部故障，尤其是套管和外部引线的故障。

3.2.7 电力变压器差动保护的原理及保护范围是什么?

答 在绕组变压器的两侧均装设电流互感器，其二次侧绕组按循环电流法接线，即如果两侧电流互感器的同极性端都朝向母线侧，则将同级性端子相连，并在两接线之间并联接入电流继电器。在继电器线圈中流过的电流是两侧电流互感器的二次电流之差，也就是说差动继电器是接在差动回路中，从理论上讲，正常运行及外部故障时，差动回路电流为零。

实际上由同于两侧电流互感器的特性不可能完全一致，在正常运行和外部短路时，差动回路中仍有不平衡电流 I_{umb} 流过，此时流过继电器的电流 I_k 为 $I_k=I_1-I_2=I_{umb}$ 要求不平衡点流应尽量小，以确保继电器不会误动。当变压器内部发生相间短路故障时，在差动回路中由于 I_2 改变了方向或等于零（无电源侧），这时流过继电器的电流为 I_1 与 I_2 之和，即 $I_k=I_1+I_2=I_{umb}$，能使继电器可靠动作。

差动保护的保护范围是：主变压器引出线及变压器绕组之间的多相短路；绕组的严重匝间和层间短路；大电流接地系统中绕组及引出线的接地短路故障。

3.2.8 电力变压器的速断保护？应用范围是什么？

答 变压器的电流速断保护是反应电流增大而瞬时动作的保护。装于变压器的电源侧，对变压器及其引出线上各种形式的短路进行保护。为保证选择性，速断保护只能保护变压器的部分。

对容量较小的变压器，可在供电侧装设电流速断保护作为主保护，电流速断保护的优点是接线简单、动作迅速，但只能保护高压引出线和变压器的一部分绕组，而另一部分绕组由于选择新要求却不能得到保护。

3.2.9 气体继电器的安装和验收有哪些要求？

答 气体继电器的安装和验收有以下要求：

（1）气体继电器必须有校验合格报告，且流速整定的数值要通过检验并且符合运行规定。

（2）同气体继电器连接的油管，向储油柜方向应有2%～4%的升高坡度，以保证气体能顺利进入气体继电器内。

（3）安装前应检查继电器内是否有临时绑扎带，若发现有绑扎带应予拆除；同时检查紧固件是否松动，干簧触点是否可靠开闭，而且开、闭干脆，以及引线有否脱落。继电器的两个触点采用串联还是并联，应当按照本单位的运行实际情况确定。

（4）安装气体继电器时，应注意安装箭头指向储油柜，法兰两端的密封垫要放入密封槽内，压紧程度均匀，不渗油。

（5）安装完毕后，打开连接管道中的油阀，同时打开放气塞排出气体，并使继电器内充满油。检查探针应涂有明显红色标记。

（6）二次接线准确，直流正电源与瓦斯保护跳闸小线必须有一定间距，二次小线的绝缘层应采用耐油材料，防上二次小线因绝缘层被油腐蚀损坏后，造成保护误动。

（7）户外装设的变压器，其气体继电器的二次接线盒要加装防止雨水浸入的防雨罩，但防雨罩不能阻挡巡视检查的视线。

3.2.10 变压器的不正常工作状态主要有哪些表现？

答 变压器的不正常工作状态主要有：

（1）过负荷、外部短路引起的过电流。

（2）外部接地短路引起的中性点过电压。

（3）油箱漏油引起的油面降低或冷却系统故障引起的温度升高等。

（4）对大容量变压器，由于其额定工作磁通密度较高，工作磁密与电压频率比成正比例，在过电压或低频率下运行时，可能引起变压器的过励磁故障等。

3.2.11 大型变压器的铁芯和夹件为什么接地？

答 变压器运行中，铁芯及固定铁芯的金属部件均处在强电场中，在电场作用下具有一定的对地电位；如果铁芯不接地，铁芯与接地的夹件及油箱之间就会产生断续的放电现象，放电会使油分解，产生可燃气体，因此铁芯及其金属部件必须经油箱接地。

3.2.12 铁芯多点接地的原因有哪些？

答 铁芯多点接地的原因有：

（1）铁芯夹件肢板距芯柱太近，硅钢片翘起触及夹件肢板。

（2）穿心螺杆的钢套过长，与铁轭硅钢片相碰。

（3）铁芯与下垫脚间的纸板脱落。

（4）悬浮金属粉末或异物进入油箱，在电磁引力作用下形成桥路，使下铁轭与垫脚或箱底接通。

（5）温度计座套过长或运输时芯子窜动，使铁芯或夹件与油箱相碰。

（6）铁芯绝缘受潮或损坏，使绝缘电阻降为零。

（7）铁压板位移与铁芯柱相碰。

3.2.13 大型变压器的铁芯和夹件为什么只能允许一点接地？

答 因为铁芯中是有磁通的，当发生多点接地时，相当于通过接地点短接铁芯片；短路回路中有感应环流，接地点越多，环流回路越多，环流越大，这样铁芯会产生局部过热，短接的铁芯片也可能烧坏而产生放电。因此，铁芯和夹件只允许一点接地，不允许多点接地。

3.2.14 大型变压器的铁芯和夹件为什么要用小套管引出线接地？

答 （1）大型电力变压器，由于匝间电压很高，当铁芯发生两点以上接地时，感应环流较大，故障点的能量级很高，将引起严重后果。

（2）为了便于对运行中大容量变压器的铁芯绝缘进行监视，避免发生铁芯烧坏事故，把通常的变压器内部铁芯直接固定接地，改为用小套管引出接地。

（3）另外需要说明的是，铁芯的接地需要防止硅钢片的断面短路接地的现象。

3.2.15 变压器预防性试验中为什么要进行直流耐压试验?

答 （1）对 10 ~ 66kV 电压等级的变压器在绝缘预防性试验时无交直流耐压试验项目。常规的预防性试验项目，试验电压低，难以及时发现隐性缺陷，增加直流耐压试验，能有效地发现变压器端部绝缘缺陷。

（2）例如某些变压器，制造厂在 10kV 套管安装时，为避免漏油在油箱套管孔周围涂密封胶，该密封胶在高电压下有一定的导电性能，出厂时进行的耐压试验没有发现问题。变压器运行一段时间后，密封胶受热加上油的混合作用，在变压器内部少量的密封胶沿着套管表面和密封的部位向下流出，使导电杆电场与油箱铁板之间经密封膏产生树校状放电，并逐步形成对地通路，由于持续放电，个别套管下部瓷质已经烧出深沟，这个隐性缺陷从直流耐压试验前后的泄漏电流变化中才能发现出。

（3）直流耐压过程绝缘没有介质损失，不会引起绝缘发热，因而没有破坏作用，直流耐压所用的试验设备容量小，便于现场作业，一台 35 / 10kV、20MVA 变压器的 35kV 绕组直流耐压标准定为 70kV，试验变压器容量只需 2kVA 就可以了。

（4）为了利用小修预试停役的机会，更有效地对变压器进行检查，建议在预防性试验中进行直流耐压试验，同时读取泄漏电流的数值并进行比较。

3.2.16 变压器出厂前为什么要做突发短路试验?

答 变压器短路电流所产生的电磁力与电流二次方及绕组匝数的乘积成正比，随着系统短路容量的增大，故障点的短路电流越来越大，要求变压器出厂前做突发短路试验。

变压器绝缘事故突出，据国内外资料统计分析，匝间短路事故率占变压器总事故率的 70% ~ 80%；匝间短路故障是由多种因素引起的，而变压器机械强度差，在外部短路时流经变压器绕组的短路电流的电磁力的作用下绕组产生变形是引起匝间短路的重要因素；解决这个问题的根本途径是制造厂改进变压器抗短路能力的设计计算，使之在承受突发短路能力方面具有足够的安全裕度；同时，要严格生产制造工艺，选用优良的材料，以保证产品达到设计要求的预期效果。

突发短路试验是为了验证变压器在规定的短路条件下，是否能承受短路时的耐热性能和动稳定性，它对促进制造厂增强变压器抗短路能力，提高运行可靠性有重要意义。突发短路试验属于破坏性试验，一般在批量生产的变压器中做此试验。

3.2.17 变压器温度表所指示的温度是变压器什么部位的温度？运行中有哪些规定？变压器温度与温升有什么区别？

答 （1）变压器温度表指示的是变压器上层油温，规定不得超过95℃；运行中油的监视温度定为85℃。

（2）温升是指变压器上层油温减去环境温度，运行中的变压器在环境温度30℃时，其温升不得超过55℃，运行中要以上层油温为准。

（3）温升是参考数字，上层油温如果超过95℃，其内部绕组的温度就要超过绕组绝缘物的耐热强度。

（4）为使绝缘不致迅速老化，所以才规定了85℃这个上层油温监视界限。但在长期过负荷运行时，要适当降低监视温度。

3.2.18 变压器进行频谱试验有何意义？

答 变压器在运输过程遭受冲撞或运行中受出口短路电流冲击，会引起绕组甚至铁芯的变形和位移。变压器绕组发生变形后，主、纵绝缘距离发生改变，固体绝缘水平降低或者受到损坏，形成运行电压下局部放电，当遇到雷电过电压或系统过电压作用时，有可能发生匝间、层间击穿，导致突发性绝缘事故。

频谱试验时根据变压器绕组的电感、电容和电阻等分布参数的特征，通过数字化记录设备扫描检测绘制出频响特性曲线，能反映变压器绕组的结构和位置。频谱试验是一项新的技术，它可以通过与原始的频谱曲线的对比发现事故隐患，便于及时采取措施，防止变压器事故的发生。

3.2.19 为什么在做频谱试验的同时还要测量低电压下的短路阻抗？

答 （1）由于频谱试验开展时间不长，尚需积累实测图形与实际变形的关系，所以在做频谱试验的同时，需要测量变压器的短路阻抗。

（2）有数据证明，当短路阻抗与出厂时的短路阻抗比较，误差在 ±3%时，就认为有变形的可能。

（3）采用低电压进行短路阻抗测量时，要注意采用的仪表精度在0.5级及以上，电压测量导线截面积大于1mm²，一次通电流的连接导线要短，接触点要接触良好，测量电压的端点必须靠近变压器电流的进口处。

3.2.20 为什么通过油中溶气色谱分析能检测和判断变压器内部故障？

答 变压器内的油和固体绝缘在正常运行温度下的老化过程中，产生的气体主要是CO、CO_2和低分子烃类气体；当变压器存在潜伏性过热或放电故障时，油中溶气的含量大不相同，油中溶气的组成和含量与故障类型和故障的严重程度有密切关系。因此，可以通过对油中溶气色谱分析来检测和判断变压器的内部故障。

3.2.21 怎样根据特征气体含量来判断故障性质？

答　(1) 在正常的变压器中，溶解于油中的各种气体含量都在一定的范围内，新变压器投运前，油中溶解的气体应不高于极限值，具体规定如下：

1) 总烃（$\sum C_1 + C_2$）含量不大于150×10^{-6}；

2) 氢（H_2）含量不大于150×10^{-6}；

3) 乙炔（CH_2）含量不大于5×10^{-6}。

如果气体浓度超过上述规定，就认为有故障潜在的可能，应引起注意，判断故障性质可参照下列特征气体分析。

(2) 烃类气体是变压器内裸金属过热引起油裂解的特征气体，主要是甲烷（CH_4）、乙烯（C_2H_4），其次是乙烷（C_2H_6）。引起变压器内裸金属过热的故障有分接开关接触不良，引线焊接不良，器身内部如铁芯多点接地，分接开关的引线接触不良等。

(3) 乙炔是变压器内部放电性故障的特征气体。

(4) 氢气在变压器内部发生各种性质的故障时都会产生，因此不能单独用这项指标来判断故障性质。如果其他气体含量均小，唯有氢气含量偏高时，则可能是制造工艺中油漆干燥程度不够、油溶解等因素所致，所以变压器在制造过程中需要密切注意干燥程度。

3.2.22 什么是变压器油色谱分析？

答　变压器气相色谱分析是一种物理分离分析法。对变压器油的分析就是从运行的变压器或其他充油设备中取出油样，用气体的组成成分和含量，借此判断变压器内部有无故障及故障隐患。

3.2.23 新变压器投运不久，色谱分析中发现含有微量乙炔是什么原因？

答　一般认为新变压器的油色谱分析中无乙炔含量，然而工作实践中曾遇到过这样的例子：某企业有一台变压器在投运前进行油色谱分析时，发现新油中含乙炔0.9mL/L，复测两次均为同一值，一般特征气体和其他组分含量很小。经比较，发现出厂试验报告中油色谱分析无乙炔为变压器绝缘试验前的结果，冲击耐压后未做油色谱分析，由于该台变压器在冲击耐压过程中发生高压B相套管内引线对箱壳击穿，生产厂疏忽漏做油色谱分析，现场试验时才发现。这也说明供电运行部门坚持按规定对变压器油进行色谱分析的必要性。

另外，由于目前在制造部门中变压器的外壳采用焊接的方式，如果在焊接的过程中忽略了冷却和设计的工艺问题，那么气体的色谱也会产生比较大的变化，常规变压器的油色谱分析气体组成见表 3-1，可供参考。

表 3-1　常规变压器油色谱分析气体组成

故障类型	主要的气体组成	次要的气体组成
油过热	甲烷、乙烯	氢、乙烷
油和纸过热	甲烷、乙烯、一氧化碳	氢、乙烷
油纸绝缘中局部放电	氢、甲烷、一氧化碳	乙烷、二氧化碳
油中火花放电	乙炔、氢	
油中电弧	乙炔、氢	甲烷、乙烯、乙烷
油和纸中电弧	氢、乙炔、一氧化碳	甲烷、乙烯、乙烷
进水受潮或油中有气泡	氢	

3.2.24　变压器并列运行应满足哪些条件？哪个条件是必须满足的？

答　变压器并列运行应满足三个条件：

（1）变压器的变比应相等；

（2）变压器的联结组别应相同；

（3）变压器短路阻抗的标幺值应相等。

其中变压器联结组相同的条件必须满足，变比和短路阻抗的标幺值允许有较小的误差（容量差值应在 1 / 3 以内）。

3.2.25　变压器并列运行时变压器的变比不等会出现什么后果？

答　（1）变压器并列运行，变压比不同时，变压器二次侧电压不等，在绕组的闭合回路中产生均衡电流。

（2）二次绕组中均衡电流的方向取决于二次输出电压的高低，从二次输出电压高的变压器流向输出电压低的变压器。该电流除增加变压器的损耗外，当变压器带负荷时，均衡电流叠加在负荷电流上。

（3）均衡电流与负荷电流方向一致的变压器负荷增大；均衡电流与负荷

电流方向相反的变压器负荷减轻。

3.2.26 变压器并列运行时变压器的短路电压不等会出现什么后果?

答　按变压器并列运行的三个条件，并列运行的变压器容量能得到充分利用。当各台并列运行的变压器短路电压相等时，各台变压器复功率的分配是按变压器的容量的比例分配的，各台变压器容量的总和就是它们能承受的系统总变压器容量的利用率100%。若各台变压器的短路电压不等，各台变压器的复功率分配是按变压器短路电压成反比例分配的，短路电压小的变压器易过负荷，变压器容量不能得到合理的利用。

3.2.27 什么叫变压器的接线组别？测量变压器的接线组别有何要求?

答　（1）变压器的接线组别是变压器的一次和二次电压（或电流）的相位差，它按照一、二次线圈的绕向，首尾端标号，连接的方式而定，并以时钟针型式排列为0 ~ 11共12个组别。

（2）变压器的接线组别通常采用直流法测量，主要是核对铭牌所标示的接线组别与实测结果是否相符，以符合并列运行的条件。

3.2.28 变压器并列运行时连接组别不同有何后果?

答　将不同连接组别的变压器并列运行，二次回路将因变压器各二次电压不同而产生电压差 ΔU_2，因在变压器连接中相位差总量是30°的倍数，所以 ΔU_2 的值是很大的。若并联变压器二次侧相位角差为30°，ΔU_2 就有额定电压的51.76%，若变压器的短路电压百分比 $U_k = 5.5\%$，则均衡电流可达4.7倍的额定电流，可能使变压器烧毁。较大的相位差产生较大的均衡电流，这是绝对不允许的。故不同组别的变压器是不能并列运行的。

3.2.29 变压器空载合闸时会出现什么问题？怎样处理?

答　（1）电力变压器在空载状态下合闸（接通电源）时，在一次绕组中可能会出现励磁涌流（很大的电流），变压器会因过电流保护动作跳闸。

（2）出现跳闸不能马上合上电源，应检查是否有检修接地线未拆除等因素，在无问题再次合闸即可。

3.2.30 变压器运行电压有什么要求？过高时有什么危害?

答　（1）运行变压器中的电压不得超过分接头电压的5%；

（2）电压过高会造成：铁芯饱和，励磁电流增大；铁损增加；铁芯发热，绝缘老化；影响变压器的正常进行和使用寿命。

3.2.31 油浸式变压器缺油运行有什么后果?

答 （1）无法对油位和油色进行监视。

（2）增大油和空气接触面，使油氧化、受潮，降低油绝缘性能。

（3）影响绕组间、绕组对地间的绝缘强度，易造成绝缘击穿。

（4）油循环不正常，油温升高，绝缘易老化。

3.2.32 变压器内部的局部放电往往是由气泡诱发产生的，气泡产生的原因是什么?

答 （1）固体绝缘浸渍过程不完善，残留气泡。

（2）油在高电场作用下析出气泡。

（3）局部发热，引起绝缘材料分解产生气泡。

（4）油中杂质水分在高电场作用下电解产生气泡。

（5）外界因素，如本体进水，温度骤变，油中气泡析出。

（6）油中气泡的局部放电，又会使油和绝缘材料分解成气体，而产生新气泡。

3.2.33 变压器的特性试验包括哪些项目?

答 变压器的特性试验包括:

（1）变比试验;

（2）极性及连接组别试验;

（3）短路试验;

（4）空载试验等。

3.2.34 什么叫变压器绕组的极性和同极性端?

答 （1）变压器绕组极性是指变压器一次、二次绕组的感应电动势相量的相对方向。

（2）一般习惯用电流方向表示变压器的极性，一次电流 $\dot{I}_1$ 流入的线端和二次电流 $\dot{I}_2$ 流出线端为同极性。

（3）变压器极性是用来标志在同一时刻一次绕组的线圈端头与二次绕组的线圈端头彼此电位的相对关系。因为电动势的大小与方向随时变化，所以在某一时刻，一、二次绕组必定会出现同时为高电位的两个端头和同时为低电位的两个端头，这种同时刻为高的对应端叫变压器的同极性端。由此可见，变压器的极性决定了绕组的绕向，绕向改变了，极性也随之改变。

3.2.35 怎样判别变压器极性?

答 （1）当变压器铭牌标志不清或变压器老旧时，可通过测试判别极性，方法有：测单相变压器时，在一次绕组接入一个1.5V的干电池，然后在二次绕组接入一直流毫伏表。当合上开关K的一瞬间，表针朝正方向摆动（或拉开开关时表针向负方向摆），说明接电池正极一端是同极性，或叫同名端。

（2）测试三相变压器的极性时，多采用双电压表法和直流法进行。

3.2.36 变压器在运行中常做的几项测试有哪些?

答 （1）温度测试。变压器上层油温不得超过85℃（即温升55℃）。一般变压器都装有专用温度测定装置。

（2）负荷测定。为了提高变压器的利用率，减少电能的损失，在变压器运行中，必须测定变压器真正能承担的供电能力。测定工作通常在每一季节用电高峰时期进行，用钳形电流表直接测定。电流值应为变压器额定电流的70% ~ 80%，若超过这一范围说明过负荷，应立即调整。

（3）电压测定。电压变动范围应在额定电压 ±5%以内。如果超过这一范围，应采用分接头进行调整，使电压达到规定范围。一般用电压表分别测量二次绕组端电压和末端用户的端电压。

（4）缘电阻测定。为了使变压器始终处于正常运行状态，必须进行绝缘电阻的测定，以防绝缘老化和发生事故。测定时应设法使变压器停止运行，利用绝缘电阻表测定变压器绝缘电阻值，要求所测电阻不低于以前所测值的70%。选用绝缘电阻表时，低压可采用500V电压等级的。

3.2.37 变压器在运行中巡视检查有哪些主要内容?

答 变压器巡视检查中的内容有：

（1）变压器声音是否正常；

（2）有无渗、漏油现象；

（3）油标、油位是否正常；

（4）气体继电器内部有无气体；

（5）呼吸器是否完整；

（6）防潮剂有无失效变色现象；

（7）风扇运转是否正常；

（8）温度计指示是否正常；

（9）变压器内部声音是否正常；

（10）电缆和引母线有无过热、移动、变形等。

3.2.38 怎样使用平衡电桥法检测变压器直流电阻?

答 （1）平衡电桥法是采用电桥平衡的原理来测量直流电阻，这种方法可以直接读取数据，准确度较高。常用的平衡电桥法有单臂电桥或双臂电桥两种。在中、小型变压器的实际测量中，大多采用直流电桥法。

（2）当被试线圈的电阻值在 1Ω 以上时一般用单臂电桥测量，1Ω 以下时则用双臂电桥测量。

（3）在使用双臂电桥接线时，电桥的电位桩头要靠近被测电阻，电流桩头要接在电位桩头的上面。测量前，应先估计被测线圈的电阻值，将电桥倍率旋钮置于适当位置，将非被测线圈短路并接地，然后打开电源开关充电，待充足电后按下检流计开关，迅速调节测量臂，使检流计指针向检流计刻度中间的零位线方向移动，进行微调，待指针平稳停在零位上时记录电阻值，此时，被测线圈电阻值 = 倍率数 × 测量臂电阻值。测量完毕，先放开检流计按钮，再放开电源开关。

3.2.39 怎样使用电压电流法检测变压器直流电阻?

答 （1）测量原理：在被测绕组中，通以适当大小的直流电流，然后测量绕组中的电流和绕组两端的电压降，再根据欧姆定律，即可算出绕组的直流电阻。

（2）测量时，所用仪表应不低于 0.5 级，电流表应选用内阻较小的，电压表应选用较高内阻的表，引线要有足够的截面。测量电感量较大的绕组时，还需要有足够的充电时间。绕组通过的电流应限制在绕组额定电流的 20% 以内。

（3）此检测方法的主要缺点是需要较长的时间才能测出准确值。因为每相绕组可以等效成电阻和电感的串联电路，在接通电源后，电感中电流从零逐渐增加到电源电压，然后逐渐下降到稳态值，需要一个过渡过程。过渡时间的长短取决于电路的时间常数 $t = L / R$。由于变压器铁芯的磁导率很高，L 值大大增加，而绕组的直流电阻数值又很小，因此时间常数 t 值很大。一般来说，电流表和电压表内阻对测量结果产生一定的影响，而且经过时间 $T=(3 \sim 5)t$，电流才能达到稳态值，即需要几十分钟甚至更长时间，才能测出直流电阻的准确值。

3.2.40 怎样使用三相绕组同时加压法检测变压器直流电阻?

答 （1）三相绕组同时加电压测量变压器的直流电阻，是根据楞次定律，使各相电流所产生的磁通在铁芯中相互抵消，合成磁通为零，从而减小电感

L 值，使电路的时间常数减小，即减少了测量直流电阻的时间，提高了工作效率。

（2）测量时，还应考虑绕组电阻的大小受温度影响的因素和直流电阻的不平衡率等问题。用电压降法测量直流电阻需要很长的时间才能获得准确值，主要由于绕组中通入的电流在变化过程中，在高导磁率的铁芯中产生磁通，致使 L 增大。若使磁通减少，也就降低了 L 值，则电流变化的时间（取决于时间常数）减小。

（3）在变压器的三相绕组同时加电压，可同时测量每相的直流电阻。三相绕组同时加电压时，在每相绕组中通入的电流从零开始增加，由右手螺旋定则可知，三相电流在每个铁芯柱中产生的磁通方向不同，它们的作用相互抵消，结果是铁芯中的合成磁通近似为零。这使电感值 L 大为减小，因此时间常数 t 也就降为最低，测试时电流变化的过渡过程大为缩短，短时间内便能获得稳定的电流值，进而求出绕组的直流电阻值。

3.2.41 110kV 及以上主变压器一般应有哪些保护？各自的保护范围如何？

答 （1）差动保护。保护范围是主变压器 220kV 断路器电流互感器至主变压器 110kV 断路器电流互感器之间的所有设备。

（2）零序差动保护。保护范围是主变压器零序差动各侧电流互感器之间的所有设备。

（3）瓦斯保护。保护范围是主变压器内部。

（4）220kV 复合电压闭锁过电流保护。保护范围是主变压器后备及 110kV 侧后备保护。

（5）110kV 复合电压闭锁过电流保护。保护范围是 110kV 母线及主变压器 220kV 侧后备保护。

（6）220kV 零序方向过电流保护。保护范围是主变压器及 110kV 侧后备保护。

（7）110kV 零序过电流保护。保护范围是 110kV 母线及主变压器 220kV 侧后备保护。

（8）过负荷保护。监视主变压器负荷。

3.2.42 什么叫变压器的励磁涌流？它对变压器有没有危害？

答 （1）在变压器空载合闸时，有时合闸电流很大，可达额定电流的 3 ~ 8 倍，但很快就衰减到变压器空载电流的稳定值。这个合闸电流称为变压器的励磁涌流。

（2）在变压器设计时，对励磁涌流的危害已采取了措施，因此，它对变压器本身没有直接危害，但能引起变压器电流速断、差动等速断保护的误动作。所以变压器的继电保护整定值应躲过励磁涌流的冲击。

3.2.43 大型变压器在投入空载试运前做冲击合闸试验时应注意哪些事项?

答 大型变压器空载冲击合闸试验时应注意下列事项：

（1）冲击合闸前应启动冷却器，以排净主体内气泡。合闸时可停止冷却器，以检查有无异常声响。

（2）电源侧三相开关不同步应小于10mm，非合闸侧应有避雷器保护；中性点直接可靠接地；过电流保护动作时限整定为零；气体继电器信号回路暂接入分闸回路上。

（3）5次冲击合闸中，第一次合闸后持续时间大于10min，每次冲击合闸间隔应大于15min。变压器励磁涌流不应引起保护装置误动作。

3.2.44 变压器吊芯（罩）时使用的主要设备和材料有哪些?

答 变压器吊芯（罩）时使用的主要设备和材料有：

（1）起重设备，包括吊车、U形环、钢丝套、绳索、道木等；

（2）盛油容器及滤油设备；

（3）电气焊设备；

（4）一般工具及专用工具；

（5）布带、干燥的绝缘纸板、电缆纸等；

（6）梯子；

（7）消防设备；

（8）绝缘电阻表、双桥电阻计、湿度计等。

3.2.45 变压器的干燥方法有哪几种?

答 变压器干燥方法有：

（1）真空罐内干燥；

（2）油箱内抽真空干燥；

（3）油箱内不抽真空干燥；

（4）干燥室内不抽真空干燥；

（5）油箱内带油干燥和气相干燥等。

3.2.46 变压器有哪几种经常使用的加热方法？

答　变压器常用的加热方法有：

（1）外壳涡流加热；

（2）电阻加热；

（3）电阻远红外线加热；

（4）蒸汽加热；

（5）零序电流加热；

（6）热油循环加热；

（7）短路循环加热；

（8）短路法加热；

（9）煤油气相加热等。

3.2.47 变压器干燥过程中的注意事项有哪些？

答　（1）严格控制绝缘油的温度，以防油质老化。

（2）特别注意变压器各部分温度控制，不可超过规定温度，以防发生绝缘损坏。

（3）制订安全措施，配备消防用具。

3.2.48 为什么真空干燥变压器效果好？

答　在真空状态下，真空度越高，水分子沸点越低，加温的水分易于挥发，器身挥发出的水分又被真空泵快速抽出，从而加快了水分的蒸发，所以此法效果好。

3.2.49 在干燥变压器器身时，抽真空有什么作用？

答　在干燥器身时抽真空可加速干燥过程。主要原因是：绝缘材料中的水分在常压下蒸发速度很慢，且需要热量较多，而在负压时水分的汽化温度降低，真空度越高，汽化温度越低，绝缘物中的水分很容易蒸发而被真空泵抽走，从而缩短干燥时间，节省能源，干燥也比较彻底。

3.2.50 为什么绕组在真空干燥过程中要进行修整？

答　（1）干燥后的绕组轴向高度降低，可能使局部垫块不整齐，要重整。

（2）随着轴向高度的降低，压紧弹簧压力减小，要随之反复加压。

（3）要测量轴向高度，必要时加减垫块，使高度符合设计要求。

（4）检查绕组，如发现匝绝缘破损，导线弯曲、倾倒，导线换位处有剪刀形交叉及线段松散等，要及时处理。

3.2.51 变压器在哪些情况下应进行干燥处理？

答 （1）经常更换绕组或绝缘。

（2）器身在空气中暴露的时间太长，器身受潮。

（3）绝缘逐年大幅度下降，并已证明器身受潮。

3.2.52 不同牌号的变压器油能否混合使用？为什么？

答 变压器油是从石油中提炼出来，产地不同的油一般不能混合使用。各地变压器油的油基和工艺过程不一定相同。变压器油的化学成分为饱和碳氢化合物，油基有石蜡基、芳香基、环烷基、混合基等几种，不同的油基的油有不同的老化速度，因此一般不能混合使用。混用后的油，老化速度会加快。同一油基不同牌号的油可以混合使用，但凝固点要变化，新的凝固点介于原来两种油之间，黏度增高，闪点降低，酸值增高，而耐压强度在使用一段时间后要降低。

不同工艺的油混合会出现绝缘电阻和吸收比的反常现象。如果在同型号油不足的情况下，不得不混合使用时，应经过混油试验，即通过化学、物理试验证明可以混合后，再进行混合使用。

3.2.53 变压器更换气体继电器时应注意哪些要求？

答 （1）首先将气体继电器管道上的蝶阀关严。如蝶阀关不严或有其他情况，必要时可放掉储油柜中的油，以防在工作中大量溢油。

（2）新气体继电器安装前，应检查有无检验合格证明，口径、流速是否正确，内外各部件有无损坏，内部如有临时绑扎要拆开，最后检查浮筒、挡板、信号和跳阀触点的动作是否可靠，关好放气阀门。

（3）安装气体继电器时，应注意油流方向，箭头方向指向储油柜。

（4）打开蝶阀向气体继电器充油，充满后从放气小阀门放气。如储油柜带胶囊，应注意充油放气的方法，尽量减小和避免气体进入储油柜。

（5）进行保护接线时，应防止接错和短路，避免带电操作，同时要防止使导电杆转动和小瓷头漏油。

（6）投入运行前，应进行绝缘摇测及传动试验。

3.2.54 为确保安装的法兰不渗漏油，对法兰和密封垫有哪些要求？安装时注意哪些问题？

答 （1）法兰应有足够的强度，紧固时不得变形。法兰密封面应平整清洁，安装时要认真清理油污和锈斑。

（2）密封垫应有良好的耐油和抗老化性能以及比较好的弹性和机械强

度。安装应根据连接处形状选用不同截面和尺寸的密封垫，并安放正确。

（3）法兰紧固力应均匀一致，胶垫压缩量应控制在 1/3 左右。

3.2.55　变压器检修后，如何正确地安装无励磁开关操作杆？

答　（1）分接开关必须按原来的相位回装，将操作杆沿入孔垂直插入绝缘筒中，用手轻轻转动操作杆，待下部槽口插入转动轴的销钉后，分头指示必须与实际位置相符，法兰拆卸所做的记号也应相符。DW 型开关左右转时应较用力，DWJ 型开关在 1 分头时按顺时针方向转不动，按逆时针方向可以转动。

（2）法兰紧固后，倒换分头可用万用表进行“通”“断”测量。安装后必须做变比、直流电阻试验，以确定安装是否正确。

3.2.56　为什么变压器绝缘件要保持清洁？为什么在绝缘上做标记不用铅笔而用红蓝铅笔？

答　（1）变压器绝缘件上若有灰尘，易引起表面放电。这些杂质分散到变压器油中，还会降低油的电气绝缘强度。因此绝缘件要保持清洁。

（2）铅笔芯是导体，在绝缘零件上用铅笔做标号易引起表面放电。红蓝笔是非导体，不会引起放电。

3.2.57　有载分接开关的基本原理是什么？

答　有载分接开关是在不切断负载电流的条件下，切换分接头的调压装置。因此，在切换瞬间，需同时连接两分接头。分接头间一个级电压被短路后，将有一个很大的循环电流。为了限制循环电流，在切换时必须接入一个过渡电路，通常是接入电阻。其阻值应能把循环电流限制在允许的范围内。因此，有载分接开关的基本原理概括起来就是：采用过渡电路限制循环电流，达到切换分接头而不切断负载电流的目的。

3.2.58　有载分接开关快速机构的作用是什么？

答　有载分接开关切换动作时，由于分头之间的电压作用，在触头接通或断开时会产生电弧，快速机构能提高触头的灭弧能力，减少触头烧损，还可缩短过渡电阻的通电时间。

3.2.59　什么是正反向有载调压？

答　正反向有载调压，就是在有载分接开关上增加极性开关，通过极性开关的切换，将调压绕组与主绕组同极性串联，达到增加电压和降低电压的目的。这样可使同样的调压绕组调压范围扩大一倍。

3.2.60 电力变压器调压的接线方式按调压绕组的位置不同分为哪几类？

答 （1）中性点调压：调压绕组的位置在绕组的末端。

（2）中部调压：调压绕组的位置在变压器绕组的中部。

（3）端部调压：调压绕组的位置在变压器各相绕组的端部。

3.2.61 电力变压器无励磁调压的分接开关有哪几种？

答 电力变压器无励磁调压的分接开关有：

（1）三相中性点调压无励磁分接开关：分为 SWX 型和 SWXJ 型两种。

（2）三相中部调压无励磁分接开关：为 SWJ 型。

（3）单相中部调压无励磁分接开关：分为 DWJ 型、DW 型和 DWX 型三种（此处 X 代表楔型）。

3.2.62 采用无励磁分接开关时，绕组应采用哪几种抽头方式？

答 采用无励分接开关时，绕组的抽头方式一般有如下几种：

（1）三相中性点调压抽头方式。

（2）三相中性点反接调压抽头方式。

（3）三相中部调压抽头方式。

（4）三相中部并联调压抽头方式。

3.2.63 为什么无励磁调压变压器倒分头后要测量直流电阻？

答 变压器在运行中，分接开关接触部位可能产生氧化膜，造成倒分头后接触不良，运行中发热甚至引起事故分头位置不正，造成接触不良。所以无励磁调压变压器倒分接头后，必须测量直流电阻。

3.2.64 怎样采用熔断器进行变压器的保护？高低压熔断器的保护范围是如何确定的？

答 （1）容量在 560kVA 以下的配电变压器可采用熔断器保护。

（2）低压熔断器担当变压器过负荷及低压电网短路的保护。

（3）高压熔断器担当变压器套管处短路及内部严重故障的保护。

（4）低压熔断器的熔断时间应小于高压熔断器的时间。

3.2.65 变压器并列运行应满足哪些要求？

答 变压器并列运行应满足以下条件：

（1）联结组标号（联结组别）相同。

（2）一、二次侧额定电压分别相等，即变比相等。

（3）阻抗电压标幺值（或百分数）相等。

3.2.66 变压器并列运行若不满足并联运行条件会出现什么后果？

答 若不满足并列运行条件会出现以下后果：

（1）联结组别不同，则二次电压之间的相位差会很大，在二次回路中产生很大的循环电流，相位差越大，循环电流越大，会烧坏变压器。

（2）一、二次侧额定电压分别不相等，即变比不相等，在二次回路中也会产生循环电流，占据变压器容量，增加损耗。

（3）阻抗电压标幺值（或百分数）不相等，负载分配不合理，会出现一台满载，另一台欠载或过载的现象。

3.2.67 变压器大修检查铁芯时应注意什么问题？

答 变压器大修检查铁芯时应注意：

（1）检查铁芯各处螺栓是否松动。

（2）检查可见硅钢片、绝缘漆膜应完整、清洁，无过热等现象。硅钢片应无损伤断裂，否则应处理。

（3）用绝缘电阻表摇测穿心螺丝及夹件绝缘电阻，一般不得低于10MΩ。如不合格应检查处理。

（4）铁芯只许一点接地，如发现多点接地，应查明原因，彻底处理。

（5）铁压环接地片无断裂，应压紧且接地良好。

（6）检查铁芯表面无杂物、油垢、水锈。

（7）接地片良好，不松动，插入深度不小于70mm（配电不小于30mm）。

3.2.68 变压器吊芯对绕组应做哪些项目的检查？

答 （1）绕组表面应清洁无油垢、碳素及金属杂质。

（2）绕组表面无碰伤、露铜。

（3）绕组无松散，引线抽头须绑扎牢固。

（4）绕组端绝缘应无损、破裂。

（5）对绝缘等级做出鉴定。

3.2.69 变压器吊芯检查前应做哪些试验？

答 应做绝缘油耐压、绝缘电阻、高低压直流电阻试验。

主变压器还要做 $\tan\delta$、泄漏电流试验，以便根据试验情况确定检修项目。

3.2.70 为什么干燥变压器最高温度不能超过105℃？应保持什么温度为宜？

答 （1）变压器干燥温度越高，效果越好，但A级绝缘耐垫温度为105℃，因此干燥的最高温度不能超过105℃。

（2）为防止绝缘老化及不慎过温，干燥温度保持在95～100℃为宜。

3.2.71 中性点经消弧线圈接地的作用是什么？

答 在中性点不接地系统发生单相接地故障时，有很大的电容性电流流经故障点，使接地电弧不易熄灭，有时会扩大为相间短路。因此，常在系统中性点加装消弧线圈，用电感电流补偿电容电流，使故障电弧迅速熄灭。

3.3 电动机

3.3.1 电动机的工作原理是什么？

答 电动机也称为马达，把电能转变为机械能的机器，利用电动机可以把发电机所产生的大量电能应用到生产事业中去。

电动机构造和发电机基本上一样，原理却正好相反，电动机是通电于转子绕组以引起运动，而发电机则是借转子在磁场中之运动产生电流。

为了获得强大的磁场起见，不论电动机还是发电机，都以使用电磁铁为载体。

3.3.2 电动机如何分类？

答 电动机因输入的电流不同，可分为直流电动机与交流电动机。

3.3.3 什么是直流电动机？

答 用直流电流来转动的电动机叫直流电动机。因磁场电路与电枢电路连接之方式不同，又可分为串励电动机、分励电动机、复励电动机。

3.3.4 什么是交流电动机？

答 用交流电流来转动的电动机叫交流电动机。交流电动机主要有整流电动机、同步电动机、感应电动机。

3.3.5 什么是整流电动机？

答 使串励直流发电机作交流电动机用，即为整流电动机。因交流电在磁场与电枢电路中同时转向，故力偶矩之方向恒定保持不变，整流电动机则转动不停。

整流电动机因可兼用交、直流电，故又称通用电动机。吸尘器、缝纫机及其他家用电器等多用此种电动机。

3.3.6 什么是同步电动机?

答 同步电动机是指电枢自一极转至次一极，恰与通入电流之转向同周期的电动机。同步电动机不能靠自己开动，必须用另一电动机或特殊的辅助绕线电动机使其到达适当的频率后，方可接通交流电。倘若负载改变而使转速改变时，转速即与交流电频率不合，足使其步调紊乱，会导致其趋于停止或引起损坏，因条件限制多，故应用不广。

3.3.7 什么是感应电动机?

答 （1）感应电动机是置转子于转动磁场中，因涡电流的作用，使转子转动的装置。转动磁场并不是用机械方法实现的，而是以交流电通于数对电磁铁中，使其磁极性质循环改变，可看作为转动磁场。通常多采用三相感应电动机（具有三对磁极）。

（2）直流电动机的运动恰与直流发电机相反，在发电机里感生电流是由感生电动势形成的，所以它们是同方向的，在电动机里电流是由外电源供给的感生电动势的方向和电枢电流方向相反。

（3）交流电动机中的感应电动机，其强大的感应电流（涡流）产生于转动磁场中，转子上的铜棒对磁力线的连续切割，依楞次定律，此感应电流有反抗磁场与转子发生相对运动的效应，故转子乃随着磁场而转动；不过此转子转动速度没有磁场变换速度高，否则磁力线将不能为铜棒所切割，因此被称为异步电动机。

（4）异步电动机按照定子相数的不同分为单相异步电动机、两相异步电动机和三相异步电动机。三相异步电动机因其结构简单、运行可靠、成本低廉等优点，广泛应用于工农业生产中。

3.3.8 三相异步电动机的基本结构是什么?

答 三相异步电动机分为两部分：定子与转子。

定子是电动机固定部分，用来产生旋转磁场。它主要由定子铁芯、定子绕组和机座组成。

转子有笼型和绕线式两种。根据转子结构不同，异步电动机也分为笼型电动机和绕线式电动机。

笼型用于中小功率（100kW 以下）的电动机，其结构简单，电动机牢固耐用，工作可靠，使用维护方便，因此得到广泛应用。

绕线式电动机的转子用铜线绕制而成，配以启动电阻可增大启动转矩，主要用于起重机等设备。绕线式可以改善启动性能和调节转速，定子与转子之间的气隙大小，也会影响电动机的性能，一般气隙厚度为0.2～1.5mm。

3.3.9　三相异步电动机的机械特性是什么？

答　三相异步电动机的机械特性有固有的机械特性和人为的机械特性之分。

（1）固有机械特性有4个特殊点。

1）电动机在没有任何负荷情况下的空转，此时转速最大，此点即电动机的理想空载点。

2）电动机在有负荷情况下的正常运转，此时为电动机的额定工作点。

3）电动机在刚启动的时刻，即没有转起来，所客服转子自重时转矩的时候，此点为电动机的启动工作点。

4）电动机在拖动负荷最大转矩时，速度也比较适中时，此点为电动机的临界工作点。在此时电压如果过低或有巨大冲击负荷时，就会造成电动机停机。

（2）人为机械特性。

1）电压降低。电动机在运行时，如电压降低太多，会大大降低它的过负荷能力与起动转矩，甚至是电动机发生带不动负荷或者根本不能起动的现象。此外就是起动后电动机也会被烧坏。

2）定子电路接入电阻，此时最大转矩要比原来的大；转子电路串电阻或改变定子电源频率，此时起动转矩要增大，最大转矩不变。

3.3.10　三相异步电动机的启动方式有哪几种？

答　（1）直接启动：启动时转差率为1，转子中感应电动势很大，转子电流也很大。当电动机在额定电压下启动时，称为直接启动。直接启动的启动电流为额定电流的5～7倍，一般来说，额定功率为7.5kW以下的小容量异步电动机可直接启动。

（2）笼型异步电动机的降压启动：当笼型异步电机容量较大时，而电源容量不够大时采用降压启动，降压启动只适合于空载或轻载启动。降压启动方式有星形－三角形启动和自耦合变压器降压启动；

1）星形－三角形启动；如果在工作时电动机定子绕组是三角形连接方式，启动时可以把它接成星形，接近额定值时再改接成三角形。该方式只适用于三角形接线的电动机。

2）自耦变压器降压启动：适用于正常运行时定子绕组接成星形的情况。

（3）绕线式三相异步电动机的启动：在转子回路中串接启动电阻或串接频敏变阻器，来达到降压启动的目的。其特点是启动平滑、操作简便、运行可靠、成本低廉。

3.3.11 直流电动机的励磁方式有哪些？其特点如何？

答 （1）直流电动机的性能与它的励磁方式密切相关，通常直流电动机的励磁方式有4种：

1）直流他励电动机。

2）直流并励电动机。

3）直流串励电动机。

4）直流复励电动机。

（2）直流电动机的励磁方式各自特点如下：

1）直流他励电动机：励磁绕组与电枢没有电的联系，励磁电路是由另外直流电源供给的，因此励磁电流不受电枢端电压或电枢电流的影响。

2）直流并励电动机：并励绕组两端电压就是电枢两端电压，但是励磁绕组用细导线绕成，其匝数很多，因此具有较大的电阻，使得通过他的励磁电流较小。

3）直流串励电动机：励磁绕组是和电枢串联的，所以这种电动机内磁场随着电枢电流的改变有显著的变化。为了使励磁绕组中不致引起大的损耗和电压降，励磁绕组的电阻越小越好，所以直流串励电动机通常用较粗的导线绕成，其匝数较少。

4）直流复励电动机：电动机的磁通由两个绕组内的励磁电流产生。

3.3.12 什么是控制电机？控制电机有哪几种？

答 控制电机是指在自动控制系统中起检测、比较、放大和执行等作用的电机。

控制电动机包括直流伺服电动机、交流伺服电动机、步进电动机。

3.3.13 启动电动机时应注意什么？

答 （1）启动前检查电动机附近是否有人或其他物体，以免造成人身及设备事故。

（2）电动机接通电源后，如果出现电动机不能启动或启动很慢、声音不正常、传动机械不正常等现象，应立即切断电源检查原因。

（3）启动多台电动机时，一般应从大到小有秩序地一台台启动，不能同时启动。

（4）电动机应避免频繁启动，尽量减少启动次数。

3.3.14　三相感应电动机为什么不允许缺相运行？

答　电动机的三相电源中有一相断路称为缺相运行。发生这种情况时，电动机合闸后不能启动；如果缺相发生在运行中，虽然尚能继续运转，但出力下降，其他两相电流过大，容易烧毁电动机绕组。所以不允许电动机长时间缺相运行。

3.3.15　电动机过热的原因是什么？

答　电动机过热原因主要有电源、电动机本身和负载等方面：

（1）电源电压过高或过低，或者三相电压不对称；电机本身一相断线。

（2）绕组短路，绕组接法错误。

（3）机械故障，定、转子相擦，转子卡位等。

（4）负载长期过负荷，负载时高时低或机械卡住。

（5）通风散热不好。

3.3.16　三相感应电动机在运行中产生哪些功率损耗？

答　（1）定、转子的铜损耗。

（2）铁损耗。

（3）机械损耗。

（4）附加损耗。

3.3.17　用什么方法可以改变三相感应电动机的转向？

答　只要交换感应电动机任何两根电源线的连接顺序就可以改变它的转向。

3.3.18　何谓电动机的自启动？

答　电动机在运转中突然停电，其转速开始下降，在电动机尚未停止运转时，如果重新获得供电，其转速又开始上升直到恢复到正常工作，这一过程称为电动机自启动。

3.3.19　多台电动机自启动时会出现什么问题？如何保证重要电动机的自启动？

答　若同时参加自启动的电动机数目多，会有很大的启动电流，在厂用变压器和线路等元件中引起电压下降，使厂用电母线电压大大下降，危及厂用电系统的稳定运行。厂用电母线电压降低，使电动机启动过程时间增长，电动机绕组发热影响其寿命和安全。所以应限制同时参加自启动电动机的台数，以保证重要电动机的自启动。

3.3.20 造成电动机绝缘下降的原因有哪些?

答 造成电动机绝缘下降的原因有：

(1) 电动机绕组受潮。

(2) 绕组上灰尘及碳化物质太多。

(3) 引出线及接线盒内绝缘不良。

(4) 电动机绕组长期过热老化。

3.3.21 异步电动机启动时，熔丝熔断的原因有哪些?

答 熔丝熔断的原因有：

(1) 电源缺相或电动机定子绕组断相。

(2) 熔丝选择不合理，容量较小。

(3) 负载过重或传动部分卡死。

(4) 定子绕组接线错误，如一相绕组首尾接反。

(5) 定子、转子绕组有严重短路或接地故障。

(6) 启动控制设备接线错误。

YONGDIAN JIANCHA
YEWU ZHISHI WENDA

用电检查业务知识问答

第4章 电力线路

4.1 架空线路

4.1.1 低压配电线路由哪些元件组成？

答　组成低压配电线路的主要元件有：电杆、横担、导线、绝缘子、金具、拉线。

4.1.2 常用的裸导线有哪几种？

答　电力线路常用的裸导线有：

（1）裸铜绞线（TJ）；

（2）裸铝绞线（LJ）；

（3）钢芯铝绞线（LGJ，LGJQ，LGJJ）；

（4）铝合金绞线（HLJ）；

（5）钢绞线（GJ）。

4.1.3 说明导线型号 LGJJ-300 的含义？

答　LGJJ—300 的含义是：L—铝导线；G—钢芯；第一个 J—绞线；第二个 J—加强型；300—导线截面积（mm^2）。该型号表示加强型钢芯铝绞线，截面积为 $300mm^2$。

4.1.4 对架空电力线路路径和杆位的选择，有哪些基本要求？

答　（1）设计时应满足有关部门的规定，并与城镇总体规划及配电网改造相结合。

（2）应综合考虑运行、施工、交通条件和路径长度等因素。

（3）应尽量少占农田。

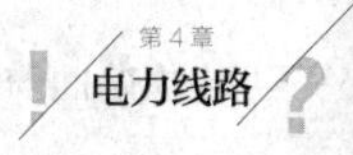

（4）应采取有效措施防止对邻近设施如电台、弱电线路等的影响。

（5）应尽量减少与其他设施的交叉。

（6）应尽量避开有爆炸物、易燃物和可燃液（气）体的生产厂房、仓库、贮罐等。

（7）应尽量避天洼地、冲刷地带以及易被车辆碰撞等处。

（8）不应引起交通和机耕困难。

（9）应与城镇规划相协调。

4.1.5 在三相四线制供电系统中，中性线起什么作用？

答 在三相四线制供电系统中，中性线的作用是强制负载中性点与电源中性点接近等电位；使不平衡负载的相电压达到基本对称。

4.1.6 在三相四线制供电系统中，对中性线有什么要求？

答 对中性线的要求如下：

（1）为强制负载中性点与电源中性点等电位，中性线中不能接入熔断器。

（2）中性线必须要有足够的机械强度，以防止中性线的开断。

（3）中性线要有合适的截面积，保证强制等电位的作用。

4.1.7 对配电线路（三相四线制、单相制）中性线的导线截面有何规定？

答 （1）对三相四线制，中性线截面积，不宜小于相线截面积的 50%。

（2）对单相制，中性线截面积应与相线截面积相同。

4.1.8 对架空线路导线的连接有何规定？

答 （1）不同金属、不同规格、不同绞向的导线，严禁在同一档距内连接。

（2）在一个档距内，每根导线不应超过一个接头。

（3）接头距导线的固定端点，不应小于 0.5m。

4.1.9 对架空线路的导线接头有何要求？

答 （1）钢芯铝线、铝绞线在档距内的接头，一般不采用钳压或爆压。

（2）铜芯线在档距内的接头，一般采用绕接或压接。

（3）铜芯线和铝绞线的接头，一般采用铜铝过渡线夹或铜铝过渡线，也可采用铜线搪锡插接。导线接头的电阻不应大于等长导线的电阻。档距内接头的机械强度不应小于导线计算拉断力的 90%。

4.1.10 对架空配电线路的导线弧垂有何规定?

答 架空导线的弧垂应根据计算确定，导线架线后塑性伸长对弧垂的影响，一般采用减小弧垂法补偿，弧垂减小百分数为：铝线 20%，钢芯铝线 12%，铜线 7% ~ 8%。架设导线应按设计弧垂紧纹，各相导线的弧垂应一致。

4.1.11 对架空电力线路的电压降，线路末端数值有何要求?

答 （1）3 ~ 10kV 架空电力线路，自供电变电站二次侧出口至线路末端变压器一次侧入口的允许电压降为供电变电站二次侧额定电压的 5%;

（2）3kV 以下架空电力线路，自变压器二次侧出口至线路末端（不包括屋内线路）的允许电压降为额定电压的 4%。

4.1.12 架空电力线路绝缘子的选择，有哪些基本的要求?

答 （1）35kV 直线杆塔不宜采用针式绝缘子，耐张力绝缘子串的绝缘子个数应比悬垂绝缘子串的同型绝缘子多一个。

（2）3 ~ 10kV 直线杆可采用瓷横担。

（3）3kV 以下直线杆一般采用低压针式绝缘子或低压瓷横担，而耐张杆应采用低压蝴蝶式绝缘子。

（4）绝缘子的组装方式应防止瓷裙积水。

（5）海拔超过 1000m 的地区，应根据海拔、线路电压等级，相应增强线路绝缘。

4.1.13 架空电力导线截面积选择的依据是什么?

答 电力架空导线截面积选择的依据是以下几点：

（1）经济电流密度。

（2）发热条件。

（3）允许电压损耗。

（4）机械强度。

4.1.14 架空线的避雷线有何要求?

答 （1）架空线的避雷线一般采用镀锌钢绞线，避雷线的安全系数宜大于同杆塔上导线的安全系数。

（2）避雷线的截面积不宜小于 $25mm^2$。

4.1.15 同杆架设10kV及以下的双回路或多回路线路的横担间垂直距离是多少?

答 (1)10kV及以下线路与35kV线路同杆架设时,导线间垂直距离不应小于2.0m。

(2)35kV双回路或多回路线路的不同回路不同相导线间的距离,不应小于3.0m。

(3)横担间导线排列间距不应小于表4-1的数值。

表4-1 横担间导线排列间距

序号	横担间导线排列方式	直线杆(m)	分支或转角(m)
1	3~10kV与3~10kV	0.80	0.45/0.60
2	3~10kV与3kV以下	1.20	1.0
3	3kV以下与3kV以下	0.60	0.30

4.1.16 配电线路拉线装设有何规定?

答 (1)拉线应根据电杆的受力情况装设,拉线与电杆的夹角一般采用45°。

(2)如受地形限制,可适当减小,但不应小于30°。

(3)跨越道路的水平拉线,对路面中心的垂直距离,不应小于6m,拉线柱的倾斜角一般采用10°~20°。

4.1.17 配电线路重复接地的目的是什么?

答 (1)当电气设备发生接地时,可降低中性线的对地电压。

(2)当中性线断线时,可继续保持接地状态,减轻触电的危害。

4.1.18 采用什么措施可使接地电阻降低?

答 降低接地电阻的措施有:

(1)增加接地极的埋深和数量。

(2)外引接地线到附近的池塘河流中,装设水下接地网。

(3)换用电阻率较低的土壤。

(4)接地极周围加降阻剂。

4.1.19 架空配电线路的接地及接地电阻值是如何规定的？

答 （1）有避雷线的配电线路，其接地装置在雷雨季节干燥时间的工频接地电阻，应符合 DL / T 5220—2005《10kV 及以下架空配电线路设计技术规程》中有关电杆的接地电阻的规定。

（2）无避雷线的高压配电线路，在居民区的钢筋混凝土杆宜接地，铁杆应接地，接地电阻均不宜超过 30Ω。

（3）中性点直接接地的低压电力网和高低压共杆的电力网，其钢筋混凝土杆的铁横担或铁杆应与中性线连接，钢筋混凝土杆的钢筋宜与中性线连接。

（4）中性点非直接接地的低压电力网其钢筋混凝土杆宜接地铁杆应接地，接地电阻不宜超过 50Ω。

（5）沥青路面上的或有运行经验地区的钢筋混凝土杆和铁杆，可不必另设人工接地装置，钢筋混凝土杆的钢筋、铁横担和铁杆也可不与中性线连接。

（6）中性点直接接地的低压电力网中的中性线，应在电源点接地；低压配电线路，在干线和分支线终端以及沿线每隔 1km 处，应重复接地。

（7）低压配电线路在引入车间式大型建筑物处，如距接地点超过 50m，应将中性线重复接地。

4.1.20 接户线的对地距离最小为多少？

答 接户线的对地距离，不应小于下列数值：低压接户线 2.5m；高压接户线 4m。

4.1.21 跨越街道的低压接户线，至路面中心的垂直距离最小为多少？

答 跨越街道的低压接户线至路面中心的垂直距离，不应小于下列数值：

（1）通车街道 6m。

（2）通车困难的街道、人行道 3.5m。

（3）胡同（里、弄、巷）3m。

4.1.22 低压接户线与建筑物有关部分的距离有何规定？

答 低压接户线与建筑物有关部分的距离不应小于下列数值：

（1）与接户线下方窗户的垂直距离 0.3m。

（2）与接户线上方阳台或窗户的垂直距离 0.8m。

（3）与窗户或阳台的水平距离 0.75m。

（4）与墙壁、构架的距离 0.05m。

4.1.23　对高低压接户线的导线截面积是如何规定的?

答　(1)低压接户线应采用绝缘导线，导线截面应根据允许载流量选择，但不应低于表 4-2 所列数值。

表 4-2　低压接户线的最小截面积

接户线架设方式	档距(m)	最小截面积(mm^2)	
		绝缘铜线	绝缘铝线
自电杆引下	10m 以下	2.5	4.0
	10 ~ 25m	4.0	6.0
沿墙敷设	6m 及以下	2.5	4.0

(2)高压接户线的截面积：铜绞线不应小于 $16mm^2$，铝绞线不应小于 $25mm^2$。

4.1.24　架空导线与地面或水面的距离是怎样规定的?

答　导线与地面或水面的距离，不应小于表 4-3 所列数值。

表 4-3　导线与地面或水面的距离　m

线路经过地区	线路电压	
	高压	低压
居民区	6.5	6
非居民区	5.5	5
不能通航也不能浮运的河、湖，至冬季冰面	5	5
不能通航也不能浮运的河、湖(50 年一遇洪水位)	3	3
交通困难地区	4.5	4

4.1.25　配电线路导线与山坡、峭壁、岩石之间的净空距离是怎样规定的?

答　导线与山坡、峭壁、岩石之间的净空距离，在最大计算风偏情况下，不应小于表 4-4 所列数值。

表 4-4　　导线与山坡、峭壁、岩石之间的净空距离　　m

线路经过地区	线路电压	
	高压	低压
步行可以到达的山坡	4.5	3.0
步行不能到达的山坡、峭壁和岩石	1.5	1.0

4.1.26　高低压配电线路跨越建筑物是怎样规的?

答　（1）高压配电线路不应跨越屋顶为用燃烧材料建成的建筑物。

（2）对耐火屋顶的建筑物，亦应尽量不跨越，如需跨越应与有关单位协商或取得当地政府的同意。

（3）导线与建筑物的垂直距离，在最大计算弧垂情况下，不应小于 3m。

（4）低压配电线路跨越建筑物，导线与建筑物的垂直距离在最大弧垂情况下，不应小于 2.5m。

（5）线路边线与建筑物之间的距离在最大风偏情况下，不应小于下列数值：高压 1.5m，低压 1m。

（6）在无风情况下，导线与不在规划范围内的城市建筑物之间的水平距离，不应小于上列数值的一半。

4.1.27　低压接户线与弱电线路的交叉距离是怎样规定的?

答　低压接户线与弱电线路的交叉距离，不应小于下列数值：

（1）低压接户线在弱电线路上方 60cm。

（2）低压接户线在弱电线路下方 30cm。

如不能满足上述要求，应采取隔离措施。

4.1.28　对低压绝缘导线直敷布线有何要求?

答　直敷布线可用于正常环境的屋内场所，并应符合下列要求：

（1）直敷布线应采用护套绝缘导线，其截面积不宜大于 6mm^2。

（2）布线的固定点间距，不应大于 300mm。

（3）绝缘导线至地面的最小距离应符合表 4-5 的规定。

表 4-5　　绝缘导线至地面的最小距离

布线方式（导线水平敷设）	最小距离（m）	布线方式（导线垂直敷设）	最小距离（m）
屋内	2.5	屋内	1.8
屋外	2.7	屋外	2.7

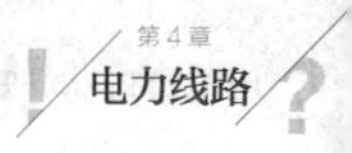

（4）当导线垂直敷设至地面低于1.8m时，应穿管保护。

4.1.29 采用鼓形绝缘子和针式绝缘子在屋内、屋外布线时，绝缘导线最小间距是怎样规定的？

答　采用鼓形绝缘子和针式绝缘子在屋内、屋外布线时，绝缘导线最小间距应符合表4-6的规定。

表4-6　屋内、屋外布线的绝缘导线最小间距

支持点间距 L（m）	导线最小间距（mm）		支持点间距 L（m）	导线最小间距（mm）	
	屋内布线	屋外布线		屋内布线	屋外布线
<1.5	50	100	3m（L小于6m）	100	150
1.5～3	75	100	6m（L大于10m）	150	200

4.1.30 屋外布线的绝缘导线至建筑物的最小间距是如何规定的？

答　屋外布线的绝缘导线至建筑物的最小间距应符合下列规定（绝缘导线至建筑物的最小间距）：

（1）水平敷设时的垂直间距在阳台、平台上和跨越建筑物不得小于2500mm。

（2）水平敷设时的垂直间距在窗户上不得小于200mm。

（3）水平敷设时的垂直间距在窗户下不得小于900mm。

（4）垂直敷设时至阳台窗户的水平间距导线至墙壁和构架的间距不得小于600mm（挑檐下除外）。

4.1.31 绝缘导线用金属管、金属线槽布线的适用场所及一般规定是什么？

答　（1）金属管、金属线槽布线宜用于屋内、屋外场所，但对金属管、金属线槽有严重腐蚀的场所不宜采用；在建筑物的棚顶内，必须采用金属管、金属线槽布线。

（2）明敷或暗敷在干燥场所的金属管布线应采用管壁厚度不小于1.5mm的电线管。直埋于素土内的金属管布线，应采用水煤气钢管。

（3）穿金属管或金属线槽的交流线路，应使所有的相线和N线在同一外壳内。

（4）穿管的绝缘导线（单根）总截面积（包括外护层）不应超过管内截面积的40%。

4.1.32 绝缘导线利用塑料管和塑料结槽布线的适用场所和一般规定是什么?

答 (1)塑料管和塑料线槽布线宜用于屋内场所和有酸碱腐蚀介质的场所，但在易受机械操作的场所不宜采用明敷。

(2)塑料管暗敷或埋地敷设时，引出地(楼)面的一段管路应采取防止机械损伤的措施。

(3)布线用塑料管(硬塑料管、半串硬塑料管，可挠管)塑料线槽应采用难燃材料，其氧指数应在27以上。

(4)穿管的绝缘导线(单根)总截面积(包括外护层)不应超过管内截面积的40%。

4.1.33 35kV及以下架空电力线路工程交接验收应进行哪些项目检查?

答 在验收时应按下列要求进行检查:

(1)所用器材的型号、规格;

(2)线路设备标志应齐全;

(3)电杆组立的各项误差;

(4)拉线的制作和安装;

(5)导线的弧垂、相间距离、对地距离、交叉跨越距离及对建筑物接近距离;

(6)电气设备外观应完整无损;

(7)相位正确，接地装置符合规定;

(8)沿线的障碍物，应砍伐的树及树枝等杂物应清除完毕。

4.1.34 配电线路与弱电线路交叉，应符合哪些要求?

答 配电线路与弱电线路交叉，应符合下列要求:

(1)配电线路一般架设在弱电线路上方。配电线路的电杆，应尽量接近交叉点，但不宜小于7m(城区的线路不受7m限制)。

(2)配电线路与弱电线路的交叉角:一级不小于45°;二级不小于30°;三级不限制。

4.1.35 10kV及以下架空电力线路上的电气设备在电杆上安装应符合哪些规定?

答 设备的安装，应符合下列规定:

(1)安装应牢固可靠;

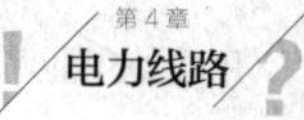

（2）电气连接应接触紧密，不同金属连接应有过渡措施；

（3）瓷件表面光洁，无裂缝、破损等现象；

（4）其他杆上变压器及变压器台的安装、跌落式熔断器的安装、断路器和负荷开关的安装、隔离开关的安装、避雷器的安装应符合 GB 50173—2014《电气装置安装工程 66kV 及以下架空电力线路施工及验收规范》。

4.1.36 配电线路的检查与维护周期是怎样规定的？

答 配电线路的检查与维护周期按表 4-7 规定执行。

表 4-7 配电线路的检查与维护周期

序号	项目		周期	备注
1	登杆塔检查（1～10kV 线路）		5 年至少一次	木杆、木横担线路每年一次
2	绝缘子清扫或水冲		根据污秽程度	
3	木杆根部检查、刷防腐油		每年一次	
4	铁塔金属基础检查		5 年一次	锈后每年一次
5	盐、碱、低洼地区混凝土杆根部检查		一般 5 年一次	发现问题后每年一次
6	导线连接线夹检查		5 年至少一次	
7	拉线根部检查	镀锌拉线棒	3 年一次	锈后每年一次
		镀锌铁线	5 年一次	锈后每年一次
8	铁塔和混凝土杆钢圈刷油漆		根据油漆脱落情况	
9	铁塔紧螺栓		5 年一次	
10	悬式绝缘子绝缘电阻测试		根据需要	
11	导线弧垂、限距及交叉跨越距离测量		根据巡视结果	

4.1.37 配电线路常见的故障有哪些？

答 （1）外力破坏的事故，如风筝、机动车辆碰撞电杆等。

（2）自然危害事故，如大风、大雨、山洪、雷击、鸟害、冰冻等。

（3）人为事故，如误操作、误调度等。

4.1.38 柱上变压器、配电站、柱上开关设备、电容器及配电网中其他设备的接地电阻值是怎样规定的？

答 （1）柱上变压器、配电站、柱上开关设备、电容器设备的接地电阻测量每 2 年至少一次，其他设备的接地电阻测量每 4 年至少一次。接地电阻测量应在干燥天气进行。

（2）总容量 100kVA 及以上的变压器，其接地电阻不应大于 4Ω，每个重复接地的接地电阻不应大于 10Ω；总容量为 100kVA 以下的变压器，其接地装置的接地电阻不应大于 10Ω，每个重复接地的接地电阻值不应大 30Ω；且重复接地不应少于 3 处。

（3）柱上开关、隔离开关和熔断器的防雷装置，其接地装置的接地电阻，不应大于 10Ω。

（4）配变站的接地装置的接地电阻不应大于 4Ω。

4.1.39 降低线损的技术措施中的建设措施有哪些？

答 降低线损的建设措施是以下几方面的改进：

（1）电网结构向合理化调整。

（2）线路的升压和调压、简化低压、高压线路。

（3）增设和新装补偿电容器。

（4）改变变压器结构、更换节能变压器。

（5）更换大截面导线等。

4.1.40 3～10kV 及以下导线的过引线、引下线的间距有什么要求？

答 （1）3～10kV 架空电力线路，过引线、引下线与邻相导线间的净空距离，不应小于 0.2m。

（2）3kV 以下架空电力线路，过引线、引下线与邻相导线间的净空距离，不应小于 0.05m。

（3）3～10kV 架空电力线路的引下线与低压线间的距离，不宜小于 0.2m。

（4）10kV 及以下线路的拉线从两相导线之间穿过时，应装设拉线绝缘子。

4.1.41 合成绝缘子是由什么材料构成？其特点有哪些？

答 合成绝缘子是由环氧树脂玻璃纤维棒制成芯棒和以硅橡胶为基本绝缘体构成的。

环氧树玻璃纤维抗张机械强度相当高，为普通钢材抗张强度的 1.6 ～ 2.0 倍，是高强度瓷的 3 ～ 5 倍；硅橡胶绝缘伞裙良好的耐污闪性能。

4.1.42 悬式绝缘子劣化的原因和缺陷的表现形式是哪些？

答 （1）悬式绝缘子劣化的主要原因：元件间的内部机械应力、进行中

的机电负荷、夏天气温的骤然变化及瓷质的自然老化。

（2）缺陷的表现形式：电击穿、瓷盘裂纹及沿面被电弧烧伤。

4.1.43 什么是绝缘材料的击穿电压、击穿强度？

答 （1）绝缘材料被击穿的瞬间所加的最高电压，称为材料的击穿电压。

（2）绝缘材料所具有的抵抗电击穿的能力，称击穿强度。

4.1.44 什么是线路电晕？是如何产生的？

答 （1）电晕（放电）是指由于高电压使周围空气产生电离，当电压梯度超过一定临界值时，在导体表面和它附近出现紫蓝色辉光的放电现象。

（2）电晕（放电）是气体介质在不均匀电场中的局部自持放电，是最常见的一种气体放电形式。在曲率半径很大的尖端电极附近，由于局部电场强度超过气体的电离场强，使气体发生电离和激励，因而出现电晕放电。发生电晕时在电极周围可以看到光亮，并伴有咝咝声。

（3）电晕放电可以是相对稳定的放电形式，也可以是不均匀电场间隙击穿过程中的早期发展阶段。电晕电流是一个断断续续的高频脉冲电流，引起有功损耗和无线电通信干扰，产生臭氧和氮氧化物污染环境。

4.1.45 线路电晕会产生什么影响？

答 （1）增加线路功率损耗，称为电晕损耗。

（2）产生臭氧和可听噪声，破坏环境。

（3）电晕的放电脉冲，会对无线电和高频通信造成干扰。

（4）电晕作用还会腐蚀导线，严重时烧伤导线和金具。

（5）电晕的产生有时还可能造成导线舞动，危及线路安全运行。

4.1.46 什么叫集肤效应？有何应用？

答 （1）当交流电通过导线时，导线截面上各处电流分布不均匀，中心处电流密度小，而靠近表面的电流密度大，这种电流分布不均匀的现象叫作集肤效应。

（2）为了有效地利用导体材料和使之散热，大电流母线常做成槽形或菱形，另外，在高压输配电线路中，利用钢芯绞线代替铝绞线，这样既节省了铝导体，又增加了寻线的机械强度。

4.1.47 什么叫污闪？

答 电力设备的电瓷表面，受到固体、液体和气体的导电物质的污染，在遇到露、雾和雨水的作用时，使污层电导率增大，泄漏电流增加产生局部放电，在运行电压下瓷件表面的局部放电发展成电弧闪络，这种闪络称为污闪。

4.2 电缆敷设

4.2.1 直埋敷设电缆的技术要求有哪些?

答 （1）电缆与建筑物基础最小距离不得小于 0.6m。

（2）敷设电缆的沟底不能有石块及其他硬杂物，必要时在电缆沟铺垫 100mm 的细砂和盖上保护板，埋入深度不得少于 0.7m。

（3）敷设的电缆交叉时，高压电缆应放在低压电缆的下面。

（4）电力电缆互相接近时，最小允许净距为 0.25m。

（5）动力电缆相互交叉时，最小允许净距为 0.5m。

（6）动力电缆与地下管接近或交叉时，允许的最小净距：电缆与热力管道接近的净距为 2m，交叉的净距为 0.5m，与其他管道接近或交叉的净距为 0.5m。

（7）电缆从地下引出地面时，应用 2m 长的金属管或护罩加以保护，其根部埋入地下深度不得小于 0.1m，以防外力的破坏。

4.2.2 电缆在室内敷设时有何规定?

答 （1）无铠装电缆在屋内明敷时：水平敷设时，其至地面的距离不应小于 2.5m; 垂直敷设时，其至地面的距离不小于 1.8m。当不能满足上述要求时，应防止电缆机械损伤措施；当明敷在配电室、电机室、设备层等专用房间内，不受此限制。

（2）相同电压的电缆并列明敷时：电缆的净距不应小于 35mm，且不应小于电缆外径。当在桥架、托盘和线槽内敷设时，不受此限制。1kV 及以下电力电缆及控制电缆与 1kV 以上电力电缆宜分开敷设；当并列明敷时，其净距不应小于 150mm。

（3）架空明敷的电缆与热力管道的净距不应小于 1m，当其净距小于或等于 1m 时，应采取隔热措施；与非热力管道的净距不应小于 0.5m，当其净距小于或等于 0.5m 时，应在与管道接近的电缆段上，以及由该段两端向外延伸不小于 0.5m 以内的电缆段上，采取防止电缆受机械损伤的措施。

4.2.3 电缆沟和电缆隧道应采取的防水措施是什么?

答 电缆沟和电缆隧道应采取防水措施：其沟道底部排水沟的坡度不应小于 0.5%，并应设集水坑；积水可经集水坑用泵排出，当有条件时，积水可

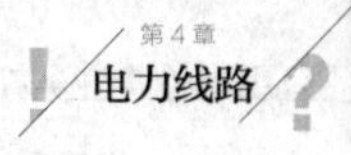

直接排入下水道。

4.2.4 对电缆埋地敷设的条数及埋设深度有何要求?

答 (1)电缆直接埋地敷设时,沿同一路径敷设的电缆数量不宜超过8根。

(2)电缆在屋外直接埋地敷设的深度不应小于700mm,当直埋在农田时,不应小于1m。应在电缆上下各均匀铺设细砂层,其厚度宜为100mm,在细砂层应覆盖混凝土保护板等保护层,保护层应超出电缆两侧各50mm。

(3)在寒冷地区,电缆应埋设于冻土层以下,当受条件限制不能深埋时,可增加细砂层的厚度,在电缆上下方各增加的厚度不宜小于200mm。

4.2.5 埋地敷设的电缆之间及其与各种设施平行或交叉的最小净距应符合哪些规定?

答 应符合表4-8的规定。

表4-8 埋地敷设的电缆之间及其与各种设施平行或交叉的最小净距 m

项目	敷设条件	
	平行时	交叉时
建筑物、构筑物基础	0.5	
电杆	0.6	
乔木	1.5	
灌木	0.5	
1kV及以下电力电缆之间,与控制电缆之间	0.1	0.5(0.25)
通信电缆	0.5(0.1)	0.5(0.25)
热力管沟	2.0	(0.5)
水管、压缩空气等	1.0(2.5)	0.5(0.25)
可燃气体及易燃液体管道	1.0	0.5(0.25)
铁路	3.0(与轨道)	1.0(与轨底)
道路	1.5(与路边)	1.0(与轨底)
排水明沟	1.0(与沟边)	0.5(与沟底)

注:

(1)路灯电缆与道路灌木丛平行距离不限。

(2)表中括号内数字,是指局部地段电缆穿管,加隔板保护或加隔热层保护后允许的最小净距。

(3)电缆与铁路的最小净距不包括电气化铁路。

4.2.6 电缆的防火阻燃应采取哪些措施？

答 （1）在电缆穿竖井、墙壁、楼板或进入电气盘、柜的孔、洞处，用防火堵料密实封堵。

（2）在重要的电缆沟和隧道中，按要求分段或用软质耐火材料设置阻火墙。

（3）对重要回路的电缆，可单独敷设于专门的沟道中或耐火封闭槽盒内，或对其施加防火涂料、防火包带。

（4）在电力电缆接头两侧及相邻电缆 2 ~ 3m 长的区段施加防火涂料或防火阻燃包带。

（5）采用耐火或阻燃型电缆。

（6）电缆沟内应无杂物，盖板齐全，隧道内应无杂物，照明、通风、排水等设备应符合设计。

（7）直埋电缆路径标志，应与实际路径相符。路径标志应清晰、牢固、间距适当。

（8）水底电缆线路两岸，禁锚区内的标志和夜间照明装置应符合设计。

4.2.7 10kV 及以下电缆正常运行时允许工作温度是怎样规定的？

电缆导体的长期允许工作温度，不应超过表 4-9 的规定。

表 4-9 电缆导体的长期允许工作温度 ℃

各种电压等级下的电缆种类	0.4kV 及以下	6kV	10kV
天然橡皮绝缘	65	65	
黏性纸绝缘	80	65	60
聚氯乙烯绝缘	65	65	
聚乙烯绝缘		70	70
交联聚乙烯绝缘	90	90	90

4.2.8 电缆敷设路径选择应注意什么？

答 电缆的路径选择，应符合下列规定：

（1）避免电缆遭受机械性外力、过热、腐蚀等危害。

（2）满足安全要求条件下使电缆较短。

（3）便于敷设、维护。

（4）充油电缆线路通过起伏地形时，使供油装置较合理配置。

4.2.9 直埋敷设电缆的接头配置应注意什么？

答 直埋敷设电缆的接头配置，应符合下列规定：

（1）接头与邻近电缆的净距，不得小于 0.25m。

（2）并列电缆的接头位置宜相互错开，且不小于 0.5m 的净距。

（3）斜坡地形处的接头安置，应呈水平状。

（4）对重要回路的电缆接头，宜在其两侧约 1000mm 开始的局部段，按留有备用量方式敷设电缆。

4.2.10 电缆敷设前如何进行绝缘摇测或耐压试验？

答 （1）1kV 以下电缆，用 1kV 绝缘电阻表摇测线间及对地的绝缘电阻应不低于 10MΩ。

（2）3～10kV 电缆应事先做耐压和泄漏试验，试验标准应符合国家和当地供电部门规定。必要时敷设前仍需用 2.5kV 绝缘电阻表测量绝缘电阻是否合格。

（3）纸绝缘电缆测试不合格者，应检查芯线是否受潮，如受潮，可锯掉一段再测试，直到合格为止。检查方法：将芯线绝缘纸剥一块，用火点着，如发出“叭叭”声，说明电缆已受潮。

（4）电缆测试完毕，油浸纸绝缘电缆应立即用焊料（铅锡合金）将电缆头封好。其他电缆应用聚氯乙烯带密封后再用黑胶布包好。

4.2.11 直埋电缆施工应注意哪些质量问题？

答 （1）直埋电缆铺砂盖板或砖时应防止不清除沟内杂物、不用细砂细土、盖板或砖不严、有遗漏部分等情况，施工负责人应加强检查。

（2）电缆进入室内电缆沟时，防止套管防水处理不好而造成沟内进水。应严格按规范和工艺要求施工。

（3）油浸电缆要防止两端头封铅不严密、有渗油现象，应对施工操作人员进行技术培训，提高操作水平，保证施工质量。

（4）沿支架或桥架敷设电缆时，应防止电缆排列不整齐，交叉严重。电缆施工前须将电缆事排列好，画出排列图表，按图表进行施工，电缆敷设时，应敷设一根整理一根、扎紧一根。

（5）有麻皮保护层的电缆进入室内，防止不做剥麻刷油防腐处理。

（6）沿桥架或托盘敷设的电缆应防止弯曲半径不够。在桥架或托盘施工时，施工人员应考虑满足该桥架或托盘上敷设的最大截面电缆的弯曲半径的要求。

（7）防止电缆标志牌挂装不整齐或有遗漏，应由专人复查。

4.2.12　电缆施工质量标准主控项目是什么？

答　（1）电缆的耐压试验结果，泄漏电流和绝缘电阻必须符合施工规范规定。

（2）电缆敷设必须符合以下规定：电缆严禁有绞拧、铠装压扁、护层断裂和表面严重划伤等缺损，直埋敷设时严禁在管道上面或下面平行敷设。

4.2.13　电缆施工质量标准一般项目是什么？

答　（1）坐标和标高正确，排列整齐，标志桩和标志牌设置准确；防燃、隔热和防腐要求的电缆保护措施完整。

（2）在支架上敷设时，固定可靠，同一侧支架上的电缆排列顺序正确，控制电缆在电力电缆下面，1kV 及其以下电力电缆应放在 1kV 以上电力电缆下面。

（3）直埋电缆埋设深度、回填土要求、保护措施、电缆间和电缆与地下管网间平行或交叉的最小距离均符合施工规范规定。

4.2.14　电缆直埋敷设方式的选择，应符哪些规定？

答　（1）同一通路少于 6 根的 35kV 及以下电力电缆，在厂区通往远距离辅助设施或城郊等不易有经常性开挖的地段，宜用直埋敷设；在城镇人行道下较易翻修情况或道路边缘，也可用直埋敷设。

（2）在厂区内地下管网较多的地段，可能有熔化金属、高温液体溢出的场所，待开发将有较频繁开挖的地方，不宜用直埋敷设。

（3）在化学腐蚀或杂散电流腐蚀的土壤范围，不得采用直埋敷设。

4.2.15　敷设电缆保护管应注意些什么？

答　（1）敷设电缆保护管时，应根据施工图的要求掌握以下内容：敷设几根保护管，穿多大型号的电缆，从哪里起到哪里为止，需多长，是否要接长，具体方位和几何尺寸是否符合要求等。

（2）电缆保护管应涂防锈漆（埋入混凝土的可以不涂），管口应用木塞堵牢，也可用铁板暂用点焊封盖好，以防杂物等落入而影响电缆穿进。

（3）电缆保护管应用钢锯下料，不得使用气焊切割，管口应胀成喇叭形或打磨光滑。

（4）电缆保护管的弯曲部分不应露出地面，每根管露出地面垂直高度应一致，多根排列整齐。

（5）对接管必须对准，管壁内打磨光滑，焊接要严密，以防水泥浆渗入，埋入地下管应有 1% 的排水坡度。

4.2.16 电缆穿管敷设方式的选择，应符合哪些规定？

答 （1）在有爆炸危险场所明敷的电缆，露出地坪上需加以保护的电缆，地下电缆与公路、铁道交叉时，应采用穿管敷设。

（2）在地下电缆通过房屋、广场的区段，电缆敷设在规划将作为道路的地段，宜用穿管敷设。

（3）在地下管网较密的工厂区、城市道路狭窄且交通繁忙或道路挖掘困难的通道等电缆数量较多的情况下，可用穿管敷设。

4.2.17 电缆沟敷设方式的选择，应符合哪些规定？

答 （1）有化学腐蚀液体或高温熔化金属溢流的场所，或在载重车辆频繁经过的地段，不得用电缆沟敷设。

（2）经常有工业水溢流、可燃粉尘弥漫的厂房内，不宜用电缆沟敷设。

（3）在厂区、建筑物内地下电缆数量较多但不需采用隧道时，城镇人行道开挖不便且电缆需分期敷设时，又不属于上述（1）（2）项的情况下，宜用电缆沟敷设。

（4）有防爆、防火要求的明敷电缆，应采用埋砂敷设的电缆沟敷设。

4.2.18 电缆隧道敷设方式的选择，应符合哪些规定？

答 （1）同一通道的地下电缆数量众多，电缆沟不足以容纳时应采用隧道敷设。

（2）同一通道的地下电缆数量较多，且位于有腐蚀性液体或经常有地面水流溢的场所，或含有35kV以上高压电缆，或穿越公路、铁道等地段，宜用隧道敷设。

（3）受城镇地下通道条件限制或交通流量较大的道路下，与较多电缆沿同一路径有非高温的水、气和通讯电缆管线共同配置时，可在公用性隧道中敷设电缆。

4.2.19 电缆群敷设在同一通道中位于同侧的多层支架上配置，应符合哪些规定？

答 （1）应按电压等级由高至低的电力电缆、强电至弱电的控制和信号电缆、通信电缆的顺序排列。

（2）当水平通道中含有35kV以上高压电缆，或为满足引入柜盘的电缆符合允许弯曲半径要求时，宜按由下而上的顺序排列。

（3）在同一工程中或电缆通道延伸于不同工程的情况，均应按相同的上下排列顺序原则来配置。

（4）支架层数受通道空间限制时，35kV 及以下的相邻电压级电力电缆，可排列于同一层支架，1kV 及以下电力电缆也可与强电控制和信号电缆配置在同一层支架上。

（5）同一重要回路的工作与备用电缆需实行耐火分隔时，宜适当配置在不同层次的支架上。

4.2.20 同一层支架上电缆排列配置方式，应符合哪些规定？

答 （1）控制和信号电缆可紧靠或多层叠置。

（2）除交流系统用单芯电力电缆的同一回路可采取品字形（三叶形）配置外，对重要的同一回路多根电力电缆，不宜叠置。

（3）除交流系统用单芯电缆情况外，电力电缆相互间宜有 35mm 空隙。

4.2.21 电缆最小弯曲半径和检验方法应符合什么标准？

答 电缆最小弯曲半径及检验方法应符合表 4-10 的规定。

表 4-10 电缆最小弯曲半径

<table>
<tr><th colspan="3">电缆形式</th><th>多芯</th><th>单芯</th></tr>
<tr><td colspan="3">控制电缆</td><td>10D</td><td></td></tr>
<tr><td rowspan="3">橡皮绝缘电力电缆</td><td colspan="2">无铅包、钢铠护套</td><td colspan="2">10D</td></tr>
<tr><td colspan="2">裸铅包护套</td><td colspan="2">15D</td></tr>
<tr><td colspan="2">钢铠护套</td><td colspan="2">20D</td></tr>
<tr><td colspan="3">聚氯乙烯绝缘电力电缆</td><td colspan="2">10D</td></tr>
<tr><td colspan="3">交联聚乙烯绝缘电力电缆</td><td>15D</td><td>20D</td></tr>
<tr><td rowspan="3">油浸纸绝缘电力电缆</td><td colspan="2">铅包</td><td colspan="2">30D</td></tr>
<tr><td rowspan="2">铅包</td><td>有铠装</td><td>15D</td><td>20D</td></tr>
<tr><td>无铠装</td><td>20D</td><td></td></tr>
<tr><td colspan="3">自容式充油（铅包）电缆</td><td></td><td>20D</td></tr>
</table>

注 D 为电缆直径。

4.2.22 明敷的电缆与热力管道架设时应注意些什么？

答 （1）明敷的电缆不宜平行敷设于热力管道上部。

（2）电缆与管道之间无隔板防护时，相互间距应符合表 4-11 的规定。

表 4-11　　电缆与管道相互间允许距离　　mm

电缆与管道之间走向		电力电缆	控制和信号电缆
热力管道	平行	1000	500
	交叉	500	250
其他管道	平行	150	100

4.2.23　电缆沿输送易燃气体的管道敷设时，应配置在危险程度较低的管道一侧，且应符合哪些规定？

答　（1）易燃气体比空气重时，电缆宜在管道上方。

（2）易燃气体比空气轻时，电缆宜在管道下方。

4.2.24　直埋敷设的电缆与其他管道等设施同时敷设应注意什么？

答　（1）直埋敷设的电缆，严禁位于地下管道的正上方或下方。

（2）电缆与电缆或管道、道路、构筑物等相互间容许最小距离应符合表 4-12 的规定。

表 4-12　　电缆与电缆或管道、道路、构筑物等相互间容许最小距离　　m

电缆直埋敷设时的配置情况		平行	交叉
控制电缆之间		–	0.5
电力电缆与控制电缆之间	10kV 及以下电力电缆	0.1	0.5
	10kV 以上电力电缆	0.25	0.5
不同部门使用的电缆		0.5	0.5
电缆及地下管沟	热力管沟	2	0.5
	油管或易燃气管道	1	0.5
	其他管道	0.5	0.5
电缆与铁路	非直流电气化铁路路轨	3	1.0
	直流电气化铁路路轨	10	1.0
电缆与建筑物基础		0.6	
电缆与公路边		1.0	

续表

电缆直埋敷设时的配置情况	平行	交叉
电缆与排水沟	1.0	
电缆与树木的主干	0.7	
电缆与 1kV 以下架空线电杆	1.0	
电缆与 1kV 以上架空线杆塔	4.0	

4.2.25 地中埋设的保护管敷设时应注意什么？

答 （1）地中埋设的保护管，应满足埋深下的抗压要求和耐环境腐蚀性。

（2）通过不均匀沉降的回填土地段等受力较大的场所，宜用钢管。

（3）同一通道的电缆数量较多时，宜用排管。

4.2.26 保护管管径与穿过电缆数量的选择，应符合哪些规定？

答 （1）每管宜只穿 1 根电缆。除发电厂、高压变电站等重要性场所外，对一台电动机所有回路或同一设备的低压电动机所有回路，可在每管合穿不多于 3 根电力电缆或多根控制电缆。

（2）管的内径不宜小于电缆外径或多根电缆包络外径的 1.5 倍，排管的管孔内径不宜小于 75mm。

4.2.27 采用单根保护管使用时，应符合哪些规定？

答 （1）每根管路不宜超过 4 个弯头；直角弯不宜多于 3 个。

（2）地中埋管，距地面深度不宜小于 0.5m；与铁路交叉处距路基不宜小于 1m；距排水沟底不宜小于 0.5m。

（3）并列管之间宜有不小于 20mm 的空隙。

4.2.28 使用排管时，应符合哪些规定？

答 （1）管孔数宜按发展预留适当备用。

（2）缆芯工作温度相差大的电缆，宜分别配置于适当间距的不同排管组。

（3）管路顶部土壤覆盖厚度不宜小于 0.5m。

（4）管路应置于经整平夯实土层且有足以保持连续平直的垫块上，纵向排水坡度不宜小于 0.2%。

（5）管路纵向连接处的弯曲度，应符合牵引电缆时不致损伤的要求。

（6）管孔端口应有防止损伤电缆的处理。

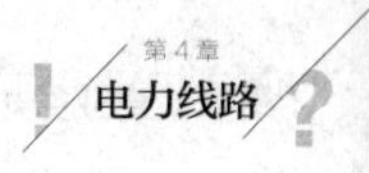

4.2.29 电缆支架层间垂直距离的允许最小值应符合什么规定?

答 电缆支架层间垂直距离的允许最小值应符合表 4-13 的规定。

表 4-13 电缆支架层间垂直距离允许最小值 mm

<table>
<tr><th colspan="2">电缆电压级和连续、敷设特征</th><th>普通支架、吊架</th><th>桥架</th></tr>
<tr><td colspan="2">控制电缆明敷</td><td>120</td><td>200</td></tr>
<tr><td rowspan="6">电力电缆明敷</td><td>10kV 及以下，但 6～10kV 交联聚乙烯电缆除外</td><td>150～200</td><td>250</td></tr>
<tr><td>6～10kV 交联聚乙烯</td><td>200～250</td><td>300</td></tr>
<tr><td>35kV 单芯</td><td rowspan="2">250</td><td rowspan="2">300</td></tr>
<tr><td>110kV，每层 1 根</td></tr>
<tr><td>35kV 三芯</td><td rowspan="2">300</td><td rowspan="2">350</td></tr>
<tr><td>110～220kV，每层 1 根以上</td></tr>
<tr><td colspan="2">电缆敷设在槽盒中</td><td>h＋80</td><td>h＋100</td></tr>
</table>

注 *h* 表示槽盒外壳高度。

4.2.30 电缆支架最下层支架距地坪、沟道底部的允许最小净距应符合什么规定?

答 电缆支架最下层支架距地坪、沟道底部的允许最小净距应符合表 4-14 的规定。

表 4-14 电缆支架最下层支架距地坪、沟道底部的允许最小净距

<table>
<tr><th colspan="2">电缆敷设场所及其特征</th><th>垂直净距（mm）</th></tr>
<tr><td colspan="2">电缆沟</td><td>50～100</td></tr>
<tr><td colspan="2">隧道</td><td>100～150</td></tr>
<tr><td rowspan="2">电缆夹层</td><td>除下项外的情况</td><td>200</td></tr>
<tr><td>至少在一侧不小于 800mm 宽通道处</td><td>1400</td></tr>
<tr><td colspan="2">公共廊道中电缆支架未有围栏防护</td><td>1500～2000</td></tr>
<tr><td colspan="2">厂房内</td><td>2000</td></tr>
<tr><td rowspan="2">厂房外</td><td>无车辆通过可能</td><td>2500</td></tr>
<tr><td>有车辆通过时</td><td>4500</td></tr>
</table>

4.2.31 电缆构筑物应满足防止外部进水、渗水的要求，需符合哪些规定?

答 （1）对电缆沟或隧道底部低于地下水位、电缆沟与工业水沟并行邻近、隧道与工业水管沟交叉的情况，宜加强电缆构筑物防水处理。

（2）电缆沟与工业水管、沟交叉时，应使电缆沟位于工业水管沟的上方。

（3）在不影响厂区排水情况下，厂区户外电缆沟的沟壁宜稍高出地坪。

4.2.32 电缆构筑物应能实现排水畅通，需符合哪些规定?

答 （1）电缆沟、隧道的纵向排水坡度，不得小于0.5%。

（2）沿排水方向适当距离宜设集水井及其泄水系统，必要时实施机械排水。

（3）隧道底部沿纵向宜设泄水边沟。

4.2.33 常见的电力电缆的缺陷故障部位和原因有哪些?

答 常见的缺陷故障和原因主要有：

（1）由沥青绝缘胶注的终端头，常因沥青绝缘胶开裂，形成孔隙而进水受潮。

（2）环氧树脂和塑料干封电缆端头易受电场、热和化学的长期作用而逐渐劣化。

（3）充油电缆进水受潮。

（4）电缆本体的机械损伤、铅包腐蚀、过热老化等。

4.2.34 为什么摇测电缆绝缘时，先要对电缆进行放电?

答 因为电缆线路相当于一个电容器，电缆运行时被充电，电缆停电后，电缆芯上聚集的电荷短时间内不能完全释放，此时，若用手触及，则会使人触电，若接绝缘电阻表，绝缘电阻表会损坏。所以摇测绝缘时，电缆要先对地放电。

YONGDIAN JIANCHA
YEWU ZHISHI WENDA

用电检查业务知识问答

第5章 电能计量

5.1 电能表

5.1.1 什么是电能表?

答　电能表是测量电能的专用仪表，用来计量某一段时间内负载消耗电能的多少。电能表是电能计量最基础的设备，广泛用于发电、供电和用电的各个领域。它不仅能反映负载消耗的功率大小，而且还能反映出电能随时间增长积累的总和。当消耗了 1kWh 的电能时，即俗称消耗了 1 度电，也就是平时人们所说的“电能表走了一个字”。

5.1.2 电能表的分类有哪些?

答　（1）电能表按使用的电路可分为直流电能表和交流电能表。交流电能表按其相线又可分为单相电能表、三相三线电能表和三相四线电能表。

（2）电能表按其工作原理可分为感应式电能表和电子式电能表（又称静止式电能表）。

（3）电能表按用途可分为：

1）有功电能表；

2）无功能电能表；

3）最大需要量表；

4）标准电能表；

5）复费率分时电能表；

6）预付费电能表；

7）损耗电能表；

8）多功能电能表等。

（4）电能表按准确度等级可分为：

1）普通安装式电能表（0.2、0.5、1.0、2.0、3.0 级）；

2）静止式电能电子组件 0.5S 级和 0.2S 级静止式电能表；

3）携带式精密电能表（0.01、0.02、0.03、0.05、0.1、0.2 级）。

（5）按照安装、接线方式，电能表又可分为直接接入式和间接接入式（经互感器接入式），其中，又有单相、三相三线、三相四线电能表之分。

（6）按平均寿命的长短，单相感应式电能表又分为普通型和长寿命技术电能表。长寿命技术电能表是指平均寿命为 20 年及以上，且平均寿命的统计分布服从指数分布规律的测量频率为 50Hz（或 60Hz）的感应式电能表，通常用于装配量大而用电量较小的单相供、用电量的计量。

（7）根据付款方式的不同，电能表还分为投币式、磁卡式、电卡式（IC 卡）等预付费电能表。预付费电能表就是一种用户必须先买电，然后才能用电的特殊电能表。安装预付费电能表的用户必须先持卡到供电部门售电机上购电，将购得电量存入 IC 卡中，当 IC 卡插入预付费电能表时，电能表可显示购电数量，购电过程即告完成。预付费电能表不需要人工抄表，有效地解决了抄表难的问题。

5.1.3　什么是有功电能表？

答　有功电能表是通过将有功功率对相应时间积分的方式测量有功电能的仪表，多用于计量用电户实际消耗的有功电能，其测量结果一般表示为 $W_{P} = UI\cos\phi t$。

5.1.4　什么是无功电能表？

答　无功电能表是通过将无功功率对相应时间积分的方式测量无功电能的仪表，多用于计量无功电能，测量结果为 $W_{Q} = UI\sin\phi t$。

5.1.5　什么是最大需量表？

答　最大需量表一般由有功电能表和最大需量指示器两部分组成，除测量有功电量外，在指定的时间区间内还能指示需量周期（我国规定为 15min）内测得的平均有功功率最大值，主要用于执行两部制电价的用电量计量。

5.1.6　什么是分时计度电能表？

答　（1）分时计度电能表是内部装有多个计度器，且每一个计度器在设定的时段内计量交流有功或无功电能量的仪表，又称复费率或多费率电能表。

（2）在我国，根据地区（省、直辖市）经济的发展情况，分时电价一般分为尖峰、峰、平、谷（24h内又分为至少8个以上时段），白天与黑夜，枯水期与丰水期等不同费率，国外还有节假日、星期天等许多费率时段分别执行不同电价。

（3）早期分时计度电能表多为机械电子式，随着电子工业的发展和计算机技术的广泛应用，目前多采用电子式，即静止式分时计度电能表。

5.1.7 什么是多功能电能表？

答　多功能电能表是一种比分时计度电能表功能更多、数据传输功能更强的静止式电能表。多功能电能表由测量单元和数据处理单元等组成，除计量有功（无功）电能量外，还具有分时计量、测量需量等两种以上功能，并能自动显示、存储和传输数据。

5.1.8 S级电能表与非S级电能表的主要区别是什么？

答　S级电能表与非S级电能表的主要区别在于对轻负荷计量的准确度要求不同。非S级电能表在5%I_b（I_b为基本电流，是确定电能表有关特性的电流值）以下没有误差要求，而S级电能表在5%I_b时即有误差要求。

5.1.9 电能表的型号一般由哪几部分组成？

答　电能表的型号一般由六部分组成，如下所示：

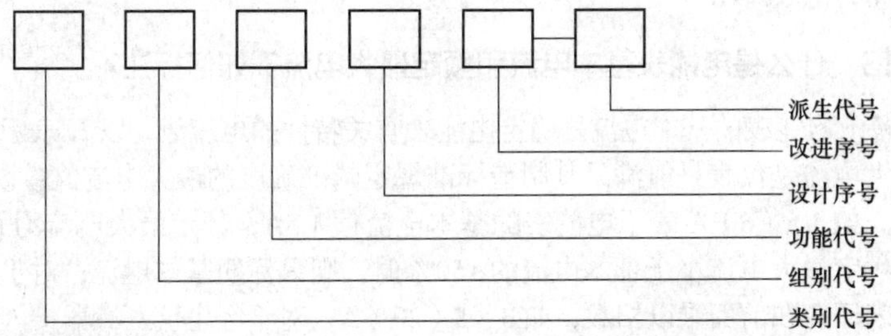

（1）类别代号：一般电能表的类别代号为D—代表电能表。

（2）组别代号。表示相线时分类：D—单相电能表；S—三相三线；T—三相四线。

表示用途分类：A—安培小时计；B—标准；F—伏特小时计；J—直流；X—无功。

（3）功能代号：F—分时计费；S—电子式；Y—预付费式；D—多功能；M—脉冲式；Z—最大需量。

（4）设计序号：一般用数字表示。

（5）改进序号：一般用汉语拼音字母表示。

（6）派生代号：T—湿热、干热两用；TH—湿热专用；TA—干热专用；G—高原用；H—船用；F—化工防腐。

5.1.10 什么是电能表常数？

答 电能表常数指的是电能表记录的电能和相应的转数或脉冲数之间关系的常数，有功电能表以 kWh / r（imp）或（imp）/ kWh 形式表示；无功电能表 kvarh / r（imp）或 r（imp）/ kvarh 形式表示。

5.1.11 什么是电能表参比频率？

答 参比频率指的是确定电能表有关特性的频率值，以赫兹（Hz）作为单位。

5.1.12 什么是电能表参比电压？

答 参比电压指的是确定电能表有关特性的电压，以 U_N 表示。对于三相三线电能表，以相数乘以线电压表示，如 3 × 380V；对于三相四线电能表，以相数乘以相电压 / 线电压表示，如 3 × 200 / × 380V；对于单相电能表，以电压线路接线端上的电压表示，如 220V。如果电能表通过测量用互感器接入，并且在常数中已考虑互感器变比时，应标明互感器变比，如 3 × 6000 / 100V。

5.1.13 什么是电能表基本电流和额定最大电流？如何标注？

答 电能表的基本电流是确定电能表有关特性的电流值，以 I_b 表示；额定最大电流是仪表是能满足其制造标准规定的准确度的最大电流值，以 I_{max} 表示。如 1.5（6）A 表示电能表的基本电流值 1.5A，额定最大电流为 6A。如果额定最大电流小于基本电流的 150% 时，则只标明基本电流；对于三相电能表还应在前面乘以相数，如 3 × 5（20）A；对于经电流互感器接入式电能表则标明（互感器接入式电能表则标明互感器）二次电流；以… / 5A 表示。电能表的基本电流和额定最大电流可以包括在型式符号中，如 FL246-1.5-6 或 FL246-5（6）。若电能表常数中已考虑互感器变比时，应标明互感器变比，如 3 × 1000 / 5A。

5.1.14 什么是感应式三相有功电能表？

答 （1）三相电能表由单相电能表演变而来，它的基本结构与单相电能表的结构相似，区别在于每个三相电能表有两组或三组驱动元件，它们形成

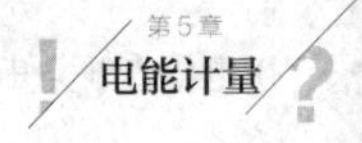

的电磁力作用于同一个转动元件上，并由一个计度器来累积三相电能。

（2）可将三相电能表看成两个或三个单相电能表的组合。因此三相电能表具有单相电能表的一切基本特征，工作原理与单相电能表相似。

（3）三相电能表各组驱动元件之间存在相互影响，所以它还具有一些特殊的性能，三相电能表的基本误差与各驱动元件相对位置及处于的工作状况有关，当三相负载不平衡或电压不对称或相序改变时，都会影响其误差特性。

（4）在每组驱动元件上都安装了平衡调整装置，以补偿各组元件的驱动力矩不平衡所引起的误差。

5.1.15　三相三线制电能表和三相四线制电能表有什么区别？

答　电力系统供电网大多采用三相三线制或三相四线制电路。一般采用的是由两组驱动元件制成的三相三线电能表及由三组驱动元件制成的三相四线电能表。三相三线两元件有功电能表可测量三相三线制电路中的有功电能，而且不管三相电路是否对称，都能正确计量有功电能。三相四线电能表可测量三相四线电路中有功电能，而且不管电路是否对称都能正确计量有功电能。

5.1.16　什么是全电子式电能表？

答　全电子式电能表是通过对用户供电电压和电流实时采样，采用专用的电能表集成电路，对采样电压和电流信号进行处理并相乘转换成与电能成正比的脉冲输出显示。全电子式电能表分为单项全电子式电能表和集中式多用户全电子式电能表。

5.1.17　为什么全电子式电能表准确度高，计量准确？

答　由于全电子式电能表的测量原理是数据采样，由乘法器完成对电功率的测量，其测量准确度高。2.0级全电子式电能表基本误差在0.2～0.6之间，相当于机械表误差的10%。全电子式电能表灵敏度高，对同规格的机械表，如5（20）A，启动电流为25mA，而电子表仅为10mA，在小负荷时能做到准确计量。

5.1.18　为什么全电子式电能表检定工作量降低，工作效率能提高？

答　（1）全电子式电能表没有机械器件，无须修理，免去了修理工序。

（2）电子式电能表误差曲线线性好，在各负荷点下为一条平线，调整误差方式为软件调整，整线平移，调校方便，无须打开表盖，节约了时间。

（3）电子表用脉冲信号输入到检定装置上进行校验，只要接好脉冲线，一次取样即成功，节约了时间。

5.1.19　为什么全电子式电能表功耗小，有利于降低线损？

答　全电子式电能表全部为电子元器件，各元器件的工作电压、工作电流都是毫伏和毫安级，电子元器件本身功耗小，经过测试，同一规格的电子表功耗小于 0.6W，而机械式电能表的功耗将近 1.8W，对降低线损有明显效果。

5.1.20　为什么全电子式电能表具有防窃电功能？

答　（1）全电子式电能表的电压回路与电流回路不是独立回路，表尾接线端子没有感应式电能表的电压小钩，有利于防窃电。

（2）全电子式电能表的电流回路为锰铜片构成，电阻值低，在回路中一般不起分流作用。

（3）全电子式电能表计数器具有防倒计量功能，无论电流回路是正向还是反向接入，都能正向计量。

5.1.21　为什么全电子式电能表故障率低？

答　全电子式电能表电流回路过载能力强，不易烧表，同时采用了专用大规模集成电路，在静态下工作无机械磨损，所以故障率低。

5.1.22　为什么全电子式电能表有利于抄表方式的改革？

答　全电子式电能表的工作原理决定了脉冲信号是最基本的数据信息，不经过任何转换。用全电子式电能表可实现远程抄表，施工简单，抄收准确、方便。

5.1.23　全电子式电能表的缺点是什么？

答　（1）全电子式电能表计数器转动是靠脉冲驱动，按照表计的常数积累到一定脉冲后，计数器字轮才向前驱动一个字。频繁停电的用户计量易丢失脉冲，故不宜在频繁停电的农村用户中使用。

（2）维修较复杂。全电子式电能表线路较复杂，维修工作需要具有一定电子技术的专业人员来承担。

（3）受目前电子器件寿命的制约，电子式电能表的寿命大约为 10 年，与感应式长寿命电能表相比寿命还不长。

（4）若质量不过关，表计容易死机，从而造成极其严重的计量数据混乱。

5.2 电能计量装置接线

5.2.1 电能计量装置的接线方式分为哪几种?

答 (1)单相电能表接线方式。

(2)三相三线制有功电能表接线方式。

(3)三相四线制有功电能表接线方式。

(4)三相无功电能表接线方式。

5.2.2 单相电能表接线方式有哪几种?

答 (1)直接接入式。将电能表端子盒内的接线端子直接接入被测电路。根据单相电能表端子盒内电压、电流接线端子排列方式不同，又可将直接接入式接线分为一进一出(单进单出)和二进二出(双进双出)两种接线排列方式，这两种方式的接线原理都是一样的。

(2)经互感器接入式。当电能表电流或电压量限不能满足被测电路电流或电压的要求时，便需互感器接入。有时只需经电流互感器接入，有时需同时经电流互感器和电压互感器接入。

5.2.3 单相电能表一进一出接线方式和二进二出的接线方式有何不同?

答 (1)一进一出接线方式的正确接线，是将电源的相线接入接线盒第1孔接线端子上，其出线接在接线盒第2孔接线端子上；电源的中性线接入接线盒第3孔接线端子上，其出线接在接线盒第4孔接线端子上，如图5-1(a)所示。目前国产单相电能表都采用这种接线排列方式。

(2)二进二出接线方式的正确接线，是将电源的相线接入接线盒第1孔接线端子上，其出线接在接线盒第4孔接线端子上；电源的中性线接入接线盒第2孔接线端子上，其出线接在接线盒第3孔接线端子上，如图5-1(b)所示。英国、美国、法国、日本、瑞士等国生产的单相电能表大多数采用这种接线方式。

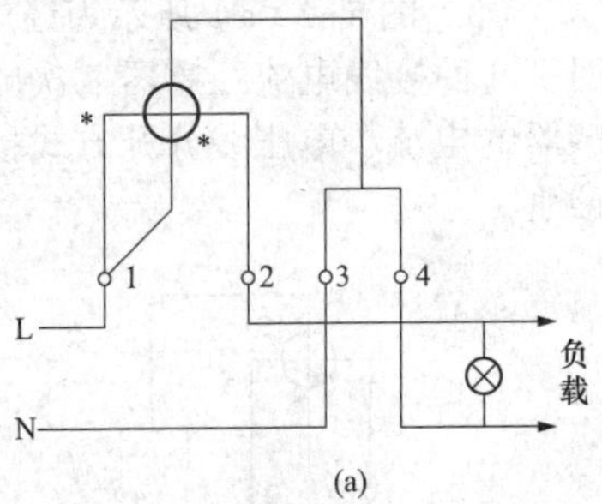

图5-1 单相电能表一进一出接线和二进二出接线图(一)

(a)一进一出接线

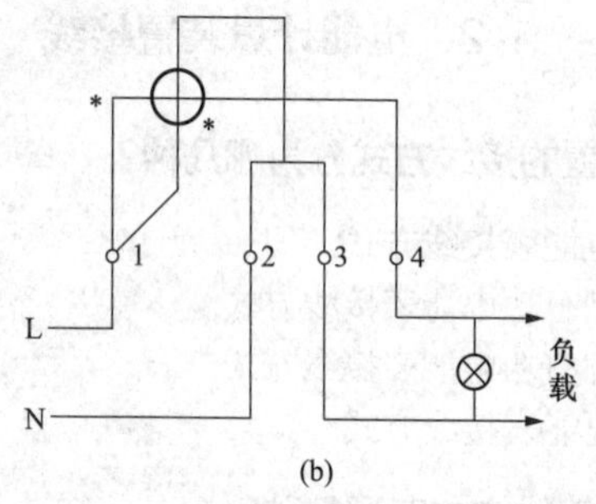

图 5-1 单相电能表一进一出接线和二进二出接线图（二）

（b）二进二出接线

5.2.4 单相电能表接线经互感器接入时有哪些要求?

答 （1）当电能表电流或电压量限不能满足被测电路电流或电压的要求时，便需互感器接入。

（2）一般情况下有时只需经电流互感器接入，有时也需同时经电流互感器和电压互感器接入。若电能表内电流、电压同各端子连接片是连着的，可采用电流、电压线共用方式接线；若连接片是拆开的，则应采用电流、电压线分开方式接线。

（3）图 5-2（a）所示为经电流互感器的电流、电压线共用方式接线图，这种接线电流互感器二次侧不可接地。图 5-2（b）所示为经电流经感器的电流、电压线分开方式接线图，这种接线电流互感器二次侧可以接地。

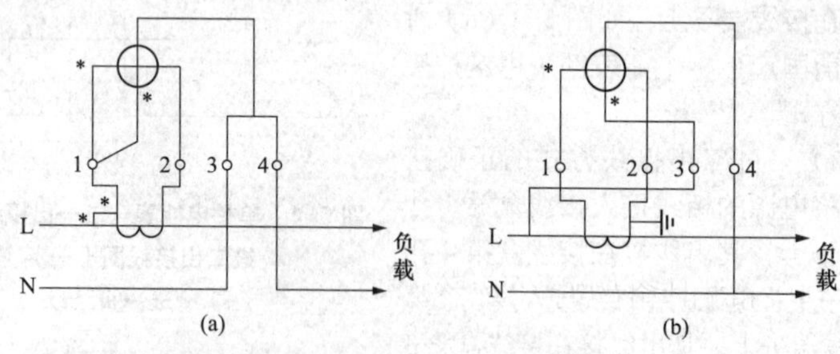

图 5-2 经电流互感器接入单相电能表的接线

（a）电流、电压线共用方式；（b）电流、电压线分开方式

5.2.5 采用同时经电流、电压互感器接入单相电能表的接线方式有哪几种?

答 采用同时经电流、电压互感器接入单相电能表的接线方式有两种:

(1)图 5-3(a)所示为同时经电流、电压互感器的共用方式接线图。由图可以看出,当采用共用方式时,可以减少从互感器安装处到电能表安装处的电缆芯线,互感器二次侧可共用一点接地,但发生接线错误的概率大一些。

(2)图 5-3(b)所示为同时经电流、电压互感器的分开方式接线图。当采用分开方式时,需增加电缆芯数,电流、电压互感器的二次侧必须分别接地,与上一种情况相比,发生接线错误的可能性小一点,且便于接线检查。

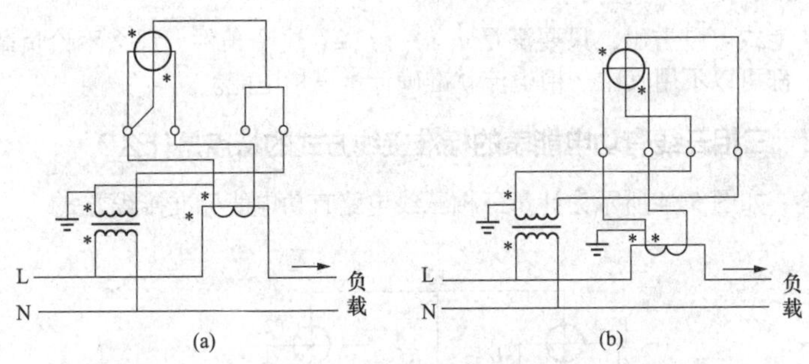

图 5-3 同时经电流、电压互感器接入单相电能表的接线

(a)电流、电压线共用方式;(b)电流、电压线分开方式

5.2.6 采用同时经电流、电压互感器接入单相电能表的接线方式应注意的事项有哪些?

答 (1)电能表在正确接线的情况下,其转盘均从左向右转动,一般称为顺走,只有在顺走的情况下,方向才能准确计量。

(2)电能表的电流线圈或电流互感器的一次绕组,必须串联在相应的相线上,若串联在中性线上就可以发生漏计电能的现象。

(3)电压互感器必须并联在电流互感器的电源侧,若将电压互感器并联在电流互感器的负载侧,则电压互感器一次绕组电流必须通过电流互感器的一次绕组,因而使电能表多计了不是负载所消耗的电能。

(4)为了简化接线图,图 5-3 中电压互感器一次回路熔断器略去,通常电压互感器一次均装有熔断器保护,其二次回路由于熔体容易产生接触不良而增大压降，致使电能表计量不准，所以35kV及以下电能表用电压互感器二次回路不装熔断器。

5.2.7 为什么在没有中性线的三相三线系统中，可以只用二相电流的三相三线计量方式计量三相有功电能？

答 三相三线有功电能表接线中三相电路的功率为 $P=\dot{U}_U\dot{I}_U+\dot{U}_V\dot{I}_V+\dot{U}_W\dot{I}_W$。

根据三相电流若 $\dot{I}_U+\dot{I}_V+\dot{I}_W=0$，则 $\dot{I}_V=-\dot{I}_U-\dot{I}_W$ 带入上述功率公式，就得到

$$
\begin{aligned}
P&=\dot{U}_U\dot{I}_U+(-\dot{U}_V\dot{I}_U-\dot{U}_V\dot{I}_W)+\dot{U}_W\dot{I}_W\\
&=(\dot{U}_U-\dot{U}_V)\dot{I}_U+(\dot{U}_W-\dot{U}_V)\dot{I}_W\\
&=\dot{U}_{UV}\dot{I}_U+\dot{U}_{WV}\dot{I}_W
\end{aligned}
$$

从上式可以看出，只要满足 $\dot{I}_U+\dot{I}_V+\dot{I}_W=0$ 这个条件，那么不论负载是否对称，都可以不用其中一相电流就准确计量三相电能。

5.2.8 三相三线有功电能表的标准接线方式的特点是什么？

答 如图 5-4 所示为计量三相三线电路有功电能标准接线方式。

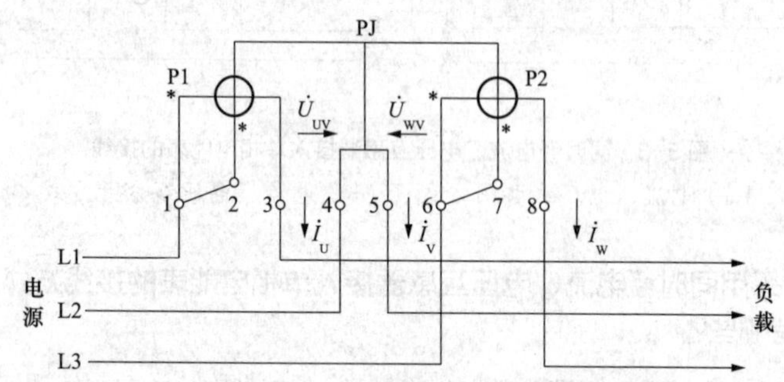

图 5-4 计量三相三线电路有功电能的标准接线方式

图5-4所示接线方式适用于没有中性线的三相三线系统有功电能的计量，而且不论负载是感性、容性、阻性，也不论负载是否三相对称，均能正确计量。

这种电能表的接线盒有 8 个接线端子，从左向右编号 1、2、3、4、5、6、7、8。1、4、6 是进线，用来连接电源的 L1、L2、L3 三根相线；3、5、8 是出线，三根相线从这里引出分别接到出线总开关的三个进线桩头上；2、7 是连通电压线圈的端子。在直接接入式电能表的接线盒内有两块连接片分别连接 1 与 2、

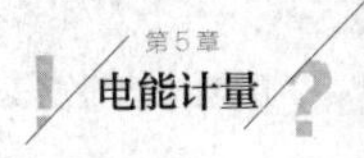

6与7，这两块连块不可拆下，并应连接可靠。

5.2.9 三相三线电能表经电流互感器接入方式的特点是什么？

答　三相三线有功电能表经互感器接入三相三线电路时，其接线可分为电流、电压线共用方式和分开方式两种。

图5-5为三相三线电能表经电流互感器接入时的接线。采用图5-5（a）所示的共用方式时，虽然接线方便，还可减少电缆芯数，但当发生接线错误时，例如端子4与端子1、3、5、7中的任何一个位置互换时，便会造成相应的电流线圈因短路而被烧坏等事故。当采用图5-5（b）所示的分开方式时，虽然所用电缆芯数增加，但不易造成上述短路故障，而且还有利于电能表的现场检测。所以，分开方式应用较多。

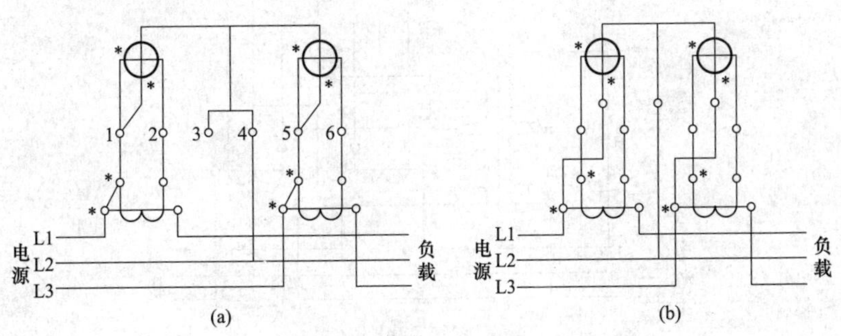

图5-5　三相三线电能表经电流互感器接入

（a）电流、电压线共用方式；（b）电流、电压线分开方式

5.2.10 电流互感器不完全星形接线方式的特点是什么？

答　为了既采用分开方式接线又可减少电缆芯数，可将两个电流互感器接成不完全星形，如图5-6所示。采用此种方法应注意，只有当电流互感器二次回路V相导线电阻$R_V \approx 0$时，才能保证准确计量，当电阻R_V较大（例如V相导线过长），并且三相电流差别又较大时，会由于电流互感器误差变大而使计量不准确。

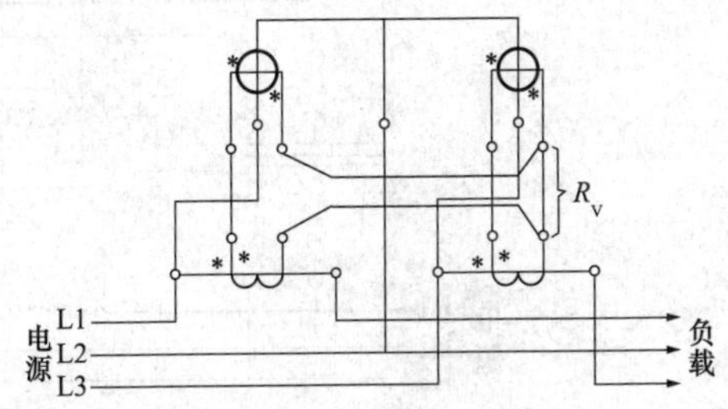

图5-6　电流互感器不完全星形接线

5.2.11 采用经电压、电流互感器计量在没有中性点直接接地的高压三相三线系统中有功电能的接线方式的哪两种？

答　为提高三相三线有功电能表计量的准确性和稳定可靠性，采用经电流、电压互感器计量在没有中性点直接接地的高压三相三线系统中有功电能的接线方式有两种，如图 5-7 所示。图 5-7（a）所示线路，采用的是两台单相电压互感器的三相 Vv 形接线；图 5-7（b）所示线路，采用的是一台三相或三台单相电压互感器的 Yyn 接线。

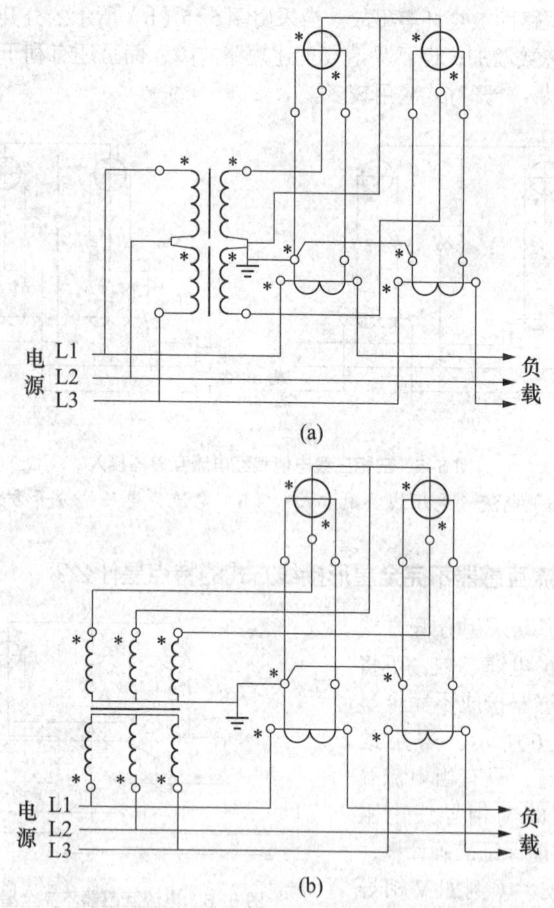

图 5-7　计量高压三相三线系统有功电能的接线

（a）电压互感器 Vv 接线；（b）电压互感器 Yyn 接线

5.2.12 采用双向供电计量三相三线系统中有功电能的接线方式有什么特点?

答 （1）图 5-8 所示接线图，采用两只具有止逆器的三相三线有功电能表经电流、电压互感器接入的三相三线计量有功电能，可装于高压联络母线上计量甲方或乙方的受电量。图中两个箭头表示电能传送方向，当乙方受电时，电能表 PJ1 计量甲方供给乙方的有功电能，PJ2 不转；当甲方受电时，电能表 PJ2 计量乙方供给甲方的有功电能，PJ1 不转。甲乙两方供电量之差，可用 PJ1 与 PJ2 计量的电量差来算得。

（2）采用这种接线方式应注意的问题是：当甲方由乙方供电时，因电压互感器变为接在电流互感器的负荷侧，PJ2 计量的电量包含电压互感器消耗的电能，尤其在负荷功率较低并且电流互感器变比较小时，电能表 PJ2 会产生较大的正附加误差，也就是说电能表 PJ2 多计了一些有功电量。

（3）在高压三相三线系统中，电压互感器一般是采用 V 形接线，且在二次侧 V 相接地，这种接线的优点是可少用一台单相电压互感器，同时也便于检查电压二次回路的接线。当然也可以采用 Y 形接线，这时应在二次侧中性点接地，电流互感器二次侧也必须有一点接地。

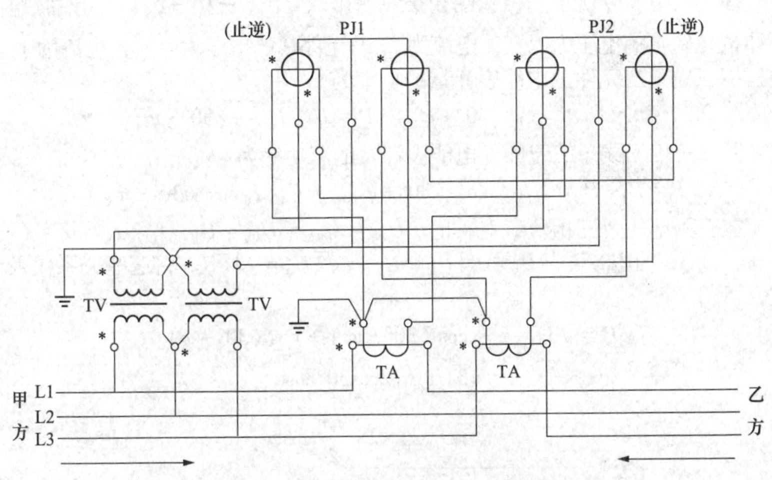

图 5-8 计量高压三相三线系统双向供电的有功电能的接线

5.2.13 三相三线电能表的标准接线方式中电流、电压的相量图有什么样的关系?

答 图 5-9（a）是两元件三相三线有功电能表标准接线方式，其电流、电压相量关系如图 5-9（b）所示。

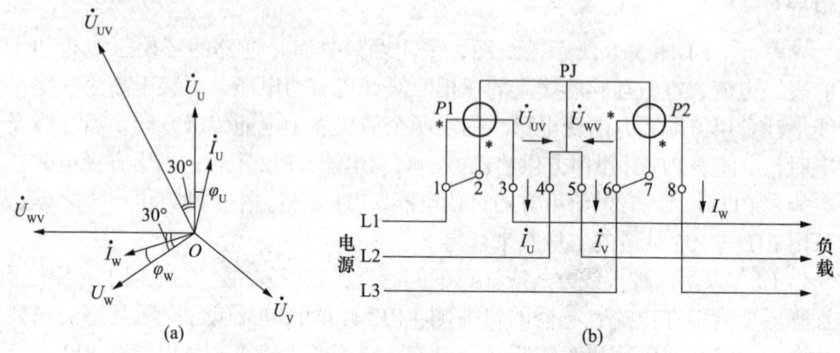

图 5-9　三相三线电能表标准接线及相量图

（a）三相三线电路有功电能表标准接线；（b）三线三相电能表向量图

5.2.14　三相三线电能表标准接线的相量图中功率与电流、电压的关系是怎样的?

答　从图 5-9 所示的相量图和接线图可以看出，三相三线（二元件）电能表计量元件 1 的电压为 $\dot{U}_{UV}$，电流为 $\dot{I}_U$，元件 2 的电压为 $\dot{U}_{WV}$，电流为 $\dot{I}_W$。故三相三线（二元件）电能表计量的功率为

$$P_1 = U_{UV} I_U \cos(30° + \varphi_U),\ P_2 = U_{WV} I_W \cos(30° - \varphi_W)$$

所以三相三线（二元件）电能表计量的总功率为

$$P = P_1 + P_2 = U_{UV} I_U \cos(30° + \varphi_U) + U_{WV} I_W \cos(30° - \varphi_W)$$

在三相电压及三相负载对称时，$U_{UV} = U_{VW} = U_{UV} = U_L$，$I_U = I_V = I_W = I_{ph}$，$\varphi = \varphi_U = \varphi_W$，且 $U_{UV} = \sqrt{3}U_U = \sqrt{3}U_{ph}$，$U_{WV} = \sqrt{3}U_W = \sqrt{3}U_{ph}$。将这些关系代入上式，可得

$$\begin{aligned} P &= \sqrt{3}U_{ph} I_{ph}[\cos(30° + \varphi) + \cos(30° - \varphi)] \\ &= \sqrt{3}U_{ph} I_{ph} 2\cos 30° \cos\varphi \\ &= \sqrt{3}U_{ph} I_{ph} \times 2 \times \frac{\sqrt{3}}{2}\cos\varphi \\ &= 3U_{ph} I_{ph}\cos\varphi = \sqrt{3}U_L I_{ph}\cos\varphi \end{aligned}$$

分析说明三相三线电能表接线正确时能正确计量电能，在不同功率因数（cos）下，电能表二元件计量的功率是不同的。

5.2.15 三相三线电能表中功率因数不同时，功率与电流、电压的关系是怎样的?

答 （1）当 $\varphi=0°$，$\cos\varphi=1.0$ 时，电流、电压相量图如图 5-10（a）所示。二元件计量的功率及总功率是

$$P_1=U_{UV}I_U\cos30°=\sqrt{3}U_{ph}I_{ph}\times\frac{\sqrt{3}}{2}=1.5U_{ph}I_{ph}$$

$$P_2=U_{WV}I_W\cos30°=\sqrt{3}U_{ph}I_{ph}\times\frac{\sqrt{3}}{2}=1.5U_{ph}I_{ph}$$

$$P_3=P_1+P_2=\frac{3}{2}U_{ph}I_{ph}+\frac{3}{2}U_{ph}I_{ph}=3U_{ph}I_{ph}$$

所以，在 $\cos\varphi=1.0$ 时，1 元件电流滞后电压 30°，2 元件电流超前电压 30°，P_1、P_2 均为正值，且两圆盘转矩相等，总力矩为正向。

（2）当 $\varphi=+60°$，$\cos\varphi=0.5$（滞后）时，电流、电压相量图如图 5-10（b）所示。二元件计量的功率及总功率是

$$P_1=U_{UV}I_U\cos(30°+60°)=U_{UV}I_U\cos90°=0$$

$$P_2=U_{WV}I_W\cos(30°+60°)=U_{WV}I_W\cos30°=15U_{ph}I_{ph}$$

$$P=P_1+P_2=0+1.5U_{ph}I_{ph}=1.5U_{ph}I_{ph}$$

所以，在 $\cos\varphi=0.5$（滞后）时，1 元件转矩为零，圆盘不转；2 元件电流滞后电压 30°，P_2 为正值，圆盘正转。总力矩即 1 元件作用于圆盘的力矩，为正向，但 $\cos\varphi=1.0$ 时，减至一半，故其转速比也减少至一半。

（3）当 $\varphi=30°$，$\cos\varphi=0.866$（滞后）时，电流、电压相量图如图 5-10（c）所示。二元件计量的功率及总功率是

$$P_1=U_{UV}I_U\cos(30°+30°)=U_{UV}I_U\cos60°=\sqrt{3}U_{ph}I_{ph}\times\frac{1}{2}=\frac{\sqrt{3}}{2}U_{ph}I_{ph}$$

$$P_2=U_{WV}I_W\cos(30°-30°)=U_{WV}I_W\cos0°=\sqrt{3}U_{ph}I_{ph}$$

$$P=P_1+P_2=\frac{\sqrt{3}}{2}U_{ph}I_{ph}+\sqrt{3}U_{ph}I_{ph}=2.598U_{ph}I_{ph}$$

所以，在 $\cos\varphi=0.866$（滞后）时，1 元件电流滞后电压 60°，2 元件电流与电压同相，P_1、P_2 均为正值，力矩都为正向。由于 P_2 比 P_1 大一倍，作用于圆盘的转矩也大一倍，总转矩比 $\cos\varphi=1.0$ 时减至 0.866 倍为正向，故其转速应为 cos = 1.0 时的 0.866 倍。

（4）当 $\varphi=90°$，$\cos\varphi=0$ 时，电流、电压相量图如图 5-10（d）所示。二元件计量的功率及总功率是

$$P_1 = U_{UV} I_U \cos(30°+90°) = U_{UV} I_U \cos 120° = \frac{\sqrt{3}}{2} U_{ph} I_{ph}$$

$$P_2 = U_{WV} I_W \cos(30°-90°) = U_{WV} I_W \cos 60° = \frac{\sqrt{3}}{2} U_{ph} I_{ph}$$

$$P = P_1 + P_2 = -\frac{\sqrt{3}}{2} U_{ph} I_{ph} + \frac{\sqrt{3}}{2} U_{ph} I_{ph} = 0$$

所以，在 $\cos\varphi = 0$ 时，1 元件电流滞后电压 120°，P_1 为负值，作用于圆盘的力矩为反向；2 元件电流滞后电压 60°，P_2 为正值，作用于圆盘的力矩为正向。两个力矩大小一样大，但方向相反，总力矩为零，故圆盘不动。

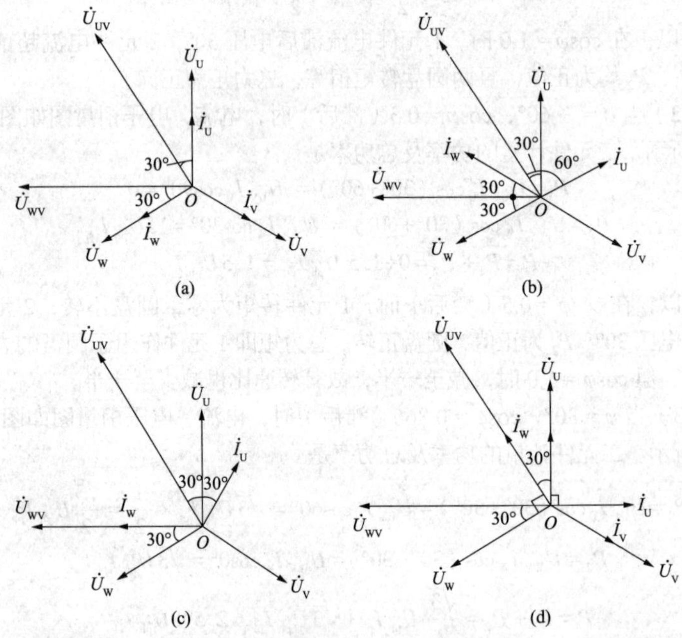

图 5-10　三相三线电能表相量图

（a）$\cos\varphi = 1.0$ 时的相量图；（b）$\cos\varphi = 0.5$ 时的相量图；（c）$\cos\varphi = 0.866$（滞后）时的相量图；（d）$\cos\varphi = 0$ 时的相量图

5.2.16　三相四线有功电能表接线的特点是什么？

答　在电力线路系统中当 $\dot{I}_U + \dot{I}_V + \dot{I}_W = 0$ 时，只需利用两相电流就可准确计算出有功功率。

在电力线路系统中，若存在中性线回路或中性点接地的情况下

$\dot{I}_U+\dot{I}_V+\dot{I}_W\neq 0$，即 $\dot{I}_U+\dot{I}_V+\dot{I}_W=\dot{I}_N$，这时 $\dot{I}_V=-\dot{I}_U-\dot{I}_W+\dot{I}_N$，则

$$P=\dot{U}_U\dot{I}_U+\dot{U}_V\dot{I}_V+\dot{U}_W\dot{I}_W$$

$$=(\dot{U}_U-\dot{U}_V)\dot{I}_U+(\dot{U}_W-\dot{U}_V)\dot{I}_W+\dot{U}_V\dot{I}_N=\dot{U}_{UV}\dot{I}_U+\dot{U}_{WV}\dot{I}_W+\dot{U}_V\dot{I}_N$$

这时若仍采用三相三线计量，则存在一个 $\dot{U}_V\dot{I}_N$ 的误差，误差的大小与 $\dot{U}_V$ 和 $\dot{I}_N$ 的夹角及 $\dot{I}_N$ 的大小有关，很显然，这时必须根据上式，利用三相电流，采用三相四线的计量方式才能准确计量有功电能。

5.2.17 三相四线有功电能表接线方式有哪些？

答 （1）三元件三相四线有功电能表的标准接线方式，即直接接入式。

（2）三元件三相四线有功电能表的经互感器接入式。

5.2.18 计量三元件三相四线有功电能的标准接线方式有什么特点？

答 （1）图 5-11 所示是计量三元件三相四线有功电能的标准接线方式。电流 I_U、I_V、I_W 分别通过元件 1、2、3 的电流线圈，电压 U_U、U_V、U_W 分别并接于元件 1、2、3 的电压线圈上。这种接线方式适用于中性点直接接地的三相四线电路中有功电能的计量，不论三相电压、电流是否对称，均能准确计量。

（2）图 5-11 所示三元件三相四线有功电能表的接线端子共有 11 个，从左向右编号 1、2、3、4、5、6、7、8、9、10、11。其中 1、4、7 是进线，用来连接电源的 L1、L2、L3 三根相线；3、6、9 是出线，三根相线从这里引出后，分别接到出线总开关的三个进线桩头上；10、11 是中性线的进线和出线，是用来连接中性线的；2、5、8 是连通电压线圈的端子。

（3）在直接接入式电能表的接线盒内有三块连片，分别连接 1 与 2、4 与 5、7 与 8。因此 2、5、8 不需另行接线，但三块连片不可拆下，并应连接可靠。

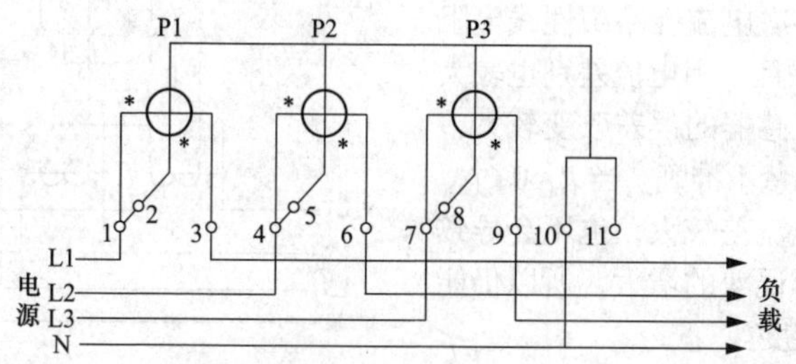

图 5-11 计量三元件三相四线有功电能的标准接线方式

5.2.19 三元件三相四线有功电能表经互感器接入式的接线有哪几种?

答 三元件三相四线有功电能表经互感器接入时，可分为:

(1) 经电流互感器接入的电压、电流线共用方式，如图 5-12 (a) 所示。

(2) 经电流互感接入的电压、电流线分开方式，接线如图 5-12 (b) 所示。

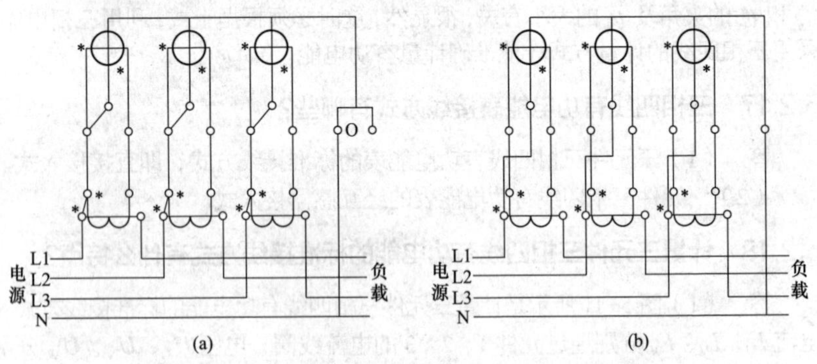

图 5-12 三元件三相四线有功电能表经互感器接入

(a) 电压、电流线共用接线方式; (b) 电压、电流线分开接线方式

(3) 经三个电流互感器接成星形时的电压、电流线分开接线方式。

(4) 经电压、电压互感器计量中性点直接接地的高压三相系统有功电能的接线方式。

5.2.20 三相四线有功电能表经三个电流互感器接成星形时，电压、电流线分开接线方式有什么?

答 电流互感器星形接线时电流、电压线分开接线方式如图 5-13 所示。当二次电流回路中性线电阻 R_n 较大，并且三相电流差别也较大时，电流互感器的误差改变较大，从而导致计量不准确。当 $R_n \approx 0$ 时，即便三相电流差较大，也不会导致电流互感器误差的增大，所以仍能保证计量精度。

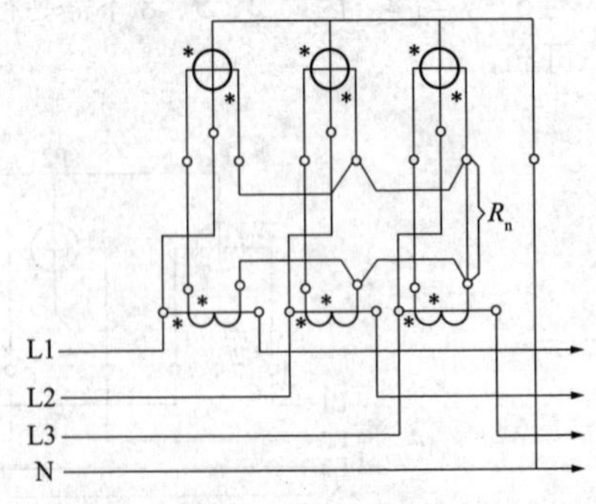

图 5-13 电流互感器星形接线时电流、电压线分开接线方式

5.2.21 三相四线有功电能表经电压、电压互感器计量中性点直接接地的高压三相系统有功电能的接线方式有什么特点？

答 （1）这种接线因为不受流过中性点电流 I_N 的影响，所以能正确计量中性点直接接地的高压三相系统的有功电能。

（2）即使存在 I_N 的影响，在三相三线有功电能表就会产生计量误差，对于高压三相输电线路的大容量电网，这个误差能达到不可忽。

（3）在中性点直接接地的高压三相系统中，对三相有功电能计量，必须采用三相四线有功电能表按图 5-14 所示的接线方式，才能保证计量准确。

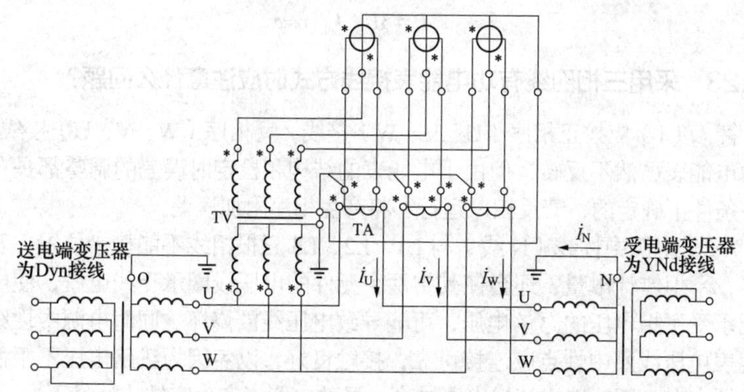

图 5-14 三相四线有功电能表经互感器（TV、TA）计量中性点直接接地的高压三相系统有功电能的接线图

5.2.22 三相四线有功电能表在感性负载时的相量图是怎样的？

答 三相四线有功电能表在感性负载时的相量图如图 5-15 所示。

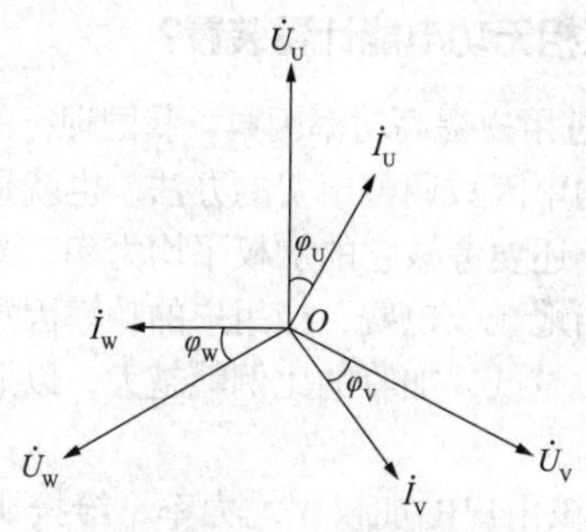

图 5-15 三相四线有功电能表在感性负载时的相量图

计量的总功率为

$$P_1 = U_U I_U \cos\varphi_U$$

$$P_2 = U_V I_V \cos\varphi_V$$

$$P_3 = U_W I_W \cos\varphi_W$$

$$P = P_1 + P_2 + P_3 = U_U I_U \cos\varphi_U + U_V I_V \cos\varphi_V + U_W I_W \cos\varphi_W$$

因此三相四线有功电能表不论三相电压、电流是否平衡，均能正常计量其电能。

当三相功率对称时，则 $U_U = U_V = U_W = U_{ph}$，$I_U = I_V = I_W = I_{ph}$，则上式可写成

$$P = 3U_{ph} I_{ph} \cos\varphi$$

5.2.23 采用三相四线有功电能表接线方式时应注意什么问题？

答 （1）应按正相序（U、V、W）接线，反相序（W、V、U）接线时，有功电能表虽然不反转，但由于电能表的结构和检定时误差的调整都是在正相序条件下确定的，若反相序运行，将产生相序附加误差。

（2）电源中性线（N 线）与 L1、L2、L3 三根相线不能接错位置。若接错了，不但错计电量，还会使其中两个元件的电压线圈承受线电压，使电压线圈承受了相电压的$\sqrt{3}$倍电压，可能导致电压线圈烧坏。同时电源中性线与电能表电压线圈中性点应连接可靠，接触良好，以免因为线路电压不平衡而使中性点有电压，造成某相电压过高，导致电能表产生空转或计量不准。

（3）当采用经互感器接入方式时，各元件的电压和电流应为同相，互感器极佳不能接错，否则电能表计量不准，甚至反转。当为高压计量时，电压互感器二次侧中性点必须可靠接地。

5.3 三相无功电能计量接线

5.3.1 为什么加装三相无功电能计量装置？

答 （1）为了促进用户提高功率因数。我国现行的电价政策规定，对大容量电力用户实行按功率因数调整电费的办法，也就是说不但要考核用户的用电量（有功电能），还要考核它的加权平均力率。当用户的功率因数高于某一规定值时，就适当地减收电费；当用户的功率因数低于这一数值时，就要加收电费，功率因数越低，加收的比例就越大，以期用经济手段促使用户提高功率因数。

（2）为了准确考核用户的加权平均力率，给按功率因数调整电费提供可靠依据，电力部门对大容量用户安装有功电能表的同时也往往要安装无功

电能表。

（3）电力系统本身为了提高功率因数，在变电站、发电厂也往往装有调相机，或者将发电机作调相运行，此时必须装设无功能电能表来考核发出的无功电能量。

5.3.2 三相无功电能表接线方式有哪几种?

答 （1）三相三线无功电能表两元件直接接入的接线方式。

（2）三相三线无功电能表两元件经互感器直接接入的接线方式。

（3）三相四线无功电能表三元件的接线方式。

（4）三相正弦型无功电能表两元件的接线方式。

（5）三相正弦型无功电能表三元件的接线方式。

5.3.3 三相三线无功电能表两元件直接接入的接线图是怎样的?

答 三相三线无功电能表两元件的直接接入是在无功电能表的电压线圈回路中串有电阻，使电压线圈所产生的磁通不再滞后电压 90°，而是滞后电压 60°，故称为 60° 型无功电能表，接线如图 5-16 所示。

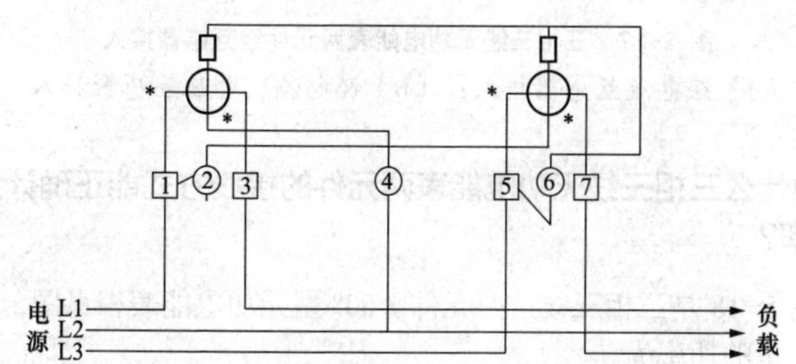

图 5-16 三相三线无功电能表元件直接接入

5.3.4 三相三线无功电能表两元件经互感器接入有哪几种方式?

答 （1）三相三线无功电能表两元件经电流互感器接入方式，如图 5-17（a）所示。

（2）三相三线无功电能表两元件经电流、电压互感器接入方式，如图 5-17（b）所示。

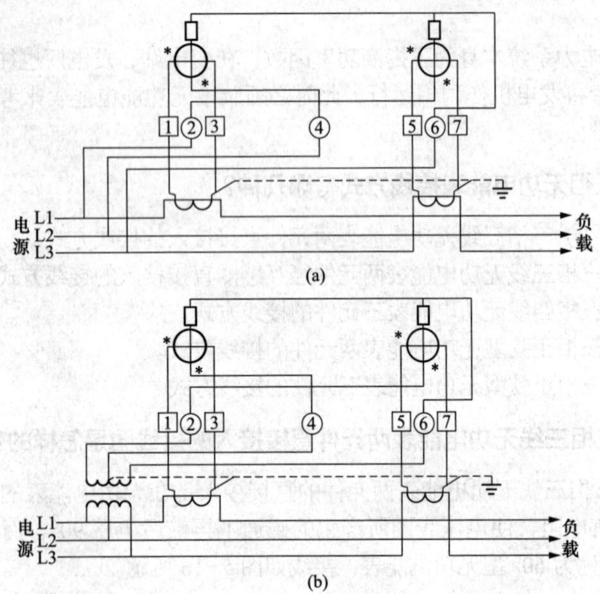

图 5-17 三相三线无功电能表两元件经互感器接入

（a）经电流互感器接入；（b）经电流、电压互感器接入

5.3.5 为什么三相三线无功电能表两元件的接线方式能正确计量三相三线无功功率？

答 图 5-18 是三相三线（两元件）60° 型无功电能表相量图，从图可得两个元件计量的功率为

$$P'_1 = U'_{VW} I_U \cos(60° - \varphi_U)$$

$$P'_2 = U'_{UW} I_W \cos(120° - \varphi_W)$$

电能表计量的总功率为 $P = P'_1 + P'_2$

$$= U'_{VW} I_U \cos(60° - \varphi_U) + U'_{UW} I_W \cos(120° - \varphi_W)$$

设三相电压及负载电流对称，且 $U_{VW} = U_{UW} = U_L$ 时，$U'_{VW} = U'_{UW} = \sqrt{3}U_{ph}$，$\dot{I}_U = \dot{I}_W = I_{ph}$，$\varphi_U = \varphi_W = \varphi$，则

$$P' = \sqrt{3} U_{ph} I_{ph} [\cos(60° - \varphi_U) + \cos(120° - \varphi)]$$

$$= \sqrt{3} U_{ph} I_{ph} \left(\frac{1}{2}\cos\varphi + \frac{\sqrt{3}}{2}\sin\varphi - \frac{1}{2}\cos\varphi + \frac{\sqrt{3}}{2}\sin\varphi \right)$$

$$= \sqrt{3}U_{ph}I_{ph}\left(\frac{\sqrt{3}}{2}\sin\varphi + \frac{\sqrt{3}}{2}\sin\varphi\right) = \sqrt{3}U_{ph}I_{ph}2\frac{\sqrt{3}}{2}\sin\varphi$$
$$= 3U_{ph}I_{ph}\sin\varphi = Q$$

电能表元件计量的有功功率及总功率实为仪表圆盘获得的转速，圆盘转速与其成正比。

上述分析表明：60° 型三相三线无功电能表的圆盘转速与被电路的三相无功功率成正比，故可正确计量无功电能。还可证明，不论三相负载是否平衡，均能正确计量三相三线电路的无功电能。但应指出，它不能计量三相四线电路中的无功电能，且计量三相三线电路无功电能时，三相电压仍需对称或只为简单不对称时才能准确计量，否则将产生附加误差。

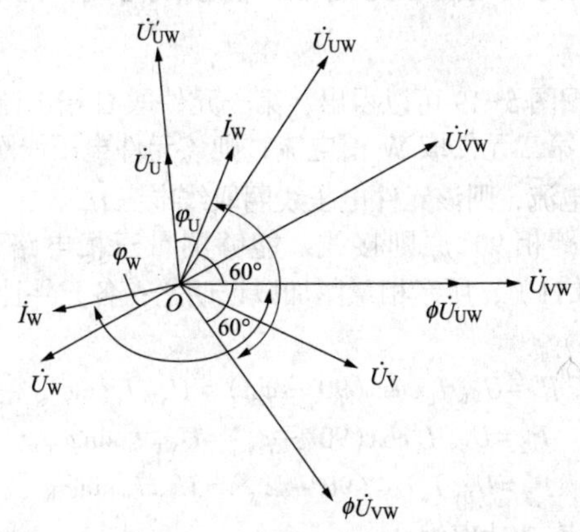

图 5-18　三相三线（两元件）80° 型无功电能表相量图

5.3.6　什么是三相四线无功电能表跨相 90° 的接线方式?

答　跨相 90° 型无功电能表的接线方法是将每组元件的电压线圈，分别跨接在滞后相电流线圈所接相相电压 90° 的线电压上，所以称之为跨相 90° 接线。

图 5-19 所示为跨相 90° 型三相四线无功电能表的标准接线图。第一元件取 U 相电流，该元件电压线圈取线电压 $\dot{U}_{VW}$；第二元件取 W 相电流，则该元件电压线圈取线电压 $\dot{U}_{WU}$；第三元件取 W 相电流，则该元件电压线圈取线电压 $\dot{U}_{UV}$。按上述跨相 90° 原则接线，所以能够测量三相电路无功电能。

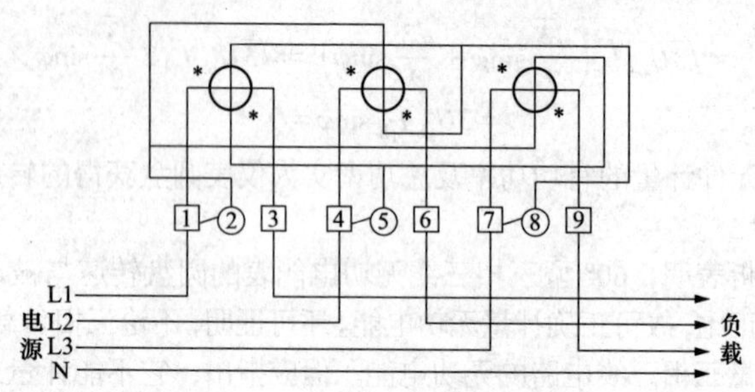

图 5-19　跨相 90° 型三相四线无功电能表接线图

5.3.7　三相四线无功电能表跨相 90° 的接线方式，无功计量关系是怎样的?

答　(1) 根据图 5-19 可以得出：第一元件取 U 相电流，该元件电压线圈取线电压 $\dot{U}_{VW}$；第二元件取 W 相电流，则该元件电压线圈取线电压 $\dot{U}_{WU}$；第三元件取 W 相电流，则该元件电压线圈取线电压 $\dot{U}_{UV}$。

(2) 按上述跨相 90° 原则接线，能够测量三相电路无功电能，可用图 5-20 (见题 5.3.11)，所示相量图加以证明之；各元件计量的有功功率分别为

$$P'_1 = U_{VW} I_U \cos\ (90° - \varphi_U) = U_{VW} I_U \sin\varphi_U$$
$$P'_2 = U_{WU} I_V \cos(90° - \varphi_V) = U_{WV} I_V \sin\varphi_V$$
$$P'_3 = U_{UV} I_W \cos(90° - \varphi_W) = U_{UV} I_W \sin\varphi_W$$

该表计量的总有功功率为

$$P = P'_1 + P'_2 + P'_3$$
$$= U_{VW} I_U \sin\varphi_U + U_{WV} I_V \sin\varphi_V + U_{UV} I_W \sin\varphi_W$$

(3) 若三相电压及负载电流对称，$U_{UV} = U_{VW} = U_{WV} = \sqrt{3}U_{ph}$，$I_U = I_V = I_W = I_{ph}$，$\varphi_U = \varphi_V = \varphi_W = \varphi_{ph}$，则

$$P' = 3\sqrt{3}U_{ph} I_{ph} \sin\varphi = Q$$

(4) 被测电路的三相无功功率为 $Q = 3\sqrt{3}U_{ph} I_{ph} \sin\varphi$，而该表所计量的无功功率是被测电路的无功功率的$\sqrt{3}$倍，这只需在仪表的参数设计上加以调整即可，这样计度器所示的电量即为实际消耗的无功电能。

5.3.8　三相四线无功电能表经电流互感器接入式接线图是怎样的?

答　三相四线无功电能表经电流互感器接入式接线如图 5-20 所示。

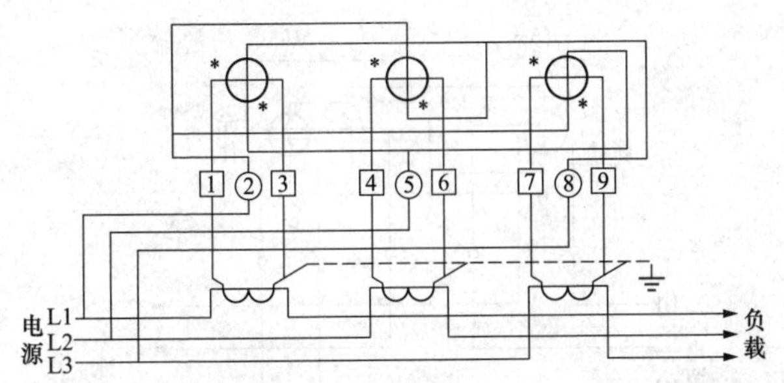

图 5-20　三相四线无功电能表经电流互感器接入式接线图

5.3.9　三相四线无功电能表经电流互感器及 Yyn 连接的电压互感器接入的接线图是怎样的?

答　三相四线无功电能表经电流互感器及 Yyn 连接的电压互感器接入的接线如图 5-21 所示。

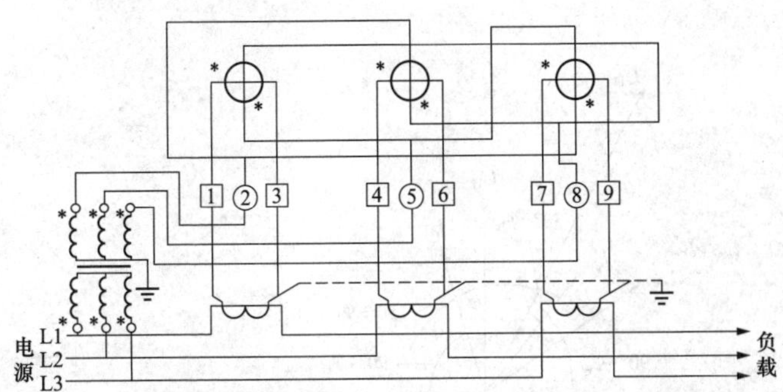

图 5-21　三相四线无功电能表经电流互感器及 Yyn 连接的电压互感器接入的接线图

5.3.10　带附加电流线圈的 90° 型无功电能表的结构原理是什么?

答　带附加电流线圈的 90° 型无功电能表的结构原理是：它有两组电磁驱动元件，且每组元件中的电流线圈 2 都是由匝数相等、绕向相同的两个线圈构成，把通以电流 $\dot{I}_U$（或 $\dot{I}_W$）的线圈称为基本电流线圈，通以电流 $\dot{I}_V$ 的线圈称为附加电流线圈，基本电流线圈和附加电流线圈在电流铁芯中产生的磁通是相减的；所以在线圈接线时应使电流 $\dot{I}_U$（或 $\dot{I}_W$）从基本电流线圈的标志端流入，$\dot{I}_V$ 则从附加电流线圈的非标志端流入。接线图如图 5-22 所示。

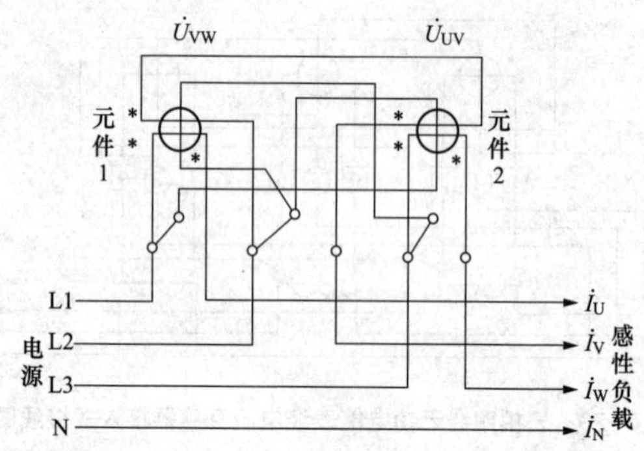

图 5-22　带附加电流线圈的 90° 型无功电能表接线图

5.3.11　带附加电流线圈的 90° 型无功电能表接线方式有什么特点?

答　（1）带附加电流线圈的 90° 型无功电能表相量图如图 5-23 所示，根据相量图可以计算出三线无功功率。

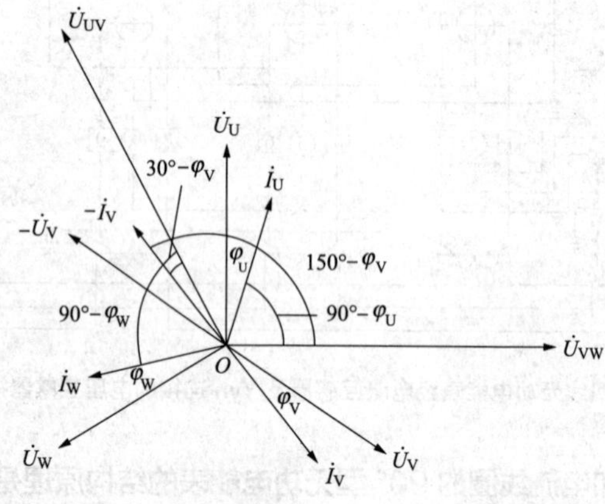

图 5-23　带附加电流线圈的 90° 型无功电能表相量图

（2）无功功率的计算。首先计算两组元件计量的有功功率为

$$P'_1 = U_{VW} I_U \cos(90° - \varphi_U) + U_{VW} I_U \cos(150° - \varphi_V = U_{VW} I_U \sin\varphi_U - U_{VW} I_V \cos(30° + \varphi_V)$$

$$P'_2 = U_{UV} I_W \cos(90° - \varphi_W) + U_{WU} I_V \cos(30° - \varphi_V) = U_{UV} I_W \sin\varphi_W + U_{UW} I_V \cos(30° - \varphi_V)$$

当三部电压及负载对称时，$U_{UV} = U_{VW} = \sqrt{3} U_{ph}$，$I_U = I_V = I_W = I_{ph}$，

$\varphi_U=\varphi_V=\varphi_W=\varphi$，则总功率为 $P'=P'_1+P'_2$

$$=\sqrt{3}U_{ph}[I_U\sin\varphi_U-I_V\cos(30°+\varphi_V)+I_W\sin\varphi_W+I_V\cos(30°-\varphi_V]$$

$$=\sqrt{3}U_{ph}(I_U\sin\varphi_U+I_V\sin\varphi_V+I_W\sin\varphi_W)$$

$$=\sqrt{3}(U_{ph}I_U\sin\varphi_U+U_{ph}I_V\sin\varphi_V+U_{ph}I_W\sin\varphi_W)$$

$$=3\sqrt{3}U_{ph}I_{ph}\sin\varphi=Q$$

可见，计量的有功功率即计度器的示值为被测电路无功功率的$\sqrt{3}$倍。由于设计电能表时已经在电流线圈的匝数中减少至$\sqrt{3}/3$（即已将$\sqrt{3}$扣除在表内），所以计度器的读数就是无功电量。

（3）该型电能表不仅可以正确计量三相四线电路的无功电能，也可以正确计量三相三线电路的无功电能。应注意的是，跨相90°型三相无功电能表，只在完全对称或简单不对称的三相四线电路和三相三线电路中才能实现准确计量，否则要产生附加误差。

5.3.12 带附加电流线圈90°型无功电能互感器接入的接线方式有哪几种？

答 （1）带附加电流线圈90°型无功电能表经电流互感器接入，接线如图5-24（a）所示。

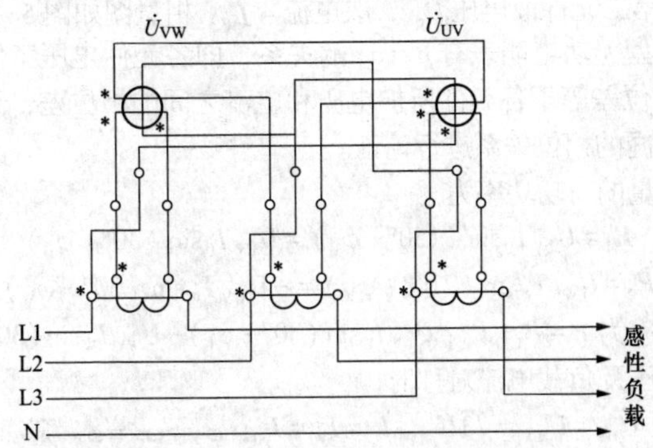

图5-24 带附加电流线圈90°型无功电能表接入的接线图（一）

（a）经电流互感器接入

（2）带附加电流线圈90°型无功无能表经电流互感器及电压互感器接入，接线如图5-24（b）所示。

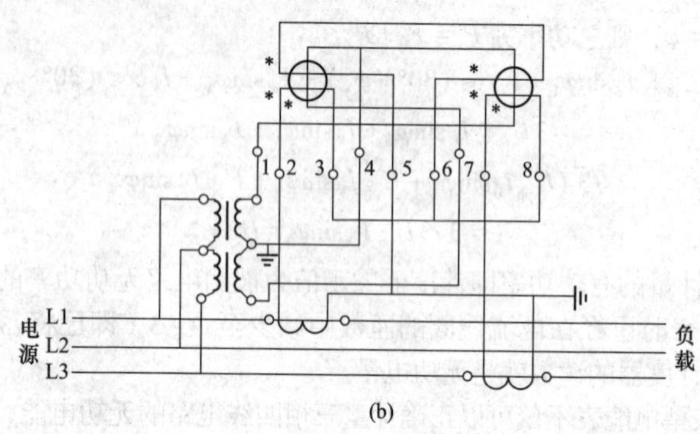

图 5-24　带附加电流线圈 90° 型无功电能表接入的接线图（二）

（b）经电流 / 电压互感器接入

5.3.13　三相三线正弦型两元件无功电能表的接线方式及接线原理是什么？

答　两元件三相正弦型无功电能表是用于计量三相三线电路无功电能的，它实际上是两只单相正弦型无功电能表的组合体，其接线原则与两元件三相有功电能表相同，如图 5-25（a）所示。图 5-25 中第一元件取电压 $\dot{U}_{UV}$，取电流 $-\dot{I}_U$；第二元件取电压 $\dot{U}_{WV}$，取电流 $-\dot{I}_W$。相量图如图 5-25（b）所示。

因为正弦型无功电能表有 $\beta=\alpha_1$ 的关系，即各元件电压工作磁通与电流工作磁通的相位差等于各元件所加电压和电流之间的相位差，因此，可直接用电压、电流间的相位关系进行论证。

各元件计量的有功功率为

$$P'_1=U_{UV}I_U\sin(150°-\varphi_U)=U_{UV}I_U\sin(30°+\varphi_U)$$

$$P'_2=U_{WV}I_W\sin(210°-\varphi_W)=-U_{WV}I_W\sin(30°-\varphi_W)$$

总有功功率为 $P=P_1+P_2=U_{UV}I_U\sin(30°+\varphi_U)-U_{WV}I_W\sin(30°-\varphi_W)$

当三相电压及负载电流对称时，

$$U_{UV}=U_{WV}=\sqrt{3}U_{ph},\ I_U=I_W=I_{ph},\ \varphi_U=\varphi_C=\varphi，则$$

$$P=\sqrt{3}U_{ph}I_{ph}[\sin(30°+\varphi_U)-\sin(30°-\varphi_W)]$$

$$=\sqrt{3}U_{ph}I_{ph}(\sin30°\cos\varphi+\cos30°\sin\varphi-\sin30°\cos\varphi+\cos30°\sin\varphi)$$

$$=\sqrt{3}U_{ph}I_{ph}(2\cos30°\sin\varphi)$$

$$=3U_{ph}I_{ph}\sin\varphi=Q$$

上式证明，两元件三相正弦型无功电能表能正确计量三相三线电路的无功电能。

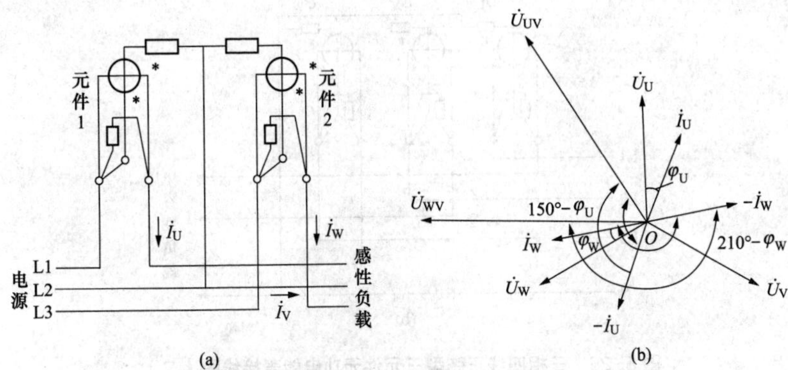

图 5-25　三相三线正弦型无功电能表接线方式

（a）接线图；（b）相量图

5.3.14　三相四线正弦型三元件无功电能表的接线原理是什么？它的接线方式有哪几种？

答　（1）三元件三相正弦型无功电能表用于计量三相四线电路无功电能，它实际上是三只单相正弦型无功电能表的组合体，其接线原则与三元件三相四线有功电能表相同。

（2）三相四线正弦型三元件无功电能表根据接线方式，分为感性负载与容性负载时两种，如图 5-26 所示。

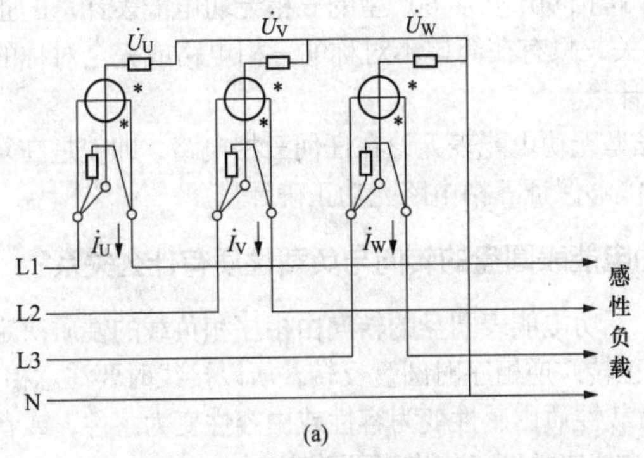

图 5-26　三相四线正弦型三元件无功电能表接线图（一）

（a）感性负载时

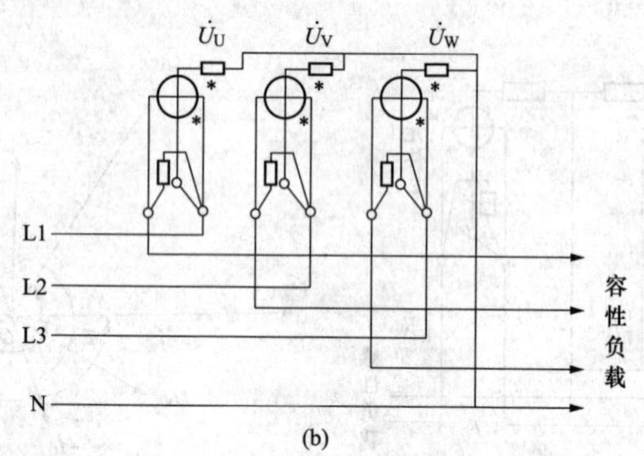

图 5-26　三相四线正弦型三元件无功电能表接线图（二）

（b）容性负载时

5.3.15　正弦型无功电能表计量无功电量的优缺点是什么?

答　（1）优点：适用范围广，不论是单相电路还是三相电路均可采用；当用于三相电路时，不论电压是否对称，负载是否平衡，均能正确计量，而不会产生线路附加误差。

（2）主要缺点是：自身消耗功率大，工作特性较差，准确度难以提高。所以，目前我国很少采用正弦型无功电能表。

5.3.16　跨相 90° 型及 60° 型的三相无功电能表与正弦型无功电能表主要有什么区别?

答　（1）跨相 90° 型及 60° 型的三相无功电能表计量的正确性与三相电路的对称性有关，只有在简单不对称的三相电路或完全对称的三相电路中，才能实现正确计量。

（2）正弦型无功电能表无论在任何三相电路，即使是在复杂不对称的三相电路中，也能够保证三相电路无功正确计量。

5.3.17　无功电能表圆盘的转向与负载性质有什么关系?

答　（1）无功电能表圆盘的转向由相序和负载的性质决定，正相序时无功电能表圆盘正转，逆相序时圆盘反转，所以接线时要注意相序的正确性。

（2）当负载性质由感性变为容性或由容性变为感性，或者电力传送方向改变时，无功电能表的圆盘转向也要改变。

（3）在负载性质或电力传着方向经常变化的电路中，应同时安装两块带止逆器的无功电能表，以便记录不同性质负载或不同传送方向的无

功电能。

5.3.18 90°型无功电能表使用时应注意什么条件？

答 （1）90°型无功电能表只能用于计量完全对称或简单不对称的三相电路的无功电能，不对称时会产生线路附加误差。

（2）三元件跨相90°型无功电能表和带附加电流线圈的90°型三相无功电能表，不仅可用于三相四线电路，也可用于三相三线电路。

（3）两元件跨相90°型无功电能表只能用于完全对称的三相三线电路。

（4）当采用有功电能表按跨相90°接线测量无功电能时，它的使用条件更为严格。

5.3.19 60°型无功电能表使用时应注意什么条件？

答 （1）60°型无功电能表只能用于计量完全对称或简单不对称的三相电路的无功电能，不对称时要产生线路附加误差。

（2）其中两元件60°型三相无功电能表只能用于三相三线电路，不能用于三相四线电路。

（3）三元件60°型无功电能表可以用于三相四线电路。

5.4 电能计量中的反窃电

5.4.1 什么是窃电行为？

答 下列行为均属于窃电：

（1）在电力企业或者其他单位、个人供用电的设施上擅自接线用电。

（2）绕越或者损坏用电计量装置。

（3）伪造或者非法开启用电计量装置的法定封印。

（4）致使用电计量装置不准或者失效。

（5）使用窃电装置。

（6）使用非法用电充值卡或者非法使用用电充值卡占用电能。

（7）实行两部制电价用户私自增加电力容量。

（8）非法改变用电计量装置的计量方法、标准。

（9）采用其他方法非法占用电能。

5.4.2 什么是在电力企业或者其他单位、个人供用电的设施上擅自接线用电行为？

答 （1）擅自接线用电是指窃电者的用电没有合法依据，其接线用电的行为未经同意或者许可，非法侵占电能。

（2）窃电行为侵害的客体是公私财产权利。在现实生活中，窃电行为侵害的对象包括两个方面，即电力企业和其他的电力用户。无论是电力企业的财产权利，还是其他单位和个人的财产权利都受法律保护，因此，我们将在电力企业的供电设施上擅自接线用电的行为和在其他用户的用电设施上擅自接线用电的行为均界定为窃电行为。

（3）电能须用专门仪器测定，但擅自接线用电的行为人由于其行为目的就是为了非法占用电能，不可能计量或准确计量用电量；该行为自始至终具有违法性，与在用电过程中采取隐蔽手段窃电的其他窃电行为有所不同，因此，擅自接线用电的行为是一种最典型的窃电行为。

（4）擅自在供用电设施上接线用电，不仅造成电量流失，更由于私拉乱接导致严重的安全隐患，危害电力运行安全。

5.4.3 什么是绕越或者损坏用电计量装置的窃电行为?

答 （1）用电计量装置是电力企业与电力用户约定，用于记录用户用电量的法定电能计量仪器，是电力企业和用户之间结算电费的依据，因此，用电计量装置应当能够客观、公正、准确地计量用电量。

（2）所谓绕越用电计量装置用电是指电力用户不经过计量将全部用电设备直接与输配电线路搭接用电，从而躲避用电计量装置计量，使所用电能无法在用电计量装置上准确记录的用电行为。

（3）故意损坏用电计量装置，是指故意（包括直接故意和间接故意）毁灭或者损坏用电计量装置，使其失去计量作用或准确程度的行为。用电计量装置被破坏后，必然造成计量不准或者失效的后果，从而非法占用电能。

5.4.4 什么是伪造或者非法开启用电计量装置的法定封印的窃电行为?

答 （1）为了保证用电计量装置所计电量的客观公正，国家规定用电计量装置需由法定的或者授权的计量检定机构检验合格方能使用，法定的或者授权的计量检定机构检验合格后，要在用电计量装置上用专用封印加封，作为检定合格的标志。用电计量装置由上述机构加封后即不得擅自开启。

（2）伪造用电计量装置法定封印用电是指窃电者开启了法定的或者授权的计量检定机构认可的用电计量装置的封印后，为避免其窃电行为被查处，伪造法定的或者授权的计量检定机构封印的用电行为。

（3）非法开启用电计量装置法定封印用电，是指未结合法准许私自开启

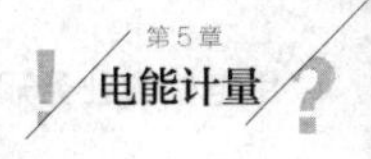

或者授权的计量检定机构依法加封的用电计量封印的用电行为。

5.4.5　什么是致使用电计量装置不准或者失效的窃电行为？

答　致使用电计量装置计量不准或者失效用电，是指虽不损坏法定用电计量装置，但采用了其他方法使用电计量装置失去计量效能或者计量准确程度的行为。如在用电计量装置内外加放异物，或者采用其他技术手段，致使用电计量装置记录电能量与实际用量不符。只要这种手段造成了用电计量装置计量不准或者失效的后果，使非法占用电能的目的得以实现，且是故意所致，即为窃电行为。

5.4.6　使用窃电装置窃电的行为有哪些？

答　使用窃电装置是指使用特制装置窃电，实际是5.4.1中第（4）项窃电行为中的一种具体手段，之所以将其单列为一项是因为其隐蔽性更强，危害性更大，应当特别予以关注，如升流窃电器、移相窃电器、遥控窃电器等。

5.4.7　什么是使用非法用电充值卡或者非法使用用电充值卡占用电能的窃电行为？

答　（1）使用非法用电充值卡占用电能，是指装有充值式电能计时装置（如磁卡式、IC卡式预付费电能表）的用户，使用了不属供电方充值系统特定的电能信息传输介质（充值卡），私自对电能计量装置充值，致使电能计量装置记录的电能信息不能准确传送至供电方并计费的行为。

（2）非法使用用电充值卡占用电能，是指装有充值的电能信息式电能计量装置的用户，使用未经供电方合法充值的电能信息传输介质（充值卡），私自对电能计量装置充值，致使电能计量装置记录的电能信息不能准确传送至供电方并计费的行为。

以上两种行为均具有主观故意，在客观上形成了充值系统统计电能量与电能表记录电能量不符，非法侵占电能，属窃电行为。

5.4.8　什么是实行两部制电价用户私自增加电力容量的窃电行为？

答　（1）实行两部制电价用户私自增加电力容量用电，指两部制电价用户违反供用电合同约定，未经许可，私自增加电力容量，非法侵占与电力容量相对应的基本电费的行为。

（2）本窃电行为的主体是实行两部制电价的用户，客观行为是使用电力容量与合同约定计费容量不符，行为后果是侵占了基本电费。

（3）使用电力容量与合同约定计费容量不符，有多种情形，如：私自增加受电设备数量；私自以大容量受电设备更换小容量受电设备；私自更换受电设备容量标识，致使标识容量与实际容量不符；故意购置并使用容量标识不合格的受电设备等。

5.4.9　什么是非法改变用电计量装置的计量方法、计量标准的行为?

答　（1）非法改变用电计量装置的计量方法，指擅自更改计量接线形式，致使计量不准的行为。

（2）非法改变用电计量装置的计量标准，指擅自改变电能表和互感器等法定计量器具的铭牌参数、计量工作方式（含分时段记录方式）、计量误差等，致使计量不准的行为。

（3）非法改变用电计量装置的计量方法、标准的窃电行为，实际是5.4.1中第（4）项窃电行为中的一种具体手段，因为其隐蔽性强，查处困难，危害性较大，故将其单列为一项。

5.4.10　什么是采用其他方法非法占用电能的窃电行为?

答　目前被发现的窃电方法多达70余种，而且，随着电能计量技术的不断发展，窃电者的窃电手段还会越来越多，我们不可能把所有窃电手段和行为列举完整，因此，本项作了兜底规定。也就是说，如果出现了前述八种窃电行为之外的行为，要判断其是否是窃电行为，可以从窃电行为的内涵进行判断，即看其是否具备前述的窃电行为的三个条件，即窃电意图、窃电手段、窃电后果。

5.4.11　防止窃电的技术措施有哪些?

答　防止窃电的技术措施有：

（1）采用专用的计量柜、计量屏、计量箱、专用电表箱和防窃电的配电变压器。

（2）封闭变压器低压侧的出线端至计量装置的导体。

（3）采用新型防撬铅封。

（4）规范电能表安装接线。

（5）规范低压线路安装架设。

（6）采用双向计量或止逆式电能表。

（7）禁止私拉乱接和非法计量。

（8）计量电压互感器回路安装失压记录仪或失压保护。

（9）采用防窃电表或在表内加装防窃电器。

（10）禁止在单相用户间跨相用电。

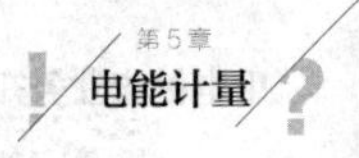

5.4.12 怎样采用专用的计量柜、计量屏、计量箱、专用电表箱和防窃电的配电变压器来防止窃电？

答 在实施这项对策时，通常应根据用户的计量方式采取相应的做法：

（1）高供高计专用变压器用户，可采用室外装设杆上高压计量箱；若不能装设室外的高压计量箱，则在室内装设专用的电能计量柜。

（2）专线用户的计量点应前移至变电站或开闭所。

（3）高供低计专用变压器用户应采用专用计量柜或计量箱，即容量较大采用低压配电柜（屏）供电的配套专用计量柜（屏）。

（4）容量较小无低压配电柜（屏）供电的可采用专用计量箱；低压用户则采用专用计量箱或专用电表箱，即容量较大经电流互感器接入电路的计量装置应采用专用计量箱。

（5）普通三相用户采用独立电表箱，单相居民用电户采用集中电表箱，接户线采用 PVC 管敷设，即线进管、管进箱的措施。

（6）对于较分散的居民用户，可据实际情况采用适当分区后在用户中心安装电表箱。

5.4.13 专用计量柜箱门的防撬措施有哪些？

答 通常，窃电者作案时都要接触计量装置的一次或二次设备才能下手，所以采用专用计量箱或电表箱的目的，就是阻止窃电者触及计量装置，从而加强计量装置自身的防护能力。因此，不仅要求计量箱或电表箱牢固、可靠，而且最关键的还是箱门的防撬问题，现将较实用的方法介绍如下：

（1）箱门加封印。把箱门设计成或改造成可加上供电部门的防撬铅封，使窃电者开启箱门窃电时会留下证据。此法的优点是便于实施，缺点是容易被破坏。

（2）箱门配置防盗锁。和普通锁相比，其开锁难度较大，若强行开锁则不能复原。此法的优点主要是不影响正常维护，较适用于一般用户；缺点是遇到个别精通开锁者仍然无济于事。

（3）将箱门焊死，这是针对个别用户窃电比较猖獗，迫不得已而采取的措施。其优点是比较可靠。缺点是表箱只能一次性使用，给正常维护带来不方便。

5.4.14 怎样采用封闭变压器低压侧的出线端至计量装置的导体来防止窃电？

答 此措施主要用于防止无表法窃电，同时对通过二次线采用欠压法、欠流法、移相法窃电也有一定的防范作用，适用于高供低计专用变压器用户。

（1）对于配电变压器容量较大采用低压计量柜屏的，电流互感器和电能表全部装于柜屏内，需封闭的导体是配电变压器的低压出线端子和配电变压器至计量柜屏的一次导体，变压器低压出线端子至计量柜屏的距离应尽量缩短。其连接导体宜用电缆，配电变压器的中性线应和相线一起，封闭于电缆内、直接引入，并用塑料管或金属管套住。当配电变压器容较大需用铜排或铝排作为连接导体时，可用金属线槽或塑料线槽将其密封于槽内。出线端子和引出线的接头，可用一个特制的铁箱密封，并注意封前仔细检查接头的压接情况，以确保接触良好。另外，铁箱应设置箱门，并在门上留有玻璃窗以便观察箱内情况，箱门的防撬可参照计量箱的做法。

（2）对于配电变压器容量较小采用计量箱的，电流互感器和电表共箱者，可参照上述采用计量柜的做法。计量互感器和电表不同箱时，计量互感器可与低压出线端子合用一个铁箱加封，电表箱按前面介绍的做法处理，而互感器至电表的二次线可采用铠装电缆，或采用普通塑料、橡胶绝缘电缆并穿管防止将计量装置进出线进行短接窃电。

（3）对于因客观条件限制不能对铝排、铜排加装线槽密封时，可在铝排、铜排上刷一层绝缘色漆，既有一定的绝缘隔离作用，又便于侦查窃电。也可刷普通色漆，但应注意所采用的色泽应与铜排或铝排明显区别。为了便于检查，从低压出线至计量装置的走线应清晰明了，要尽量采用架空敷设，不得暗线穿墙或经过电缆沟。

5.4.15 采用规范电能表安装接线预防窃电的具体做法有哪些？

答 （1）单相电能表相线、中性线应采用不同颜色的导线，不得对调。其目的是防止一线一地制或外借中性线的欠流法窃电，同时还可防止跨相用电时造成电量少计。

（2）单相用户的中性线要经电能表接线孔穿越电能表，不得在主线上单独引接一条中性线进入电能表。其目的主要是防止欠压法窃电。

（3）三元件电能表或三个单相电能表中性线要在计量箱内引接，不得从计量箱外接入。其目的主要是防止窃电者利用中性线外接相线造成某相欠压或接入反相电压使某相电能表反转。

（4）电能表及接线安装要牢固，进出表线要尽量减少预留长度。

（5）三元件电能表中性线不得与其他单相用户的电能表中性线共用。

（6）三相电能表安装完毕，应进行接线正确性的检查工作。

（7）对电能计量装置加封。

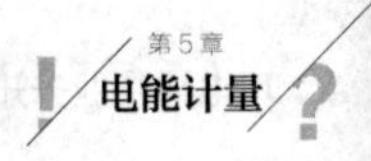

5.4.16 在城市供电系统中供电检查人员窃电的检查方法有哪些？

答 （1）直观检查法：通过人的感官，采用口问、眼看、鼻闻、耳听、手摸等手段，检查电能表，检查连接线，检查互感器，从中发现窃电的蛛丝马迹。

（2）电量检查法：根据用户的用电设备容量及其构成，结合实际使用情况对照检查实际计量的读数，通常用户的用电设备容量与其用电量有一定比例关系。

（3）仪表检查法：这是一种定量检查方法，通过采用普通的电流表、电压表、相位表（或相位伏安表）进行现场定量检测，从而对计量设备的正常与否作出判断，必要时还可用标准电能表校验用户电能表。此外，还可以采用专用仪器检查，则更加直观简便。

（4）用电能表检查：当互感器及二次接线检验确认无误而怀疑是电能表不准时，可用准确的电能表现场校对或在校表室校验。

（5）用专用仪器检查，近年来国内已开发研制出多种查窃电仪器，保定智能电脑应用厂生产的DGY－Ⅱ型计量故障分析仪就是其中有代表性的产品之一，和普通的查窃电仪表相比，其功能更加完善，使用更加简捷有效，尤其是侦查技术性、隐蔽性窃电，该仪器具有更加明显的优势。

5.4.17 用电检查人员查窃电程序是怎样的？

答 （1）例行性用电检查、供电设施巡视中的窃电检查。

（2）进行针对性的窃电检查，指有窃电嫌疑时的检查，包括电量不正常突变，接到举报或在例行性检查时发现窃电嫌疑等。

5.4.18 例行性用电检查、供电设施巡视中的窃电检查包括哪些内容？

答 （1）有无直观的窃电征象。现场检查有无在供电设施上擅自搭接用电的搭接线、搭在电能接线孔的跨接线、电磁干扰、永久磁铁等窃电工具。

（2）核对有功、无功电能表出厂编号（或供电企业自设条码）是否与记录相符，若不符则有窃电嫌疑。

（3）检查接线盒、电能表、断压断流计时装置、量电柜（箱）是否完好，封印是否完好、正确。

（4）检查断流、断压计时装置有无指示信号。

（5）用秒表法测算有功电能表计量功率与当时用电负荷比较，判断计量装置计量的合理性，如相差甚大即有窃电嫌疑。

5.4.19 针对性的窃电检查中应注意哪些内容？

答 （1）进行外观检查，并有针对性地查找窃电手法显现的痕迹。

（2）客户不停电的情况下，带电检查有无断压、断流及错接线。

（3）带电检查查出断压、断流或错接线，应立即要求客户停电（或停电情况下）对计量装置进行停电检查，包括：检查电流互感器的极性及连接情况，电能表电压、电流线接入相位、相序，连接导线有无断线、短路，熔丝有无熔断及熔断相数，互感器铭牌是否与记录相符或伪装，必要时进行电流互感器变比测试。

（4）发现电能表耳封被开启或伪封，立即通知法定的或授权的计量鉴定机构到现场检查。

（5）采取电磁干扰、永久磁铁等窃电手法，应校验使用该窃电手法后计量装置少计电量数量值（百分率）。

（6）对于检查中发现的可能引起属于窃电行为，或者因供电企业在计量装置施工中产生差错，宜先分析并取得证据，以理服人。

（7）窃电检查全过程应做好窃电现场取证工作。

5.4.20 用电检查人员查窃电过程中应注意哪些事项？

答 （1）注意自身保护，遵守《电业安全工作规程》有关安全距离、停电工作和低压带电作业的规定，防止人身触电、高空跌落等。

（2）注意依法行事，按照《用电检查管理办法》的规定，填写用电检查工作单，并经批准，到达检查现场，应主动出示用电检查证。

（3）须有 2 人及以上方可进行检查，对于供电秩序不好的区域宜有公安机关及当地政府部门积极配合进行窃电查处，防止发生武力冲突。

（4）检查人员穿着防护服，随带需用的工具、仪表、对讲机、防护设施和照明工具。

（5）客户设备的操作，应由客户进行。

（6）防止电流互感器二次开路，电压互感器二次短路。

（7）密切注意窃电者作案留下的点滴痕迹，认真做好现场取证工作；对客户人员、窃电人员的询问笔录及取证获取现场数据，均需客户签字，取证工作方可完毕。

（8）为防止窃电者紧急撤除窃电证据，宜采取突击快速和杀回马枪的方式进行检查。

（9）检查前应做好检查重点（窃电手段）、程序、分工及可能突发情况的分析、预想，周密行事。

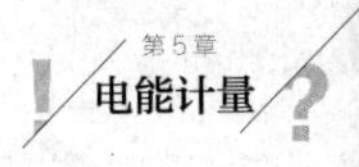

（10）根据窃电检查任务的难度，用电检查人员应具备相应的技术业务水准、经验阅历和机智灵活的工作能力及应变能力。

5.4.21 用电检查人员查窃电过程中如何现场取证？

答　用电检查人员查窃电过程中现场取证方法：

（1）拍照：应调准相机的日期及时间，及时拍照窃电现场、窃电设备及设备的铭牌、被破坏的计量装置、实测电流值、窃电的工具等。

（2）摄像：现场检查的全过程。

（3）录音：需录音应征得当事人同意。

5.4.22 用电检查人员查窃电过程中现场取证要求有哪些？

答　（1）提取损坏的用电计量装置。

（2）收集伪造或者开启加封的用电计量装置封印。

（3）收缴不准或失效的计量装置和窃电工具等。

（4）提取及保全用电计量装置上遗留的窃电痕迹。

（5）收集窃电现场的用电设备和采集窃电现场实测电流，均需当事人签字或经第三方见证，方可有效。

5.4.23 用电检查人员查窃电过程中现场取证注意事项有哪些？

答　（1）用电检查人员进入客户现场时，应主动出示用电检查证。

（2）无证工作人员如发现有窃电现象应立即向所属部门汇报或择时由专业人员进行查处。

（3）用电检查人员执行检查任务时需履行法定手续，不得滥用或超越电力法及有关法规所赋予的用电检查权。

（4）用电检查人员应严格按照法定程序进行用电检查并依法取证。

（5）若窃电当事人不在，不宜采取拆表方式，应做好窃电证据、旁证的收取，适实开具违约用电、窃电通知书委托代收。

第6章 继电保护与自动装置

6.1 继电保护装置

6.1.1 什么是继电保护？

答　继电保护是指研究电力系统故障和危及安全运行的异常工况，以探讨其对策的反事故自动化措施。因在其发展过程中曾主要用有触点的继电器来保护电力系统及其元件（发电机、变压器、输电线路、母线等）使之免遭损害，所以俗称继电保护。

6.1.2 什么是继电保护装置？

答　当电力系统中的电力元件（如发电机、线路等）或电力系统本身发生了故障危及电力系统安全运行时，能够向运行值班人员及时发出警告信号，或者直接向所控制的断路器发出跳闸命令以终止这些事件发展的一种自动化措施和设备，一般通称为继电保护装置。

6.1.3 继电保护的基本性能是什么？

答　继电保护的正确工作不仅能有效地提高电力系统运行的安全可靠性，并且正确使用继电保护技术和装置还可能在满足系统技术条件的前提下降低一次设备的投资。继电保护必须具备以下5个基本性能。

（1）安全性：继电保护装置应在不该动作时可靠地不动作，即不应发生误动作现象。

（2）可靠性：继电保护装置应在该动作时可靠地动作，即不应发生拒动作现象。

（3）快速性：继电保护装置应能以可能的最短时限将故障部分或异常工况从系统中切除或消除。

（4）选择性：继电保护装置应在可能的最小区间将故障部分从系统中切除，以保证最大限度地向无故障部分继续供电。

（5）灵敏性：灵敏性是指保护装置对故障和不正常工作状态的反应能力，一般用灵敏系数 K_{sen} 来衡量。不同的保护装置，对灵敏系数的要求也不相同。

继电保护须具备的 5 个性能彼此紧密联系。在选择保护方案时，还应注意经济性。所谓经济性，不仅指保护装置的设备投资和运行维护费，还必须考虑由于保护装置不完善而发生误动或拒动时对国民经济所造成的损失。

6.1.4 对继电保护的可靠性的基本要求是什么？

答 （1）可靠性是指继电保护装置在规定的保护范围内发生故障该其动作时不应拒绝动作，不该其动作的其他情况下不应误动作，即要求继电保护装置该动则动，不该动则不动。

（2）可靠性是继电保护必须严格满足的要求，其与保护装置的特性、结构、工艺及调试、维护等多种因素有关。

（3）提高可靠性，要求采用元件及工艺质量优良的装置，并按技术规范精心调试、定期维护；为防止保护拒动，配置后备保护是一种常用且有效的方法。为防止误动应尽量简化装置接线，提高装置的抗干扰能力。

6.1.5 对继电保护的选择性的基本要求是什么？

答 （1）选择性是指继电保护动作后仅将故障部分从电力系统中切除，保证未故障部分继续运行，使停电范围尽可能缩小。

（2）选择性是由保护装置动作值的正确整定和各保护间的时限合理配合得以实现的，动作于跳闸的继电保护必须严格满足选择性要求。

6.1.6 如何用单电源供电网络故障说明选择性切除故障的要求？

答 （1）在图 6-1 所示单电源供电网络中，当 k-1 点短路时，根据选择性要求应由离故障点最近的保护 1 和保护 2 动作分别跳开 QF1 和 QF2 切除故障，保证线路 2 继续向负荷供电。

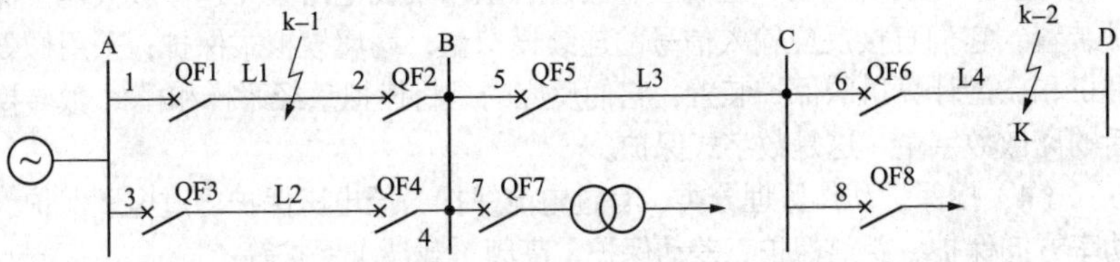

图 6-1 单电源供电网络故障选择性切除说明图

（2）当 k−2 点短路时，应由保护 6 动作跳开 QF6 切除故障，保证 C 变电站不停电；当保护 6 或 QF6 拒动时，则由保护 5 的后备保护延时动作跳开 QF5 切除故障，虽然造成 C 变电站停电，但保护 5 的动作仍属有选择性，倘若保护 5 不动作，将会引起上级线路保护动作，停电范围会更大。

6.1.7　对继电保护的快速性的基本要求是什么?

答　（1）快速性是指保护装置的动作时间应尽可能短，以减轻故障设备的损坏程度，提高自动重合闸成功率。

（2）实现快速动作的前提是保证可靠性和选择性，为防止干扰引起保护误动作，以及保证各保护间的选择性配合，在保护中需人为设置适当的延时。电压等级高的设备，对保护的快速性要求高。电压等级较低的设备，可适当降低保护的动作速度，使保护装置简单可靠。

6.1.8　对继电保护的灵敏性的基本要求是什么?

答　灵敏系数有两种表达方式：

（1）反应故障参量上升的保护灵敏系数，K_{sen} = 保护区内金属性短路时故障参量的最小计算值 / 保护的动作参量。

（2）反应故障参量下降的保护灵敏系数，K_{sen} = 保护的动作参量 / 保护区内金属性短路时故障参量的最大计算值。

6.1.9　继电保护方式分为哪几类?

答　继电保护可按以下 4 种方式分类：

（1）按被保护对象分类，有输电线保护和主设备保护（如发电机、变压器、母线、电抗器、电容器等保护）。

（2）按保护功能分类，有短路故障保护和异常运行保护。前者又可分为主保护、后备保护和辅助保护；后者又可分为过负荷保护、失磁保护、失步保护、低频保护、非全相运行保护等。

（3）按保护装置进行比较和运算处理的信号量分类，有模拟式保护和数字式保护。一切机电型、整流型、晶体管型和集成电路型（运算放大器）保护装置，它们直接反应输入信号的连续模拟量，均属模拟式保护；采用微处理机和微型计算机的保护装置，它们反应的是将模拟量经采样和模 / 数转换后的离散数字量，这是数字式保护。

（4）按保护动作原理分类，有过电流保护、低电压保护、过电压保护、功率方向保护、距离保护、差动保护、高频（载波）保护等。

6.1.10 继电保护是依据什么实现保护的?

答 电力系统故障时，会伴随某些物理量发生显著变化，继电保护就是通过测量相应的物理量并根据其变化特征实现故障辨识，达到以下不同方式的保护作用。

（1）根据短路时电流突然增大的特征，可构成过电流保护。

（2）利用反应电压与电流之间的相位关系的变化，可实现功率方向保护。

（3）利用反应电压与电流的比值，可实现距离保护。

（4）利用反应被保护元件各侧电流的大小和相位，可构成纵差动保护。

（5）利用反应不对称故障出现的序分量的原理，可构成负序电流、电压保护和零序电流、电压保护。

（6）利用故障的其他物理量的变化特征，可构成非电量保护，如气体保护、温度保护等。

6.1.11 继电保护在电力系统中的任务是什么?

答 继电保护是一种重要的反事故措施，其作用是防止事故的发生和发展，保证电力系统的安全、稳定运行。继电保护应能完成以下基本任务：

（1）当电力系统发生故障时，能自动地、迅速地、有选择地发出跳闸信号，在可能实现的最短时间和最小区域内将故障设备从系统中切除，保证非故障部分继续运行。

（2）当电力系统出现不正常工作状态时，发出预告信号，通知值班人员及时处理，以减轻或避免设备的损坏和对相邻地区供电的影响。若无人值班可经一定延时动作于减负荷或跳闸。

6.1.12 继电保护装置的结构分为哪两种?

答 继电保护装置的结构有模拟式和数字式两类。

（1）模拟式继电保护是采用布线逻辑来实现保护功能的，保护的性能依赖于所用元件的特性和各元件间连接方式。

（2）数字式继电保护采用的是数字运算逻辑，其保护功能由程序（软件）决定，故可采用相同的元件和接线（硬件）构成不同的保护装置。

6.1.13 继电保护的基本原理结构怎样的?

答 继电保护装置一般由测量部分、逻辑部分和执行部分组成，其原理结构如图 6-2 所示。

（1）测量部分将被保护设备输入的物理量经变换后与给定量进行比较，比较结果以输出信号方式供给逻辑部分判断使用。

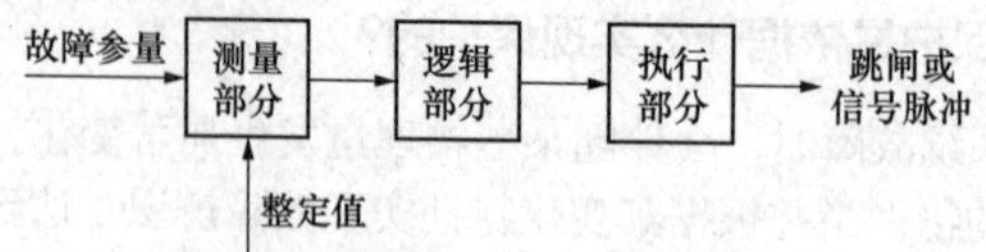

图 6-2　继电保护装置原理结构框图

（2）逻辑部分对测量部分输出的信号进行逻辑识别，如是否满足条件逻辑、顺序逻辑和预定延时等，满足条件则输出保护动作信号。

（3）执行部分将动作信号放大和分路后，发出跳闸命令和告警信号。

6.1.14　常用的继电器有哪些?

答　继电器是构成模拟式继电保护装置的基本元件。

（1）按结构原理，继电器划分为电磁式、感应式、整流式、晶体管式、集成电路式和数字式等。

（2）用于保护测量的继电器，通常按其反应的物理量划分为电流继电器、电压继电器、功率方向继电器、差动继电器以及反应非电量的气体继电器等。

（3）起辅助作用的继电器，按其作用划分为时间继电器、中间继电器、信号继电器等。

6.1.15　继电保护系统的配置应当满足哪两点最基本的要求?

答　（1）任何电力设备和线路，不得在任何时候处于无继电保护的状态下运行。

（2）何电力设备和线路在运行中，必须在任何时候有两套完全独立的继电保护装置分别控制两台完全独立的断路器实现保护。

6.1.16　电磁式电流继电器的结构形式是怎样的?

答　电磁式电流继电器的结构如图 6-3 所示。

6.1.17　电磁式电流继电器的工作原理是怎样的?

答　电磁式电流继电器的工作原理如图 6-4 所示。当继电器线圈中通入电流 I_k 时，在铁芯、气隙和转动舌片构成的磁路中产生与其成正比的磁通 Φ，被磁化的转动舌片与铁芯磁极间产生的电磁力 F_e，使转动舌片受到顺时针方向的电磁转距 M_e 的作用；同时，转动舌片还受到弹簧力矩 M_S 和摩擦力矩 M_f 形成的反时针方向力矩的作用。增大电流 I_k，使电磁转距 M_e 随之增大到满足动作条件 $M_e \geqslant M_S + M_f$，转动舌片开始顺时针旋转，并带动触点接通，这一过程称为继电器的动作过程。继电器动作后，减小其电流 I_k，使电磁转

距 M_e 随之减小到满足返回条件 $M_e \leqslant M_s - M_f$，转动舌片反时针旋转，带动触点断开，该过程称为继电器的返回过程。

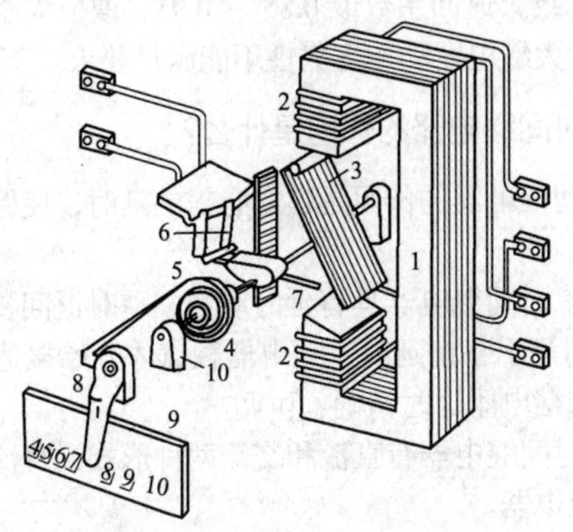

图 6-3　电磁式电流继电器的结构

1—铁芯；2—电流线圈；3—转动舌片；4—弹簧；5—动触点；6—静触点；7—止挡；8—调整手柄；9—标度盘；10—轴承

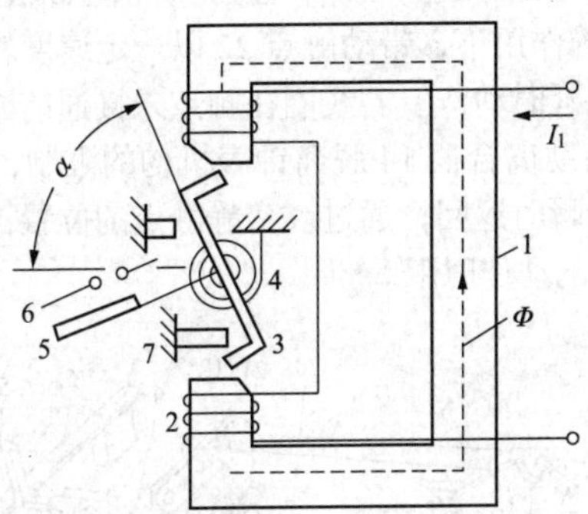

图 6-4　电磁式电流继电器的工作原理

1—铁芯；2—电流线圈；3—转动舌片；4—弹簧；5—动触点；6—静触点；7—止挡

6.1.18　什么是电流继电器的返回系数？

答　使继电器能动作的最小电流称为继电器的动作电流，可以用 $I_{k.act}$ 表示。使继电器能返回的最大电流称为继电器的返回电流，可以用 $I_{k.re}$ 表示。继电器的返回电流与动作电流的比值称为返回系数，即

$$K_{re} = \frac{I_{k.re}}{I_{k.act}}$$

通过上式可以得出，过电流继电器的返回系数恒小于1，这是因为继电器动作过程中，随气隙磁阻减小而增大的剩余力矩ΔM和摩擦力矩M_f的存在，使返回电流减小所致，返回系数取0.85～0.95，取值太小会使电流保护的灵敏度过低，取值太大继电器动作可靠性不能满足要求。

6.1.19　电磁式时间继电器的作用是什么？

答　（1）时间继电器的作用是建立必需的延时，使保护装置实现选择性或逻辑配合。

（2）一般要求时间继电器具有延时动作、瞬时返回特性，即当继电器线圈维持通电的时间等于整定延时，继电器触点才开始接通，线圈断电，触点立刻返回。并要求继电器延时精确、可调。

（3）电磁式时间继电器有直流和交流两种形式，直流控制电源的保护装置采用直流时间继电器。

6.1.20　电磁式时间继电器结构和原理是怎样的？

答　图6-5为电磁式时间继电器的结构图，其由电磁启动机构、钟表延时机构和触点组成。当线圈1接入工作电压时，铁芯3被吸入，释放杠杆9，钟表机构在弹簧11的作用下，带动触点22以一定速度转动，经过预定行程将静触电接通，实现延时动作。若线圈在触点未接通前断电，铁芯释放，顶起杠杆，传动部分借助离合器14脱离钟表机构的限制，带动动触点快速返回到起始位置，实现瞬时返回；通过改变静触点的位置，即改变动触点的行程来调整时间继电器的动作时限。

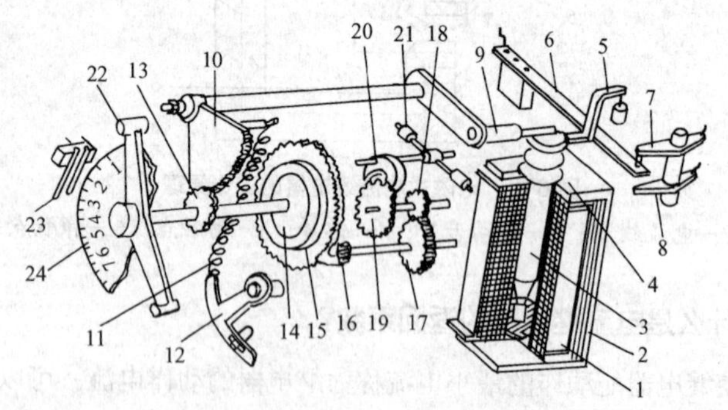

图6-5　电磁式时间继电器结构

1—线圈；2—衔铁；3—铁芯；4—活塞杆；5—推板；6—杠杆；7—静触头；8—触头弹片；9—释放杠杆；10、13、15~20—钟表齿轮；11—钟表机构的弹簧；12—弹簧连片；14—离合器；21—连杆；22—动触头；23—静触头；24—时间刻度盘

6.1.21 电磁式中间继电器的作用是什么?

答 中间继电器的作用是扩充触点数量、增大触点容量，还可实现短延时和自保持等特殊功能。

6.1.22 电磁式中间继电器的结构是怎样的?

答 电磁式中间继电器结构如图 6-6 所示，其具有多对动合触点和动断触点，触点容量大耐弧能力强；当线圈接入工作电压时，衔铁在电磁力的作用下被吸持，带动动触点与静触点接通或断开，线圈断电后，衔铁释放，带动动触点返回。

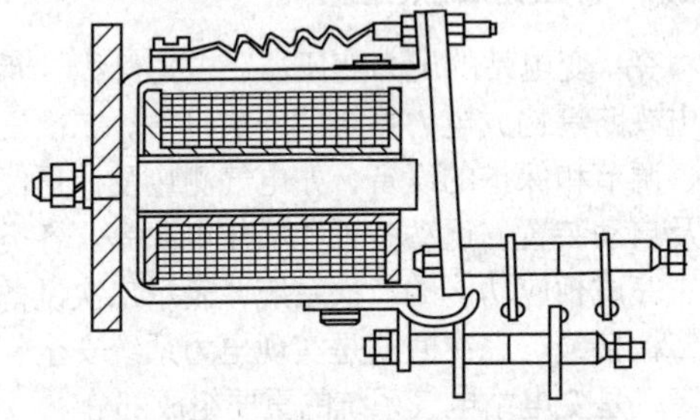

图 6-6 电磁式中间继电器结构

6.1.23 电磁式信号继电器的作用是什么?

答 信号继电器的作用是在继电保护动作后，启动灯光信号和发出就地掉牌信号，以便值班员了解保护动作情况，分析处理事故或异常。为保留保护动作信号，要求信号继电器动作后，必须人为手动复归。

6.1.24 电磁式信号继电器的结构是怎样的?

答 电磁式信号继电器结构如图 6-7 所示，当线圈通电后，吸持衔铁，信号牌被释放掉下，带动触点接通，启动中央信号回路发信号，信号牌发出就地掉牌信号。旋转复位旋钮，将信号牌顶起复位，实现信号继电器手动复归。

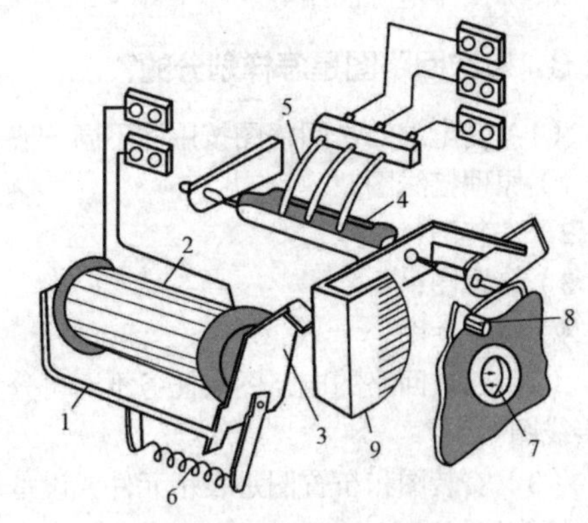

图 6-7 电磁式信号继电器结构图

1—线圈支架；2—线圈；3—衔铁；4—静触头；5—动触头；6—释放弹簧；7—信号窗口；8—手动复位；9—吊牌信号

电磁式信号继电器有电流型和电压型两种，电流型信号继电器的电流线圈应串联接入出口中间继电器线圈回路，电压型信号继电器的电压线圈应并联接入出口中间继电器线圈两端，一般多采用电流型信号继电器。

6.2 二次回路的基本概念

6.2.1 什么是二次回路?

答 变电站的电力变压器、电力母线、断路器、隔离开关、电力电缆和输电线路等构成电力系统的一次设备。二次设备是对一次设备进行监测、控制、调节和保护的设备，如电气测量及计量仪表、控制及信号器具、继电保护及自动装置、远动装置和操作电源等。各类二次设备及其连接成的网络构成了完成相应功能的二次系统，表示二次设备相互联接的电路称为二次回路或二次接线。二次回路是实现电力系统安全、可靠、优质、经济运行的重要保障，是变电站电气系统的重要组成部分。

6.2.2 二次回路是怎样划分的?

答 二次回路按功能可划分为:

（1）测量回路;

（2）断路器控制和信号回路;

（3）中央信号回路;

（4）继电保护和自动装置回路;

（5）操作电源回路等。

6.2.3 二次回路图是怎样划分的?

（1）变电站二次回路图按用途不同一般分为四种:

1）原理接线图;

2）安装图;

3）布置图;

4）解释性图。

（2）二次回路的电路图按任务不同可分为三种，即原理图、展开图和安装接线图。

（3）安装图和布置图是表示元件或设备位置关系的图纸，多用于现场安装和接线。

6.2.4 什么是二次原理接线图?

答 二次回路原理接线图是表示电气元件或设备连接关系的图纸，解释性图是表示各部分之间功能关系的图纸，多用于原理说明和逻辑分析。原理接线图用于表述二次回路的构成，相互动作顺序和工作原理。其具有归总式和展开式两种表达形式。

6.2.5 二次回路中的不对应原理是什么？

答　二次回路中不对应原理是控制开关的位置与断路器的位置不对应。

6.2.6 二次回路原理图中常用的图形符号有哪些？

答　二次回路原理图中常用的图形符号见表6-1。

表6-1　二次回路原理图中常用的图形符号

序号	图形符号	名称	序号	图形符号	名称
1	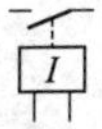	电流继电器	10		蜂鸣器
2		低电压继电器	11	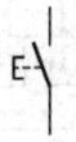	动合按钮
3	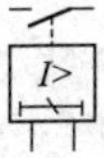	反时限过电流继电器	12	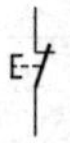	动断按钮
4		气体（瓦斯）继电器	13		接通的连接片
5	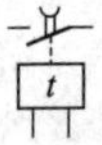	时间继电器	14	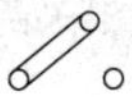	断开的连接片
6		中间继电器	15		指示灯
7	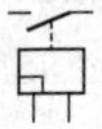	信号继电器	16		熔断器
8		热继电器驱动元件	17		电流互感器
9		电铃	18		电压互感器

6.2.7 什么是二次回路原理图中归总式原理接线图?

答 归总式原理接线图是一种用整体图形符号（如表 6-1 中符号）表示设备，表 6-1 按电路的实际连接关系绘制的二次回路图纸，简称为原理图。原理图能清楚地表达回路的构成和工作原理，但接线交叉多，串并联关系不明显。一般在二次回路初步设计阶段和解释动作原理时采用。

三段式电流保护原理接线图如图 6-8 所示。

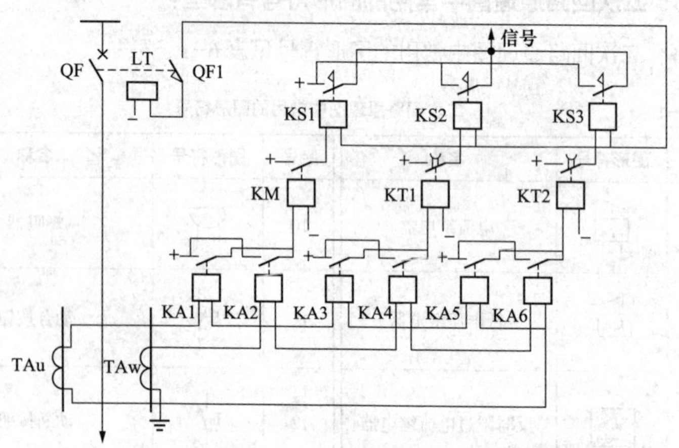

图 6-8 三段式电流保护原理接线图

6.2.8 二次回路原理图中常用的展开图形符号有哪些?

答 二次回路原理图中常用的展开图形符号见表 6-2。

表 6-2 二次回路原理图中常用的展开图形符号

序号	图形符号	名称	序号	图形符号	名称
1		继电器接触器线圈	4		延时闭合动合触点
2		动合触点	5		延时断开动合触点
3		动断触点	6		延时闭合动断触点

续表

序号	图形符号	名称	序号	图形符号	名称
7		先断后合转换触点	9		延时断开动断触点
8		延时闭合、延时断开动合触点	10		热继电器动断触点

6.2.9 什么是二次原理图中展开式接线图?

答　展开式接线图是将各二次设备的线圈与触点分别用表 6–2 中展开式图形符号表示，按回路性质分为几部分绘制的图纸，简称为展开图。

展开图具有回路及元件连接关系清晰，便于回路分析和检查的优点，在实际工作中得到广泛应用。在图 6–9 所示的电流保护展开接线图中，按不同电源将接线图划分为交流回路、直流回路、信号回路等多个独立部分；图中各继电器的线圈和触点用表 6–2 所示的线圈符号和触点符号分别绘在各自回路中，对于同一继电器的线圈和触点标注相同的文字符号；对同一回路内的线圈和触点按电流通过的路径从左至右排列，各回路按动作顺序或相序自上而下排列；各导线、端子用统一规定的回路编号和标号标注，便于分类查线。

三段式电流保护展开接线图如图 6–9 所示。

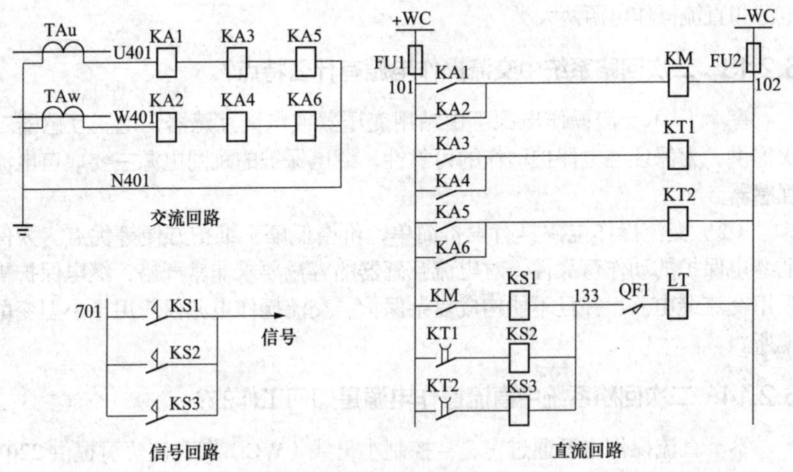

图 6–9　三段式电流保护展开接线图

6.2.10 什么是二次原理解释性图?

答 (1)解释性图是除原理图、布置图和安装图以外根据实际需要绘制的图纸，继电保护及自动装置中常用的解释性图有逻辑图和配置图。

(2)逻辑图是将装置各功能部分用标有特定符号或文字的方框表示，各逻辑部分之间仅存在“0”“1”二状态关系，并用单线按动作逻辑将各部分连接起来，以表示装置的逻辑功能和工作原理的图纸，亦称逻辑框图。逻辑图隐藏了各功能部分内部的结构和接线，只强调其输入和输出间的逻辑关系及各部分间的激励与响应关系，因此能简洁明了地表示出装置的动作逻辑关系。逻辑图广泛应用于集成电路型和微机型装置中。

(3)配置图是将一次设备所配置的各装置用方框表示，其与该设备的一次接线画在一起，并用单线与引入装置的电流、电压的互感器相连接，用以说明设备所配装置的图纸。配置图不但简明、直观地表明了设备配有的装置，还示出了装置电气量的测量点。

6.2.11 二次回路系统中操作电源的作用是什么?

答 操作电源的作用是为二次系统中各设备和开关的操作提供可靠的工作电源。

6.2.12 操作电源有哪些种类?

答 操作电源主要有信号电源、断路器的控制电源以及继电保护、自动装置或自动化系统的工作电源。发电厂及变电站的操作电源主要有交流操作电源和直流操作电源两大类。

6.2.13 二次回路系统中交流操作电源有什么特点?

答 (1)交流操作电源可由站用变压器或电流互感器、电压互感器二次提供，为保证继电保护动作的可靠性，继电保护的跳闸电源主要取自电流互感器。

(2)交流操作电源具有设备简单，价格低廉，维护方便等优点。为保证继电保护的动作可靠性，对电流互感器的容量要求非常严格；继电保护需采用交流继电器，并且不能构成复杂保护。交流操作电源仅应用于小型变配电所。

6.2.14 二次回路系统中直流操作电源是如何工作的?

答 直流操作电源通过+、−控制小母线(WC)向直流负荷提供220V(110V)直流电压，并通过(+)闪光小母线(WF)，将闪光装置产生的闪光电压提供给信号灯。

6.2.15 直流操作电源有哪些形式?

答 直流操作电源有以下三种形式：蓄电池直流操作电源、硅整流直流操作电源、复式整流直流操作电源。

6.2.16 直流操作电源中蓄电池直流操作电源的特点是什么?

答 蓄电池直流操作电源由整流器和蓄电池提供直流电，整流器除将所用交流电整流成直流电外，还能对蓄电池充电。蓄电池主要有铅酸蓄电池和镉镍蓄电池。铅酸蓄电池端电压较高(2.15V)，冲击放电电流较大，但寿命短，会产生有害气体，维护麻烦，在变电站中已不予采用。镉镍蓄电池虽然端电压较低（1.2V），事故放电电流较小，但其体积小，寿命长，维护方便，无有害气体，广泛用于大中型变电站。

6.2.17 直流操作电源中硅整流直流操作电源的特点是什么?

答 （1）硅整流直流操作电源是由硅整流器将所用交流电压整流成直流电压供给直流母线，为保证故障引起交流电压显著降低时继电保护可靠跳闸，在继电保护直流供电回路中并联有储能电容器组，以提供足够的跳闸冲击电能。

（2）硅整流直流操作电源价格便宜，占地面积小，维护量小，但可靠性受交流系统影响，须采用两路交流电源，并实现自动切换。

（3）其主要适用于多电源供电的中小型变电站。

6.2.18 直流操作电源中复式整流直流操作电源的特点是什么?

答 （1）复式整流直流操作电源是将所用交流电压及电压互感器二次电压构成的交流电压源和电流互感器二次提供的交流电流源复合整流后得到的直流电源。正常运行时主要由电压源提供电能，故障时系统电压下降而故障回路电流增大，则主要由电流源提供电能，使复式整流电源的直流电压均能满足要求。

（2）复式整流直流操作电源接线简单，维护量小，故障时能提供较大的直流电能，适用于单电源供电的中小型变电站。

6.2.19 什么是二次回路系统中的控制回路?

答 二次回路系统中的控制回路是指实现开关设备分合操作的电路。

6.2.20 断路器控制回路有哪些功能？

答 根据断路器的操动机构不同，断路器控制回路有多种形式，一般都包括以下功能：

（1）断路器的合闸控制回路。

（2）断路器的跳闸控制回路。

（3）断路器的跳跃闭锁回路。

（4）事故音响启动回路。

6.2.21 电磁操动机构的断路器控制回路的工作原理是怎样的？

答 以图 6-10 所示电磁操动机构的断路器控制回路为例，介绍断路器控制回路的工作原理。

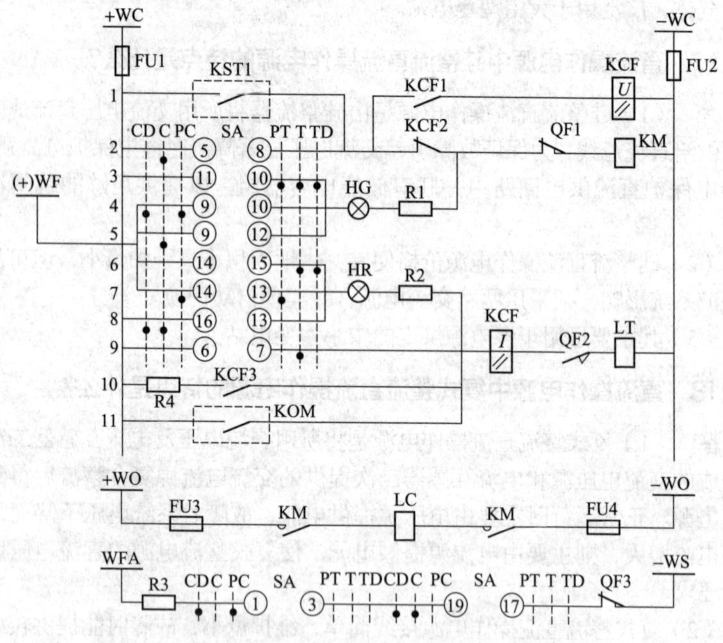

图 6-10 电磁操动机构的断路器控制回路

（1）断路器的合闸控制过程。

1）设合闸前，断路器处于跳闸状态，QF1 闭合，控制开关 SA 在“跳闸后”（TD）位置，触点 SA11-10 接通，3 回路（+ → SA11-10 → HG、R1 → QF1 → KM → -）接通，表示断路器处在跳闸位置，由于 1R 的分压作用，合闸接触器 KM 的线圈电压太低不动作。

2）手动合闸时，控制开关 SA 先置于“预备合闸”（PC）位置，触点 SA9-10 接通 4 回路（+ → SA9-10 → HG、R1 → QF1 → KM → -），绿灯 HG 接入闪光电源（+），发闪光信号，提示操作人员核对操作。核对无误后，将 SA 短时置于“合闸”（C）位置，触点 SA5-8 接通 2 回路（+ → SA5-8 → KCF2 → QF1 → KM → -），合闸接触器 KM 线圈励磁，其触点将合闸电源（± WC）接入断路器的合闸线圈 LC，使其驱动断路器操动机构合闸。断路器合闸后，QF1 断开，QF2 闭合，8 回路（+ → SA16-13 → HR、R2 → QF2 → LT → -）接通，红灯 HR 亮，表示断路器已合闸。松开控制开关 SA 手柄，SA 自动返到“合闸后”（CD）位置，8 回路仍接通，红灯 HR 发平光，表明断路器处在合闸位置，跳闸回路及控制电源完好。

3）自动装置合闸时，其出口继电器触点 KST1 闭合，1 回路（+ → KST1 → KCF2 → QF1 → KM → -）接通，使断路器合闸，QF1 断开，QF2 闭合，6 回路（+ → SA14-15 → HR、R2 → QF2 → LT → -）接通，红灯闪光，表示断路器已自动合闸。

（2）断路器的跳闸控制过程。

1）跳闸前，断路器处于合闸状态，控制开关 SA 在“合闸后”（CD）位置，手动跳闸时，先置 SA 于“预备跳闸”（PT）位置，触点 SA14-13 接通，7 回路（+ → SA14-13 → HR、R2 → QF2 → LT → -），红灯 HR 发闪光信号。核对无误后，将 SA 短时置于“跳闸”（T）位置，触点 SA6-7 接通 9 回路（+ → SA6-7 → KCF → QF2 → LT → -），断路器跳闸线圈通电，使断路器跳闸。断路器跳闸后，QF2 断开，QF1 闭合，3 回路（+ → SA11-10 → HG、R1 → QF1 → KM → -）接通，绿灯 HG 亮，表示断路器已跳闸。松开控制开关 SA 手柄，SA 自动返到“跳闸后”（TD）位置，3 回路仍接通，绿灯 HG 发平光，表明断路器处在跳闸位置，合闸回路及控制电源完好。

2）保护装置自动跳闸时，其出口继电器触点 KOM 闭合，11 回路（+ → KOM → KCF → QF2 → LT → -）接通，使断路器跳闸，QF2 断开，QF1 闭合，4 回路（（+）→ SA9-10 → HG、R1 → QF1 → KMC → -）接通，绿灯闪光，表示断路器已自动跳闸。

（3）断路器的跳跃闭锁过程。

1）如果手动控制断路器合闸至永久性故障线路，在旋转 SA 手柄至“合闸”（C）位置，手柄还未松开，合闸后的断路器又被继电保护瞬间跳开，QF1 再次闭合，接通合闸回路，使断路器再次合闸，然后跳开，这种造成断路器反复多次合闸跳闸的现象称为断路器的跳跃。断路器的跳跃可能引起断路器爆炸。

2）为防止断路器的跳跃，在断路器控制回路中，加装防跳继电器KCF，构成电气防跳回路，接线如图6-10所示。防跳继电器KCF是一只具有电流启动线圈和电压保持线圈的中间继电器。当保护跳闸时跳闸电流使防跳继电器KCF电流线圈励磁，其动断触点KCF2断开合闸回路，动合触点KCF1接通电压自保持回路，只要SA5-8触点接通或KST1粘连不返回，防跳继电器电压线圈就带电自保持，始终断开合闸回路，起到跳跃闭锁的作用。防跳继电器的另一对动合触点KCF3经电阻R4与触点KOM并联，可防止保护出口继电器触点KOM先于QF2断开而烧坏。

（4）事故音响启动过程。当继电保护动作跳开断路器时，其动断辅助触点QF3闭合，而控制开关仍处在“合闸后”（CD）位置SA1-3和SA19-17通，断路器与控制开关位置不对应，从而将R3接入事故音响小母线WFA和信号小母线-WS之间，启动事故音响，发出蜂鸣器告警信号。

（5）由以上工作原理分析可知：在控制回路中，将断路器的动断辅助触点和动合辅助触点分别串入合闸回路和跳闸回路，由辅助触点快速断开操作回路，满足了跳合闸线圈短时通电的要求；将自动装置的合闸出口继电器触点与控制开关的合闸触点并联，将继电保护装置的跳闸出口继电器触点与控制开关的跳闸触点并联，以满足自动和手动合闸、跳闸的要求；由断路器的动断辅助触点和断路器的动合辅助触点分别控制跳闸指示灯（绿灯）回路和合闸指示灯（红灯）回路，以满足监视跳、合闸回路及操作电源的完好性要求；设置电气防跳回路实现了跳跃闭锁的要求。

6.2.22 二次回路系统中信号回路的作用是什么？

答 （1）在发电厂和变电站设置各种信号回路是为值班人员提供警示、说明、状态和命令等方面的信息，以便对运行情况及时判断，正确处理。

（2）在信号系统中，起警示和说明作用的信号有事故信号和预告信号。当断路器事故跳闸时，启动事故信号发出音响告警信号，提醒值班员注意，同时断路器位置指示灯发闪光信号，指明故障位置和性质。当设备出现不正常工作状态时，继电保护启动预告信号发出音响召唤信号，同时点亮标有故障性质的光字牌。

（3）表明状态的信号称为位置信号，用以显示开关设备的位置状态，如断路器控制回路中监视跳、合闸回路的灯光和隔离开关的位置指示器。

（4）传递简单命令的信号有指挥信号和联系信号，指挥信号是发电厂主控制室向各控制室发出操作命令的信号，联系信号用于各控制室之间的联系。

6.2.23 什么是二次回路系统的中央信号？其基本要求是什么？

答 （1）发电厂和变电站的各种信号中，事故信号和预告信号最重要，将其布置在中央控制屏上或综合自动化系统的控制主界面上，统称为中央信号。

（2）中央信号应满足以下基本要求：

1）事故信号装置应在任一断路器事故跳闸后，立即发出蜂鸣器音响信号和灯光指示信号；

2）预告信号装置应在任一设备发生故障或异常工作状态时，按动作时限要求发出与事故音响不同的警铃音响信号和指示故障性质的灯光信号；

3）音响信号应能重复动作，并能实现手动和自动复归，指示故障或异常状态性质的灯光信号应保留；

4）应能对事故信号、预告信号及其光字牌进行完好性试验，并能监视信号回路的电源。

6.2.24 二次回路系统的中央信号回路的控制回路有哪些？

答 （1）中央信号回路按操作电源可分为交流和直流两类。

（2）按复归方法可分为就地复归和中央复归两种。

（3）按动作特点可分为重复动作和不重复动作两种。

6.2.25 二次回路系统的中央信号回路的工作原理是怎样的？

答 以图6-11所示中央复归重复动作的事故信号回路为例，介绍中央音响信号回路的工作原理。图中KI为ZC-23型冲击继电器，TA为脉冲变流器，其可将一次线圈变化的直流电流变换成二次尖峰脉冲电流；二极管V2和电容C起抗干扰作用；二极管V1用以旁路掉因一次电流减小而产生的反向脉冲，使干簧继电器线圈KR仅流过正向脉冲电流；出口继电器KM提供多对控制触电；SB1为试验按钮，SB2为音响解除按钮，KT为时间继电器，K为电源监视继电器，HB为蜂鸣器。

（1）事故信号启动过程。设断路器QF1（见图6-10）事故跳闸后，其控制回路的控制开关与断路器位置不对应，事故信号启动回路经电阻R3接通（+WS→KI8-16→WFA→R3→SA1-3→1SA19-17→QF3→-WS），脉冲变流器一次线圈电流突增，其二次线圈感生正向脉冲电流流过KR线圈，使其动作。KR触点闭合，使继电器KM线圈励磁动作（+WS→KI1-

9→KM→SB2→KM1→-WS），通过KM触点接通KI5-13，启动蜂鸣器HB发出事故音响信号。同时，KI7-15接通，继电器KM实现自保持（+WS→KI7-15→KM→SB2→KM1→-WS），在脉冲电流消失KR返回后，蜂鸣器继续发出音响信号。

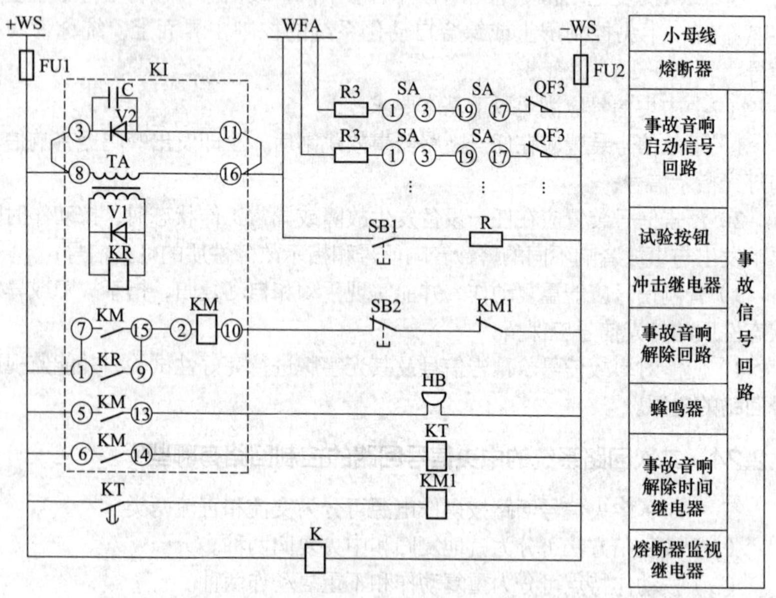

图 6-11　中央复归重复动作的事故信号回路

（2）事故音响信号的复归。在接通蜂鸣器回路的同时，KM还接通KI6-14，使时间继电器KT线圈励磁，其触点延时闭合，启动中间继电器KM1。KM1的动断触点断开KM的自保持回路，使KM返回，其各对动合触点断开，使蜂鸣器回路断开、KT返回，实现事故音响延时自动复归。按下音响解除按钮SB2，还可实现音响手动复归。

（3）事故音响信号的重复动作。若事故音响信号复归后，SA1尚未复位，另一断路器QF2（见图6-10）又事故跳闸，将电阻R3并入WFA与-WS之间，使事故信号启动回路电阻值减小，脉冲变流器一次线圈电流再次突增，实现事故音响的重复动作。

（4）事故音响回路的试验和监视。正常运行时，按下试验按钮SB1，将电阻R接入事故信号启动回路，脉冲继电器KI动作，蜂鸣器响，说明事故音响回路完好。当信号小母线WS电压消失或熔断器FU1、FU2熔断，监视继电器K线圈失压，其在预告信号回路中的动断触点闭合，启动预告音响回路，发出电铃音响信号。同时，点亮光字牌信号灯，发出“事故信号熔断器熔断”光字牌信号。另外，也可利用中间继电器KM的动断触点，在事故音响启动时，断开事故电钟，记录故障发生的时间。

6.3 供配电线路及变压器设备的保护

6.3.1 10kV线路保护装置的配置原则是什么?

答 （1）由电流继电器构成的保护装置，应接于两相电流互感器上。

（2）单侧电源线路：可装设两段过电流保护，第一段为不带时限的电流速断保护，第二段为带时限的过电流保护。

（3）对双侧电源线路，可装设带方向或不带方向的电流速断和过电流保护。

6.3.2 35kV线路保护配置原则是什么?

答 （1）对单侧电源线路可采用一段或两段电流速断或电流电压速断作主保护，并应以带时限过电流保护作后备保护。

（2）对双侧电源线路可装设带方向或不带方向的电流保护。当采用电流电压保护不能满足选择性、灵敏性和速动性时，可采用距离保护装置。

6.3.3 220kV线路保护的配置基本原则是什么?

答 （1）对220kV线路，根据稳定要求或后备保护整定配合有困难时，应装设两套全线速动保护。

（2）接地短路后备保护可装阶段式或反时限零序电流保护，亦可采用接地距离保护并辅之以阶段式或反时限零序电流保护。

（3）相间短路后备保护一般应装设阶段式距离保护。

6.3.4 什么是供配电线路的过电流保护?

答 （1）利用线路短路时故障点与电源之间回路的电流急剧增大的特点而构成的保护称为线路的过电流保护。

（2）为满足对继电保护的四个基本要求（可靠性、快速性、选择性、灵敏性），通常将线路保护的动作范围分为几段，各段保护的动作时限也不相同，起到联合保护的作用。

6.3.5 什么是供配电线路的三段式电流保护?

答 在供配电线路中由三个不同保护段的电流保护构成的保护装置称为三段式电流保护。三段式电流保护由无时限电流速断保护、时限电流速断保护和定时限过电流保护组成,分别称为电流Ⅰ段、电流Ⅱ段和电流Ⅲ段。

6.3.6 三段式电流保护的工作原理是怎样的?

答 在图 6-12(a)所示单侧电源辐射电网中,设各条线路首端均装设了三段式电流保护。

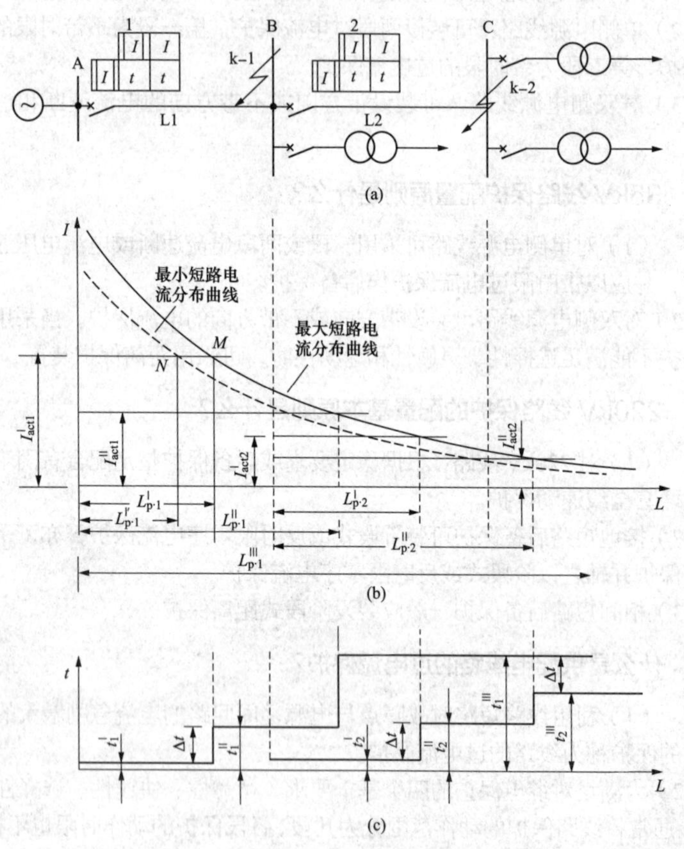

图 6-12 三段式电流保护配合和时限特性图

(a)单电源辐射电网;(b)动作电流及保护范围配合;(c)时限特性

（1）电流Ⅰ段（无时限电流速断保护）。

1）电流Ⅰ段作为线路的主保护，其动作不带延时，即动作时限 $t^1=0$。为防止线路L1的电流Ⅰ段在下级相邻线路L2短路时无选择动作，电流Ⅰ段的保护范围不能超出本线路L1，即相邻线路短路时电流Ⅰ段不应启动。因此，电流Ⅰ段的动作电流应按躲过本线路末端最大短路电流来整定，即

$$I_{\mathrm{act.\,1}}^{\mathrm{I}} = K_{\mathrm{rel}} I_{\mathrm{KB.\,max}}^{(3)} \tag{6-1}$$

式中：$I_{\mathrm{act.\,1}}^{\mathrm{I}}$ 为线路 L_1 的电流Ⅰ段保护动作电流；$I_{\mathrm{KB.\,max}}^{(3)}$ 为被保护线路末端短路时，流过保护安装处的最大短路电流；K_{rel} 为可靠系数，电流Ⅰ段一般取1.2 ~ 1.3。

2）由图6–12（b）所示的线路短路电流分布曲线可以看出，按式（6–1）计算的动作电流与最大短路电流分布曲线交于 M 点。线路L1在 M 点以内短路时，短路电流大于保护的动作电流，保护启动，故电流Ⅰ段的最大保护范围为$L_{\mathrm{p.\,1}}^{\mathrm{I}}$，约为本线路全长的80%。

3）由于短路电流受系统运行方式和短路形式的影响，在最小短路电流时，电流Ⅰ段的保护范围缩小到最小保护范围$L'^{\mathrm{I}}_{\mathrm{p.\,1}}$；对于电流Ⅰ段的灵敏性，要求其最小保护范围不能小于本线路全长的15%。可见，电流Ⅰ段动作不带延时，切出故障速度快，故称为无时限电流速断保护。但其不能反应线路末端故障，且电流保护的保护范围受系统运行方式影响较大。

（2）电流Ⅱ段（时限电流速断保护）。

1）电流Ⅱ段作为线路全长的主保护，主要用以较快速度切除线路末端（电流Ⅰ段保护范围以外部分）的故障。电流Ⅱ段须保护线路全长，其保护范围会延伸至下级相邻线路。为满足选择性要求，电流Ⅱ段必须带一定延时动作。为使保护的其动作时限不至过长，电流Ⅱ段的动作电流应按躲过下级相邻线路电流Ⅰ段保护范围末端最大短路电流来整定，即

$$I_{\mathrm{act.\,1}}^{\mathrm{II}} = K_{\mathrm{rel}} I_{\mathrm{act.\,2}}^{\mathrm{I}} \tag{6-2}$$

式中：$I_{\mathrm{act.\,1}}^{\mathrm{II}}$ 为线路L1的电流Ⅱ段保护的动作电流；$I_{\mathrm{act.\,2}}^{\mathrm{I}}$ 为下级相邻线路L2的电流Ⅰ段保护的动作电流；K_{rel} 为可靠系数，电流Ⅱ段一般取1.1 ~ 1.2。

2）从图6–12（b）所示的线路短路电流分布曲线可以看出，电流Ⅱ段的最大保护范围为$L_{\mathrm{p.\,1}}^{\mathrm{II}}$，在下级相邻线路电流Ⅰ段的保护范围内。因此，满足选择性要求，电流Ⅱ段的动作时限仅与下级相邻线路电流Ⅰ段的动作时限相配合，即可满足选择性要求，即

$$t_1^{\mathrm{II}} = t_2^{\mathrm{I}} + \Delta t \tag{6-3}$$

式中：t_1^{II} 为线路L1的电流Ⅱ段的动作时限；t_2^{I} 为下级相邻线路L2的电流Ⅰ段的动作时限，为0；Δt为时限级差，电磁型保护取0.5s，微机型保护取0.3s。

3）由图6–12（c）所示保护时限特性可见，按上述整定的各级线路电流

Ⅱ段的动作时限均仅有0.5s，能以较快的速度切出故障，故称为时限电流速断保护。为了保护线路全长，电流Ⅱ段必须在系统最小运行方式下，当线路末端两相短路时，具有足够的反应能力。在继电保护中通常是用灵敏系数 K_{sen} 来衡量保护的灵敏性，对于反应测量量增大而动作的保护装置，灵敏系数定义为

$$灵敏系数=\frac{保护范围末端发生金属性短路时故障参数的最小计算值}{保护装置的动作参数}$$

根据上述定义，电流Ⅱ段的灵敏系数按下式计算

$$K_{sen}=\frac{I_{k.min}}{I_{act}^{II}} \tag{6-4}$$

式中：$I_{k.min}$ 为最小运行方式下被保护线路末端两相短路电流。

要求电流Ⅱ段的灵敏系数不应不小于1.25。当灵敏系数不能满足要求时，可降低电流Ⅱ段保护的动作电流，其动作电流与下级相邻线路电流Ⅱ段保护相配合，动作时限也应与其配合，构成1s的电流Ⅱ段。

（3）电流Ⅲ段（定时限过电流保护）。

1）电流Ⅲ段作为后备保护，既作为本线路主保护的后备，称为近后备保护，又作为下级线路的后备保护，称为远后备保护。电流Ⅲ段的保护范围应包括本线路及相邻线路全长乃至更远。因此，要求电流Ⅲ段在线路正常运行和最大负荷情况下不应启动，即 $I_{act.1}^{III}>I_{L.max}$，线路故障时应灵敏启动；并且在外部故障切除后，已启动的电流Ⅲ段应可靠返回。例如在图6-12（a）所示线路k-2点发生短路时，线路L1的电流Ⅲ段与线路L2的电流Ⅱ段和电流Ⅲ段保护会同时启动，此时电压降低导致负荷电动机的转速下降。当线路L2的电流保护有选择地动作切除故障后，母线电压恢复，线路L1流过电动机自启过程的自启动电流，其大于正常负荷电流。此时，线路L1的电流Ⅲ段必须可靠返回，否则，会无选择地切除线路L1。

2）为反映自启动电流的影响程度，将最大自启动电流 $I_{ast.max}$ 与最大负荷电流 $I_{L.max}$ 的比值定义为自启动系数 K_{ast}，即

$$K_{ast}=\frac{I_{ast.max}}{I_{L.max}} \tag{6-5}$$

为满足上述要求，电流Ⅲ段的动作电流应按躲过最大负荷电流，并在最大自启动电流情况下可靠返回来整定，即

$$I_{re}^{III}=K_{rel}I_{ast.max} \tag{6-6}$$

式中：I_{re}^{III} 为电流Ⅲ段的返回电流；K_{rel} 为可靠系数，电流Ⅲ段一般取1.15～1.25；$I_{ast.max}$ 为最大自启动电流。

将式（6-1）和式（6-5）代入式（6-6），得到电流Ⅲ段的动作电流计算式为

$$I_{ast}^{III}=\frac{K_{rel}K_{ast}}{K_{re}}I_{L.max} \tag{6-7}$$

式中：K_{ast} 为自启动系数，其值大于 1，一般取 1.5 ~ 3，具体应由负荷性质确定；K_{re} 为返回系数，一般取 0.85，以电流继电器的实际返回系数为准；$I_{L.max}$ 为最大负荷电流。

3）电流Ⅲ段作为本线路近后备保护，其灵敏系数为

$$K_{sen}=\frac{I_{KB.min}}{I_{act}^{II}} \tag{6-8}$$

式中：$I_{KB.min}$ 为最小运行方式下被保护线路末端两相短路电流。并要求灵敏系数不小于 1.5。

4）电流Ⅲ段作为下级相邻线路远后备保护，其灵敏系数为

$$K_{sen}=\frac{I_{KC.min}}{I_{act}^{II}} \tag{6-9}$$

式中：$I_{KC.min}$ 为最小运行方式下下级相邻线路末端两相短路电流。并要求灵敏系数不小于 1.25。

5）为满足选择性要求，电流Ⅲ段的动作时限应按阶梯时限特性与下级相邻线路电流Ⅲ段的时限相配合，即

$$t_1^{III}=t_{B.max}^{III}+\Delta t \tag{6-10}$$

式中：$t_{B.max}^{III}$ 为下级相邻线路中，时限最长的电流Ⅲ段动作时限。

可见：定时限过电流保护的动作时限具有积累性，越靠近电源的保护动作时限越长。

6）三段式电流保护具有主保护和后备保护功能，接线简单，广泛应用于配电线路。可根据线路的实际情况，采用两段式电流保护。比如，运行方式变化较大的短线路，无时限电流时段保护灵敏度不满足要求时，可采用时限电流速段保护和定时限过电流保护构成的两段式电流保护。

6.3.7 什么是电流保护接线方式？常用的电流保护接线方式有哪些？

答 （1）电流保护的电流继电器线圈与电流互感器二次绕组的连接方式称为电流保护的接线方式。

（2）常用电流保护接线方式有三相完全星形接线、两相不完全星形接线和两相电流差接线，如图 6-13 所示。

6.3.8 电流保护接线的三种接线方式各自有什么特点？

答 （1）三相完全星形接线能反应各种相间短路和接地短路，可靠性高，适用于大接地电流系统的电流保护接线和重要设备的电流保护。

（2）两相不完全星形接线和两相电流差接线均取A相和C相电流，能反应各种相间短路，在并联线路上发生不同点两相接地短路时，有2/3的机会只切除一条线路，适用于小接地电流系统的电流保护。其中，两相不完全星形接线可靠性较高，常用于线路的电流保护。

（3）两相电流差接线的接线简单，常用于高压电动机的电流保护。

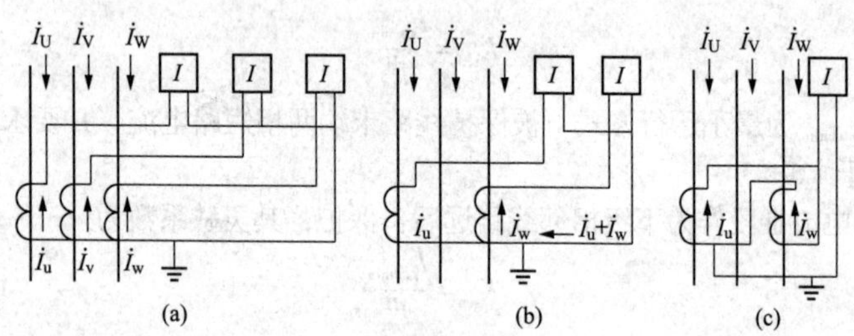

图6-13　电流保护接线方式

（a）三相完全星形接线；（b）两相不完全星形接线；（c）两相电流差接线

6.3.9　两相不完全星形三段式电流保护接线的工作原理是怎样的？

答　（1）三段式电流保护接线如图6-14所示，图中保护接线采用两相不完全星形接线。KA1、KA2、KM和KS1构成电流Ⅰ段，其动作不带时限；KA3、KA4、KT1和KS2构成电流Ⅱ段，动作带0.5～1.0s时限；KA5、KA6、KT2和KS3构成电流Ⅲ段，带较长时限动作。

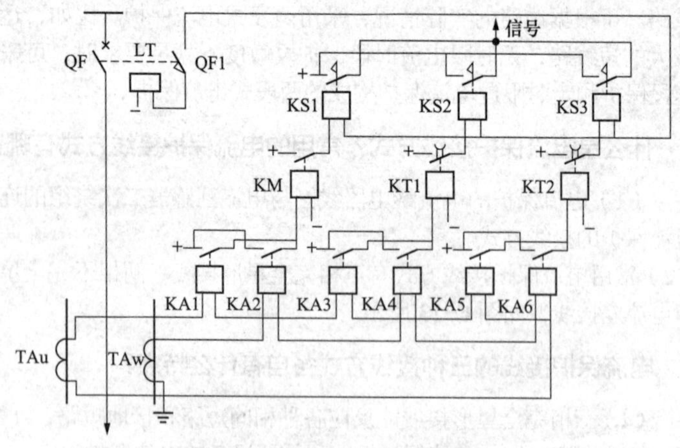

图6-14　三段式电流保护原理接线图

由于断路器的辅助触点的断流容量大，在跳闸回路中串入其动合辅助触点QF1，用以切断跳闸线圈电流，防止长期由中间继电器或时间继电器的触点切断跳闸电流而烧伤。

（2）三段式电流保护展开式接线图如图6-15所示。若本线路首端发生UW两相短路U相二次电流流过电流继电器KA1、KA3、KA5线圈，三个继电器均启动，触点接通，将正电源加至中间继电器KM和时间继电器KT1、KT2线圈，KM瞬时接通跳闸回路，使断路器的跳闸线圈LT励磁，跳开断路器。同时，启动信号继电器KS1发信号，指示电流Ⅰ段动作。断路器动作切除故障后，启动的电流继电器全部返回，两时间继电器随之失压返回，电流Ⅱ、Ⅲ段均不动作。

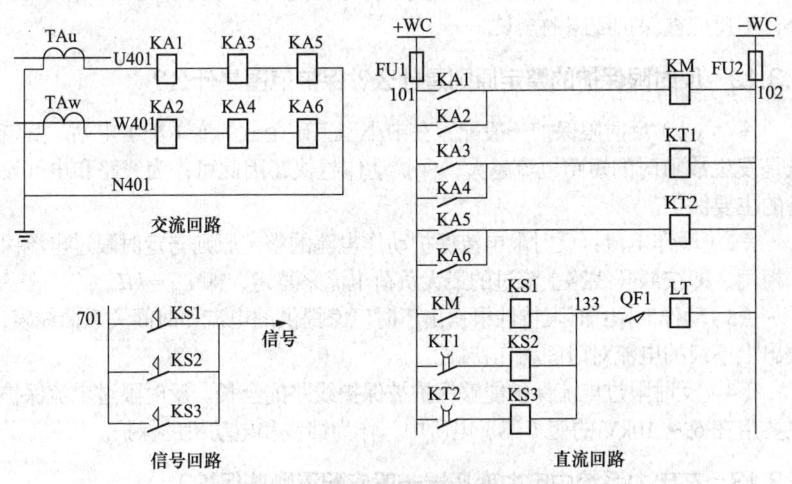

图6-15　三段式电流保护展开接线图

（3）若本线路末端发生相间短路，则电流Ⅰ段的电流继电器不启动，电流Ⅱ、Ⅲ段电流继电器启动，电流Ⅱ段以KT1延时跳闸，KS2发信号，切除故障后，KT2返回。如果是下级相邻线路发生相间短路，仅有电流Ⅲ段的电流继电器启动，经KT2延时后，故障仍未切除，则跳开本线路断路器，作为远后备保护切除故障。

6.3.10　过电流保护的整定原则是什么？其保护范围是什么？

答　（1）定时限过电流保护的动作电流整定原则是躲开该线路最大的负荷电流，即

$$I_{act}=k_{rel}\,k_{st}\,IL_{max}$$

式中：IL_{max} 为线路最大的负荷电流；k_{rel} 为可靠系数，一般取 1.05 ~ 1.25；k_{st} 为自启动系数，一般取 1.3 ~ 3。

（2）过电流保护范围为被保护线路的全长，但要通过一定的时限作用于断路器跳闸。

6.3.11　速断电流保护的整定原则是什么？保护范围是什么？

答　（1）速断电流保护整定原则为按躲过被保护线路末端短路时的最大短路电流来整定，即 $I_{act}=kI_{kmax}$

式中：I_{kmax} 为最大运行方式下的三相短路电流，k 为可靠系数，一般取 1.2 ~ 1.3。

（2）根据速断电流保护的整定原则，其保护范围为被保护线路的一部分，不反应被保护线路的全长。

6.3.12　反时限保护的整定原则是什么？保护范围是什么？

答　（1）反时限保护一般配置在中小型工矿企业的变（配）电站。其特点是发生故障时的短路电流越大，保护动作越快，因此可作为线路和电气设备的主要保护。

（2）动作电流：反时限电流保护动作电流的整定原则与定时限过电流保护相同，即按躲开线路上流过的最大负荷电流来整定，即 $I_{act}=kIL_{max}$。

（3）动作时限：时限特性根据出厂时厂家提供的电流和时间关系曲线表，绘出上下级的电流对时间动作特性。

（4）反时限过电流保护能够保护被保护线路的全长。反时限过电流保护主要用在 6 ~ 10kV 的变（配）电所中，作为馈线和电动机的保护。

6.3.13　在电力系统中电力变压器一般应配置哪些保护？

答　为防御变压器故障和异常运行状态对电力系统安全可靠运行带来严重影响，电力变压器一般应配置下列保护：

（1）气体保护。气体保护用来反应油箱内部短路故障及油面降低，轻气体动作于信号，重气体动作于跳闸。对于 0.8MVA 及以上的油浸式变压器和 0.4MVA 及以上的户内油浸式变压器，均应装设气体保护。

（2）纵差动保护或电流速断保护。纵差动保护或电流速断保护用来反应变压器绕组、套管和引出线的短路，保护动作于跳开各侧断路器。对于 6.3MVA 及以上的并列运行变压器、10MVA 及以上的单独运行变压器和发电厂厂用备用变压器，以及容量在 2MVA 及以上且采用电流速断保护灵敏度不满足要求的变压器，均应装设纵差动保护。

（3）相间短路的后备保护。相间短路的后备保护用来防卸外部相间短路引起的变压器过电流，并作为内部故障的后备保护，延时动作于跳闸。根据不同的变压器可选用过电流保护和复合电压启动的过电流保护。

（4）零序保护。零序保护作为中性点直接接地系统中的变压器接地故障的后备保护，延时动作于跳闸。对于中性点直接接地运行的变压器，应装设零序电流保护；对于中性点可能接地或不接地运行的变压器，应装设零序电流和零序电压保护。

（5）过负荷保护。过负荷保护用来反应变压器的过负荷，其经延时动作于信号。对于0.4 MVA及以上的变压器，应装设过负荷保护。

6.3.14 什么是变压器的气体保护？

答 油浸式变压器油箱内发生各种短路故障时，短路点的电弧使变压器油及其他绝缘材料分解、气化形成油气流，反应这种油气流而动作的保护称为气体保护。

6.3.15 变压器气体继电器安装位置有什么要求？

答 气体继电器是气体保护的测量元件，它安装在油箱与油枕之间的连接管道上，为了便于油箱内的气体顺利通过气体继电器，变压器顶盖和连接管与水平面应具有一定坡度，如图6-16所示。气体继电器有三种形式，即浮筒式，档板式，复合式。运行经验表明，复合式气体继电器具有良好的抗震性能和运行稳定性。

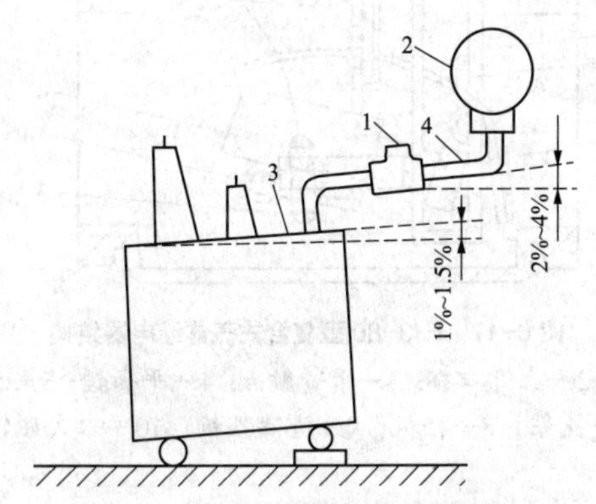

图6-16 气体继电器安装示意图

1—气体继电器；2—储油柜；3—油箱；4—导油管

6.3.16 变压器气体继电器结构和原理是怎样的？

答 FJ3-80 型复合式气体继电器的结构如图 6-17 所示，它是由开口杯和档板复合而成。气体继电器内，上下各有一个带干簧触点的开口杯，向上开口的金属杯 2 与平衡锤 4 分别固定在转轴两侧。正常时，继电器充满了油，上开口杯在油内的重力产生的力矩比平衡锤产生的力矩小，开口杯上翘，固定在开口杯上的永久磁铁 10 远离固定在支架上方的干簧触点 3，干簧触点断开。当油箱内发生轻微故障或漏油时，积聚的气体使继电器内油面下降，上开口杯随之下降带动永久磁铁靠近干簧触点，使其闭合，发出轻气体动作信号。当油箱内发生严重故障时，故障点的电弧使变压器油和绝缘物质分解气化，产生的强油气流从左至右冲击位于通道中的挡板 8，挡板带动永久磁铁顺时针转动，使下干簧触点闭合，发出重气体跳闸脉冲。当变压器严重漏油，油面降至下开口杯面杯以下时，杯体及档板转动，永久磁铁靠近下干簧触点，重气体保护动作跳闸；油位严重降低时，下开口杯 1 下降，也会引起重气体保护动作。

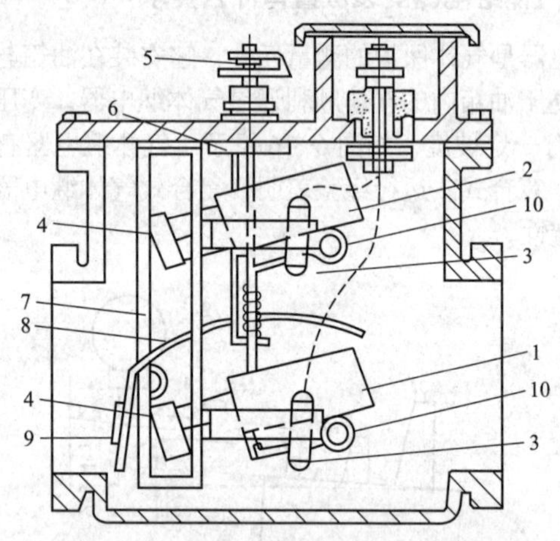

图 6-17 FJ3-80 型复合式气体继电器结构

1—下开口杯；2—上开口杯；3—干簧触点；4—平衡锤；5—放气阀；6—探针；7—支架；8—挡板；9—进油挡板；10—永久磁铁

6.3.17 变压器气体保护原理接线是怎样的？

答 （1）气体保护的原理接线如图 6-18 所示。气体继电器 KG 的上触点为轻瓦斯保护触点，动作后延时发信号，继电器的下触点为重瓦斯保护触点，动作后经信号继电器 KS 启动出口中间继电器 KOM，跳开变压器各侧断路器。由于重瓦斯是反应油气流大小而动作的，且油气流在故障过程很不稳定，所以出口中间继电器须经电流自保持跳闸，保证重瓦斯保护可靠动作。变压器换油后或进行气体保护实验前，应将连接片 XB 暂时接至信号回路运行，以防止气体保护误跳断路器。

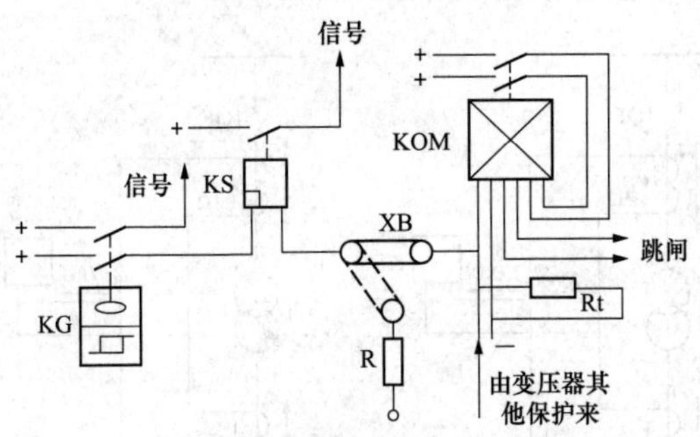

图 6-18　变压器气体保护原理接线图

（2）轻气体保护的动作值采用气体容积的大小表示，一般轻气体保护气体容积的整定范围为 250 ~ 300cm^3，气体容量的调整可通过改变气体继电器上平衡锤位置来实现。

（3）重气体保护的动作值采用连通管中油气流速度的大小来表示，一般整定范围为 0.6 ~ 1.5m / s。

（4）气体保护灵敏度高，结构简单，能反应油箱内的各种故障和油位下降，并可根据从气体继电器的放气门收集的故障气体进行分析，判断故障的性质。但由于不能反应油箱外引出线和套管上的故障，因此，还需装设纵差动保护，与气体保护共同构成变压器的主保护。

6.3.18　什么是变压器的纵差动保护？有什么特点？

答　（1）变压器的纵差动保护是利用比较被保护元件两端电流的幅值和相位原理构成的，是在被保护元件始端和末端的电流互感器二次回路采用环流法接线，在正常运行和外部发生短路故障时（即穿越性短路故障时）流过继电器的电流为零，保护不动作，当保护元件内部故障时，继电器中有很大的电流流过，继电器动作，起到保护作用。

（2）必须指出的是，由于变压器一、二次电流、电压大小不同，相位不同，电流互感器特性差异，电源侧有励磁电流，都将造成不平衡电流流过继电器，必须采取相应措施消除不平衡电流的影响。

（3）尽管纵差动保护是一种灵敏度、选择性和速动性都较好的保护装置，但由于二次线路较长，容易断线和短路，都会造成差动保护的误动作和拒动。

6.3.19　变压器纵差动保护原理是怎样的?

答　变压器纵差动保护是通过比较变压器各侧电流大小和相位的原理构成。双绕组变压器纵差动保护单线接线如图 6-19 所示。

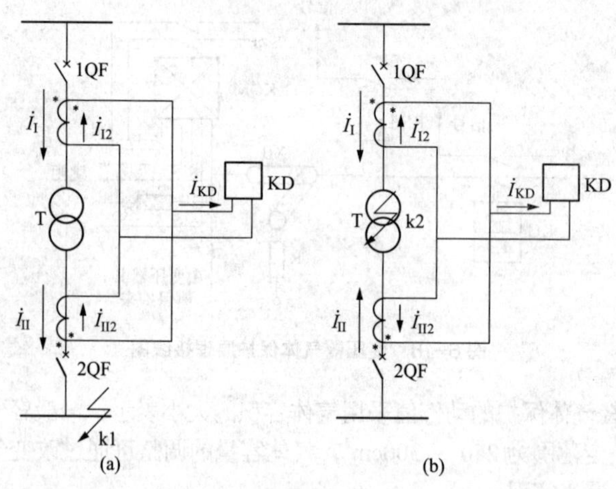

图 6-19　双绕组变压器纵差动保护单线原理接线图

（a）正常运行或外部短路时电流分布；（b）内部短路时电流分布

在变压器两侧装设电流互感器，其二次绕组同极性端相连，再并联接入差动继电器工作线圈，构成差动回路。将两侧二次电流归算至同一电压等级，当正常运行或外部 k1 短路时，变压器流过穿越电流，差动继电器电流为

$$I_{KD}=\left|\dot{I}_{I2}-\dot{I}_{II2}\right|=I_{unb} \tag{6-11}$$

式中：I_{KD} 为差动继电器工作线圈电流；$\dot{I}_{I2}$、$\dot{I}_{II2}$ 为电流互感二次电流；I_{unb} 为不平衡电流。

不平衡电流由两侧电流互感器的励磁特性不一致引起，正常运行时较小。当继电器的动作电流大于不平衡电流时，差动保护不动作。

当内部 k2 短路时，变压器两侧电流均入变压器的短路点，差动继电器电流为

$$I_{KD}=\left|\dot{I}_{I2}+\dot{I}_{II2}\right|=I_{K2} \tag{6-12}$$

式中：I_{K2} 为短路电流的二次值，其大于差动继电器的动作电流，差动保护动作瞬时跳开变压器各侧断路器。

可见，纵差动保护的保护范围由差动保护各侧电流互感器安装位置所确定，其动作电流和动作时限不需要与相邻元件保护配合，从而构成无时限速断保护。

6.3.20 变压器差动保护的整定原则是什么？保护范围是什么？

答 （1）变压器差动动作电流，是按躲过正常工况下的最大不平衡电流来整定。具体要求是应使差动保护能躲过区外较小故障电流及外部故障切除后的暂态过程中产生的最大不平衡电流。

（2）变压器差动保护范围应包括变压器套管及其引出线。具体来说应包括：各相绕组之间的相间短路，中性点直接接地侧的单相接地故障，严重的匝间短路，绝缘套管闪络或破碎而发生的单相接地（通过外壳）短路，引出线之间发生的相间故障等。

6.3.21 什么是变压器差动保护的励磁涌流？

答 变压器励磁电流过变压器一侧绕组，其二次电流流过差动回路，影响差动保护的正确工作，正常运行时，励磁电流通常只有额定电流的 2% ~ 5%，外部发生短路故障时的励磁电流更小，这两种情况对纵差动保护的影响一般不预考虑。

当变压器空载合闸或外部故障切除后电压恢复过程中，可能产生很大的励磁电流，其值可达额定电流的 5 ~ 10 倍。这种变压器暂态过程中出现的励磁电流通常称为励磁涌流，它对差动保护的影响最为严重，应采取有效措施防止差动保护的误动。

6.3.22 变压器差动保护励磁涌流有什么特点？

答 （1）变压器正常稳态运行时，铁芯磁通与电源电压的关系如图 6-20（a）所示。因变压器绕组阻抗可视为纯感性，励磁电流滞后电压 90°，故铁芯磁通也滞后电压 90°。

（2）在变压器空载合闸时，励磁涌流的大小与合闸瞬间电源电压的相位角有关，若电路接通瞬间正好电源电压 $u=0$（$\varphi_u=0$），铁芯中感应出滞后电压 90° 的稳态磁通 Φ，其值为 $-\Phi_m$，为保持合闸瞬间铁芯总磁通为零，此刻铁芯中还产生出幅值为 Φ_m 的非周期分量磁通 $-\Phi_{ap}$，由于非周期分量磁通衰减较慢，经过半周期，铁芯中总磁通接近 $2\Phi_m$，如图 6-20（b）所示，这时因变压器铁芯深度饱和，相应的励磁电流大幅增加，产生幅值为 $I_{E.m}$ 的励磁涌流，如图 6-20（c）所示。随着非周期分量磁通的衰减，励磁涌流幅值经几个周波逐渐减小到正常值，其波形如图 6-20（d）所示。

（3）显然，当电压 $u=U_m$ 时合闸，不会出现励磁涌流。但三相变压器空载合闸时，至少有两相会产生励磁涌流，实际上，励磁涌流的大小、衰减速度除与电源电压的初相位有关外，还与铁芯剩磁大小和方向，电源和变压器的参数等有关。

（4）通过波形分析，励磁涌流具有如下特点：

1）波形偏于时间轴一侧，其含有很大的非周期分量；

2）含有大量高次谐波分量，其中二次谐波比例较大；

3）相邻波形间存在间断角，且波形的正半周与负半周不对称。

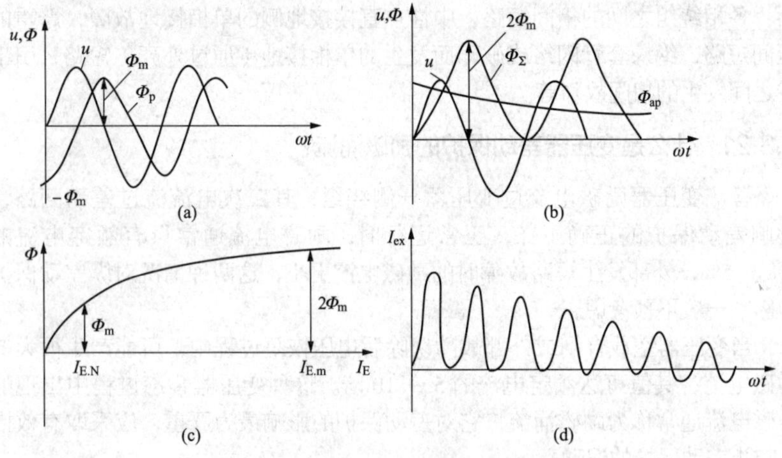

图 6-20　变压器励磁涌流的产生及变化曲线

（a）稳态情况下，磁通与电压的关系；（b）在 $u=0$ 瞬间空载合闸时，磁通与电压的关系；（c）变压器铁芯的磁化曲线；（d）励磁涌流波形

6.3.23　针对变压器差动保护励磁涌流的影响，如何采取防范措施？

答　针对励磁涌流特点，变压器差动保护通常采取以下措施防止励磁涌流引起误动：

（1）采用具有速饱和铁芯的差动继电器。

（2）利用二次谐波制动或闭锁原理构成差动继电器。

（3）利用鉴别波形间断角原理构成差动继电器。

（4）利用波形对称原理构成差动保护。

6.3.24 变压器的差动保护中不平衡电流的产生原因有哪些？

答 （1）变压器接线组别引起的平衡电流。

（2）变压器电流互感器标准化引起的平衡电流。

（3）变压器两侧电流互感器型号不同引起的不平衡电流。

（4）变压器调压产生的不平衡电。

6.3.25 变压器的差动保护中变压器接线组别引起的不平衡电流是怎样产生的？

答 电力系统的大中型双绕组变压器通常采用 Yd11 接线。在正常三相对称情况下，变压器三角形侧线电流超前于同相星形侧线电流 30°，使两差动臂电流在差动回路中产生较大的不平衡电流 $\dot{I}_{unb}$，如图 6-21 所示。

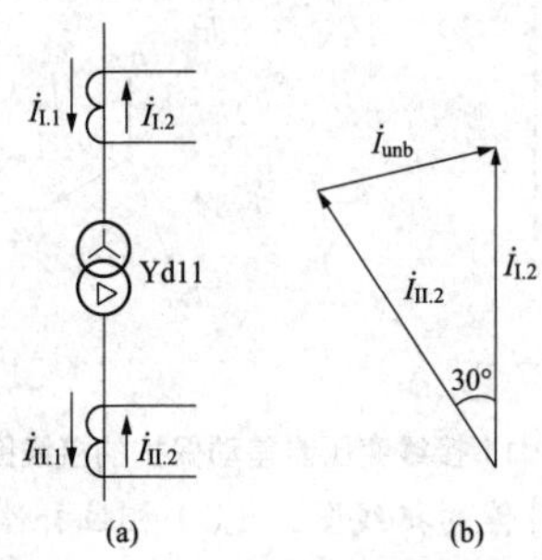

图 6-21 Yd11 接线变压器差动回路电流相量图
（a）接线图；（b）相量图

6.3.26 如何消除变压器差动保护中因接线组别产生的不平衡电流？

答 （1）在图 6-21 中，为消除变压器差动保护中因接线组别产生的不平衡电流，通常采用如图 6-22（a）所示的相位补偿接线，即变压器星形侧的三相电流互感器的二次绕组采用三角形接线，而三角形侧的三相电流电流互感器的二次绕组采用星形接线，以此将变压器星形侧差动臂电流前移 30o，从而使两差动臂电流同相位。相量图如图 6-22（b）所示。

（2）采用相位补偿接线后，为使变压器通过穿越性电流时每相两差动臂中的电流大小相当，两侧电流互感器变比应分别按下式计算：

变压器星形侧的电流互感器变比为

$$n_{TA\star}=\frac{\sqrt{3}I_{N\star}}{5}$$

变压器三角形侧的电流互感器变比为

$$n_{TN\Delta}=\frac{I_{N\Delta}}{5}$$

式中：$I_{N\star}$ 为变压器星形侧额定电流；$I_{N\Delta}$ 为变压器三角形侧额定电流。

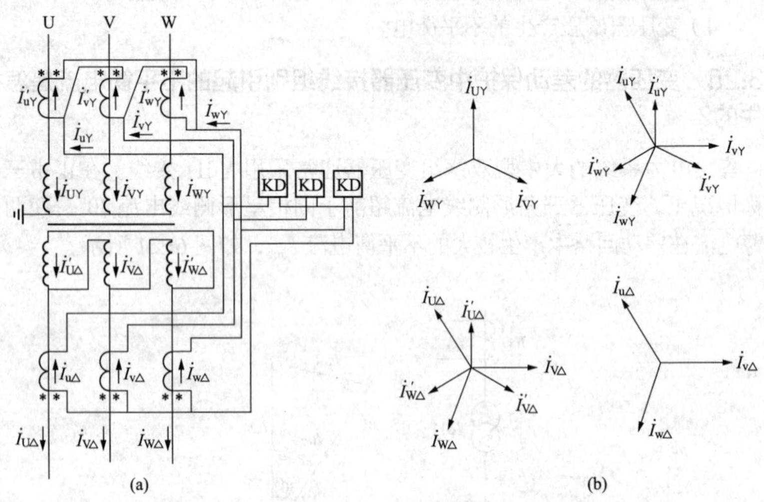

图 6-22　Yd11 接线变压器差动保护的接线图和相量图

（a）相位补偿的接线图；（b）相位补偿的相量图

6.3.27　什么是电流互感器标准化引起的不平衡电流?

答　在变压器差动保护中，因定型产品的电流互感器变比已标准化，计算变比与标准变比不等时，应选用略大于计算值的标准变比作为电流互感器的变比（实际变比），显然，各侧电流互感器的实际变比与计算变比的偏差值一般不相同，这样，在变压器运行时，各差动臂电流数值不等而在差动回路中就产生不平衡电流。

6.3.28　如何消除或减小因电流互感器标准化引起的不平衡电流?

答　为消除或减小变压器差动保护中因电流互感器变比不同而产生的不平衡电流的影响，可以采取以下措施：

（1）对采用具有速饱和变流器的差动继电器，可利用差动继电器的平衡线圈，通过磁势平衡原理对不平衡电流进行数值补偿。如图 6-23（a）所示，差动继电器铁芯上的差动线圈 N_{op} 接入差动回路，平衡线圈 N_{bal} 通常接入电流互感器二次电流较小的差动臂上。线圈的极性按图 6-23 连接，适当选择

N_{bal} 的匝数，使之满足

$$I_{2\Delta}N_{bal}=(I_{2Y}-I_{2\Delta})N_{op}$$

则差动继电器铁芯中的磁势为零，从而消除不平衡电流的影响。实际上，差动继电器只有整数匝可供选择，补偿后还存在残余不平衡电流，此电流应在动作值计算中予以考虑。

（2）可在一侧差动臂中接入自耦变流器UAS，如图6-23（b）所示，利用改变UAS的变比，使 $I'_{II2}=I_{I2}$，从而消除变比标准化产生的不平衡电流。

（3）在微机型变压器保护中是将计算出的电流平衡调整系数 K_{bl} 作为定值输入微机保护，由保护软件实现差动电流平衡调整。电流平衡调整系数为

$$K_{bl}=\frac{I_n}{I_{2c}}$$

式中：I_n 为基准电流，I_{2c} 为本侧二次计算电流。

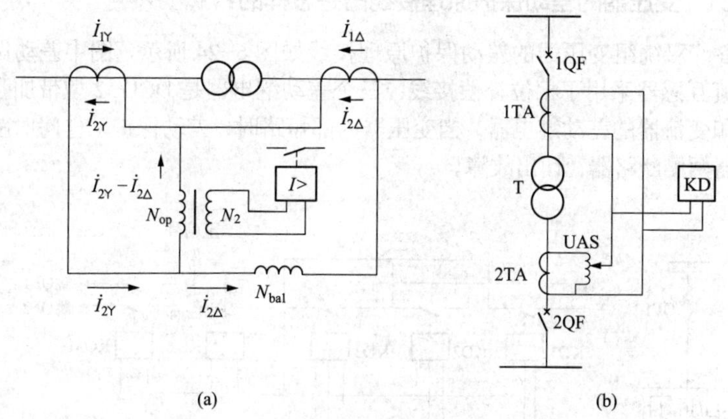

图6-23　消除差动继电器不平衡电流影响原理图

（a）利用平衡线圈消除不平衡电流的影响；（b）利用自耦变压器消除不平衡电流的影响

6.3.29　如何消除因变压器两侧电流互感器型号不同引起的不平衡电流？

答　由于因变压器各侧电流互感器型号不同，励磁特性差异较大，在差动回路中引起较大的不平衡电流。在计算不平衡电流时，引入同型系数 K_{ss}，取较大值，并使保护动作电流大于最大不平衡电流，以躲过不平衡电流的

影响；

6.3.30 如何消除因变压器调压产生的不平衡电流？

答 在运行过程中，改变变压器调压分接头位置进行带负荷调压时，调压侧差动臂电流值也随之变化，在差动回路中产生新的不平衡电流。由于运行时不能随时调整差动继电器参数进行补偿，故应在不平衡电流计算中引入调压系数 ΔU 予以考虑。考虑以上因素，变压器差动保护的最大不平衡电流为

$$I_{\text{unb.max}}=(K_{\text{aaper}}K_{\text{ss}}f_{\text{i}}+\Delta U+\Delta f_{\text{za}})\frac{I_{\text{k.max}}}{n_{\text{TA}}}$$

式中：K_{aaper} 为非周期分量系数，一般取 1.3 ~ 1.5；K_{ss} 为同型系数，两侧电流互感器同型时取 0.5，不同型时取 1.0；f_{i} 为电流互感器误差取 0.1；ΔU 为调压系数，取调压范围的 1 / 2；Δf_{za} 为采用数值补偿产生的相对误差，初算时取 0.05；$I_{\text{k.max}}$ 为外部最大短路电流。

6.3.31 变压器的差动保护原理接线图是怎样的？

答 双绕组变压器的差动保护原理接线如图 6-24 所示。图中差动保护用电流互感器采用了相位补偿接线，三个差动继电器是 DCD-2 型带加强型速饱和变流器的差动继电器，当变压器内部短路时，差动保护动作瞬时跳开变压器两侧断路器，切出故障。

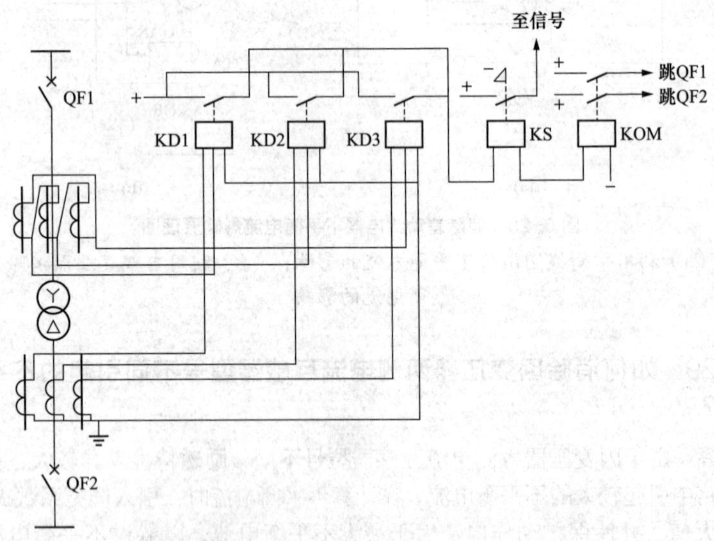

图 6-24 双绕组变压器动差动保护原理接线图

6.3.32 什么是微机型变压器差动保护？

答 微机型继电保护是通过程序编制来实现保护特性的，因此，利用微机构成二次谐波制动的变压器差动保护能方便地获得更加理想的制动特性。微机型二次谐波闭锁的变压器差动保护是在比率制动的差动保护中增设二次谐波识别元件而构成，当差动电流二次谐波分量超过定值，二次谐波识别元件闭锁差动元件防止保护误动。

6.3.33 什么是变压器差动速断保护？如何动作？

答 （1）在变压器差动保护范围内发生严重故障时，由于暂态过程中电流互感器深度饱和，致使差动电流高次谐波含量增大，可能导致励磁涌流识别元件暂时拒动，待暂态分量衰减后，才能正确动作，这样就降低了差动保护的速动性。因此，变压器还应配置差动速断保护，以加快纵差保护对区内严重故障的动作速度。

（2）差动速断保护是反应差动回路电流增大而瞬时动作的保护，当变压器内部故障，差动电流大于整定电流时，差动速断保护瞬时动作于跳闸。

（3）为防止区外短路或励磁涌流情况下误动，差动速断保护的动作电流应按躲过外部三相短路时，差动回路最大不平衡电流和空载合闸时出现的最大励磁涌流来整定，其动作判据为

$$I_{op} > K_2 I_{sdt}$$

式中：I_{sdt} 为差动速断保护的动作电流整定值。

6.3.34 二次谐波制动原理中差动保护的程序逻辑框图是怎样的？

答 程序逻辑框图用以表达故障处理程序中各程序段之间的逻辑判别关系。二次谐波闭锁原理差动保护的程序逻辑框图如图 6-25 所示。

图中 SW1、SW2、SW3、SW4 表示由控制字设定的软件逻辑开关，俗称软压板。它们分别控制差动速断、二次谐波闭锁、二次谐波闭锁的差动保护和 TA 断线闭锁等功能的投入和退出。QS 为差动保护跳闸出口连接片，俗称硬压板，用以控制差动保护的投入和退出。

三相比率差动元件按不同两相形成与逻辑（Y1、Y2、Y3），再经或（H3）输出，构成两相及以上元件动作才有输出的“三取二”逻辑，采用该逻辑可防止一相比率差动元件误判引起保护的误动作，并能保证任何一相发生区内故障时差动保护可靠动作。这是因为采用相位补偿措施后，变压器星形侧一相短路会引起两相差动回路电流增大，致使两相比率差动元件同时动作。可见，采用“三取二”逻辑提高了差动保护动作的可靠性。三相二次谐波制动

元件构成或非逻辑，经与门 Y4 对比率差动元件出口进行闭锁，从而实现涌流超定值制动保护。三相差动速断元件任一相动作即可瞬时出口跳闸，以加快变压器内部故障的切除速度。当电流互感器二次回路断线引起差动电流增大时，由 TA 断线识别元件对整个差动保护实行闭锁，并发出断线闭锁信号。

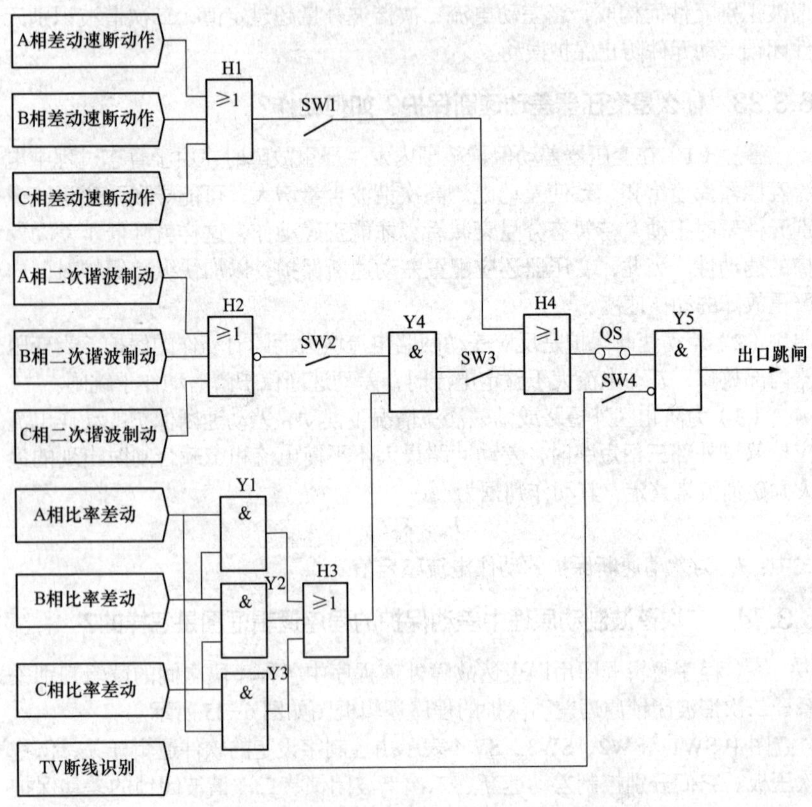

图 6-25　二次谐波制动原理差动保护的程序逻辑框图

6.3.35　变压器有哪些保护装置?

答　（1）110kV 双绕组升压变压器保护配置框图如图 6-26 所示。该变压器配置的保护装置有纵差动保护、气体保护、零序电流零序电压保护、复合电压启动的过电流和过负荷保护。

（2）纵差保护、重瓦斯保护作为主保护，动作后瞬时跳开变压器两侧的断路器；零序电流零序电压保护和复合电压启动的过电流保护作为后备保护，动作后带相应延时跳开变压器两侧的断路器，断路器跳闸后同时发出事故告警信号；轻气体保护、过负荷保护及保护装置中的电压回路、电流回路断线闭锁均动作于信号。在变压器运行中加油、滤油等情况下，重气体保护应改为动作于信号。此时，纵差保护不允许退出工作。

（3）零序电流保护取变压器中性点接地线上的电流互感器的二次电流，零序电压保护取110kV侧母线零序电压。当中性点接地隔离开关QS投入时，零序电流保护投入工作。当中性点接地隔离开关断开时，则由零序电压保护反应接地故障。

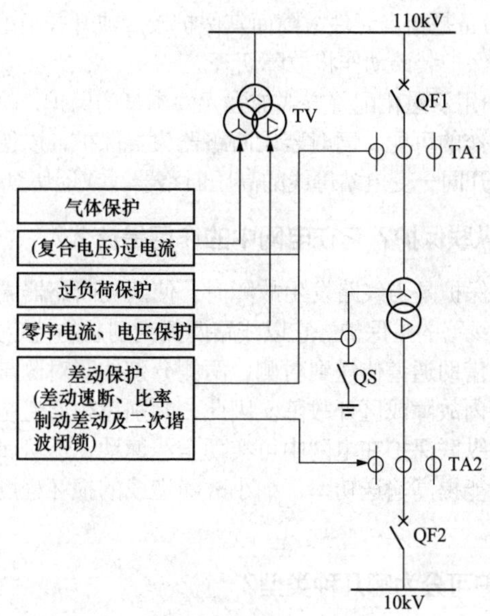

图6-26　变压器保护配置框图

（4）若选用微机型保护装置，差动保护可采用差动速断及比率制动特性以提高差动保护的动作速度及反应故障的灵敏性，利用二次谐波闭锁能可靠躲过励磁涌流的影响。

6.3.36　如何保证继电保护的可靠性？

答　（1）继电保护的可靠性主要由配置合理、质量和技术性能优良的继电保护装置以及正常的运行维护和管理来保证。

（2）任何电力设备（线路、母线、变压器等）都不允许在无继电保护的状态下运行。

（3）220kV 及以上电网的所有运行设备都必须由两套交、直流输入、输出回路相互独立，并分别控制不同断路器的继电保护装置进行保护。

（4）当任一套继电保护装置或任一组断路器拒绝动作时，能由另一套继电保护装置操作另一组断路器切除故障。

（5）在所有情况下，要求这购套继电保护装置和断路器所取的直流电源都经由不同的熔断器供电。

6.3.37 什么是远后备？什么是近后备？

答 （1）远后备是指当元件故障而其保护装置或开关拒绝动作时，由各电源侧的相邻元件保护装谈动作将故障切开。

（2）近后备则用双重化配置方式加强元件本身的保护，位置在区内故障时，保护无拒绝动作的可能，同时装设断路器失灵保护，以便当断路器拒绝跳闸时启动它来切开同一变电站母线的高压断路器，或遥切对侧断路器。

6.3.38 什么是纵联保护？它在电网中的作用是什么？

答 线路纵联保护是当线路发生故障时，使两侧断路器同时快速跳闸的一种保护装置，是线路的主保护。它以线路两侧判别量的特定关系作为判据，即两侧均将判别量借助通道传送到对侧，两侧分别按照对侧与本侧判别量之间的关系来判别区内故障或区外故障。因此，判别量和通道是纵联保护装置的主要组成部分。纵联保护在电网中可实现全线速动，还可保证电力系统并列运行的稳定性，能提高输送功率、缩小故障造成的损坏程度、改善后备保护之间的配合性能。

6.3.39 纵联保护可分为哪几种类型？

答 纵联保护可分为以下几种类型：

（1）电力线载波纵联保护（简称高频保护）。

（2）微波纵联保护（简称微波保护）。

（3）光纤纵联保护（简称光纤保护）。

（4）导引线纵联保护（简称导引线保护）。

6.3.40 纵联保护的信号有哪几种？

答 纵联保护的信号有以下三种：

（1）闭锁信号。它是阻止保护动作于跳闸的信号。换言之，无闭锁信号是保护作用于跳闸的必要条件。只有同时满足本端保护元件动作和无闭锁信号两个条件时，保护才作用于跳闸。

（2）允许信号。它是允许保护动作于跳闸的信号。换言之，有允许信号是保护动作于跳闸的必要条件。只有同时满足本端保护元件动作和有允许信号两个条件时，保护才动作于跳闸。

（3）跳闸信号。它是直接引起跳闸的信号。此时与保护元件是否动作无关，只要收到跳闸信号，保护就作用于跳闸，远方跳闸式保护就是利用跳闸信号。

6.3.41　相差高频保护有何优缺点？

答　（1）相差高频保护有如下优点：

1）能反应全相状态下的各种对称和不对称故障，装置比较简单。

2）不反应系统振荡。在非全相运行状态下和单相重合闸过程中，保护能继续运行。

3）保护的工作情况与是否有串补电容及其保护间隙是否不对称击穿基本无关。

4）不受电压二次回路断线的影响。

（2）缺点如下：

1）重负荷线路，负荷电流改变了线路两端电流的相位，对内部故障保护动作不利。

2）当一相断线接地或非全相运行过程中发生区内故障时，灵敏度变坏，甚至可能拒动。

3）对通道要求较高，占用频带较宽。在运行中，线路两端保护需联调。

4）线路分布电容严重影响线路两端电流的相位，限制了使用线路长度。

6.3.42　何谓闭锁式方向高频保护？

答　在方向比较式的高额保护中，收到的信号作闭锁保护用，叫闭锁式方向高频保护。

正方向判别元件不动作，不停信，非故障线路两端的收信机收到闭锁信号，相应保护被闭锁。

6.3.43　方向比较式高频保护的基本工作原理是什么？

答　方向比较式高频保护的基本工作原理是比较线路两侧各自看到的故障方向，以综合判断是被保护线路内部还是外部故障。如果以被保护线路内部故障时看到的故障方向为正方向，则当被保护线路外部故障时，总有一侧看到的是反方向。因此，方向比较式高频保护中，判别元件是本身具有方向性的元件或是动作值能区别正、反方向故障的电流元件。所谓比较线路的故障方向，就是比较两侧特定判别元件的动作行为。

6.3.44　何谓高频闭锁距离保护?

答　控制收发信机发出高频闭锁信号，闭锁两侧距离保护的原理构成的高频保护为高频闭锁距离保护。它能使保护无延时地切除被保护线路任一点的故障。

6.3.45　高频闭锁距离保护有何优缺点?

答　（1）高频闭锁距离保护有如下优点：

1）能足够灵敏和快速地反应各种对称和不对称故障。

2）仍能保持远后备保护的作用（当有灵敏度时）。

3）不受线路分布电容的影响。

（2）缺点如下：

1）串补电容可使高频闭锁距离保护误动或拒动。

2）电压二次回路断线时将误动，应采取断线闭锁措施，使保护退出运行。

6.3.46　变压器的故障有哪些？有什么危害?

答　变压器的故障可分为油箱内部故障和油箱外部故障。

油箱内部故障包括绕组的相间短路、匝间短路和中性点直接接地侧的接地短路。这些故障产生的电弧会烧坏变压器绕组绝缘和铁芯，并使绝缘材料和变压器油强烈气化，引起油箱爆裂等严重后果。

油箱外部故障主要有绝缘套管和引出线上发生的相间短路和中性点直接接地侧的接地短路。

6.3.47　变压器的不正常工作状态方式有哪些?

答　变压器的不正常工作状态主要有：

（1）外部短路引起的过电流。

（2）电动机自启动、并联运行的变压器被断开、高峰负荷等原因引起的过负荷。

（3）外部接地短路引起中性点过电压。

6.3.48　线路继电保护运行检查包括哪些内容?

答　（1）检查线路保护配置情况：根据《电力装置的继电保护和自动装置设计规范》（GB / T 50062—2008），检查客户的线路保护装置配置是否满足规范的要求。

（2）检查线路保护运行规程是否齐全：线路保护的运行规程一般包括保护的配置、保护的连接片投切、整定值的操作、保护运行的事故及处理规程等。

（3）检查保护定值整定是否正确：特别要检查客户保护定值与进线保护的定值要相互配合，防止保护定值配合不当造成越级跳闸的事故发生。

（4）检查保护装置是否按期校验：一般10kV客户的继电保护装置每2年进行一次校验，对供电可靠性要求较高的客户以及35kV及以上的客户继电保护装置每年进行一次校验。

6.4 自动重合闸装置

6.4.1 什么是电力系统自动重合闸装置?

答 根据电力系统故障的统计，架空输电线路的故障大多数为暂时性故障，如雷电引起绝缘子表面闪络、大树和鸟类碰线引起的放电等形成的短路。暂时性故障的特点是，当切除故障后，短路点的绝缘会自行恢复。此时将跳闸后的断路器重新投入，线路仍可继续运行。

自动重合闸装置就是将跳闸后的断路器重新合上的一种自动装置，简称ARC。其与继电保护相配合能提高输电线路供电的可靠性，并能对人为误碰跳闸的断路器进行补救。根据运行资料的统计，线路重合闸重合成功率（重合成功次数与总动作次数之比）为60% ~ 90%。

6.4.2 电力系统中哪些情况下应装设自动重合闸装置?

答 （1）对1kV及以上电压的架空线路和电缆与架空线混合线路具有断路器时，一般都应装设自动重合闸。

（2）用高压熔断器保护的线路上，可采用自动重合熔断器。

（3）给地区负荷供电的电力变压器以及发电厂和变电站的母线上，必要时也可装设自动重合闸装置。

6.4.3 自动重合闸装置有哪些种类?

答 （1）按合闸功能分为三相重合闸、单相重合闸和综合重合闸。

（2）按重合次数分为一次重合和多次重合。

（3）按应用场合分为单侧电源线路重合闸和双电源线路重合闸；双侧电源重合闸又可分为检定无压和检定同期重合闸、非同期重合闸。

（4）按重合闸的动作类型，可以分为机械式和电气式。

6.4.4 对单侧电源线路的三相自动重合闸装置的基本要求是什么?

答 要使重合闸装置正确工作，单侧电源线路的三相一次重合闸应满足以下基本要求：

（1）当断路器由继电保护动作或误碰断路器跳闸时，重合闸应可靠启动。

（2）启动后的重合闸，应待故障点电弧熄灭和断路器的操动机构复位后，才能重合断路器。

（3）自动重合闸的动作次数应为规定次数。如一次重合闸只允许动作一次。

（4）自动重合闸装置在动作以后，应能自动复归，准备好下一次再动作。

（5）手动和遥控断路器跳闸以及自动装置和母线保护动作跳闸时，自动重合闸不应动作。

（6）手动合闸于故障线路，继电保护跳闸时，自动重合闸不应重合。

（7）自动重合闸装置应能与继电保护配合，以加快切除永久性故障。

6.4.5 选用重合闸方式的一般原则是什么?

答 选用重合闸方式的一般原则如下：

（1）重合闸方式必须根据具体的系统结构及运行条件，经过分析后选定。

（2）凡是选用简单的三相重合闸方式能满足具体系实际需要的，线路都应当选用三相重合闸方式。

（3）特别对于那些处于集中供电地区的密集环网中，线路跳闸后不进行重合闸也能稳定运行的线路，更宜采用整定时间适当的三相重合闸。对于这样的环网线路，快速切除故障是第一位重要的问题。

（4）当发生单相接地故障时，如果使用三相重合闸不能保证系统稳定，或者地区系统会出现大面积停电，或者影响重要负荷停电的线路上，应当选用单相或综合重合闸方式。

（5）在大机组出口一般不使用三相重合闸。

6.4.6 带单侧电源线路三相重合闸的条件是什么?

答 （1）单侧电源线路电源侧宜采用一般的三相重合闸。

（2）如由几段串联线路构成的电力网，为了补救其电流速断等瞬动保护的无选择性动作，三相重合闸采用带前加速或顺序重合闸方式，此时断开的几段线路自电源侧顺序重合。

（3）给重要负荷供电的单向线路，为提高其供电可靠性，也可以采用综合重合闸。

6.4.7 带双侧电源线路三相重合闸的条件是什么？

答 双侧电源线路是两端均有电源的线路采用自动重合闸时，应保证在线路两侧断路器均已跳闸，故障点电弧熄灭和绝缘强度已恢复的条件下进行。同时，应考虑断路器在进行重合闸的线路两侧电源是否同期，以及是否允许非同期合闸。因此，双侧电源线路的重合闸可归纳为：一类是检定同期重合闸，如一侧检定线路无电压，另一侧检定同期或检定平行线路电流的重合闸等；另一类是不检定同期的重合闸，如非同期重合闸、快速重合闸、解列重合闸及自同期重合闸等。

6.4.8 什么是线路单相重合闸和综合重合闸？

答 （1）单相重合闸是指线路上发生单相接地故障时，保护动作只跳开故障相的断路器并单相重合；当单相重合不成功或多相故障时，保护动作跳开三相断路器，不再进行重合。由其他任何原因跳开三相断路器时，也不再进行重合。

（2）综合重合闸是指，当发生单相接地故障时采用单相重合闸方式，而当发生相间短路时采用三相重合闸方式。

6.4.9 单相重合闸与三相重合闸各有哪些特点？

答 （1）使用单相重合闸时会出现非全相运行，除纵联保护需要考虑一些特殊问题外，对零序电流保护的整定和配合产生了很大影响，也使中、短线路的零序电流保护不能充分发挥作用。

（2）使用三相重合闸时，各种保护的出口回路可以直接动作于断路器。使用单相重合闸时，除了本身有选相能力的保护外，所有纵联保护、相间距离保护、零序电流保护等，都必须经单相重合闸的选相元件控制，才能动作于断路器。

（3）当线路发生单相接地进行三相重合闸时，会比单相重合闸产生较大的操作过电压。这是由于三相跳闸、电流过零时断电，在非故障相上会保留相当于相电压峰值的残余电荷电压，而重合闸的断电时间较短，上述非故障相的电压变化不大，因而在重合时会产生较大的操作过电压。

（4）而当使用单相重合闸时，重合时的故障相电压一般只有17%左右（由于线路本身电容分压产生），因而没有操作过电压问题。从较长时间在110kV及220kV电网采用三相重合闸的运行情况来看，一般中、短线路操作过电压方面的问题并不突出。

（5）采用三相重合闸时，在最不利的情况下，有可能重合于三相短路故障，有的线路经稳定计算认为必须避免这种情况时，可以考虑在三相重合闸中增设简单的相间故障判别元件，使它在单相故避免实现重合，在相间故障时不重合。

6.4.10　综合重合闸装置的作用是什么？

答　综合重合闸的作用是：当线路发生单相接地或相间故障时，进行单相或三相跳闸及进行单相或三相一次重合闸；特别是当发生单相接地故障时，可以有选择地跳开故障相两侧的断路器，使非故障两相继续供电，然后进行单相重合闸。这对超高压电网的稳定运行有着重大意义。

6.4.11　在什么条件下适用线路单相重合闸或综合重合闸？

答　在下列情况下，需要考虑采用单相重合闸或综合重合闸方式：

（1）220kV 及以下电压单回联络线、两侧电源之间相互联系薄弱的线路（包括经低一级电压线路弱联系的电磁环网），特别是大型汽轮发电机组的高压配出线路。

（2）当电网发生单相接地故障时，如果使用三相重合闸不能保证系统稳定的线路。

（3）允许使用三相重合闸的线路，使用单相重合闸对系统或恢复供电有较好效果时，可采用综合重合闸方式。例如两侧电源间联系较紧密的双回线路或并列运行环网线路，根据稳定计算，重合于三相永久故障不致引起稳定破坏时，可采用综合重合闸方式。

（4）当采用三相重合闸时，采取一侧先合，另一侧待对侧重合成功后实现同步重合闸的方式。

（5）经稳定计算校核，允许使用重合闸。

6.4.12　自动重合闸与继电保护的配合时的要求是什么？

答　在输电线路上装设自动重合闸装置后，继电保护必须确保动作两次后应能切除永久性故障。①其中第一次动作须按保护的整定时间延时动作，以实现选择性；②第二次动作则不应带延时，以加快故障的切除。为实现这一目的，这就要求自动重合闸与继电保护配合，在线路故障时，加速保护跳闸。这样不但能加快故障切除，还可提高自动合闸的重合成功率。

6.4.13　自动重合闸的启动方式有哪几种？各有什么特点？

答　（1）自动重合闸有两种启动方式：

1）不对应启动方式（断路器控制开关位置与断路器位置）；

2）保护启动方式。

（2）不对应启动方式的优点：简单可靠，还可以纠正断路器误碰或偷跳，可提高供电可靠性和系统运行的稳定性，在各级电网中具有良好运行效果，是所有重合闸的基本启动方式。其缺点是，当断路器辅助触点接触不良时，不对应启动方式将失效。

（3）保护启动方式，是不对应启动方式的补充。在单相生命闸过程中需要进行一些保护的闭锁，逻辑回路中需要对故障相实现选相固定等，也需要一个保护启动的重合闸启动元件。其缺点是，不能纠正断路器误动。

6.4.14　自动重合闸与继电保护配合方式有哪两种?

答　自动重合闸与继电保护配合方式有以下两种：

（1）重合闸动作前加速保护动作方式（简称为前加速方式）。

（2）重合闸动作后加速保护动作方式（简称为后加速方式）。

6.4.15　什么是重合闸动作前加速保护动作方式？如何实现?

答　（1）重合闸动作前加速保护动作方式，也称为前加速方式，是指线路故障重合闸启动前，加速保护第一次无选择地动作跳闸，而后由重合闸进行补救，若为永久性故障，保护再带延时有选择地动作跳闸的一种配合方式。

（2）实现前加速配合方式只需在靠近电源的 L1 线路装设自动重合闸装置（ARC），如图 6-27 所示，图中每条线路上均装设定时限过电流保护，其动作时限按阶梯原则配合。并在自动重合闸安装处装设一套无选择性电流速断保护，其动作电流按躲过变压器后 k4 点的短路电流整定。

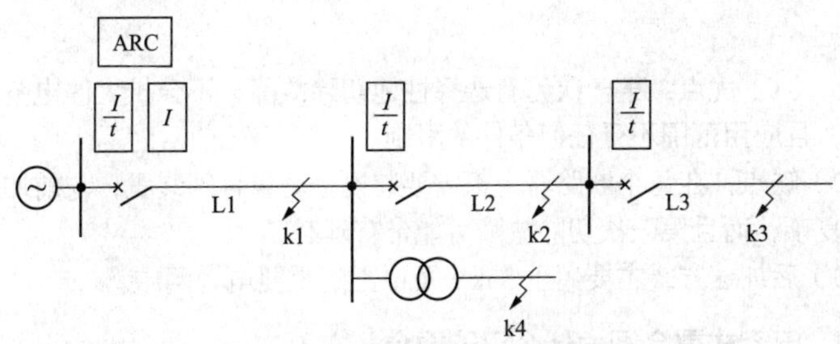

图 6-27　重合闸动作前加速保护配置

6.4.16　采用重合闸动作前加速保护动作的优缺点是什么？适用于什么范围?

答　（1）优点：能快速切除瞬时性故障，使其不致发展成为永久性故障，重合成功率高，只需装设一套自动重合闸装置（ARC），投资少。

（2）缺点：在重合闸过程中所有客户都要暂时停电，对装有自动重合闸装置的断路器，动作次数较多，一旦断路器重合不上，会扩大停电范围。

（3）应用范围：重合闸前加速保护主要用于35kV及以下的发电厂和变电站引出的直配线上，以便快速切除故障，保证母线电压水平。

6.4.17 什么是重合闸动作后加速保护动作方式？

答 （1）重合闸动作后加速保护动作方式，也称为后加速方式，是指线路故障，继电保护第一次带延时有选择地动作跳闸，重合闸将断路器重新合上，若重合于永久性故障，重合闸加速保护瞬时跳闸的一种配合方式。

（2）实现前后速配合方式须在所有线路上装设自动重合闸装置（ARC），如图6-28所示。

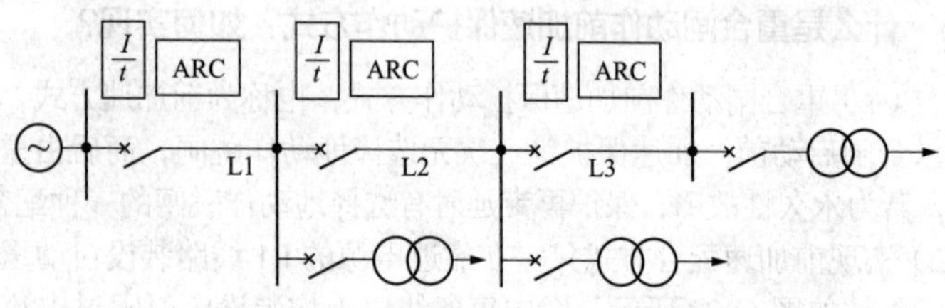

图6-28 重合闸动作后加速保护配置

6.4.18 采用重合闸动作后加速保护动作的优缺点是什么？适用于什么范围？

答 （1）优点：第一次为有选择性地切除故障，不会扩大停电范围，可靠性高，且应用范围不受任何条件的限制。

（2）缺点：在每个断路器上都需要装设一套重合闸装置，与前加速相比则较为复杂，而且第一次切除故障可能带有延时。

（3）后加速方式主要用于35kV及以上的重要电力网中。

6.4.19 电容式重合闸为什么只能重合一次？

答 电容式重合闸是利用电容器的瞬时放电和长时充电来实现一次重合的。如果断路器是出于永久性短路而保护动作所跳开的，则在自动重合闸一次重合后，断路器作第二次跳闸，此时跳闸位置继电器重新启动。但由于重合闸整组复归前使时间继电器触点长期闭合，电容器则被中间继电器的线圈所分接不能继续充电，中间继电器不可能再启动，整组复归后电容器还需20 ~ 25s的充电时间，这样保证重合闸只能发出一次合闸脉冲。

6.4.20 装有重合闸装置的线路、变压器，当它们的断路器跳闸后，在哪些情况下不允许或不能重合闸?

答 有以下9种情况不允许或不能重合闸。

（1）手动跳闸。

（2）断路器失灵保护动作跳闸。

（3）远方跳闸。

（4）断路器操作气压下降到允许值以下时跳闸。

（5）重合闸停用时跳闸。

（6）重合闸在投运单相重合闸位置，三相跳闸时。

（7）重合于永久性故障又跳闸。

（8）母线保护动作跳闸不允许使用母线重合闸时。

（9）变压器差动、瓦斯保护动作跳闸对。

6.4.21 在重合闸装置中有哪些闭锁重合闸的措施?

答 闭锁重合闸的措施是:

（1）停用重合闸方式时，直接闭锁重合闸。

（2）手动跳闸时，直接闭锁重合闸。

（3）不经重合闸的保护跳闸时，闭锁重合闸。

（4）在使用单相重合闸方式时，断路器三跳，用位置继电器触点闭锁重合闸；保护经综重三跳时，闭锁重合闸。

（5）断路器气压或液压降低到不允许重合闸时，闭锁重合闸。

6.4.22 采用单相重合闸的线路的零序电流保护的最末一段的时间为什么要躲过重合闸周期?

答 零序电流保护最末一段的时间之所以要躲过线路的重合闸周期，是因为:

（1）零序电流保护最末一段通常都要求做相邻线路的远后备保护，以及保证本线经较大的过渡电阻（220kV为100Ω）接地仍有足够的灵敏度，其定值一般整定得较小。

（2）线路重合过程中非全相运行时，在较大负荷电流的影响下，非全相零序电流有可能超过其整定值而引起保护动作。

（3）为了保证本线路重合过程中健全相发生接地故障能有保护可靠动作切除故障，零序电流保护最末一段在重合闸启动后不能被闭锁而退出运行。

综上所述，零序电流保护最末一段只有延长时间来躲过重合闸周期，在重合过程中既可不退出运行，又可避免误动。当其定值躲不过相邻线非全相运行时流过本线的电流 $3I_0$ 时，其整定时间还应躲过相邻线的重合闸周期。

6.4.23　自动重合闸在日常运行时应检查哪些内容？

答：（1）运行时注意检查重合闸的运行指示灯正常，重合闸继电器运行声音正常。

（2）注意检查重合闸与保护配合方式的连接片切换在对应位置。

（3）检查各类灯光信号、关字牌、蜂鸣器、警铃信号、掉牌继电器运行正常。

（4）对于双侧电源的重合闸的启动方式连接片注意切换在对应位置。

（5）注意检查直流回路、各类熔断器、小开关、连接片正常。

（6）重合闸装置要求每年进行一次部分校验，4 年进行一次全部校验。

（7）做好各类异常信号、故障信号的记录。

6.4.24　何为备用电源自动入投装置？

答　当工作电源因故障断开后，能自动而迅速地将备用电源与备用设备投入工作的自动装置称为备用电源自动投入装置，简称 ATS 装置。

6.4.25　变电站自动重合闸装置的动作原理是什么？

答　（1）在要求供电可靠性较高的客户变配电所中，通常设有两路及以上的电源进线，一路主供工作电源，一路备用。在工作电源线路突然断电时，利用失压保护装置使该线路的断路器跳闸，而备用电源线路的断路器则在备用电源自动投入装置的作用下迅速合闸，保证对客户的不间断供电。

（2）动作要求：为了提高供电的可靠性，变电站普遍装设了自动重合闸装置。当线路故障是瞬时性故障时，保护动作，跳开故障线路的断路器，自动重合闸动作，将跳开的断路器再合上，即恢复线路的正常供电。当线路发生永久性故障时，保护跳开故障线路断路器，自动重合闸重合后加速跳闸。

（3）三相一次自动重合：可以通过连接片的切换实现电流保护启动，断路器与控制开关的不对应启动，通过时间延迟环节实现重合闸动作。进行正常的操作以及充电时间不够时，将闭锁重合闸。

6.4.26 变电站备用电源自动投入装置的配置原则有哪些?

答 根据GB / T 50062—2008《电力装置的继电保护和自动装置设计规范》规定，下列情况可装设备用电源或备用设备的自动投入装置（以下简称自动投入装置）:

（1）由双电源供电的变电站和配电所，其中一个电源经常断开作为备用。

（2）发电厂、变电站和配电所内有互为备用的母线段。

（3）发电厂、变电站内有备用变压器。

（4）变电站内有两台变压器。

（5）生产过程中某些重要机组有备用机组。

6.4.27 变电站备用电源自动投入装置设计时应满足哪些基本要求?

答:（1）应保证在工作电源或设备断开后，才投入备用电源。

（2）工作母线或设备上的电压，不论任何原因消失时，备用电源自动投入装置均应动作;

（3）备用电源自动投入装置应保证只动作一次。

（4）备用电源自动投入装置的动作时间应使负荷的停电时间尽可能短。

（5）当电压互感器二次侧熔断器熔断时，备用电源自动投入装置不应动作。

（6）备用电源无电压时，备用电源自动投入装置不应动作。

（7）应校验备用电源自动投入装置动作时过负荷的情况，以及电动机自启动的情况，如备用电源过负荷超过允许限度而不能保证电动机自启动时，应在备用电源自动投入装置动作时自动减负荷。如果备用电源投于故障，应使其保护加速动作。

第7章 过电压及电能质量

7.1 电力系统过电压

7.1.1 电力系统过电压分类有哪些?

答 电力系统过电压主要分以下几种类型:

(1)大气过电压;

(2)工频过电压;

(3)操作过电压;

(4)谐振过电压;

(5)反击过电压。

7.1.2 大气过电压产生原因及特点是什么?

答 大气过电压是由直击雷引起的。其特点是持续时间短暂，冲击性强，与雷击活动强度有直接关系，与设备电压等级无关。因此，220kV 以下系统的绝缘水平往往由防止大气过电压决定。

7.1.3 工频过电压产生的原因及特点是什么?

答 工频过电压是由于长线路的电容效应及电网运行方式的突然改变引起的。其特点是持续时间长，过电压倍数不高，一般对设备绝缘危险性不大，但在超高压、远距离输电确定绝缘水平时起重要作用。

7.1.4 操作过电压产生原因及特点是什么?

答 操作过电压是由电网内开关操作引起的。其特点是具有随机性，但最不利情况下过电压倍数较高。因此 300kV 及以上超高压系统的绝缘水平往往由防止操作过电压决定。

7.1.5 谐振过电压产生原因及特点是什么?

答 谐振过电压是由系统电容及电感回路组成谐振回路时引起的。其特点是过电压倍数高、持续时间长。

7.1.6 什么叫电力系统谐振过电压? 谐振过电压的分为哪几种?

答 在一定的能源作用下,会产生串联谐振现象,导致系统某些元件出现严重的过电压,这一现象叫电力系统谐振过电压。

谐振过电压分为以下几种:

(1)线性谐振过电压。谐振回路由不带铁芯的电感元件(如输电线路的电感、变压器的漏感)或励磁特性接近线性的带铁芯的电感元件(如消弧线圈)和系统中的电容元件所组成。

(2)铁磁谐振过电压。谐振回路由带铁芯的电感元件(如空载变压器、电压互感器)和系统的电容元件组成。因铁芯电感元件的饱和现象,使回路的电感参数是非线性的,这种含有非线性电感元件的回路在满足一定的谐振条件时,会产生铁磁谐振。

(3)参数谐振过电压。由电感参数作周期性变化的电感元件(如凸极发电机的同步电抗在 $K_d \sim K_q$ 间周期变化)和系统电容元件(如空载线路)组成回路,当参数配合时,通过电感的周期性变化,不断向谐振系统输送能量,造成参数谐振过电压。

7.1.7 什么叫反击过电压?

答 在发电厂和变电站中,如果雷击到避雷针上,雷电流通过构架接地引下线流散到地中,由于构架电感和接地电阻的存在,在构架上会产生很高的对地电位,高电位对附近的电气设备或带电的导线会产生很大的电位差。如果两者间距离小,就会导致避雷针构架对其他设备或导线放电,引起反击闪络而造成事故。

7.2 雷电的基本知识

7.2.1 雷电是怎样形成的?

答 当地面的温度较高时,地面的水分化为水蒸气,并随受热上升的空气升到高空。每上升 1km,空气温度约下降 10℃。由于温度下降水蒸气便凝结成为小水滴,在足够冷的高空水滴会进一步冷却成冰晶。水滴和冰晶复杂的电荷分离及高空强烈气流的作用便会形成带电的雷云。

雷电形成的原因有：

（1）水滴破裂效应。强烈的上升气流穿过云层，水滴被撞分裂带电。轻微的水沫带负电，被风吹得较高，形成大块得带负电的雷云；大滴水珠带正电，凝聚成雨下降，或悬浮在云中，形成一些局部带正电的区域。

（2）吸收电荷效应。在大气中有宇宙线穿过并存在方向向下的电场，由于宇宙线的作用，空气游离产生正、负离子。中性水滴在电场的作用下受到极化，使其上端出现负电荷，下端出现正电荷。受极化的大水滴在重力作用下，向下坠落，其下端将吸收空气中的负离子，排斥正离子，其上端由于下降速度大，而来不及吸收正离子，这样使整个大水滴带负电。受极化的小水滴被气流带着向上移动，其上端的极化负电荷吸收正离子，所以小水滴带正电荷。

（3）水滴结冰效应。实验发现，水在结冰时会带正电荷，而没有结冰的水带负电荷。所以当云中冰晶区中的上升气流将冰粒上面的水带走以后，就会导致电荷的分离，从而使不同云区带电。

7.2.2 雷云对地放电的过程是怎样的?

答　雷云对地放电的发展过程如图 7-1 所示。

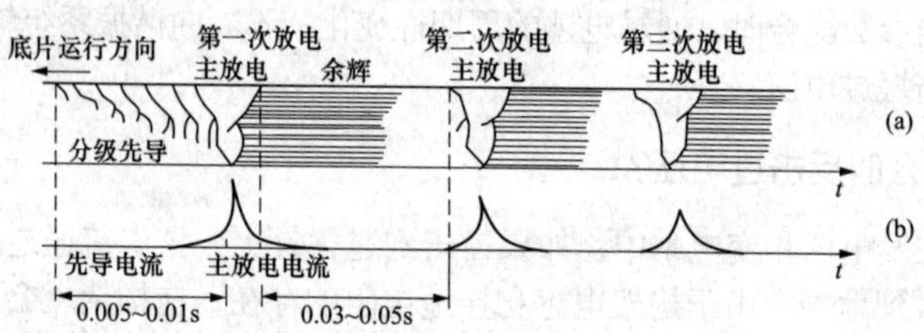

图 7-1　雷云对地放电的发展过程

（a）展开的放电照片；（b）雷电流曲线

（1）先导放电：雷云中的负电荷逐渐积累，同时在附近地面上感应出正电荷，当雷云与大地之间局部电场强度超过大气游离临界场强（约 30kV / cm）时，就开始有局部放电，放电通道自雷云边缘向大地发展。先导放电电流为数百安培，先导通道具有导电性，因此雷云中的负电荷沿通道分布，并继续向地面延伸，地面上的感应正电荷也逐渐增多。先导通道发展临近地面时，由于局部空间电场强度的增加，常在地面突起出现正电荷的先导放电向天空发展，这就是迎面先导。

（2）主放电：先导通道到达地面或与迎面先导相遇后，在通道端部因大气强烈游离而产生高密度的等离子区，自下而上迅速传播，形成一条高导电率的等离子通道，使先导通道以及雷云中的负电荷与大地的正电荷迅速中和。主放电存在的时间极短50～100μs，主放电过程中会出现很强的脉冲电流（几十至数百千安）。

（3）余光放电：主放电到达云端结束，云中的残余电荷经过主放电通道流下来。余光放电阶段对应的电流约数百安培，持续时间0.03～0.05s。

（4）由于主放电程中高速运动时的强烈摩擦以及复合等原因，使通道发出耀眼的强光，这就是通常所见到的闪电；又由于通道突然受热和冷却而形成的猛烈膨胀和压缩，以及在高压放电火花作用下，使水和空气分解，产生瓦斯爆炸，于是就发出强烈的雷鸣。

7.2.3 雷电的危害主要有哪几种方式?

答 （1）直接雷引起的危害。雷电直接对建筑物或其他物体放电，产生很大破坏性的热效应和机械效应，这就是直接雷。线路或设备直接受到雷击，产生的过电压数值可达几百万伏，这对电气设备的危害最大。架空线路遭到雷击，不仅将危害线路本身，而且雷电还会沿导线传播到发电厂、变电站和配电所，危害发、变、配设备的正常运行。严重时还会引起火灾、房屋倒塌、设备损坏。

（2）感应雷引起的危害。落雷处邻近物体因静电感应或电磁感应产生高电位所引起的放电，叫作感应雷。感应过电压往往造成屋内电线、金属管道和大型金属设备放电，引起火灾、爆炸，危及人身安全或对供电系统造成危害。

（3）雷电侵入波引起的危害。当架空线路或金属管道遭受直接雷或感应雷时，高压冲击波沿线路或管道的两个方向迅速传播的雷电波称雷电侵入波。这种高压冲击波会对电气设备的绝缘造成损伤，也可能使金属放电引起火灾等事故，或产生高电压对人员造成伤害。

7.2.4 什么是直击雷?

答 （1）当雷云通过线路或电气设备放电时称为直击雷。主放电瞬间通过线路或电气设备将流过数百千安的巨大雷电流，并以光速向线路两端涌去。这时若没有适当设备将雷电流迅速引入大地，则大量电荷将使线路发生很高的过电压，势必将绝缘薄弱处击穿。过电压的大小取决于雷电流的幅值与雷电流波头的陡度（即雷电流变化的速度）。

（2）如果直击雷落在铁塔上，即雷云通过铁塔放电，一旦铁塔底脚接地电阻过大，则雷电流泄入大地时势必在铁塔上产生很高的压降。例如雷电流幅值为50kA，铁塔接地电阻为30Ω，则雷电流所产生的对地电压为50×30=1500kV，这样高的电压有可能击穿设备或线路的绝缘，这种现象通常称为反击。

7.2.5 什么是感应雷?

答 当雷落在输电线路附近时，会在输电线路上感应出过电压，这就是感应雷。此感应过电压沿着输电线路向两端传输，落雷点离导线越近，则感应过电压越高。输电线路上感应出过电压对线路终端的设备将产生不可低估的损失。

7.2.6 输电线路上雷电感应过电压是怎样形成?

答 （1）在雷云放电的起始阶段，雷电先导通道中充满与雷云同性的电荷逐渐向地面发展，如果地面附近有输电线路通过，由于线路导线对大地有对地电容 C，因而雷云对导线发生静电感应，相当于在导线上充以大量与雷云异号的电荷 Q，此时在导线上随着雷电感应的充电过程，逐渐建立一个雷电感应电压，如图7-2（a）所示。

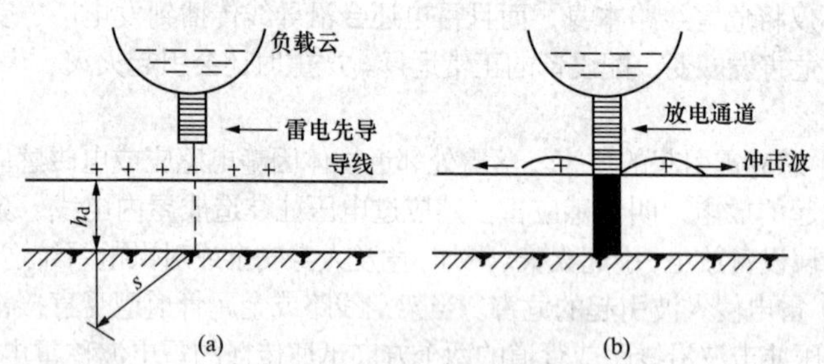

图7-2 感应过电压的形成

（a）感应过电压的建立；（b）感应过电压冲击波的形成

（2）由于雷电先导通道发展较慢，所以导线上电荷聚集的过程较慢，感应过电压是逐渐增高的，此时由于电荷受雷云的束缚，导线上雷电流很小；当雷云对附近地面放电时，先导通道中的电荷和地面迎面先导中的异性电荷迅速中和（闪电），于是导线上的束缚电荷失去束缚力而转变为自由电荷，它在雷电感应过电压 u_g 推动下，以电磁波速度向导线两侧传播，这就是感应过电压冲击波的形成过程，如图7-2（b）所示。可见，雷击地点离导线愈近，则导线上感应过电压就愈高，如果雷击地点离导线过近，雷云就会直接对导线放电，这时导线上呈现的就不是感应过电压，而是直击雷电压。

（3）雷电过电压除了直击雷和感应雷这两种基本形式外，还有一种是沿着架空线路侵入变配电站或电力客户的雷电波，这种雷电波是由于线路上遭受直击雷或发生感应雷而产生的。据调查统计，电力系统中由于雷电波侵入而造成的雷害事故，在整个雷害事故中占一半以上，因此对雷电波侵入的防护应予以重视。

7.2.7 雷电的危害有哪些？

雷电的危害主要表现在以下几个方面：

（1）雷电的机械效应：击毁杆塔和建筑物。

（2）雷电的热效应：烧断导线，烧毁设备，引起火灾。

（3）雷电的电磁效应：产生过电压，击穿电气绝缘，甚至引起火灾和爆炸，造成人畜伤亡。

（4）雷电的闪络放电：引起绝缘子烧坏，开关跳闸，线路停电，或引起火灾等。

雷雨时除工作外，应尽量少在户外或野外逗留。在户外工作时尽量不要站在露天环境，尤其要距电杆、大树等 5m 以上距离。

（5）还有一种球滚雷，它能沿地面滚动或在空气中飘行而伤害人畜。当雷击于建筑物附近时，强电磁会在建筑物的金属连接物之间感应很高的电压（雷电的二次作用），产生火花放电，严重威胁易燃品和爆炸品仓库的安全。因此，雷雨时最好关好门窗，以防止出现的球滚雷对人体、房屋及设备造成危害。

7.2.8 雷电参数有哪些？

答　主要有以下雷电参数：

（1）雷击时计算雷电流的等值电路和雷电流幅值。

（2）雷电流波形。

（3）雷暴日与雷暴小时。

（4）地面落雷密度和输电线路落雷次数。

7.2.9 雷击大地时主放电过程是怎样的？

答　（1）雷电先导通道带有与雷云极性相同的电荷（一般雷云多数为负极性），自雷云向大地发展。

（2）由于雷云及先导电场的作用，大地被感应出与雷云极性相反的电荷，当先导通道发展到离大地一定距离时，先导头部与大地之间的空气间隙被击穿，雷电通道中的主放电过程开始，主放电自雷击点沿通道向上发展，若大地为一理想导体，则主放电所到之处的电位即降为零电位。

（3）设先导通道中的电荷密度为σ，主放电速度为 v_L（实际表明，其速度为 0.1 ~ 0.5 倍光速），当雷击土壤电阻率为零的大地时，流经通道的电流（即流入大地的电流）为 σv_L。

上述过程可用图 7-3（a）和图 7-3（b）来描述，实践表明，雷电通道具有分布参数的特征，其波阻抗为 z_0，这样，可以画出图 7-3（c）所示的等值电路，用以计算雷击时电流大小。

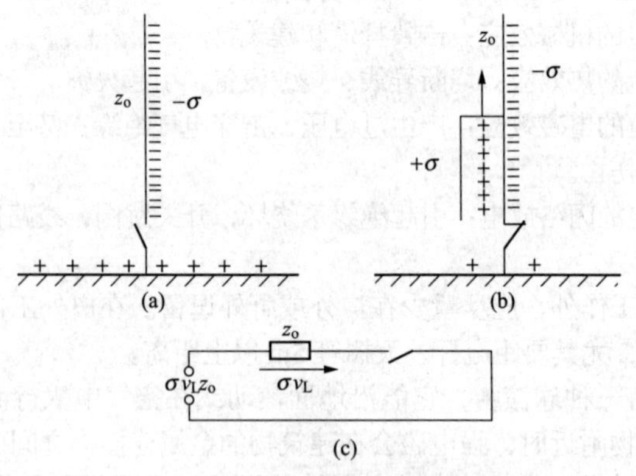

图 7-3　雷击大地时主放电过程

（a）主放电前；（b）主放电时；（c）计算雷电流的等值电路

7.2.10　雷击物体时的电流波运动情况是怎样的？

答　若雷击于具有分布参数特性的避雷针、线路杆塔、地线或导线时，则雷击时电流的运动可描述如下：负极性电流波 i_z 将自雷击点“o”沿被击物向下流动，相同数量的正极性电流波将自雷击点“o”沿通道向上发展，如图 7-4（a）所示。

与图 7-3（c）的等值电路相对应，此时的等值电路如图 7-4（b）所示。流经被击物体电流波 i_z 可用下式计算

$$i_z = \sigma v_L \frac{z_o}{z_o + z_j}$$

式中：z_o 为雷电通道波阻抗；z_j 为被击物体的波阻抗（或为被击物体的集中参数阻抗值）。

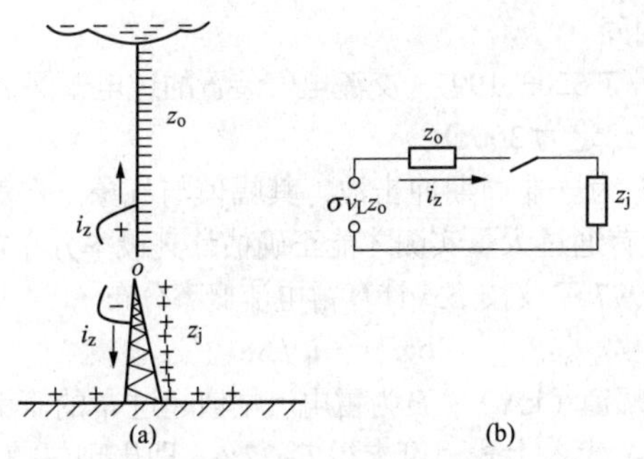

图 7-4　雷击物体时电流波的运动图

（a）电流波的运动；（b）计算 i_z 的等值电路

7.2.11　什么是雷电流?

答　根据电路原理计算流经被击物体雷电流的等值电路可以表示为图 7-5（a）所示的等值电压源电路和图 7-5（b）所示的等值电流源电路。

由图 7-5（b）可得 $i_z=\sigma v_L \frac{z_o}{z_o+z_j}$，流经被击物体的电流波 i_z 与被击物体的波阻抗 z_j 有关，z_j 愈大则 i_z 愈小，反之则 i_z 愈大。当 $z_j=0$ 时，流经被击物体的电流被定义为雷电流，以 i_L 表示，所以上式就可以表示为 $i_L=\sigma v_L$。但实际上被击物体的阻抗不可能为零值，故雷击于低接地电阻的物体时流过该物体的电流可以可改写为 $i_z=i_L \frac{z_o}{z_o+z_j}$。

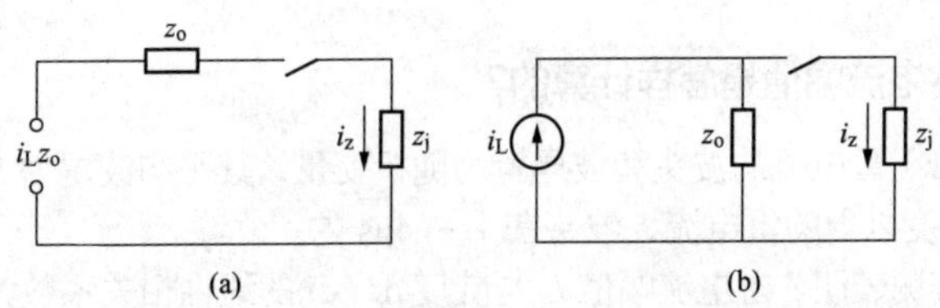

图 7-5　计算流经被击物体雷电流的等值电路

（a）等值电压源电路；（b）等值电流源电路

7.2.12　雷击物体的工程实用模型及其等值电路是怎么计算的?

答　（1）从地面感受的实际效果和工程实用角度出发，可以将雷击物体的过程看作是一数值为 $i_L/2$ 的雷电流波，沿着一条波阻抗为 z_o 的通道向被击物体传播的过程，如图 7-6（a）所示，其彼德逊等值电路如 7-6（b）所示，它与图 7-5（a）相同。

（2）根据 DL / T 620—1997《交流电气装置的过电压保护和绝缘配合》，雷电通道的波阻抗 z_o 定为 300Ω。

（3）雷电流 i_z 为一非周期冲击波，其幅值与气象、自然条件等有关，是个随机变量，只有通过大量实测才能正确估计其概率分布规律。对一般地区，DL / T 620—1997 建议按下式计算雷电流概率分布

$$\log P = -i_L / 88$$

式中：i_L 为雷电流幅值（kA）；P 为雷电流幅值超过 i_L 的概率。

例如以 i_L=50kA 代入上式，可求得 P=27%，即出现幅值超过 50kA 的雷电流的概率为 27%。

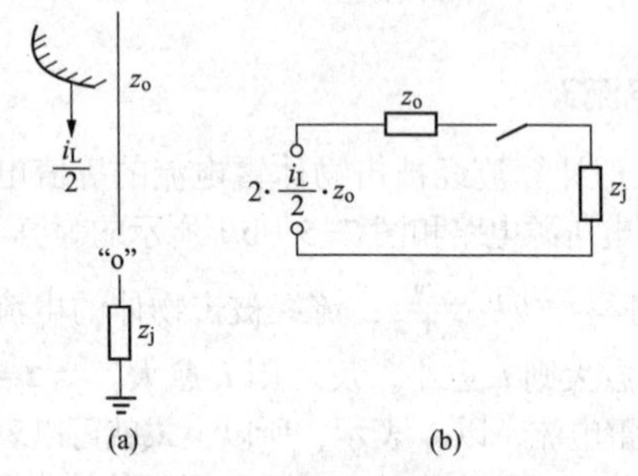

图 7-6　雷击物体的工程实用模型及其等值电路

（a）电路模型；（b）等值电路

z_o—雷电通道波阻抗；z_j—被击物的阻抗；i_L—雷电流

7.2.13　雷电流幅值是怎样计算的？

答　（1）雷电流的波头和波尾皆为随机变量，其平均波尾为 50μs 左右；对于中等强度以上的雷电流，波头在 1 ~ 4μs 内。

（2）实测表明，雷电流幅值 I_L 与陡度 di / dt 的线性相关系数为 0.6 左右，这说明雷电流幅值增加时雷电流陡度也随之增加，因此波头变化不大，根据实测的统计结果，DL / T 620—1997 建议计算用波头取为 2.6μs, 即认为雷电流的平均上升陡度为

$$\frac{di}{dt} = \frac{I}{2.6}(\text{kA/μs})$$

（3）雷电流的波头形状是防雷设计的重点，因此在防雷设计中需对波头形状做出规定，在一般线路防雷设计中波头形状可取为斜角波；而在设计特殊高塔（40m 及以上）时，可取为半余弦波头，在波头范围内雷电流可表示为

$$i = \frac{I}{2}(1 - \cos\omega t)$$

7.2.14 什么是雷暴日与雷暴小时？有什么特点？

答 （1）雷暴日表征不同地区雷电活动的频繁程度，是指某地区一年中有雷电放电的天数，一天中只要听到一次以上的雷声就算一个雷暴日 T。

（2）雷暴小时是每年中有雷电的小时数，在一小时内只要听到雷声就作为一个雷暴小时。据统计我国大部分地区一个雷暴日约折算为 3 个雷暴小时。

（3）雷暴日越多的地区说明雷电活动越频繁，防雷设计的标准越高，防雷措施越应加强。热而潮湿的地区比冷而干燥的地区雷暴多；雷暴的次数是山区大于平原，平原大于沙漠，陆地大于湖海；雷暴高峰月都在 7、8 月份，活动时间大都在每天 14～22 时，各地区雷暴的极大值和极小值多数出现在相同的年份。

（4）根据雷电活动的频度和雷害的严重程度，我国把年平均雷暴日数 $T \geqslant 90$ 的地区叫作强雷区，$40 \leqslant T \leqslant 90$ 的地区为多雷区，$15 \leqslant T \leqslant 40$ 的地区为中雷区，$T \leqslant 15$ 的地区为少雷区。各地区应根据雷电活动规律，每年在雷电开始活动之前对防雷设施全部检查完毕，并及时投入运行。

7.2.15 什么是地面落雷密度？

答 进行防雷设计和采取防雷措施，必须知道地面落雷密度，每一雷暴日每平方公里地面遭受雷击的次数称为地面落雷密度，以 γ 表示。γ 值与平均雷暴日 T 有关，一般 T 较大的地区 γ 也较大。DL / T 620—1997 规定，对 $T = 40$ 的地区取 γ 为 0.07 次 /（平方千米 • 雷暴日）。

7.2.16 输电线路落雷次数是怎样计算的？

答 对于线路来说，由于高出地面，有引雷的作用，根据模拟试验和运行经验，一般高度线路的等值受雷面的宽度为 $10h$[h 为线路平均高度（m）]，也即等值受雷面积为线路两侧各为 $5h$ 宽的地带，线路愈高，则等值受雷面积愈大。

若线路经过地区年平均雷暴日数为 T，每年每 100km 一般高度的线路的落雷次数为 N，则 $N=\gamma \times \frac{10h}{1000} \times 100 \times T$ 次 /（100 千米 • 年）。

若平均雷暴日 T 取为 40，γ 为 0.07，则

$$N = 2.8h \text{ 次 /（100 千米 • 年）}$$

上式表明，100km 线路每年约受到 $2.8h$ 次雷击。

7.3 防雷设备及措施

7.3.1 电力系统中常见的防雷设备有哪些？

答 电力系统中常见的防雷设备有避雷针、避雷线、避雷器。

7.3.2 避雷针的结构是怎样的？

答 避雷针包括三部分，即上部的接闪器（针头）、中部的接地引下线以及下部的接地体，如图 7-7 所示。

接闪器可用直径为 10mm 及以上，长为 1 ~ 2m 的圆钢做成。

接地引下线应保证雷电流通过时不致熔断，可以用直径为 6mm 的圆钢或截面积不小于 35mm^2 的镀锌钢绞线，也可以用厚度不小于 4mm、宽度不小于 20mm 的扁钢做成，还可以利用钢筋混凝土杆内的钢筋或铁塔的本身作为引下线。

接地体为一金属电极，可用 3 根 2.5m 长的 40mm × 40mm × 4mm 的角钢打入地下再并联而成，其接地电阻不应大于规定的数值，引下线与接闪器及接地体之间、引下线和接地体本身的接头，都应可靠烧焊连接。

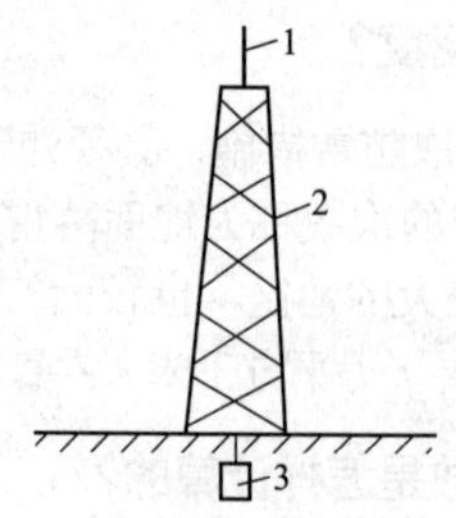

图 7-7 避雷针

1—接闪器；2—接地引下线；3—接地体

7.3.3 避雷线的结构是怎样的？

答 避雷线（如图 7-8 所示）由三部分组成：平行悬挂在空中的金属线（接闪器）、接地引下线、接地体，引下线上端与接闪器相连，而下端与接地体相连。

用于接闪器的金属线一般采用截面积不小于 35mm^2 的镀锌钢绞线。对引下线及接地体的基本要求与避雷针的相同。用来保护输电线路的避雷线，是悬挂在输电线路的上方，如果线路是用金属杆塔或钢筋混凝土杆架设，可用金属杆塔本身或钢筋混凝土杆内的钢筋作为接地引下线。

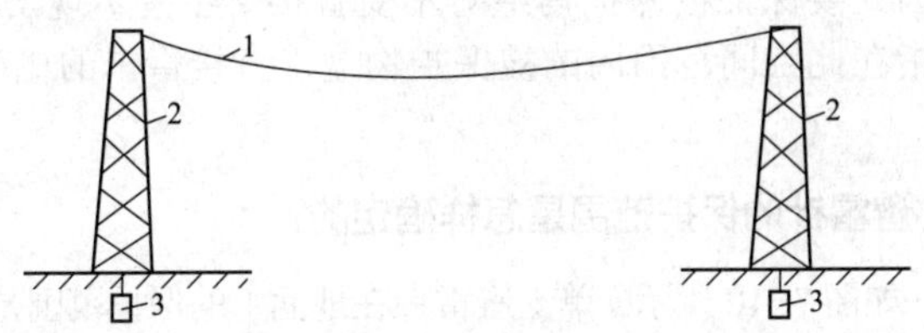

图 7-8 避雷线

1—接闪器；2—接地引下线；3—接地体

7.3.4 避雷针（线）的保护原理是怎样的？

答 （1）避雷针（线）高出被保护物，其作用是将雷电吸引到避雷针（线）本身上来，并安全地将雷电泄入大地，从而保护设备。其保护原理如图 7-9 所示。

（2）在雷电先导放电的初始阶段，因先导离地面较高，故先导发展的方向不受地面物体的影响，但当先导发展到离地面的某一高度（此高度通常称为雷电放电定位高度）时，开始受地面上物体的影响而决定其放电方向。

（3）由于避雷针（线）较高，而且具有良好的接地，因而避雷针（线）上容易因静电感应而积聚与先导极性相反的电荷，使先导通道与避雷针（线）间的电场强度显著增强。先导放电电场由于避雷针（线）的作用而发生歪曲，将先导放电的路径引向避雷针（线），并继续发展，直到对避雷针（线）发生主放电。这样，在避雷针（线）附近的物体遭到直接雷击的可能性就显著地降低，即受到了避雷针（线）的保护。

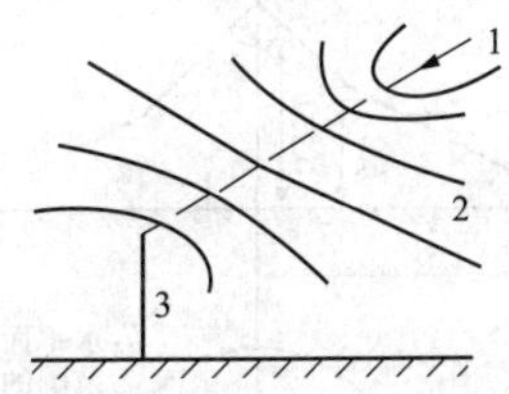

图 7-9 避雷针的保护原理

1—雷电先导通道；2—等位线；3—避雷针

7.3.5 在避雷针（线）的保护范围内被雷击的概率是多少？

答 避雷针（线）保护的空间是有一定范围的，避雷针（线）的保护范围可由模拟实验和运行经验来确定。由于雷电的路径受很多偶然因素的影响，因此要保证被保护物绝对不受直接雷击是不现实的。一般，保护范围是指在此空间范围内的被保护物遭受直接雷击的概率仅为0.1%左右。

7.3.6 单支避雷针的保护范围是怎样确定的？

答 （1）如图7-10所示，单支避雷针在地面上的保护范围是一个圆，其可按下式确定

$$r_x = 1.5h$$

式中：r_x 为保护范围的半径（m）；h 为避雷针的高度（m）。

（2）单支避雷针在空间的保护范围是一个锥形空间，这个锥形空间的确定方法是：从针的顶点向下作与针成45°的斜线，构成锥形保护空间的上部；从距针底沿地面1.5h 处向针0.75h 高处作连接线，与上述45°斜线相交，交点以下的斜线构成了锥形保护空间的下部。如果用公式来表达保护空间，则在高为 h_x（被保护物的高度）处避雷针的水平保护半径 r_x 可按下式确定

$$当\ h_x \geqslant \frac{h}{2}\ 时\ r_x = (h - h_x)\,p$$

$$当\ h_x < \frac{h}{2}\ 时\ r_x = (1.5h - 2h_x)\,p$$

式中：p 为考虑到针太高时保护半径不与针高成正比增大的系数。当 $h \leqslant 30$m 时，$p=1$；当 30m $< h \leqslant$ 120m 时，$p=\frac{5.5}{\sqrt{h}}$；当 h>120m 时，$p=\frac{5.5}{\sqrt{120}}$。

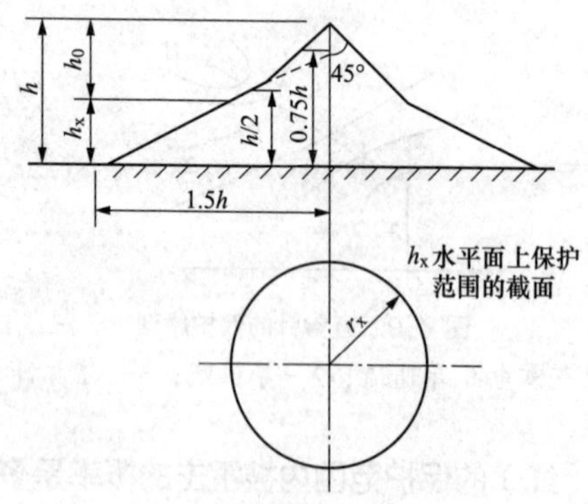

图7-10 单支避雷针的保护范围

7.3.7 双支等高避雷针的保护范围是怎样确定的?

答 (1)双支等高避雷针的保护范围可按图7-11所示方法确定。两针(针1、针2)外侧的保护范围可按单针计算方法确定，两针间的保护范围应按通过两针顶点及保护范围上部边缘最低点 O 的圆弧来确定，O 点的高度 h_0 按下式计算

$$h_0=h-\frac{D}{7p}$$

式中：D 为两针间的距离（m）；p 的含义与取值与7.3.6相同。

(2)两针间高度为 h_x 的水平面上的保护范围的截面如图7-11(b)所示。在 $O-O'$ 截面中高度为 h_x 的水平面上保护范围的一侧宽度 b_x 可按下式计算：$b_x=1.5(h_0-h_x)$。其保护范围如图7-11(c)所示。

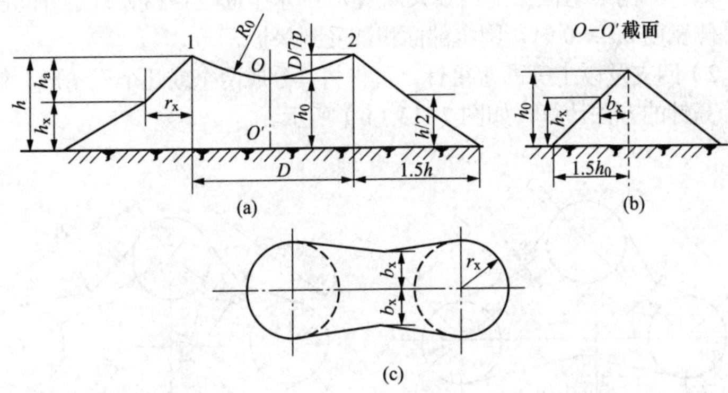

图7-11 高度为 h 的两等高避雷针的保护范围

(a)两支等高避雷针保护范围的主视图；(b) $O—O'$ 截面；(c)在被保护物高度为 h_x 处两支等高避雷针水平保护范围

7.3.8 两支不等高避雷针的保护范围是怎样确定的?

答 两支不等高避雷针的其保护范围可按图7-12所示方法确定。两针内侧的保护范围先按单针作出高针1的保护范围，然后经过较低针2的顶点作水平线与之交于点3，再设点3为一假想针的顶点，作出两高针2和3的保护范围，图中 $f=\frac{D'}{7p}$，两针外侧的保护范围仍按单针计算。

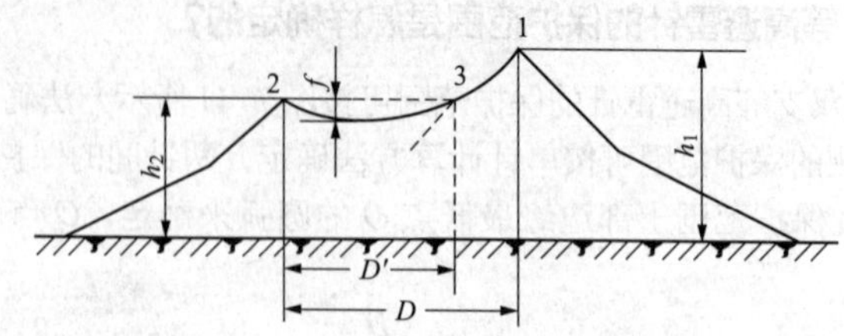

图 7-12　两支不等高避雷针的保护范围

7.3.9　多支等高避雷针的保护范围是怎样确定的？

答　（1）三支等高避雷针的保护范围如图 7-13（a）所示。三支等高避雷针所形成的三角形 1、2、3 的外侧保护范围分别按两支等高针的计算方法确定，如在三角形内被保护物最大高度 h_x 的水平面上各相邻避雷针间保护范围的外侧宽度 $b_x \geqslant 0$ 时，则全部面积即受到保护。

（2）四支及以上等高避雷针，可先将其分成两个或几个三角形，然后按三支等高针的方法计算，如图 7-13（b）所示。

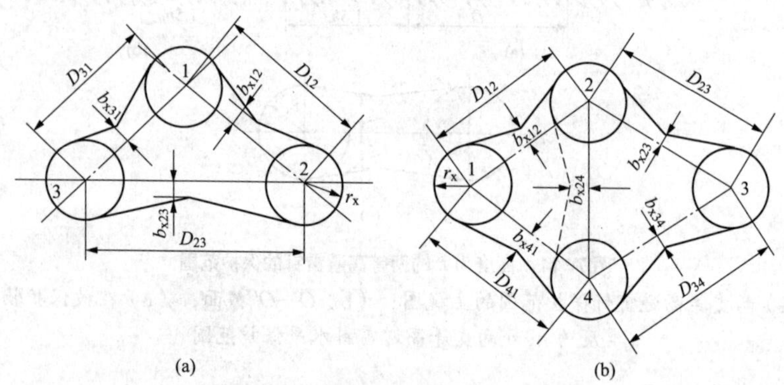

图 7-13　三支和四支等高避雷针的保护范围

（a）三支等高避雷针 1、2、3 在 h_x 水平面上的保护范围；（b）四支等高避雷针在 h_x 水平面上的保护范围

7.3.10　单根避雷线（又称架空地线）的保护范围是怎样计算的？

单根避雷线的保护范围如图 7-14 所示，避雷线有多长图 7-14 的形状就有多长，在输电线路悬挂高度 h_x 处，避雷线保护范围一侧的宽度 r_x 可按下式计算

$$当\ h_x \geqslant \frac{h}{2}\ 时\ r_x = 0.47(h - h_x)p$$

$$当\ h_x < \frac{h}{2}\ 时\ r_x = (h - 1.53h_x)p$$

式中：r_x 为保护范围一侧的宽度（m）；h 为避雷线的悬挂高度（m）；系数 p 与 7.3.6 相同。

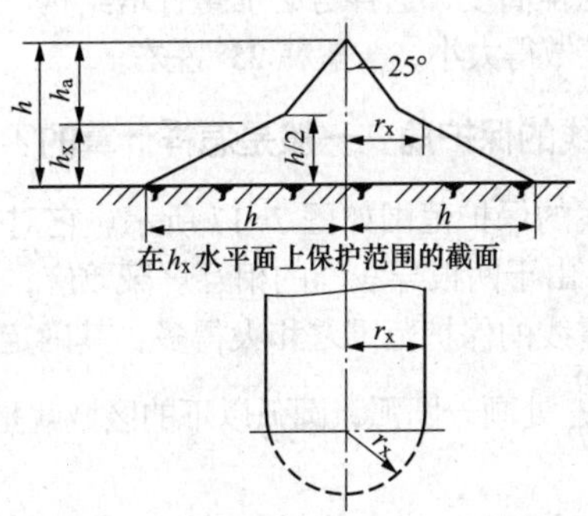

图 7-14 单根避雷针的保护范围

7.3.11 两根避雷线（又称架空地线）的保护范围是怎样计算的?

答 两根等高平行避雷线的保护范围如图 7-15 所示。两避雷线外侧的保护范围按单根避雷线的计算方法确定。两避雷线间各横截面的保护范围，由通过两避雷线顶点 1、2 及保护范围边缘最低点 O 的圆弧确定，O 点高度 h_0 的计算式为

$$h_0 = h - \frac{D}{4p}$$

式中：D 为两避雷线间的距离（m）；h 为避雷线的高度（m）。

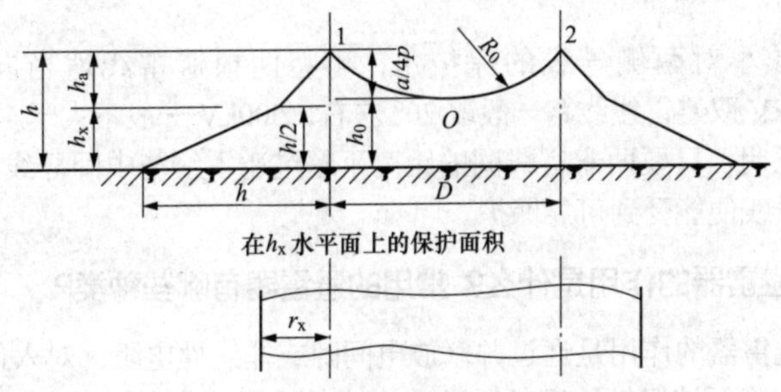

图 7-15 两平行避雷线之间的保护范围

7.3.12 单根避雷线的保护角 α 一般是多大？

答 用避雷线来保护线路时，目前都用保护角 α 来表征避雷线的屏蔽效果，它是杆塔上避雷线的铅垂线同杆塔避雷线和导线的连线间所组成的夹角，夹角以内的区域就是保护范围，如图 7-16 所示。

α 角愈小，避雷线就愈可靠地保护导线免受雷击。为了减小保护角，就必须提高避雷线的悬挂高度，这样势必加重杆塔结构，增加造价，所以单根避雷线的保护角不能做得太小，一般在 25° 左右。

7.3.13 两根避雷线的保护角 α 一般是怎样计算的？

答 两根避雷线的保护范围如图 7-17 所示。它对外侧导线的保护效果仍决定于保护角 α。由于两根导线间的相互屏蔽效应，它们中间部分的保护范围比两个单根避雷线的保护范围之和大得多，其确定方法为：通过避雷线两端及其中间深度 $\frac{D}{4P}$ 处画一圆弧，圆弧以下的区域就是保护范围。

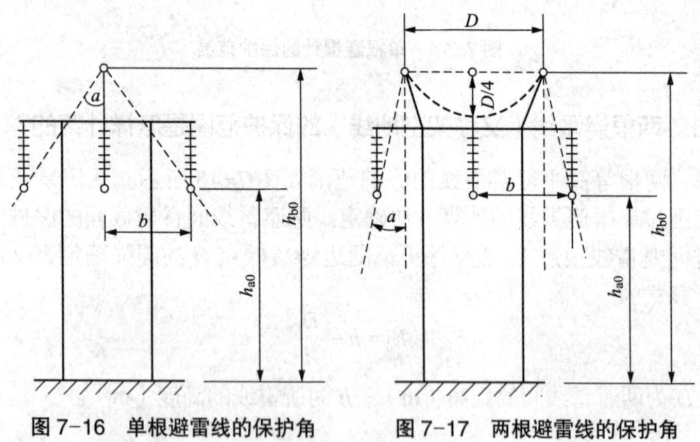

图 7-16 单根避雷线的保护角　　图 7-17 两根避雷线的保护角

为了减小对两侧导线的保护角，可将两根避雷线适当向处移动。220 ~ 330kV 双避雷线线路一般取 20° 左右，500kV 一般不大于 15°。

经验证明，只要两避雷线间的距离不超过避雷线与中间导线的高差的 5 倍，中间导线便能受到可靠保护。

7.3.14 避雷器的作用是什么？常用的避雷器有哪些种类？

答 避雷器的作用是通过并联放电间隙或非线性电阻，对入侵流动电波进行削幅，降低被保护的设备所承受的过电压值，避雷器既可用来防护大气过电压，也可用来防护操作过电。避雷器与被保护设备并接于线路上，是用来限制作用于设备上的过电压。

电力系统中常用避雷器有管型避雷器、阀型避雷器及氧化锌避雷器。

管型避雷器是保护间隙型的，大多用在供电线路上作避雷保护装置。

阀型避雷器由火花间隙及阀片电阻组成，大多用在供电设备上作避雷保护装置。

7.3.15 什么是间隙保护技术?

答 线路大体的两极由角形棒组成，一极固定在绝缘件上连接带电导线，而另一极接地，间隙击穿后电弧在角形棒间上升拉长，当电弧电流变小时可以自行熄弧，这就是间隙保护。间隙保护技术的缺点是当电弧电流大到几十安以上时就没法自行熄弧，雷电过电压时，单相、两相或三相间隙都可能击穿接地，造成接地故障、两相或三相间短路故障，以致线路电源断路器保护动作分闸。

7.3.16 什么叫弧隙介质强度恢复过程、电压恢复过程？它们与哪些因素有关?

答 （1）电弧电流过零时电弧熄灭，而弧隙的绝缘能力要恢复到绝缘的正常状态，尚需一段时间，此恢复过程称为介质强度恢复过程。

（2）电弧电压自然过零后，电路施加于弧隙的电压降从不大的电弧电压逐渐增长，一直恢复到电源电压，这一过程中称为电压恢复过程。

（3）介质强度与断路器灭弧装置的结构和灭弧介质性质所决定。恢复电压主要与系统电路的参数有关。

7.3.17 什么是避雷器的角型保护间隙？其保护原理是什么?

答 避雷器的角型保护间隙由两个电极组成。如图 7-18（a）所示是常用的角型保护间隙的结构图，该保护间隙由两个互相串联的间隙组成，一个是主间隙，还有一个辅助间隙，它的作用是防止主间隙被外界物体短路。

图 7-18（b）所示为常用的角型保护间隙与电气设备的并联接线。为使被保护设备得到可靠的保护，要求保护间隙的伏秒特性的上限低于被保护设备伏秒特性的下限，并有一定的裕度。当雷电波侵入时，间隙先击穿，将工作母线接地，雷电流引入大地，避免了被保护设备的电压升高，从而保护了设备。

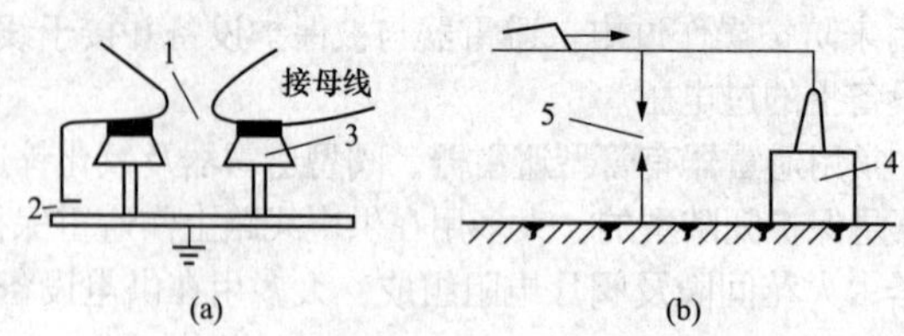

图 7-18　角型保护间隙结构及接线

（a）结构；（b）接线

1—主间隙；2—辅助间隙；3—绝缘子；4—被保护设备；5—保护间隙

7.3.18　避雷器角型保护间隙的主要缺点是什么？

答　（1）当雷电过电压消失后，间隙中仍有工频电压所产生的工频电弧电流（俗称续流），此电流的大小是安装处的短路电流，由于间隙熄弧能力差，往往不能自动熄弧，造成断路器跳闸，这是保护间隙的主要缺点。因此可将保护间隙配合自动重合闸使用。

（2）保护间隙与主间隙间的电场是不均匀电场。在这种电场中，当放电时间减小时，放电电压增加较快，即其伏秒特性较陡，且分散性也较大。如图 7-19 所示，曲线 2 是被保护设备的伏秒特性的下包线，曲线 1 是保护间隙的伏秒特性上包线，为了能使间隙对设备起到保护作用，要求曲线 1 低于曲线 2，且二者之间需有一定的距离。如果被保护设备的伏秒特性（曲线 3）较平坦，这时保护间隙的伏秒特性与其配合就比较困难，所以不采用保护间隙型避雷器保护具体的电气设备。

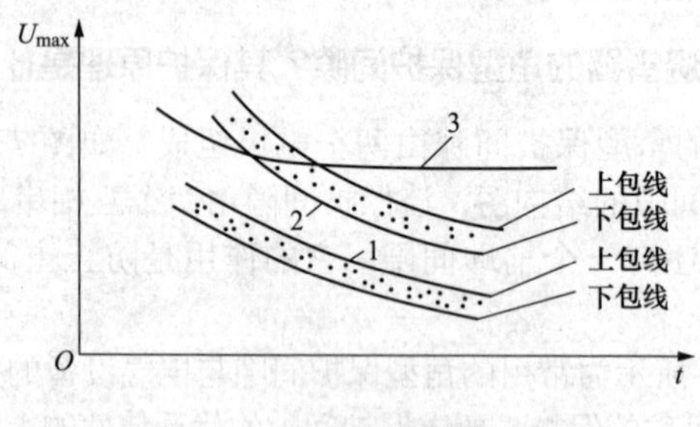

图 7-19　保护间隙的保护效果

1—保护间隙伏秒特性曲线的上包线；2—被保护设备的伏秒特性曲线的下包线；3—被保护设备比较平坦的伏秒特性曲线

7.3.19 管型避雷器的结构原理是什么？

答 管型避雷器实质上是具有较高熄弧能力的保护间隙，其原理结构如图7-20所示，它有两个串联的间隙，一个是装在产气管里面的内间隙 S_1，一个是在外部的空气间隙 S_2，S_2 的作用是隔离工作电压，避免产气管被流过管子的工频泄漏电流所烧坏。

内间隙由一个棒电极和环形电极组成。产气管由在电弧下能够产生气体的纤维、塑料或橡胶等材料制成，当雷击过电压来时，内外间隙同时被击穿，雷电流经管型避雷器内外间。过电压消失后，在工频电压作用下，间隙中还有工频续流流过，其值为管型避雷器安装处的短路电流，工频续流电弧的高温，将使管内产气材料分解出大量气体，使产气管内压力升高，由于管型避雷器的一端是封闭的，高压力的气体将由环形电极开口孔喷出，形成强烈的纵向吹弧，使工频续流在第一次过零时熄灭，使系统恢复正常状态。

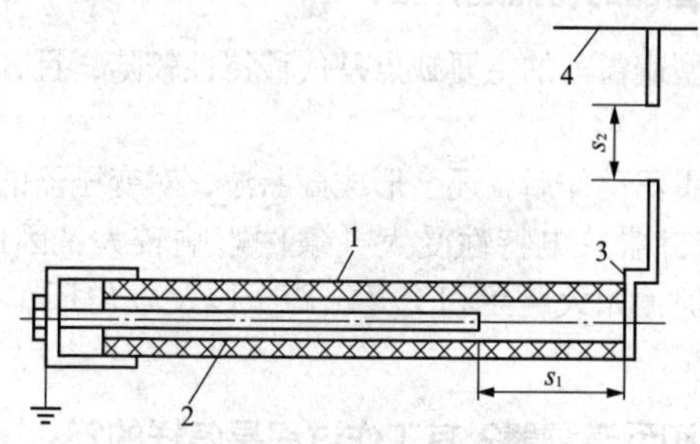

图7-20 管型避雷器结构

1—产气管；2—棒型电极；3—环型电极；4—工作母线；S_1—内间隙；S_2—外间隙

7.3.20 管型避雷器的熄弧能力与什么有关？

答 管型避雷器的熄弧能力与工频续流大小有关，续流过大时，产生气体过多，管内压力太高，可能造成产气管炸裂；续流太小时，产气量过少，管内压力太低，不足以吹灭电弧。因此管型避雷器熄弧能力要考虑熄灭工频续流的上限值和下限值的一个区域范围，通常在型号中表明，例如 G×S $\frac{35}{2\sim10}$，即表明该避雷器额定电压为35kV，可切断续流的上限为10kA，下限为2kA（有效值）。在选型使用时必须注意使管型避雷器熄弧电流的上限要大于避雷器安装点短路电流的最大值，其下限应小于避雷器安装点的短路电流的最小值。

管型避雷器的熄弧能力还与产气管的材料，内径和内间隙大小有关。

7.3.21 管型避雷器安装时应注意些什么？

答 （1）管型避雷器一般在闭合端固定，因此当管型避雷器灭弧时，从开口端所喷出的气体具有高电位。

（2）安装时应注意各相排出的气体不要发生相交或与电位不同的部位相碰，以免造成相间或对地短路。

（3）安装时，其开口端应向下倾斜，其与水平面交角要大于15° ~ 20°，以防管内积水。

（4）为了避免喷气时反作用力引起的振动使外部间隙发生变化，避雷器安装时要尽可能地牢固，接地引下线应尽可能短而直，以减少引下线的电感。

7.3.22 管型避雷器的特点是什么？

答 （1）管型避雷器的主要缺点是伏秒特性较陡，且分散性大，难于与被保护设备配合。

（2）管型避雷器动作后，还会形成截断波，对变压器的匝间绝缘不利。

（3）管型避雷器放电特性受大气条件影响较大，因此管型避雷器目前只用在线路保护（如大跨距和交叉挡距）以及发电厂、变电站的进线段保护。

7.3.23 什么是阀型避雷器？其工作过程是怎样的？

答 阀型避雷器是由空气间隙和一个非线性电阻串联并装在密封的绝缘子中构成的。

在正常电压下，非线性电阻阻值很大，而在过电压时，其阻值又很小，避雷器正是利用非线性电阻这一特性而防雷的。在雷电波侵入时，由于电压很高（即发生过电压），间隙被击穿，而非线性电阻阻值很小，雷电流便迅速进入大地，从而防止雷电波的侵入。当过电压消失之后，非线性电阻阻值很大，间隙又恢复为断路状态。随时准备阻止雷电波的入侵。

7.3.24 阀型避雷器的工作原理是怎样的？

答 阀型避雷器的基本工作原理如下：

（1）在电力系统正常工作时，间隙将电阻阀片与工作母线隔离，以免由母线的工作电压在电阻阀片中产生的电流使阀片烧坏。

（2）当系统中出现过电压且其幅值超过间隙放电电压时，间隙击穿，冲击电流经过阀片流入大地；由于阀片的非线性特性，故在阀片上产生的压降（称为残压）将得到限制，使其低于被保护设备的冲击耐压，这样被保护设备就得到了保护。

（3）过电压消失后，间隙中由工作电压产生的工频电弧电流（称为工频续流）仍将继续流过避雷器，此续流受阀片电阻的非线性特性所限制远小于冲击电流，使间隙能在工频续流第一次经过零值时就将电弧切断。以后，依靠间隙的绝缘强度能够耐受电网恢复电压的作用而不会发生重燃。这样，避雷器从间隙击穿到工频续流的切断不超过半个工频周期，继电保护来不及动作系统就已恢复正常。由此可知，被保护设备的冲击耐压值必须高于避雷器的冲击放电电压和残压，若避雷器此两参数能够降低，则设备的冲击耐压值也可相应下降。

7.3.25 常见阀型避雷器分为哪几种?

答 阀型避雷器分为普通阀型避雷器和磁吹型阀型避雷器两类。普通阀型避雷器有 FS 和 FZ 两种系列；磁吹阀型避雷器有 FCD 和 FCZ 两种系列。

7.3.26 普通 FS 系列阀型避雷器的结构特点是什么?

答 （1）FS 系列阀型避雷器可用来保护小容量的配电装置，常与配电变压器并联安装，它的额定电压为 2 ~ 10kV。

（2）图 7-21（a）所示为 FS 系列阀型避雷器的结构图，放电间隙 1 和阀片 2 同装在一个瓷套内，上部用螺旋形弹簧压紧，弹簧用铜片 7 短路以减少弹簧的感抗。瓷套是密封的，在瓷套外面设有安装用的铁夹和接线用的螺栓。

（3）FS 系列阀型避雷器的放电间隙由许多单个间隙串联而成，单个平板型放电间隙的结构如图 7-21（b）所示。电极用冲压的黄铜圆盘 1 做成，极间垫有环状的云母垫圈 2，云母垫圈的厚度仅为 0.5 ~ 1mm。电极间的距离很小，其间隙电场接近均匀电场。单个间隙的放电电压（有效值）在 2.7 ~ 2.9kV。

（4）阀片是由金刚砂（SiC）与结合剂（如水玻璃）烧结而成的圆饼，其非线性程度可用伏安特性方程表示为

$$u = ci^{a}$$

式中：c为材料常数，与阀片的材料与尺寸有关；a为阀片的非线性系数，其值小于 1，a 一般为 0.2 左右，a 愈小，表示非线性的程度愈大，$a = 1$ 时相当于线性电阻。

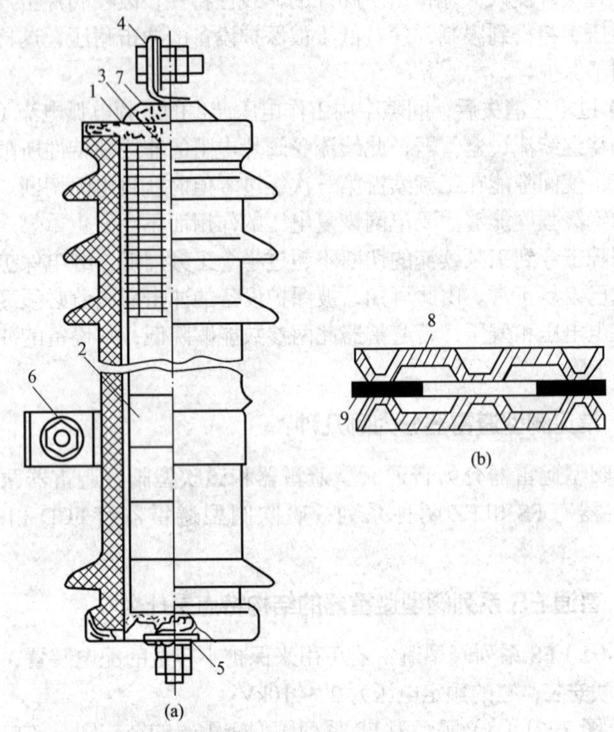

图 7-21 FS 系列阀型避雷器结构

（a）FS 系列阀型避雷器；（b）单个平板型放电间隙

1—间隙；2—阀片；3—弹簧；4—高压接线端子；5—接地端子；6—安装用铁夹；7—铜片；8—黄铜电极；9—云母垫圈

7.3.27 普通 FZ 系列阀型避雷器的结构特点是什么？

答 （1）FZ 系列避雷器用来保护中等及大容量变电站的电气设备，它的额定电压为 35 ~ 220kV。

（2）图 7-22（a）所示为 FZ 系列阀型避雷器基本元件的结构。避雷器是密封的，瓷套内主要装有放电间隙和阀片，放电间隙采用由单个放电间隙串联而成的标准放电间隙组，如图 7-22（b）所示。为了使各串联放电间隙的电压分布均匀，在每一间隙上都并联有分路电阻，如图 7-22（b）中的 8。

（3）由图 7-22（c）可知，在工频电压作用下，由于间隙电容 C 的容抗比分路电阻阻值大很多，所以间隙上的电压分布主要由分路电阻来决定，因分路电阻阻值相等，故间隙上的电压分布均匀，从而提高了熄弧电压和工频放电电压。在冲击电压作用下，由于冲击电压的等值频率很高，间隙电容的阻抗小于分路电阻，所以间隙上的电压分布主要取决于电容分布，分路电阻的存在并不影响避雷器的冲击放电电压。

7.3.28 磁吹型避雷器的种类有哪些？

答　磁吹型避雷器分为 FCD 系列和 FCZ 系列。FCD 系列用于保护旋转电机，它的额定电压为 2～15kV；FCZ 系列用来保护变电站的高压电气设备，其额定电压为 110 ～ 330kV。

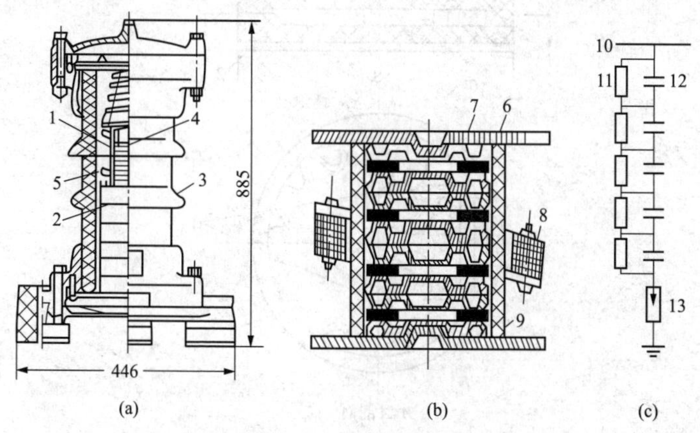

图 7-22　FZ 系列阀型避雷器结构及原理

（a）FZ 系列阀型避雷器；（b）标准放电间隙组；（c）并联电阻接线原理图

1—放电间隙组；2—阀片；3—瓷套；4—云母垫圈；5—并联电阻；6—单个放电间隙；7—黄铜盖板；8—半环形并联电阻；9—陶瓷管；10—线路；11—并联电阻；12—间隙；13—间隙型避雷器

7.3.29 磁吹型避雷器的间隙结构特点是什么？

答　（1）与普通型避雷器相仿，磁吹型避雷器中火花间隙是由许多单个间隙串联而成的，利用磁场使电弧产生运动（如旋转或拉长）来加强去游离以提高间隙的灭弧能力。

（2）磁吹间隙种类繁多，我国目前生产的主要是限流式间隙，又称拉长电弧型间隙，其单个间隙的基本结构如图 7-23 所示。间隙由一对角状电极组成，磁场是轴向的，工频续流被轴向磁场拉入灭弧栅中，如图 7-23 中虚线所示，其电弧的最终长度可达起始长度的数十倍。

（3）灭弧盒由陶瓷或云母玻璃制成，电弧在灭弧栅中受到强烈去游离而熄灭，由于电弧形成后很快就被拉到远离击穿点的位置，故间隙绝缘强度恢复很快，熄弧能力很强，可切断450A左右的续流。

（4）由于电弧被拉得很长且处于去游离很强的灭弧栅中，所以电弧电阻很大，可以起到限制续流的作用，因而称为限流间隙。这样，采用限流间隙后就可以适当减少阀片数目，使避雷器残压得到降低。

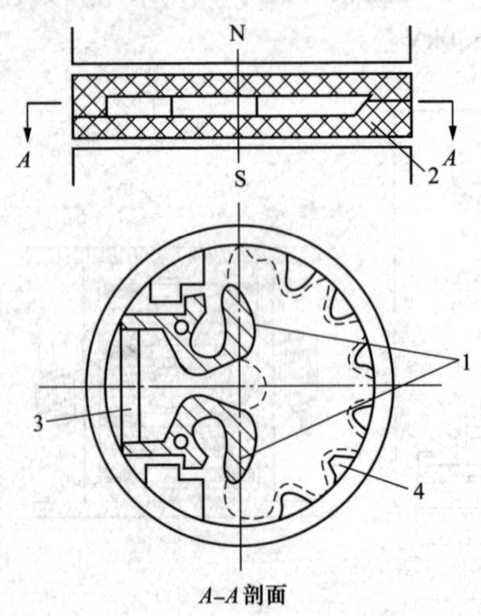

图 7-23　限流式磁吹间隙结构

1—角状电极；2—灭弧盒；3—并联电阻；4—灭弧栅

7.3.30　磁吹型避雷器结构原理是怎样的?

答　磁吹型避雷器磁场是由与间隙相串联的线圈所产生的，如图7-24所示。考虑到过电压作用下放电电流通过磁吹线圈时将在线圈上产生很大压降，使避雷器的保护性能变坏，因此在磁吹线圈两端装设一辅助间隙。在冲击过电压作用下，主间隙被击穿，放电电流经过磁吹线圈，线圈两端的压降将辅助间隙击穿，放电电流遂经过辅助间隙、主间隙和电阻阀片而流入大地，使避雷器的压降不致增大。当工频续流通过时，辅助间隙中电弧的压降将大于续流在线圈中产生的压降，故辅助间隙中电弧自动熄灭，工频续流也就很快转入磁吹线圈中，产生磁场吹弧作用。

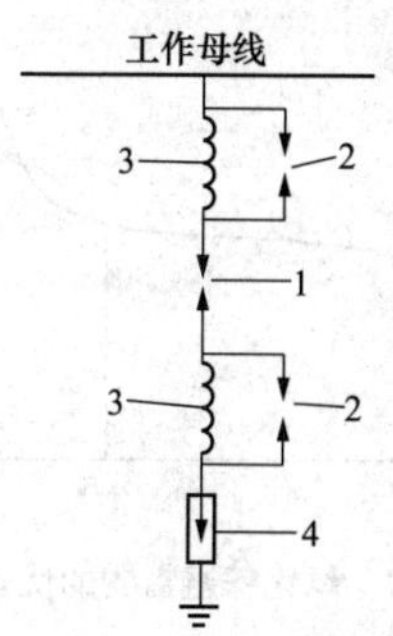

图 7-24 磁吹避雷器的结构

1—主间隙；2—辅助间隙；3—磁吹线圈；4—间隙型避雷器

7.3.31 氧化锌避雷器的特性是什么?

答 氧化锌避雷器，其阀片以氧化锌为主要材料，附以少量精选过的金属氧化物，经高温烧结而成。

氧化锌阀片具有很理想的非线性伏安特性，图 7-25 所示是碳化硅、氧化锌避雷器及理想避雷器的伏安特性曲线。图中假定氧化锌、碳化硅电阻阀片在 10kA 电流下的残压相同，但在额定电压（或灭弧电压）下氧化锌曲线对应的电流一般在 10^{-5}A 以下，可近似地认为其续流为零，而碳化硅曲线所对应的续流却是 100A 左右。也就是说在工作电压下，氧化锌阀片实际上相当一绝缘体。

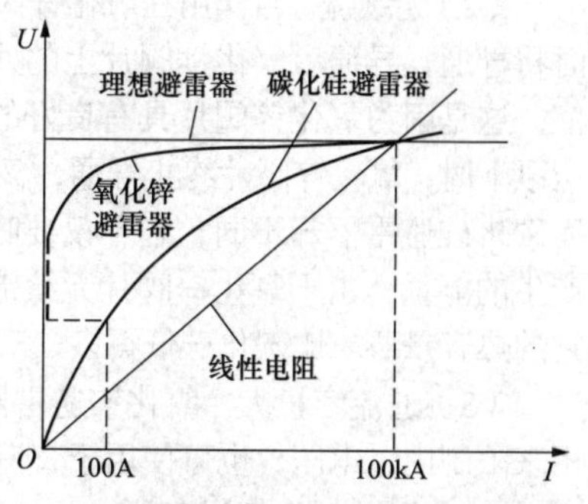

图 7-25 氧化锌、碳化硅和理想避雷器伏安特性比较

7.3.32 氧化锌避雷器的伏安特性曲线有什么特点?

答 图 7-26 所示为氧化锌避雷器的伏安特性，它可分为小电流区、非饱和区和饱和区。在 1mA 以下的区域为小电流区，非线性系数 a 较高，为 0.2 左右。电流在 1mA~3kA 范围内，通常为非线性区，其 a 值在 0.02 ~ 0.05 左右。电流大于 3kA，一般进入饱和区，这时电压增加，电流增长不快。

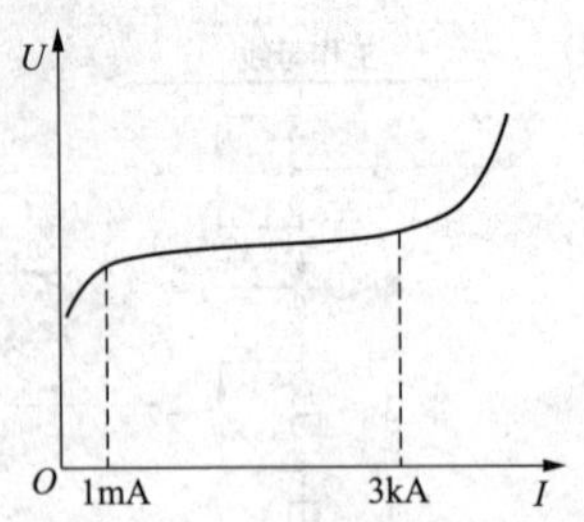

图 7-26　氧化锌避雷器的伏安特性

7.3.33　氧化锌避雷器与碳化硅避雷器相比主要优点有哪些？

答　与碳化硅避雷器相比，氧化锌避雷器除了有较理想的非线性伏安特性外，其主要优点是：

（1）无间隙。在工作电压作用下，氧化锌阀片相当一绝缘体，因而工作电压不会使阀片烧坏，所以可以不用串联间隙来隔离工作电压。

（2）无续流。当作用在氧化锌阀片上的电压超过某一值（起始动作电压）时将导通，导通后氧化锌阀片上的残压与流过它的电流大小基本无关为一定值，这是因为氧化锌阀片具有良好的非线性。当作用的电压降到起始动作电压以下时，氧化锌阀片终止导通，又相当于一绝缘体，因此不存在工频续流。而碳化硅避雷器却不同，它不仅要吸收过电压的能量，还要吸收工频续流所产生的能量，由于氧化锌阀片无续流，它只要吸收过电压能量即可，所以对它的热容量要求比碳化硅低得多。

（3）通流容量大。氧化锌避雷器通流容量大，耐操作波的能力强，故可用来限制内过电压，也可使用于直流输电系统。

（4）可降低电气设备所受到的过电压。虽然 10kA 雷电流下的残压值，氧化锌避雷器与普通阀型避雷器相同，但后者只有在串联间隙放电后才可将电流泄放，而前者在整个过电压过程中都有电流流过，因此降低了作用在电气设备上的过电压。

由于氧化锌避雷器无间隙、无续流、体积小、质量轻、结构简单、运行维护方便、使用寿命长等优点，所以已广泛使用，并逐步取代碳化硅避雷器。

7.3.34　电网产生内部过电压的原因是什么？

答　产生内部过电压的原因有：

（1）投切空载变压器或空载线路。

（2）小电流接地系统发生单相接地出现间隙电弧。

（3）铁磁谐波。

7.3.35 为正确选择重合器，必须考虑哪些因素？

答 必须考虑下述五点因素：

（1）系统电压重合器额定电压必须等于或大于系统电压。

（2）最大可能故障电流。

（3）最大负载电流。

（4）保护区最小故障电流。

（5）重合器与其他保护装置的配合。

7.3.36 防雷设备中接触电阻的大小受什么因素影响？

答 接触电阻的大小受触头材料的性质、表面加工状况、表面氧化程度、触头间的压力等因素的影响。当材料导电性能好、表面加工精度高、接触面积大且接触压强大时，接触电阻小；反之接触电阻大。

7.3.37 建筑物的防雷措施有哪些？

答 （1）对直接雷的防雷措施，建筑物的雷击部位与屋顶坡度有关。

1）平屋顶的建筑物，雷击部位为屋顶四周，特别是屋顶四个角的雷击率最高；

2）15°的坡屋面，雷击部位为两端山墙屋檐；

3）30°的坡屋面，雷击部位在屋脊和两端山墙，屋脊为最多；

4）45°的坡屋面，雷击部位基本不在屋脊，而是屋脊两端为最多。

（2）建筑物屋顶上的避雷针和避雷带、网的接地电阻一般要求小于10Ω。对土壤电阻率较高地区可小于30Ω。

（3）钢筋混凝土屋面可利用其钢筋作为防雷装置，但钢筋直径不得小于4mm。每座建筑物至少有两根接地引下线，引下线间距为30~40mm。引下线支持卡之间距离为1.5~2mm。

7.3.38 露天可燃气体储气柜的防雷措施有哪些？

答 （1）储气柜壁厚大于4mm时，一般不装设接闪器，但应接地，柜壁上接地点应不少于两处，其间距不宜大于30m，冲击接地电阻应不大于30Ω。

（2）对放散管和呼吸阀，宜在管口或其附近装设避雷针，高出管顶应不小于3m，管口上方1m应在保护范围内。

（3）活动的金属柜顶，用可挠的跨接线（25mm² 软铜线或钢绞线）与金属柜体相连，接地装置离开闸门室宜大于 5m。

7.3.39 露天油罐的防雷措施是什么？

答 （1）易燃液体，闪点低于或等于环境温度的可燃液体的开式储罐和建筑物，应设独立避雷针，保护范围按开敞面向外水平距离 20m，高 3m 进行计算。

（2）对露天的注送站，保护范围按送口以外 20m 以内的空间进行计算，独立避雷针距开敞面不小于 23m，冲击接地电阻不大于 10Ω。

（3）带有呼吸阀的易燃液体储罐，罐顶钢板厚度不小于 4mm，可在罐顶直接安装避雷针，但与呼吸阀的水平距离不得小于 3m，保护范围高出呼吸阀不得小于 2m，冲击接地电阻不大于 10Ω，罐上接地点应不少于两处，两接地点间不宜大于 24m。

（4）可燃液体储罐，壁厚不小于 4mm，可不装设避雷针，只要接地即可，但冲击接地电阻不宜大于 30Ω。浮顶油罐，球形液体气贮罐壁厚大于 4mm 时，只接地，但浮顶与罐体应用 25 mm^2 软铜线或钢绞线进行可靠接地。埋地式油罐，覆土在 0.5m 以上者可不考虑防雷设施，但如有呼吸阀引出地面，则在呼吸阀处需做局部防雷处理。

7.3.40 水塔的防雷措施是什么？

答 （1）可以利用水塔顶上周围铁栅栏作为接闪器，或装设环形避雷带保护水塔边缘，并在塔顶中心装一支 1.5m 高的避雷针。

（2）冲击接地电阻不大于 30Ω，引下线一般不少于两根，间距不大于 30m。

（3）若水塔周长和高度均不超过 40m，只可设一根引下线，可利用铁爬梯作引下线。

7.3.41 烟囱的防雷措施是什么？

答 砖砌烟囱和钢筋混凝土烟囱，用装设在烟囱上的避雷针或环形避雷带保护，多根避雷针应用避雷带连接成闭合环，冲击接地电阻为 20~30Ω。

7.3.42 人身的防雷措施是什么？

答 （1）为了防止雷电对人身的伤害，雷电时，应尽量少在户外或野外逗留。在户外或野外最好穿塑料等不浸水的雨衣。如有条件，可进入有宽大金属构架或有防雷设施的建筑物、汽车或船只。如依靠建筑物屏蔽的街道或高大树木屏蔽的街道躲避，要注意离开墙壁和树干 8m 以上。

（2）雷电时，应尽量离开小山、小丘或隆起的小道，应尽量离开海滨、湖滨、河边、池旁，尽量离开铁丝网、金属晒衣绳以及旗杆、烟囱、宝塔、孤独的树木，还应尽量离开没有防雷保护的小建筑物或其他设施。

（3）雷电时，在户内应注意雷电侵入波的危险，应离开照明线、动力线、电话线、广播线、收音机电源线、收音机和电视机天线，以及与其相连的各种设备，以防止这些线路或设备对人体二次放电。调查资料表明，户内70%以上的对人体二次放电事故发生在相距1m以内的场合，相距1.5m以上尚未发现死亡事故。由此可见，在雷电时，人体最好离开可能传来雷电侵入波的线路和设备1.5m以上。

（4）应当注意，仅仅拉开开关对以上雷击是起不了多大作用的。雷电时，还应注意关闭门窗，防止球形雷进入室内造成危害。

7.4 电能质量

7.4.1 什么是电能质量?

答　电能质量是指通过公用电网供给用户端的交流电能的品质。理想状态的公用电网应以恒定的频率、正弦波形和标准电压对用户供电，同时，在三相交流系统中，各相电压和电流的幅值应大小相等、相位对称且相差120。但由于系统中的发电机、变压器和线路等设备非线性或不对称，负荷性质多变，加之调控手段不完善及运行操作、外来干扰和各种故障等原因，这种理想的状态并不存在，因此产生了电网运行、电力设备和供用电环节中的问题，也就产生了电能质量的概念。

7.4.2 电能质量的含义包括哪些内容?

答　电能质量的含义，从一般的角度理解通常包括：电压质量、电流质量、供电质量、用电质量。

（1）电压质量。电压质量是以实际电压与理想电压的偏差，反映供电企业向用户供应的电能是否合格。这个定义能包括大多数电能质量问题，但不能包括频率造成的电能质量问题，也不包括用电设备对电网电能质量的影响和污染。

（2）电流质量。电流质量反映了与电压质量有密切关系的电流的变化，是电力用户除对交流电源有恒定频率、正弦波形的要求外，还要求电流波形与供电电压同相位以保证高功率因数运行。这个定义有助于电网电能质量的改善和降低线损，但不能概括大多数因电压原因造成的电能质量问题。

（3）供电质量。其技术含义是指电压质量和供电可靠性，非技术含义是指服务质量。供电质量包括供电企业对用户投诉的反应速度以及电价组成的合理性、透明度等。

（4）用电质量。用电质量包括电流质量与反映供用电双方相互影响中的用电方的权利、责任和义务，也包括电力用户是否按期、如数交纳电费等。

7.4.3　怎样理解和解释电能质量问题原因？

答　电能质量即电力系统中电能的质量。理想的电能应该是完美对称的正弦波，由于一些因素会使波形偏离对称正弦，由此便产生了电能质量问题。一方面我们研究存在哪些影响因素会导致电能质量问题；其次研究这些因素会导致哪些方面的问题发生；最后，要研究如何消除这些因素，从而最大程度上使电能接近正弦波。

7.4.4　电能质量的指标是什么？

答　从严格意义上讲，衡量电能质量的主要指标有电压、频率和波形。从普遍意义上讲，电能质量是指优质供电，包括电压质量、电流质量、供电质量和用电质量。电能质量可以定义为：导致用电设备故障或不能正常工作的电压、电流或频率的偏差。其内容包括频率偏差、电压偏差、电压波动与闪变、三相不平衡、暂时或瞬态过电压、波形畸变（谐波）、电压暂降、中断、暂升以及供电连续性等。

7.4.5　电压降落和电压损耗有什么区别？电压损耗用什么来表示？

答　电压降落是指电网中两点电压相量差。电压损耗是两点电压的大小差。电压损耗通常以额定电压的百分数表示。

7.4.6　影响与危害电能质量的因素主要包括哪些？

答　电能质量直接关系到电力系统的供电安全和供电质量，从技术上讲，影响电能质量的因素主要包括三个方面：

（1）自然现象的因素，如雷击、风暴、雨雪等对电能质量的影响，使电网发生事故，造成供电可靠性降低。

（2）电力设备及装置的自动保护及正常运行的因素，如大型电力设备的启动和停运、自动开关的跳闸及重合等对电能质量的影响，使额定电压暂时降低、产生波动与闪变等。

（3）电力用户的非线性负荷、冲击性负荷等大量投运的因素，如炼钢电弧炉、电气化机车运行等对电能质量的影响，使公用电网产生大量的谐波干扰、产生电压扰动、产生电压波动与闪变等。

7.4.7 什么是电网频率？标准频率偏差是多少？

答 电网频率就是电流在一秒时间内所做周期性变化的次数，它是衡量电能质量的重要指标。电网频率主要和电力系统中的有功负荷有关系，当发电设备的出力小于负荷时，系统频率就会下降，反之系统频率上升。我国规定电力系统的标称频率为 50Hz。

GB / T 15945—2008《电能质量 电力系统频率偏差》中规定：电力系统正常运行条件下频率偏差限值为 ±0.2Hz；当系统容量较小时，偏差限值可放宽到 ±0.5Hz（标准中没有说明系统容量大小的界限）。

《全国供用电规则》中规定，供电局供电频率的允许偏差：电网容量在 300 万 kW 及以上者为 ±0.2Hz；电网容量在 300 万 kW 以下者为 ±0.5Hz。实际运行中，从全国各大电力系统运行看都保持在 ±0.1Hz 范围内。

7.4.8 标准供电电压偏差值多少？

答 GB / T 12325—2008《电能质量 供电电压偏差》中规定：

（1）35kV 及以上供电电压正、负偏差的绝对值之和不超过标称电压的 10%。

（2）20kV 及以下三相供电电压偏差为标称电压的 ±7%。

（3）220V 单相供电电压偏差为标称电压的 +7%，−10%。

7.4.9 三相电压不平衡度偏差值是多少？

答 GB / T 15543—2008《电能质量 三相电压不平衡》中规定，电力系统公共连接点电压不平衡度限值为：

（1）电网正常运行时，负序电压不平衡度不超过 2%，短时不得超过 4%。

（2）低压系统零序电压限值暂不做规定，但各相电压必须满足 GB / T 12325—2008 的要求。

（3）接于公共连接点的每个用户引起该点负序电压不平衡度允许值一般为 1.3%，短时不超过 2.6%。

7.4.10 公用电网谐波畸变率是怎样规定的？

答 GB / T 14549—1993《电能质量 公用电网谐波》中规定，6 ~ 220kV 各级公用电网电压（相电压）总谐波畸变率是：

（1）0.38kV 为 5.0%。

（2）6 ~ 10kV 为 4.0%。

（3）35 ~ 66kV 为 3.0%。

（4）110kV 为 2.0%。

（5）对 220kV 电网及其供电的电力用户参照 GB / T 14549—1993 中的 110kV 执行。

7.4.11 什么是公用电网间谐波？其含有率是如何规定的？

答 间谐波就是指非整数倍基波频率的谐波，这类谐波可以是离散频谱的或是连续频谱的。

根据 GB / T 24337—2009《电能质量 公用电网间谐波》规定，间谐波电压含有率是：1000V 及以下，小于 100Hz 为 0.2%，100~800Hz 为 0.5%；1000V 以上，小于 100Hz 为 0.16%，100~800Hz 为 0.4%；800Hz 以上处于研究中。

单一用户间谐波含有率：1000V 及以下，小于 100Hz 为 0.16%，100~800Hz 为 0.4%；1000V 以上，小于 100Hz 为 0.13%，100~800Hz 为 0.32%。

7.4.12 用电设备产生谐波的类型主要有哪些？

答 在电网用电设备中产生谐波的类型主要有三类，包括：

（1）铁磁饱和型。主要指各种带铁芯的电力设备，如变压器、电抗器、互感器等。铁芯饱和时的特性呈非线性。

（2）电子开关型。主要指各种交直流换流设备，如整流器、逆变器、双向晶闸管及可控硅开关设备等。冶金、化工、电气化机车等企业，以及家用电器、节能灯具和电力系统直流输电等都是谐波源。

（3）电弧型。主要指各种炼钢炉、金属熔化设备、电焊机等。

7.4.13 什么是电网电压的波动和闪变？

答 （1）电压波动和闪变是指电压幅值在一定范围内有规则变动时，电压最大值与最小值之差相对额定电压的百分比，或电压幅值不超过 0.9~1.1（标幺值）的一系列随即变化。

（2）电压波动为一系列电压变动或连续的电压偏差，电压波动值为电压均方根值的两个极值。

（3）闪变是说明对不同频率电压波动引起灯闪的敏感度及引起闪变刺激性程度的电压波动值，是人眼对灯闪的一种主观感觉。

7.4.14 电压波动与闪变形成的原因有哪些？

答 （1）用电设备具有冲击负荷或波动的负荷，如电弧炉、炼钢炉、轧钢机、电焊机、轨道交通、电气化铁路，以及短路试验负荷等。

（2）系统发生短路故障，引起电网电压波动和闪变。

（3）系统设备自动投切时产生操作波的影响，如备用电源自动投切、自动重合闸动作等。

（4）系统遭受雷引起的电网电压波动等。

7.4.15 电压波动与闪变存在的影响有哪些？

答 （1）电压闪变主要是表征人眼对灯闪主观感觉的参数，它一般是由开关动作或与系统的短路容量相比出现足够大的负荷变动引起的。

（2）有些电压波动尽管在正常的电压变化限度以内，但可能产生10Hz左右照明闪烁，干扰计算机等电压敏感型电子设备和仪器的正常运行。

（3）电压波动和闪变大多产生于配电系统，并通过配电变压器传递到低压侧的用户电源端。

（4）电压波动与谐波的产生有类似的物理原因，如冲击性负荷的非线性特性、规则或不规则的分合闸操纵等，使非线性的交变负荷电流在与频率有依赖关系的电网阻抗上造成电网的电压波动。

7.4.16 电源质量对电气安全的影响，主要表现在哪些方面？

（1）供电中断引起设备损坏或人身伤亡。

（2）过分的电压偏移对电气设备的损害。

（3）波形畸变、三相电压不平衡等对电气设备的损害等。

7.4.17 电网供电负载曲线的分类有哪几种？

答 （1）按负载种类分有：有功负荷曲线和无功负荷曲线。

（2）按时间段分有：日负荷曲线和年负荷曲线。

（3）按计算地点分有：个别用户、电力线路、变电站、发电机及整个电力系统的负荷曲线。

7.4.18 线损管理有哪些主要控制措施？

答 线损管理的主要控制措施有：

（1）计量完善；

（2）控制误差；

（3）零点抄表；

（4）分级考核；

（5）损失分析；

（6）理论计算；

（7）用电普查；

（8）专业竞赛；

（9）奖金分配等。

第8章 电气试验及运行管理

8.1 电气试验分类

8.1.1 电气试验的分类有哪些?

答 （1）电气试验按产品的一般要求分为出厂试验、交接验收试验、大修试验、预防性试验。

（2）电气试验按产品的试验性质要求分为绝缘试验和特性试验。

8.1.2 什么是电气设备的出厂性试验?

答 （1）电气设备出厂试验是生产厂家根据国家有关标准和产品技术条件规定的试验项目，对每台场产品所进行的检查试验。

（2）试验目的在于检查产品设计、制造、工艺的质量，防止不合格产品出厂，大容量重要设备（如发电机、大型变压器）的出厂试验应在使用单位人员的监督下进行。

（3）每台电气设备制造厂家应出具齐全合格的出厂试验报告。

8.1.3 什么是电气设备的交接试验和大修试验?

答 交接验收试验、大修试验是指安装部门、检修部门对新投设备、大修设备按照有关标准及产品技术条件进行的试验。新设备在投入运行前的交接验收试验，用来检查产品有无缺陷，运输中有无损坏等。大修试验用来检查检修质量是否合格等。

8.1.4 什么是电气设备的预防性试验?

答 预防性试验是指设备投入运行后，按一定周期由运行部门、试验部门进行的试验，目的在于检查运行中的设备有无绝缘缺陷和其他缺陷。与出厂试验及交接验收试验相比，它主要侧重于绝缘试验，其试验项目较少。通过预防性试验，可掌握电气设备绝缘状况，及早发现其缺陷，进行相应维护与检修，以免运行中的电气设备绝缘在工作电压或过电压作用下击穿，造成事故。因此，绝缘预防性试验起着预防事故的作用。

8.1.5 绝缘预防性试验如何分类?

答　绝缘预防性试验一般分为两大类。一类为非破坏性试验，做此类试验时对电气设备所加的电压低于其正常工作时的电压，不会由于试验而损伤电气设备绝缘，如绝缘电阻吸收比试验、介质损耗因数 $\tan\delta$ 试验、泄漏电流试验等。另一类为破坏性试验，如交流耐压试验、直流耐压试验，做此类试验时用较高的试验电压来考虑设备的绝缘缺陷，因此，个别情况下可能对被试设备的绝缘造成一定损伤。

应当指出，破坏性试验必须在非破坏性试验合格之后进行，以避免对绝缘的无辜损伤甚至击穿。例如互感器受潮后，绝缘电阻、介质损耗因数 $\tan\delta$ 试验不合格，但经过烘干处理后绝缘仍可恢复。若未处理就进行交流耐压试验，则可能导致绝缘击穿，造成绝缘修复困难。

8.1.6 绝缘电阻测试的意义是什么?

答　（1）绝缘电阻的测试是电气设备绝缘测试中应用最广泛、试验最方便的项目。

（2）绝缘电阻值的大小，能有效地反映绝缘的整体受潮、污秽以及严重过热老化等缺陷。

（3）绝缘电阻的测试最常用的仪表是绝缘电阻表，通常有100、250、500、1000、2500、5000V等类型。试验时应按照DL / T 596—1996《电力设备预防性试验规程》的有关规定。

8.1.7 泄漏电流测试的意义是什么?

答　（1）泄漏电流的测试时，一般直流绝缘电阻表的电压在2.5kV以下，比某些电气设备的工作电压要低得多。

（2）如果认为绝缘电阻表的测量电压太低，还可以加直流高压来测量电气设备的泄漏电流。

（3）当设备存在某些缺陷时，高压下的泄漏电流要比低压下大得多，即高压下的绝缘电阻要比低压下小得多。

（4）测量设备的泄漏电流和绝缘电阻本质上没有多大区别，但是泄漏电流的测量有如下特点:

1）试验电压比绝缘电阻表高得多，绝缘本身的缺陷容易暴露，能发现一些尚未贯通的集中性缺陷；

2）通过测量泄漏电流和外加电压的关系有助于分析绝缘的缺陷类型；

3）泄漏电流测量用的微安表要比绝缘电阻表精度高。

8.1.8 直流耐压试验有什么特点?

答 （1）直流耐压试验电压较高，对发现绝缘某些局部缺陷具有特殊的作用，可与泄漏电流试验同时进行。

（2）直流耐压试验与交流耐压试验相比，具有试验设备轻便、对绝缘损伤小和易于发现设备的局部缺陷等优点。

（3）与交流耐压试验相比，直流耐压试验的主要缺点是由于交、直流下绝缘内部的电压分布不同，直流耐压试验对绝缘的考验不如交流更接近实际。

8.1.9 交流耐压试验的意义是什么?

答 （1）交流耐压试验对绝缘的考验非常严格，能有效地发现较危险的集中性缺陷。

（2）交流耐压试验是鉴定电气设备绝缘强度最直接的方法，对于判断电气设备能否投入运行具有决定性的意义，也是保证设备绝缘水平、避免发生绝缘事故的重要手段。

（3）交流耐压试验有时可能放大绝缘中的一些弱点。因此在试验前必须对试品先进行绝缘电阻、吸收比、泄漏电流和介质损耗等项目的试验，若试验结果合格方能进行交流耐压试验。否则，应及时处理，待各项指标合格后再进行交流耐压试验，以免造成不应有的绝缘损伤。

8.1.10 介质损耗因数 $\tan\delta$ 测试的意义是什么?

答 （1）介质损耗因数 $\tan\delta$ 是反映绝缘性能的基本指标之一。$\tan\delta$ 是反映绝缘损耗的特征参数，通过测试可以发现电气设备绝缘整体受潮、劣化变质以及小体积设备贯通和未贯通的局部缺陷。

（2）介质损耗因数 $\tan\delta$ 测试与绝缘电阻和泄漏电流的测试相比具有明显的优点，它与试验电压、试品尺寸等因素无关，更便于判断电气设备绝缘变化情况。

8.1.11 电气设备的绝缘缺陷有哪些?

答 电气设备的绝缘缺陷可分为两大类：一类为集中（局部）性缺陷，

如局部放电，局部受潮、老化、机械损伤等；另一类为分布（整体）性缺陷，如绝缘整体受潮、老化、变质等。

8.1.12 什么是电气设备的特性试验?

答 特性试验主要是对电气设备的电气或机械方面的某些特性进行试验，如断路器导电回路的接触电阻，互感器的变比、极性，断路器的分合闸时间、速度及同期性等。

8.1.13 二次线整体绝缘的摇测项目的哪些？应注意哪些事项?

答 （1）摇测项目有：

1）直流回路对地；

2）电压回路对地；

3）电流回路对地；

4）信号回路对地；

5）正极对跳闸回路；

6）各回路之间等，如需测的回路对地，应将它们用线连起来摇测。

（2）注意事项如下：

1）断开本路并直流电源；

2）断开与其他回路的连线；

3）拆开电流回路及电压回路的接地点；

4）摇测完毕应恢复原状。

8.1.14 影响绝缘电阻测量准确度的因素有哪些?

答 影响绝缘电阻测量准确度的因素主要有：

（1）温度：在测量时应准确地测量油温及外界温度以便于换算和分析。

（2）湿度：试验时如湿度较大应设屏蔽。

（3）瓷套管表面脏污也会影响测量值，测量前应擦净。

（4）操作方法：应正确地进行操作。

8.1.15 对电气设备进行交流耐压试验之前应进行哪些工作?

答 （1）利用其他绝缘试验综合分析判断该设备的绝缘是否良好。

（2）将套管表面擦净。

（3）打开各放气堵，将残留的气体放净。

（4）各处零部件应处于正常位置。

（5）检查被试设备外壳是否良好接地。

8.1.16 做交流耐压试验使用电压互感器测量高压时应注意哪些事项？

答 使用电压互感测量高压时应注意：

（1）电压互感器的额定电压应大于或等于试验电压。

（2）二次绕组一定要有一端接地。

（3）电压互感器二次绕组不能短路。

（4）准确等级满足试验设备要求。

8.1.17 使用绝缘电阻表要注意什么？

答 使用绝缘电阻表要注意以下几点：

（1）要根据被测绕组的额定电压，选择合适的电压等级。

（2）绝缘电阻表要放于水平位置，测量线应绝缘良好，接线正确。

（3）使用前先空载摇测，检测仪表及导线是否良好。

（4）被测量的设备须先与其他电源断开，注意防止人员触电。

（5）手摇速度开始时要慢，逐渐均匀加速至 120r / min。

8.1.18 什么是吸收比？如何测量吸收比？

答 对电容量比较大的电气设备，在用绝缘电阻表测其绝缘电阻时，绝缘电阻在两个时间下读数的比值称为吸收比。按规定吸收比是指 60s 与 15s 时绝缘电阻读数的比值，它用下式表示

$$K = R''_{60} / R''_{15}$$

测量吸收比可以判断电气设备的绝缘是否受潮。这是因为绝缘材料干燥时，泄漏电流成分很小，绝缘电阻由充电电流所决定。在摇到 15s 时，充电电流仍比较大，于是这时的绝缘电阻 R''_{15} 就比较小；摇到 60s 时，根据绝缘材料的吸收特性，这时的充电电流已经衰减，绝缘电阻 R''_{60} 就比较大，所以吸收比就比较大。而绝缘受潮时，泄漏电流分量就大大地增加，随时间变化的充电电流影响就比较小，这时泄漏电流和摇的时间关系不明显，这样 R''_{60} 和 R''_{15} 就很接近，换言之，吸收比就降低了。这样，通过所测得的吸收比的数值，可以初步判断电气设备的绝缘受潮。吸收比试验适用于电机和变压器等电容量较大的设备，其判据是，如绝缘没有受潮 $K \geqslant 1.3$。而对于容量很小的设备（如绝缘子），摇绝缘电阻只需几秒的时间，绝缘电阻的读数即稳定下来，不再上升，没有吸收现象。因此，对电容量很小的电气设备，就用不着做吸收比试验了。测量吸收比时，应注意记录时间的误差，应准确或自动记录 15s 和 60s 的时间。对大容量试品，国内外有关规程规定可用极化指数 $R_{10\min}$ / $R_{1\min}$ 来代替吸收比试验。

8.1.19 在合闸信号发出后，合闸铁芯没有动作，其原因可能有哪些？

答 （1）控制回路没有接通。

（2）辅助开关切换接触不良。

（3）合闸接触器失灵。

（4）控制回路熔断器熔断。

（5）合闸线圈断续。

（6）合闸铁芯卡阻。

8.1.20 交流耐压试验回路中的球间隙起什么作用？其放电电压如何整定？

答 当试验电压超过被试设备的试验电压时，球间隙放电，对被试设备起保护作用，其整定值一般取试验电压的 110% ~ 120%。整定值确定后，可查表确定球隙距离，并试验校正。

8.1.21 为什么交流耐压试验与直流耐压试验不能互相代替？

答 因为交流、直流电压在绝缘层中的分布不同。直流电压是按电导分布的，反映绝缘内个别部分可能发生过电压的情况。交流电压是按与绝缘电阻并存的分布电容成反比分布的，反映各处分布电容部分可能发生过电压的情况。另外，绝缘在直流电压作用下耐压强度比在交流电压下要高。所以，交流耐压试验与直流耐压试验不能互相代替。

8.1.22 直流泄漏试验和直流耐压试验相比，其作用有何不同？

答 直流泄漏试验和直流耐压试验方法虽然一致，但作用不同。直流泄漏试验是检查设备的绝缘状况，其试验电压较低；直流耐压试验是考核设备绝缘的耐电强度，其试验电压较高，它对于发现设备的局部缺陷具有特殊的意义。

8.1.23 什么是局部放电？局部放电试验的目的是什么？

答 （1）局部放电是指高压电器中的绝缘介质在高电场强度作用下，发生在电极之间的未贯穿的放电。

（2）局部放电试验的目的是发现设备结构和制造工艺的缺陷，例如绝缘内部局部电场强度过高，金属部件有尖角，绝缘混入杂质或局部带有缺陷，产品内部金属接地部件之间、导电体之间电气连接不良等，以便消除这些缺陷，防止局部放电对绝缘造成破坏。

8.1.24 测量直流高压有哪几种方法?

答 测量直流高压必须用不低于1.5级的表计、1.5级的分压器进行，常采用以下几种方法：

（1）分压器测量：包括高电阻和电容分压器两种。

（2）高压静电电压表测量。

（3）在试验变压器低压侧测量。

（4）用球隙测量。

（5）电压互感器测量法。

8.1.25 造成绝缘电击穿因素有哪些?

答 造成绝缘电击穿的因素有：

（1）电压的高低，电压越高越容易击穿。

（2）电压作用时间的长短，时间越长越容易击穿。

（3）电压作用的次数，次数越多电击穿越容易发生。

（4）绝缘体存在内部缺陷，绝缘体强度降低。

（5）绝缘体内部场强过高。

（6）与绝缘的温度有关。

8.1.26 影响介质绝缘强度的因素有哪些?

答 影响介质绝缘强度的因素主要有以下几个方面：

（1）电压的作用。除了与所加电压的高低有关外，还与电压的波形、极性、频率、作用时间、电压上升的速度和电极的形状等有关。

（2）温度的作用。过高的温度会使绝缘强度下降甚至发生热老化、热击穿。

（3）械力的作用。如机械负荷、电动力和机械振动使绝缘结构受到损坏，从而使绝缘强度下降。

（4）化学的作用。包括化学气体、液体的侵蚀作用会使绝缘受到损坏。

（5）大自然的作用。如日光、风、雨、露、雪、尘埃等的作用会使绝缘产生老化、受潮、闪络。

8.1.27 影响绝缘电阻测量的因素有哪些？各产生什么影响?

答 影响电阻测量的因素有：

（1）温度。温度升高，绝缘介质中的极化加剧，电导增加，绝缘电阻降低。

（2）湿度。湿度增大，绝缘表面易吸附潮气形成水膜，表面泄漏电流增大，影响测量准确性。

（3）放电时间。每次测量绝缘电阻后应充分放电，放电时间应大于充电时间，以免被试品中的残余电荷流经绝缘电阻表中流比计的电流线圈，影响测量的准确性。

8.1.28 为什么介质的绝缘电阻随温度升高而减小，金属材料的电阻却随温度升高而增大？

答 绝缘材料电阻系数很大，其导电性质是离子性的，而金属导体的导电性质是自由电子性的。

在离子性导电中，作为电流流动的电荷是附在分子上的，它不能脱离分子而移动。当绝缘材料中存在一部分从结晶晶体中分离出来的离子后，则材料具有一定的导电能力，当温度升高时，材料中原子、分子的活动增加，产生离子的数目也增加，因而导电能力增加，绝缘电阻减小。

而金属所具有的自由电子数目是固定不变的，而且不受温度影响。当温度升高时，材料中原子、分子的运动增加，自由电子移动时与分子碰撞的可能性增加，因此，所受的阻力增大，即金属导体随温度升高电阻也增大了。

8.1.29 进行工频电压试验时，对加压时间有哪些具体规定？

答 对工频耐压的加压时间有如下规定：

（1）高压电器、电流互感器、套管和绝缘子的绝缘结构，如果主要是由瓷质和液体材料组成的，加压时间为1min。

（2）被试品主要是由有机固体材料组成的，加压时间为5min。

（3）由多种材料组成的电器（如断路器），如在总装前已对其固体部件进行了5min耐压试验，可只对其总装部件进行1min耐压试验。

（4）当电气产品需进行分级耐压试验时，应在每级试验电压耐受规定时间（一般为1min或5min）后将电压降回零，间隔1min以后，再进行下一级耐压试验。

（5）对电气产品进行干燥和淋雨状态下的外绝缘试验时，电压升到规定值后，即将电压降回零，不需要保持一定的时间。

8.1.30 进行短路试验应注意的事项是哪些？

答 进行短路试验应注意：

（1）试验时，被试绕组应在额定分接上。

（2）三绕组变压器，应每次试验一对绕组，试三次，非被试绕组应开路。

（3）连接短路用的导线必须有足够的截面（一般电流密度可取2.5A/mm^2），并尽可能短，连接处接触必须良好。

（4）合理选择电源容量、设备容量及表计。一般互感器应不低于 0.2 级，表计应不低于 0.5 级。

（5）试验前应反复检查试验接线是否正确、牢固，安全距离是否足够，被试设备的外壳及二次回路是否已牢固接地。

8.1.31 交流电压作用下的电介质损耗主要包括哪几部分？怎么引起的？

答 交流电压作用下的电介质损耗一般由下列三部分组成：

（1）电导损耗。它是由泄漏电流流过介质而引起的。

（2）极化损耗。因介质中偶极分子反复排列相互克服摩擦力造成的，在夹层介质中，边界上的电荷周期性的变化造成的损耗也是极化损耗。

（3）游离损耗。它是由气隙中的电晕损耗和液、固体中局部放电引起的损耗。

8.1.32 测量工频交流耐压试验电压有哪几种方法？

答 测量工频交流耐压试验电压有如下几种方法：

（1）在试验变压器低压侧测量。对于一般瓷质绝缘、断路器、绝缘工具等，可测取试验变压器低压侧的电压，再通过电压比换算至高压侧电压。它只适用于负荷容量比电源容量小得多、测量准确要求不高的情况。

（2）用电压互感器测量。将电压互感器的一次侧并接在被试品的两端头上，在其二次侧测量电压，根据测得的电压和电压互感器的变压比计算出高压侧的电压。

（3）用高压静电电压表测量。用高压静电电压表直接测量工频高压的有效值，这种形式的表计多用于室内的测量。

（4）用铜球间隙测量。球间隙是测量工频高压的基本设备，其测量误差在 3% 的范围内。球隙测的是交流电压的峰值，如果所测电压为正弦波，则峰值除以 $\sqrt{2}$ 即为有效值。

（5）用电容分压器或阻容分压器测量。由高压臂电容器 C1 与低压臂电容器 C2 串联组成的分压器，用电压表测量 C2 上的电压 U_2，然后按分压比算出高压 U_1。

8.1.33 用绝缘电阻表测量电气设备的绝缘电阻时应注意些什么？

答 应注意以下方面：

（1）根据被测试设备不同的电压等级，正确选用相应电压等级的绝缘电阻表。

（2）使用时应将绝缘电阻表水平放置。

（3）测量大容量电气设备绝缘电阻时，测量前被试品应充分放电，以免残余电荷影响测量的准确性。

（4）绝缘电阻表达到额定转速再搭上相线，同时记录时间。

（5）指针平稳或达到规定时间后再读取测量数值。

（6）先断开相线，再停止摇动绝缘电阻表手柄转动或关断绝缘电阻表电源。

（7）对被试品充分放电。

8.1.34　在预防性试验时，为什么要记录测试时的大气条件？

答　预防性试验的许多测试项目与温度、湿度、气压等大气条件有关。绝缘电阻随温度上升而减小，泄漏电流随温度上升而增大，介质损耗随温度增加而增大。湿度增大会使绝缘表面泄漏电流增大，影响测试数据的准确性。所以测试时应记录大气条件，以便核算到相同温度，在相同条件下对测试结果进行综合分析。

8.1.35　直流泄漏试验可以发现哪些缺陷？试验中应注意什么？

答　做直流泄漏试验易发现贯穿性受潮、脏污及导电通道一类的绝缘缺陷。

做泄漏试验时应注意：

（1）试验必须在履行安全工作规程所要求的一切手续后进行。

（2）试验前先进行试验设备的空升试验，测出试具及引线的泄漏电流，并记录下来。确定设备无问题后，将被试品接入试验回路进行试验。

（3）试验时电压逐段上升，并读取相应的泄漏电流值，每升压一次，待微安表指示稳定后（即加上电压 1min）读取相应的泄漏电流，画出伏安特性曲线。

（4）试验前应检查接线、仪表量程、调压器零位，试验后先将调压器退回零位，再切断电源，将被试品接地放电。

（5）记录试验温度，并将泄漏电流换算到同一温度下进行比较。

8.1.36　电气设备放电有哪几种形式？

答　放电的形式按是否贯通两极间的全部绝缘，可以分为：

（1）局部放电。即绝缘介质中局部范围的电气放电，包括发生在固体绝缘空穴中、液体绝缘气泡中、不同介质特性的绝缘层间以及金属表面的棱边、尖端上的放电等。

（2）击穿。击穿包括火花放电和电弧放电。根据击穿放电的成因还有电击穿、热击穿、化学击穿。根据放电的其他特征有辉光放电、沿面放电、爬电、闪络等。

8.1.37 如何用电流表、电压表测量接地电阻？

答 接地电阻测量原理接线图如图 8-1 所示。接通电源后，首先将开关 S 闭合，用电流表测出线路电流 I，用高内阻电压表测出接地极 E 与电位探测极 T 之间的电阻 R_x 上的电压 U，则接地电阻$R_x=\dfrac{U}{I}$。测量接地电阻时要注意安全，必要时戴绝缘手套。

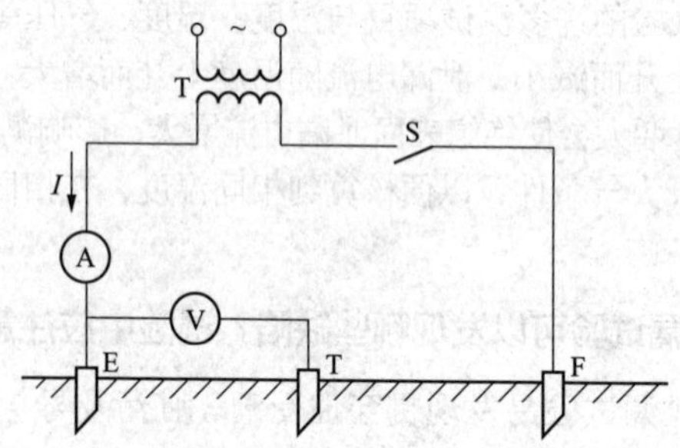

图 8-1 接地电阻测量原理接线图

8.1.38 QS1 型西林电桥的工作原理图中为什么 $\tan\delta = C_4$？

答 QS1 型西林电桥的工作原理如图 8-2 所示。当电桥平衡时，检流计 P 内无电流通过，说明 A、B 两点间无电位差，因此，电压 $\dot{U}_{CA}$ 与 $\dot{U}_{CB}$ 以及 $\dot{U}_{AD}$ 与 $\dot{U}_{BD}$ 必然大小相等、相位相同。在桥臂 CA 和 AD 中流过相同的电流 $\dot{I}_X$，在桥臂 CB 和 BD 中流过相同的电流 $\dot{I}_N$ 。各桥臂电压之比应等于相应桥臂阻抗之比相等。此时有

$$\frac{\dot{U}_{CA}}{\dot{U}_{AD}}=\frac{\dot{U}_{CB}}{\dot{U}_{BD}}$$

$$\frac{Z_X}{Z_3}=\frac{Z_N}{Z_4}$$

又由图可见

$$Z_X=R_X+\frac{1}{j\omega C_X}$$

$$Z_N = \frac{1}{j\omega C_N}$$

$$Z_3 = R_3$$

$$Z_4 = \frac{1}{1/R_4 + j\omega C_4}$$

将各式代入阻抗之比等式中，并使等式两边实部、虚部分别相等，得到

$$C_X = \frac{R_4}{R_3}C_N$$

$$\tan\delta = \omega C_4 R_4$$

在工频 50Hz 时，$\omega = 2\pi f = 100\pi$，如取 $R_4 = \frac{10000}{\pi}$，则 $\tan\delta = C_4$（C_4 以 μF 计）。此时电桥 C_4 的微法数经刻度转换就是被试品的 $\tan\delta$ 值，也就可以直接从电桥面板上读得 C_4 的数值。

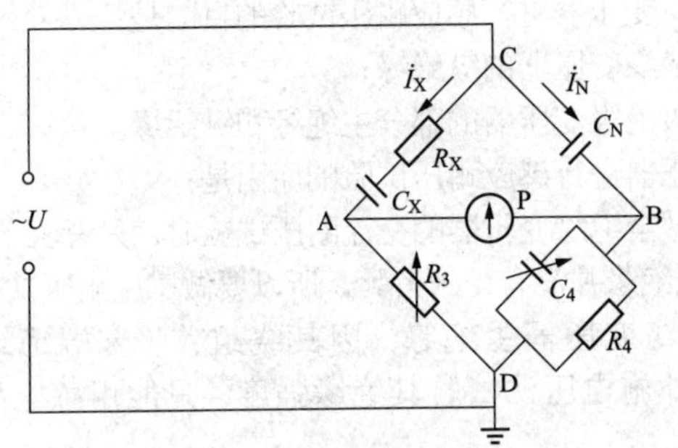

图 8-2　QS1 型西林电桥的工作原理

8.1.39　用 QS1 型西林电桥测 tanδ 时的操作要点有哪些?

答　用 QS1 型西林电桥测 $\tan\delta$ 的操作要点如下：

（1）接线经检查无误后，将各旋钮置于零位，确定分流器挡位。

（2）接通光源，加试验电压，并将“+ $\tan\delta$”转至“接通 I”位置。

（3）增加检流计灵敏度，旋转调谐钮，找到谐振点，再调 R_3、C_4 使光带缩小。

（4）提高灵敏度，再按顺序反复调节 R_3、C_4 及 ρ，使灵敏度达最大时光带最小，直至电桥平衡。

（5）读取电桥测量读数，将检流计灵敏度降至零位，降下试验电压，切断电源，将高压接地放电。

8.1.40 测量介质损耗因数有何意义？

答 测量介质损耗因数是绝缘试验的主要项目之一。它在发现绝缘整体受潮、劣化变质以及小体积被试设备的某些局部缺陷方面比较灵敏有效。在交流电压的作用下，通过绝缘介质的电流包括有功分量和无功分量，有功分量产生介质损耗，介质损耗在电压频率一定的情况下，与 $\tan\delta$ 成正比。对于良好的绝缘介质，通过电流的有功分量很小，介质损耗也很小，$\tan\delta$ 很小，反之则增大。因此通过介质损耗因数的测量就可以判断绝缘介质的状态。

8.2 变压器电气设备试验

8.2.1 对变压器进行感应耐压试验的目的和原因是什么？

答 （1）对变压器进行感应耐压试验的目的是：

1）试验全绝缘变压器的纵绝缘；

2）试验分级绝缘变压器的部分主绝缘和纵绝缘。

（2）对变压器进行感应耐压试验的原因是：

1）由于在做全绝缘变压器的交流耐压试验时，只考验了变压器主绝缘的电气强度，而纵绝缘并没有受到考验，所以要做感应耐压试验；

2）对半绝缘变压器主绝缘，因其绕组首、末端绝缘水平不同，不能采用一般的外施电压法试验其绝缘强度，只能用感应耐压法进行耐压试验；

3）为了同时满足对主绝缘和纵绝缘试验的要求，通常借助于辅助变压器或非被试相绕组支撑被试绕组把中性点的电位抬高，从而达到目的。

8.2.2 变压器试验项目分为哪两类？各包括哪些内容？

答 变压器试验项目大致为绝缘试验及特性试验两类。

（1）绝缘试验的内容有：

1）绝缘电阻和吸收比试验；

2）测量介质损耗因数试验；

3）泄漏电流试验；

4）变压器油试验及工频耐压和感应耐压试验；

5）对 U_m 不小于 220kV 变压器还做局部放电试验；

6）U_m 不小于 300kV 在线端应做全波及操作波冲击试验。

（2）特性试验有：

1）变比试验；

2）接线组别试验；

3）直流电阻试验；

4）空载试验；

5）短路试验；

6）温升试验；

7）突然短路试验。

8.2.3　变压器进行工频耐压试验前应具备哪些条件?

答　（1）变压器内应有足够的油面，注油后按电压等级要求静放足够的时间（例如110kV等级变压器应停放36h）。

（2）套管及其他应放气的地方都放气完毕。

（3）绝缘特性试验全部合格。

（4）所有不试验的绕组均应短路接地。

8.2.4　按变压器使用中的各阶段试验性质不同，变压器可分为哪几种试验?

答　根据试验性质不同，变压器试验可分为以下4种：

（1）出厂试验。出厂试验是比较全面的试验，主要是确定变压器电气性能及技术参数。电气性能有绝缘、介质绝缘、介质损耗因数、泄漏电流、直流电阻、油耐压、工频用感应耐压试验等。如U_m不小于300kV，在线端应做全波及操作波的冲击试验。技术参数有空载损耗、短路损耗及变比组别等试验，由此确定变压器能否出厂。

（2）预防性试验。对运行中的变压器周期性地进行试验。主要试验项目有：绝缘电阻、介质损耗因数、直流电阻及油的试验。

（3）检修试验。试验项目视具体情况确定。

（4）安装试验。变压器安装前、后要进行试验。试验项目有绝缘电阻、介质损耗因数、泄漏电流、变比、接线组别、油耐压及直流电阻等。对大、中型变压器还必须进行吊芯检查。在吊芯过程中，必须对夹件螺钉、夹件及铁芯进行试验。最后做工频耐压试验。

8.2.5　电力变压器做负载试验时，为什么多数从高压侧加电压?

答　负载试验是测量额定电流下的负载损耗和阻抗电压，试验时，低压侧短路，高压侧加电压，试验电流为高压侧额定电流，试验电流较小，现场容易做到，故负载试验一般都从高压侧加电压。

8.2.6 电力变压器做而空载试验时，为什么多数从低压侧加电压？

答 空载试验是测量额定电压下的空载损耗和空载电流，试验时，高压侧开路，低压侧加压，试验电压是低压侧的额定电压，试验电压低，试验电流为额定电流百分之几或千分之几时，现场容易进行测量，故空载试验一般都从低压侧加电压。

8.2.7 如何鉴定绕组绝缘的老化程度？如何处理？

答 鉴定绕组绝缘的老化程度一般为 4 级：

（1）1 级：弹性良好，色泽新鲜。

（2）2 级：绝缘稍硬，色泽较暗，手按无变形。

（3）3 级：绝缘变脆、色泽较暗，手按出现轻微裂纹，变形不太大。绕组可以继续使用，但应酌情安排更换绕组。

（4）4 级：绝缘变脆，手按即脱落或断裂。达到 4 级老化的绕组不能继续使用。

8.2.8 用电桥法测量变压器直流电阻时，应注意哪些事项？

答 用电桥法测定变压器直流电阻时，应注意以下事项：

（1）由于变压器电感较大，必须等电流稳定后，方可合上检流开关。

（2）读数后拉开电源开关前，先断开检流计。

（3）测量 220kV 及以上变压器时，在切断电源前，不但要先断开检流计开关，而且还要断开被试品进入电桥的测量电压线，以防止由于拉闸瞬间反电动势将桥臂电阻间的绝缘和桥臂电阻对地等部位击穿。

（4）被测绕组外的其他绕组出线端不得短路。

（5）电流线截面要足够大。

8.2.9 有哪些措施可以提高绕组对冲击电压的耐受能力？

答 （1）加静电环。即向对地电容提供电荷以改善冲击波作用于绕组时的起始电压分布。

（2）增大纵向电容。可采用纠结式绕组、同屏蔽式绕组及分区补偿绕组（递减纵向电容补偿）等。

（3）加强端部线匝的绝缘。

8.2.10 并列配电变压器送电之前如何在现场定相？

答 拟定并列运行的变压器，在正式并列送电之前，必须做定相试验。定相方法是将两台并列条件的变压器，一次侧都接在同一电源上，在低压侧测量二次相位是否相同。定相的步骤是：分别测量两台变压器的电压是否相同；测量同名端子间的电压差。当各同名端子上的电压差全近似于零时，就可以并列运行。

8.2.11 变压器在进行感应高压试验时，为什么要提高试验电压的频率？

答 变压器在进行感应高压试验时，要求试验电压不低于两倍额定电压。若提高所施加的电压而不提高试验频率，则铁芯中的磁通必将过饱和，这是不允许的。由于感应电动势与频率成正比，所以提高频率就可以提高感应电动势，从而在主、纵绝缘上获得所需要的试验电压。

8.2.12 对变压器进行工频耐压试验时，其内部发生放电有什么现象？

答 内部发生放电的现象有：

（1）电流表指示突然上升。

（2）电压升不上去或突然下降。

（3）试验时内部有放电声或冒烟等。

8.2.13 变压器负载损耗试验为什么最好在额定电流下进行？

答 变压器负载损耗试验的目的主要是测量变压器负载损耗和阻抗电压，变压器负载损耗的大小和流过绕组的电流的二次方成正比，如果流过绕组的电流不是额定电流，那么测得的损耗将会有较大误差。因此，最好在额定电流下进行。

8.2.14 怎样用双电压表法测量单相变压器的变压比？

答 用双电压表法测量单相变压器变压比原理接线如图8-3所示。将一、二次各接一块0.2级或0.5级电压表，测得结果按公式 $K=\dfrac{U_1}{U_2}$ 计算，即得变压比。试验电压通常可在1%～25%的绕组额定电压范围内选择，并尽量使两个电压表指针偏转均能在一半刻度以上，以提高准确度。

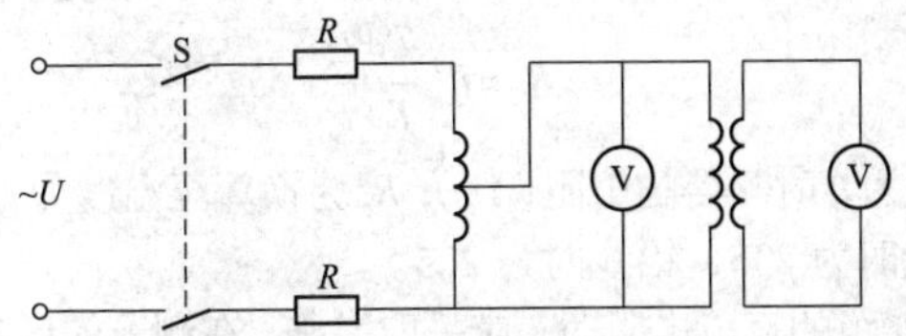

图8-3 双电压表法测量单相变压器变压比原理图

8.2.15 变压器空载试验电源的容量一般是怎样考虑的？

答 为了保证电源波形失真度不超过 5%，试品的空载容量应在电源容量的 50% 以下；采用调压器加压试验时，空载容量应小于调压器容量的 50%；采用发电机组试验时，空载容量应小于发电机容量的 25%。

8.2.16 用双电压表法测量变压器绕组连接组别应注意什么？

答 用双电压表法测量变压器绕组连接组别应注意以下两点：

（1）三相试验电压应基本上是平衡的（不平衡度不应超过 2%），否则测量误差过大，甚至造成无法判断绕组连接组别。

（2）试验中所采用电压表要有足够的准确度，一般不应低于 0.5 级。

8.2.17 通过负载特性试验可发现变压器的哪些缺陷？

答 通过负载试验可以发现变压器的以下缺陷：

（1）变压器各金属结构件（如电容环、压板、夹件等）或油箱箱壁中，由于漏磁通所致的附加损耗过大。

（2）油箱盖或套管法兰等的涡流损耗过大。

（3）其他附加损耗的增加。

（4）绕组的并绕导线有短路或错位。

8.2.18 测量变压器直流电阻时应注意什么？

答 测量变压器直流电阻时应注意以下事项：

（1）测量仪表的准确度应不低于 0.5 级。

（2）连接导线应有足够的截面，且接触必须良好。

（3）准确测量绕组的温度或变压器顶层油温度。

（4）无法测定绕组或油温度时，测量结果只能按三相是否平衡进行比较判断，绝对值只作参考。

（5）为了与出厂及历次测量的数值比较，应将不同温度下测量的直流电阻，按下列公式将电阻值换算到同一温度（75℃），以便于比较

$$R_x = R_a \frac{T+t_x}{T+t_a}$$

式中：R_a 为温度为 t_a 时测得的电阻（Ω）；R_x 为换算至温度为 t_x 时的电阻（Ω）；T 为系数，铜线时为 235，铝线时为 225。

（6）测量绕组的直流电阻时，应采取措施，在测量前后对绕组充分放电，防止直流电源投入或断开时产生高压，危及人身及设备安全。

8.2.19 变压器直流电阻三相不平衡系数偏大的常见原因有哪些?

答 变压器三相直流电阻不平衡系数偏大，一般有以下几种原因：

（1）分接开关接触不良。这主要是由于分接开关内部不清洁，电镀层脱落，弹簧压力不够等原因造成的。

（2）变压器套管的导电杆与引线接触不良，螺栓松动等。

（3）焊接不良。由于引线和绕组焊接处接触不良造成电阻偏大；多股并绕绕组，其中有几股线没有焊上或脱焊，此时电阻可能偏大。

（4）三角形接线一相断线。

（5）变压器绕组局部匝间、层、段间短路或断线。

8.2.20 电力变压器装有哪些继电保护装置?

答 （1）电力变压器装设的主保护有：

1）气体保护（反应变压器本体内部故障）；

2）差动保护（反应变压器各侧电流互感器以内的故障）。

（2）电力变压器装设的后备保护有：

1）复合电压闭锁过电流保护；

2）负序电流保护；

3）低阻抗保护；

4）零序过电流保护；

5）零序过电压保护；

6）过负荷保护；

7）超温、超压保护；

8）冷却系统保护；

9）其他专门保护。

8.2.21 为什么变压器空载试验能发现铁芯的缺陷?

答 载损耗基本上是铁芯的磁滞损耗和涡流损失之和，仅有很小一部分是空载电流流过线圈形成的电阻损耗，因此空载损耗的增加主要反映铁芯部分的缺陷。如硅钢片间的绝缘漆质量不良，漆膜劣化造成硅钢片间短路，可能使空载损耗增大 10% ~ 15%；穿芯螺栓、轭铁梁等部分的绝缘损坏，都会使铁芯涡流增大，引起局部发热，也使总的空载损耗增加。另外制造过程中选用了比设计值厚的或质量差的硅钢片以及铁芯磁路对接部位缝隙过大，也会使空载损耗增大。因此测得的损耗情况可反映铁芯的缺陷。

8.2.22 为什么变压器绝缘受潮后电容值随温度升高而增大?

答 水分子是一种极强的偶极子，它能改变变压器中吸收电容电流的大小。在一定频率下，温度较低时，水分子呈现出悬浮状或乳脂状，存在于油中或纸中，此时水分子偶极子不易充分极化，变压器吸收电容电流较小，则变压器电容值较小。温度升高时，分子热运动使黏度降低，水分扩散并显溶解状态分布在油中，油中的水分子被充分极化，使电容电流增大，故变压器电容值增大。

8.2.23 为什么绝缘油击穿试验的电极采用平板型电极，而不采用球型电极?

答 绝缘油击穿试验用平板形成电极，是因极间电场分布均匀，易使油中杂质连成“小桥”，故击穿电压较大程度上取决于杂质的多少。如用球型电极，由于球间电场强度比较集中，杂质有较多的机会碰到球面，接受电荷后又被强电场斥去，不容易构成“小桥”。绝缘油击穿试验的目的是检查油中水分、纤维等杂质，因此采用平板形电极较好。我国规定使用直径为25mm的平板形标准电极进行绝缘油击穿试验，板间距离规定为2.5mm。

8.2.24 油浸式变压器绕组直流电阻值测试应符合有哪些要求?

答 （1）1.6MVA以上变压器，各相绕组电阻相互间的差别，不应大于三相平均值的2%。

（2）无中性点引出的绕组，线间差别不应大于三相平均值的1%。且三相不平衡率变化量大于0.5%时应引起注意，大于1%时应查明处理。

（3）1.6MVA及以下变压器，相间差别一般不应大于三相平均值的4%，线间差别一般不应大于三相平均值的2%。

（4）各相绕组电阻与以前相同部位、相同温度下的历次结果相比，不应有明显差别，其差别应不大于2%，当超过1%时应引起注意。

8.3 高压电气设备的试验

8.3.1 为什么电力电缆直流耐压试验要求施加负极性直流电压?

答 进行电力电缆直流耐压时，如缆芯接正极性，则绝缘中如有水分存在，将会因电渗透性作用使水分移向铅包，使缺陷不易发现。当缆芯接正极性时，击穿电压较接负极性时约高10%，因此为严格考查电力电缆绝缘水平，规定用负极性直流电压进行电力电缆直流耐压试验。

8.3.2 10kV及以上电力电缆直流耐压试验时，往往会有哪些问题？

答 10kV及以上电力电缆直流耐压试验时，试验电压分4 ~ 5级升至3 ~ 6倍额定电压值。因试验电压较高，随电压升高，如无较好地防止引线及电缆端头游离放电的措施，则在直流电压超过30kV以后，对于良好绝缘的泄漏电流也会明显增加。所以随试验电压的上升，泄漏电流增大很快不一定是电缆缺陷，此时必须采取极间屏障或绝缘覆盖（在电缆头上缠绕绝缘层）等措施减少游离放电的杂散泄漏电流之后，才能判断电缆绝缘水平。

8.3.3 为什么油纸绝缘电力电缆不采用交流耐压试验，而采用直流耐压试验？

答 电缆电容量大，进行交流耐压试验需要容量大的试验变压器，现场不具备这样的试验条件。交流耐压试验有可能在油纸绝缘电缆空隙中产生游离放电而损害电缆，电压数值相同时，交流电压对电缆绝缘的损害较直流电压严重得多。直流耐压试验时，可同时测量泄漏电流，根据泄漏电流的数值及其随时间的变化或泄漏电流与试验电压的关系，可判断电缆的绝缘状况；若油纸绝缘电缆存在局部空隙缺陷，直流电压大部分分布在与缺陷相关的部位上，因此更容易暴露电缆的局部缺陷。

8.3.4 做大电容量设备的直流耐压时，充放电有哪些注意事项？

答 （1）被试品电容量较大时，升压速度要注意适当放慢，让被试品上的电荷慢慢积累。

（2）放电时要注意安全，一般要使用绝缘杆通过放电电阻来放电，并且注意放电要充分，放电时间要足够长，否则剩余电荷会对下次测试带来影响。

8.3.5 做电容量较大的电气设备的交流耐压试验时，应准备哪些设备仪表？

答 （1）应准备足够容量的电源引线、隔离开关、控制箱、调压器、试验变压器、水阻。

（2）球隙（或其他过压保护装置）、高压分压器、电流表、电压表、标准电流互感器。

（3）连接导线、接地线等，必要时还需要补偿电抗器。

8.3.6 用绝缘电阻表测量大容量试品的绝缘电阻时，测量完毕为什么绝缘电阻表不能骤然停止，而必须先从试品上取下测量引线后再停止？

答：在测量过程中，绝缘电阻表电压始终高于被试品的电压，被试品电容逐渐被充电，而当测量结束前，被试品电容已储存有足够的能量，若此时骤然停止，则因被试品电压高于绝缘电阻表电压，势必对绝缘电阻表放电，有可能烧坏绝缘电阻表。因此，必须先从试品上取下测量引线再停止。

8.3.7　对一台 110kV 级电流互感器，预防性试验应做哪些项目？

应做以下项目：

（1）绕组及末屏的绝缘电阻测试。

（2）tanδ 及电容量测量。

（3）油中溶解气体色谱分析及油试验。

8.3.8　耦合电容器和电容式电压互感器的电容分压器的试验项目有哪些？

答　有以下试验项目：

（1）极间绝缘电阻测试。

（2）电容值测量。

（3）$\tan\delta$ 测试。

（4）渗漏油检查。

（5）低压端对地绝缘电阻。

（6）局部放电测试。

（7）交流耐压试验。

8.3.9　35kV 及以上电流互感器常采用哪些防水防潮措施？

答　35kV 及以上电流互感器的防水防潮措施有：

（1）对于一些老式产品必须加装吸湿装置。

（2）对装有隔膜者，应及时更换有缺陷的隔膜，每次检修时，要将隔膜弯折，仔细检查。特别是在打开顶盖时，需采取措施防止积水突然流入器身内部。最好先设法通过呼吸孔将积水吸出。

（3）应检查瓷箱帽的严密性，用 196.2kPa（$2kgf/cm^2$）水压试验，以防止砂眼漏水。

（4）消除一切可能割破橡皮隔膜的因素，如零件的毛刺等。

（5）提高装配质量，保证密封良好。

（6）受潮的电流互感器在（100±5）℃经 48h 干燥无效时，应进行真空干燥处理。

8.3.10　为什么一定要用绝缘电阻表来测绝缘电阻？

答　通常电气设备都是在高电压下进行工作的，如用低压电源的表计去测量绝缘电阻，所测的数据不能反映在高电压下所具有的真实的绝缘电阻，绝缘电阻表本身具有高压电源，所以用绝缘电阻表测量绝缘电阻，结果比较正确。

8.3.11 测量接地电阻时应注意什么？

答 测量接地电阻时应注意以下几点：

（1）测量时，被测的接地装置应与避雷线断开。

（2）电流极、电压极应布置在与线路或地下金属管道垂直的方向上。

（3）应避免在雨后立即测量接地电阻。

（4）采用交流电流表、电压表法时，电极的布置宜用三角形布置法，电压表应使用高内阻电压表。

（5）被测接地体E、电压极P及电流极C之间的距离应符合测量方法的要求。

（6）所用连接线截面：电压回路不小于1.5mm^2，电流回路应适合所测电流数值。与被测接地体E相连的导线电阻不应大于R_x的2%～3%。试验引线应与接地体绝缘。

（7）仪器的电压极引线与电流极引线间应保持1m以上距离，以免使自身发生干扰。

（8）应反复测量3～4次，取其平均值。

（9）使用地阻表时发现干扰，可改变地阻表转动速度。

（10）测量中当仪表的灵敏度过高时，可将电极的位置提高，使其插入土中浅些。当仪表灵敏度不够时，可给电压极和电流极插入点注入水而使其湿润，以降低辅助接地棒的电阻。

8.3.12 对于携带式接地线有哪些规定？

答 （1）应使用多股软裸铜线、截面应符合短路电流的要求，但不应小于25mm^2。

（2）必须使用专用的线夹，严禁用缠绕的方法将设备接地或短路，并在使用前详细检查，严禁使用不合格的接地线。

（3）每组接地线应编号，使用完后存放在相应编号的存放位置上。

8.3.13 高压套管电气性能方面应满足哪些要求？

答 高压套管在电气性能方面通常要满足：

（1）长期工作电压下不发生有害的局部放电。

（2）1min工频耐压试验下不发生滑闪放电。

（3）工频干试或冲击试验电压下不击穿。

（4）防污性能良好。

8.4　高压电气设备试验的安全管理

8.4.1　高压电气设备试验保证安全的组织措施有哪些?

答　保证安全的组织措施有：

（1）在每次的试验工作过程中都应当履行 GB 26861—2011《电力安全工作规程　高压试验室部分》中所规定的保证安全的组织措施，即工作票制度、工作许可制度、工作监护制度和工作间断、转移和终结制度。

（2）每一次的高压试验都应该根据具体情况由班组长或上级主管部门下达第一种工作票，并且应当严格按照票证实施试验作业。

（3）任一高压试验中都应设有监护人员，并且监护人员不应参与直接的试验工作，主要的注意力应当放在整个试验现场的监护上，不仅要监护实际操作人员的情况，还应当对整个试验现场环境起到监护的作用，防止在进行试验的过程中有与试验无关的人员进入现场等突发情况的发生所带来的人身伤害事故。

8.4.2　高压电气设备试验保证安全的技术措施有哪些?

答　保证安全的技术措施有：

（1）由于高压试验的非凡性，在确保安全的组织措施落实后，还应当在试验开始前检查试验设备的接地状态，确保各试验设备接地良好。

（2）在每一个试验项目完成后都应当对被试设备充分放电，既保证参试人员的人身安全，也为下一个试验项目做好预备。

8.4.3　高压电气设备试验时对接地线的要求有哪些?

答　试验设备接地不可靠可能带来很多安全隐患，如被试品放电时（如电力电缆耐压后放电、电力电容器放电等）严重危及人身安全，感应电等通过试验仪器危及人身安全，同时也会造成仪器工作不稳定或设备被烧坏。因此，在高压试验过程中要求必须接地可靠，必须使接地导线与接地导体接触良好，如接地导体附有铁锈、油漆等导致接触不良的杂质，需将其清理干净再接地线。各试验设备所使用的接地导线应定期检查，防止在长时间使用过程中产生断线或接触不良等现象影响正常的试验结果和试验人员的人身安全。

8.4.4　高压电气设备试验时对放电工作的要求有哪些?

答　（1）由于高压试验针对的目标设备的非凡性，在每一个高压试验项目开始前后都应当对试验对象进行充分的放电。

（2）操作人员应在监护人的监护下，戴好安全帽，穿上绝缘靴，戴上绝缘手套，合上地刀并让被试设备充分放电之后，再对被试设备本体直接连接接地导体放电，以保证其完全放电。

（3）在做电力电缆直流耐压试验时，在降压放电后，操作人员应将所有试验设备的电源断开，方可拆除试验引线。

（4）放电所使用的放电棒等试验设备应当定期检查，对其绝缘部分应当按照规程定期试验，保证其安全性。

（5）对其分压电阻部分应当在每次试验前测量阻值，确认符合标准后方可投入使用。

8.4.5 对电气试验工作的基本要求有哪些?

答 （1）现场的一切试验工作至少应由两人进行，并指定一人负责。

（2）每次试验开始前，工作负责人应向全体试验人员详细说明注意事项，根据试验内容与环境采取必要的安全措施，并与变电站和现场人员取得联系。工作人员戴好绝缘护具。

（3）除经允许必须带电试验的项目外，在其他一切设备上试给电必须验电、试电、接地证充电后才能进行试验。

（4）试验接线中的高压连线，应尽可能缩短与其他用电部分及地面之间的距离，必要时用绝缘材料隔离式固定。

（5）使用梯子式登高作业时，必须按高空作业规定进行。不经工作负责人允许，不得拆卸试验装置和仪表，不经现场值班人员许可，不得操作无关刀闸或进入其他地点。

（6）试验完毕，必须拆除全部试验接线和所布置的安全措施，恢复原来正常状态，试验人员全部撤出后，工作负责人同值班人员检查无误后，才算结束工作。

（7）对大容量的设备（电机、变压器）和电容器，电缆在试验前应充分放电后，方可接线、拆卸和试验。

8.4.6 对高压试验安全技术操作的要求有哪些?

答 （1）进行高压试验时，在试验地点和高压联线所通过的地段均应设围栏或采取其他安全措施，严防触电，必要时应派专人看守。

（2）拆除妨碍工作的地线或动用刀闸手柄时，应取得现场值班人员的同意，试验完毕必须立即恢复。

（3）在对设备加压前，工作负责人必须详细检查接线是否正确，并通知全部人员离开要加压范围方可进行加压，在加压过程式不许接近被试物。

（4）每次试验完毕，必须断开电源被试验设备接地，放电后方可接触试验设备及接线。

（5）在加压试验升压过程中，如发现电雨衣表指针摆动很大，电流表指示急剧增加，绝缘煤焦或冒烟现象，被试物放电和不正常的音响，均应停止试验查找原因。

8.4.7 对继电保护试验安全技术操作的要求有哪些?

答 （1）在继电保护试验中，对不熟悉回路和无关的设备，禁止乱动，以防止触电或发生事故，发现异常现象应及时查明原因。

（2）在继电保护盘上工作时，对被试盘及邻近的运行设备，应加明显标志或隔离。试验人员与高压带电部分的距离必须符合要求。

（3）继电保护试验开始前，必须由工作负责人复查接线无误后方可工作。试验电源不得接地或短路，以免引起误操作。

（4）进行油断路器合拉闸试验时，不准任何人在油断路器上及其周围工作或停留，以免传动机构伤人。

（5）做外界电源试验检查电压互感器二次回路时，电压互感器附近的人员应停止工作。

（6）在用验电笔检查电流互感器二次回路是否正确以前，禁止短接电流互感器二次端子。在带负荷设备上电流互感器二次短路必须牢固，并做好接地，不许用熔丝和螺丝刀去短接二次回路。

8.4.8 对电缆绝缘试验安全技术操作的要求有哪些?

答 （1）试验电缆时，在该电缆上所能接触的一切工作应停止，在被试电缆的端部和外露部分的周围应建置围栏，另一端应悬挂标志牌或派人监护，防止一切人员接近该处。

（2）电缆绝缘耐压试验前，工作负责人必须与值班员和其他有关人员取得联系，确证无人后进行。

（3）与架空线连接的电缆，必须与架空线路断开后进行试验。在拆接线前，应进行验电放电，并在可能来电的各端设接地线，拆接电缆时必须保证无误。

（4）对电缆进行绝缘耐压试验或用测量绝缘电阻时，必须将被试线芯以外的线芯总短路接地试验完毕，断开电源认定可靠后才能进行试验。

第9章

用电管理及需求侧管理

9.1 电力客户的用电管理

9.1.1 用电负荷的分类有哪些?

答 （1）按用户在国民经济中所在部门分类，可分为四类：

1）工业用电负荷。

2）农业用电负荷。

3）交通运输用电负荷。

4）照明及市政用电负荷。

（2）按供电可靠性要求分类，可分为一类负荷、二类负荷、三类负荷。

1）一类负荷是指供电中断后造成人身伤亡者；损坏生产的重要设备，以致使生产长期不能恢复或造成国民经济的严重损失者；造成重要交通枢纽、干线受阻，通信、广播受阻者；造成严重污染以及重大政治影响者。对这类负荷要求不间断供电，必须设可靠的保安电源。

2）二类负荷是指停止供电会造成工业产品大量减产者；造成局部地区交通阻塞者；致使大部分城市居民日常生活被打乱者。对这类负荷应尽保证供电可靠，可设保安电源。

3）三类负荷是除一、二类负荷外的负荷，这类负荷短时停电影响不大，一般不专设备用电源。

（3）按用电连续时间分类，可分为单班制生产负荷、两班制生产负荷、三班制生产负荷和间断性、季节性负荷。

（4）按用电和阻抗特性分类，可分为冲击负荷、波动负荷、线性负荷、平衡负荷和产生波形畸变的非线性负荷。

9.1.2 用电客户的用电等级是如何划分的?

答 用电客户的用电等级是根据供电可靠性的要求以及中断供电危害程度划分为普通用户和重要用户。重要电力客户又可以分为特级、一级、二级重要电力客户和临时性重要电力客户。

9.1.3 什么是特级重要电力客户?

答 特级重要电力客户，是指在管理国家事务中具有特别重要作用，中断供电将可能危害国家安全的电力客户。例如重要国防、使馆、机场等属特级重要电力客户。

9.1.4 什么是一级重要电力客户?

答 一级重要电力客户，是指中断供电将可能产生下列后果之一的：

（1）直接引发人身伤亡的。

（2）造成严重污染环境的。

（3）发生中毒、泄漏、透水、爆炸或火灾的。

（4）造成重大政治影响的。

（5）造成重大经济损失的。

（6）造成较大范围社会公共秩序严重混乱的。

例如井下开采的煤矿及非煤矿山，腐殖酸矿，危险化学品生产企业、重要交通枢纽，大型冶金企业，石油加工及开采、省级党政机关等，均属一级重要电力客户。

9.1.5 什么是二级重要电力客户?

答 二级重要电力客户，是指中断供电将可能产生下列后果之一的：

（1）造成较大环境污染的。

（2）造成较大政治影响的。

（3）造成较大经济损失的。

（4）造成一定范围社会公共秩序严重混乱的。

9.1.6 什么是临时性重要电力客户?

答 临时性重要电力客户，是指需要临时特殊供电保障的电力客户。

9.1.7 重要电力客户用电电源配置应当符合哪些规定?

答 重要电力客户供电电源的配置至少应符合以下要求：

（1）特级重要电力客户具备三路电源供电条件，其中的两路电源应当来自两个不同的变电站，当任何两路电源发生故障时，第三路电源能保证独立正常供电。

（2）一级重要电力客户具备两路电源供电条件，两路电源应当来自两个不同的变电站，当一路电源发生故障时，另一路电源能保证独立正常供电。

（3）二级重要电力客户具备双回路供电条件，供电电源可以来自同一个变电站的不同母线段。

（4）临时性重要电力客户按照供电负荷重要性，在条件允许的情况下，可以通过临时架线等方式具备双回路或两路以上电源供电条件。

（5）重要电力客户供电电源的切换时间和切换方式要满足重要电力客户允许中断供电时间的要求。

（6）重要电力客户应配置自备应急电源，确保外部线路故障时的用电需要，并要加强用电安全管理。

9.1.8 重要电力客户的自备应急电源配置应符合哪些要求?

答 （1）客户选用的自备应急电源设备要符合国家有关安全、消防、节能、环保等技术规范和标准要求。

（2）自备应急电源配置容量标准应达到保安负荷的120%；保安负荷由电力客户提供设备明细清单备案。

（3）自备应急电源启动时间应满足安全要求。

（4）自备应急电源与电网电源之间应装设可靠的电气或机械闭锁装置，防止倒送电。

（5）临时性重要电力客户可以通过租用应急发电车（机）等方式，配置自备应急电源。

9.1.9 重要电力客户新装自备应急电源设备需向供电部门办理哪些相关手续?

答 重要电力客户新装自备应急电源及其业务变更要向供电企业办理以下相关手续：

（1）向所辖用电部门提出自备电源容量审批申请报告。

（2）与供电企业签订自备应急电源使用协议，明确供用电双方的安全责任后方可投入使用。

（3）需要拆装自备应急电源、更换接线方式、拆除或者移动闭锁装置时，要向供电办理相关手续，并修订相关协议。

（4）重要电力客户要制订自备应急电源运行操作、维护管理的规程制度和应急处置预案，并定期（至少每年一次）进行应急演练。

9.1.10 重要电力客户的自备应急电源在使用过程中应杜绝和防止哪些事情发生？

答 重要电力客户的自备应急电源在使用过程中应杜绝和防止以下情况发生：

（1）自行变更自备应急电源接线方式。

（2）自行拆除自备应急电源的闭锁装置或者使其失效。

（3）自备应急电源发生故障后长期不能修复并影响正常运行。

（4）擅自将自备应急电源引入，转供其他客户。

（5）其他可能发生自备应急电源向电网倒送电的。

9.1.11 重要电力客户的电力设施管理应符合哪些规定和要求？

答 重要电力客户的电力设施应符合以下要求：

（1）重要电力客户的电力设施应符合国家安全生产管理规定和国家产业发展政策，严格执行国家相关标准和技术规范。

（2）制订突然中断供电情况下的事故应急预案和有效的非电性质保安措施。

（3）定期开展安全隐患的排查，按照国家和电力行业有关标准、规程定期对受电设施进行试验、维护、检修和继电保护校验；对发现的安全隐患和缺陷，要及时整改。

（4）加强变电站值班管理，运行值班人员应当取得国家认可的进网作业资格。

（5）遵守法律、法规、规章等规定的其他有关要求。

9.1.12 供电企业对重要电力客户供电应当符合哪些规定？

答 供电企业对重要电力客户供电应当符合下列规定：

（1）在制订电力平衡方案时应当充分考虑重要电力客户的重要性，优先保证重要电力客户的用电，计划限电应严格执行通知重要电力客户的有关规定，不得使用未经市政府批准或过期的限电序位表。

（2）不得违反规定停电、无故拖延送电。严格执行停、送电联系制度，停电、恢复送电以及运行方式发生较大变化前，应按规定时间提前通知重要电力客户。

（3）加强输配电设备的运行维护，落实各项反事故措施，整治设备安全隐患。

（4）对重要电力客户供电电源进行计划检修时，供电企业应提前 7 天通知，重要电力客户应提前做好相应的避免事故的防范措施。供电企业对重要电力客户的多路供电电源同时进行计划检修，须征得重要电力客户同意。

（5）在电网正常运行情况下，供电企业应当保证对重要电力客户的连续可靠供电；在电网发生故障时，应当迅速采取措施优先恢复对重要电力客户的供电。

（6）加强安全应急工作。明确安全应急工作职责，完善各类供电事故应急预案，建立应急联动机制，提高社会和重要电力客户应对突发停电事件的能力，切实做好供电安全事故和突发事件信息报告工作。

（7）法律、法规、规章等规定的其他有关要求。

9.1.13 供电企业对重要电力客户定期安全检查周期是怎样规定的？

答 按客户重要等级划分，用电安全检查周期如下：

（1）特级重要电力客户、一级重要电力客户，每3个月至少进行一次用电安全检查。

（2）二级电力重要客户，每6个月至少进行一次用电安全检查。

9.1.14 从事用电安全检查工作任务人员的要求是什么？

答 （1）从事重要客户用电安全检查的人员，应持有相应的用电检查资格证，方可从事用电安全检查工作。

（2）执行用电检任务前，用电检查人员应持有用电检查工作单，经本级检查机构负责人审核批准后方可进行，用电检查人数不得少于两人。

（3）用电检查人员到用电客户处执行检查任务时，应遵纪守法，不以电谋私，向客户主动出示用电检查证，并要求派专业人员随同检查。

（4）用电检查人员在执行用电检查任务时，应遵守客户的安全生产规定，不得擅自操作客户电气设备或代为进行电工作业，避免发生安全责任事故。

（5）用电检查人员在现场检查中，发现客户存在用电安全隐患，应向客户详细说明情况与危害，并出具用电检查结果通知书，请客户有关负责人签字确认，一份交客户，另一份带回集中存查。

（6）用电检查人员在现场检查中，发现客户有危害供用电安全或扰乱供用电秩序的违约用电行为，应予以制止，同时做好取证工作，并在向客户出具的用电检查结果通知书中明确注明违约行为事实。

9.1.15 电力客户重大用电安全隐患是什么？

答 电力客户重大用电安全隐患是指：

（1）确定为特级、一级和二级重要电力客户，不具备双电源供电条件（包括自备发电机），或虽配备有双电源供电但供电电源来自同一变电站的同一段母线。

（2）确定为特级、一级和二级重要电力客户，没有建立保证安全用电的组织机构、配备合格的值班电工和制订应急措施。

（3）存在危及人身安全的触电事故隐患。

（4）高压电气设备和保护装置没有按周期进行试验和校验，或虽进行试验和校验，但设备状况不符合安全运行标准，存在危及电网安全运行和公共用电安全以及客户自身用电安全隐患。

9.1.16 现场查处用户违章隐患时应注意哪些要求？

答 （1）用电检查人员在现场检查中，凡发现客户存在重大用电安全隐患，不仅要向客户详细说明危害，在出具用电检查结果通知书的同时，另行下达重大用电安全隐患整改通知书，注明安全隐患及危害，提出整改要求，请客户有关负责人签收，到期进行复检。

（2）在复检中，对拒绝整改或整改不及时的用电客户，由辖区供电单位负责，在一周内以公函形式，向地方政府所属安全生产监督管理部门报告，并抄送市安全生产监督管理部门和电网电监局备案，同时跟踪进展与结果。

（3）用电客户受电设施存在危及电网安全运行和人身伤亡事故的重大用电安全隐患，按上述程序仍得不到有效整改的，根据危害程度，供电单位可以按工作程序对客户采取强制停止供电措施。

9.1.17 重要客户和供电企业在供用电合同中应明确哪些内容？

答 重要客户和供电企业在供用电合同中应当明确以下内容：

（1）重要客户接入系统方案。

（2）供用电双方的产权分界。

（3）备用电源和应急电源配置。

（4）供电中断情况下的非电性质保安措施等内容。

9.1.18 重要客户和供电企业在并网调度协议中应当明确哪些内容？

答 重要客户和供电企业在并网调度协议中应当明确以下内容：

（1）双方的责任和权利。

（2）并网条件及并网方式。

（3）负荷管理及设备运行维护管理责任。

（4）应急处理程序。

（5）有效通信方式。

（6）重要客户运行值班人员资质要求和安全责任等内容。

9.2 电力客户的增容管理

9.2.1 高压新增客户审核需要报审资料有哪些?

答 高压新增客户应报送的图纸和资料:

(1)受电工程设计及说明书。

(2)用电负荷分布图、负荷组成、性质及保安负荷的情况。

(3)影响电能质量的用电设备清单。

(4)主要电气设备一览表。

(5)节能篇及主要生产设备、生产工艺耗电以及允许中断供电时间。

(6)高压受电装置一、二次接线图与平面布置图。

(7)用电功率因数计算及无功补偿方式。

(8)继电保护、过电压保护及电能计量装置的方式。

(9)隐蔽工程设计资料。

(10)配电网络布置图。

(11)自备电源及接线方式。

(12)供电企业认为必须提供的其他资料。

9.2.2 低压新增客户审核需要报审资料有哪些?

答 低压新增客户应报送的图纸资料:

(1)用电设备统计表。内容包括动力设备名称、容量、台数、合计台数、照明灯数、合计照明容量等。

(2)全厂配电系统接线图及计量仪表安装图。

(3)低压配电室的平面布置图,低压配电柜安装图及保护熔丝、自动开关配置计算说明。

(4)全厂动力设备接地装置计算与施工图。

9.2.3 用电检查部门对客户新增容量审核的依据是什么?

答 审核的技术依据是:

(1)颁发执行的设计技术国家标准和行业标准、地方标准。

(2)客户电气装置设计要符合规程的规定。

(3)确保装置的安全与经济。

9.2.4 用电检查部门对客户新增容量审核的基本要求是什么?

答 设计审核的基本要求如下:

(1)供电方式应符合供用电合同的规定。

（2）变配电所的（室）的位置选择应符合规定要求。

（3）客户电气装置的设计应与上一级系统相配合，且符合相关规定。

（4）变电站的建筑结构要紧凑，做到防火、防雨雷、防小动物，通风良好；站内的开关电器应采用可靠的新型设备，并在容量和安装位置上留有一定的扩充裕度。

（5）供电线路（包括电缆）工程设计的审核，要求应符合设计技术规程与运行规程的规定。

（6）客户的无功补偿装置，应满足无功就地平衡的原则，功率因数满足规定要求。

（7）按照国家电价分类分线装设各种不同电价的计量表计，保证正确计量电能消耗和合理计算电费标准要求。

9.2.5　变配电站的（室）的位置选择应符合哪些要求？

答　（1）尽可能设在负荷中心或接近最大负荷的用电场所并考虑企业的远景发展。

（2）方便各级电力线路的引入和引出。

（3）交通运输和运行维护方便。

（4）尽量避开空气污秽地段及易燃、易爆厂房和巨震车间。

（5）有利于防洪泄水等。

9.2.6　电气装置的设计应与上一级系统相配合时应符合哪些规定？

答　（1）变电站的主接线，应根据供电方式、调度要求、设备特点及负荷性质等条件确定，并满足运行可靠、简单灵活、操作方便和节约投资等要求。

（2）应明确规定供电部门与客户电气设备相连接点，即产权分界点，并保证其设计的连接点与供电系统相吻合。

（3）客户过电压保护应与电网和用电设备的电压等级、运行方式、设备绝缘相配合。

（4）客户继电保护方式和整定值，应与电网和用电设备的继电保护、运行方式相配合。

（5）有必要的通信联络措施。

9.2.7　根据无功补偿要求客户的功率因数应满足什么要求？

答　（1）高压供电的大电力客户和装有带负荷调整电压装置的客户，功率因数为 0.9 以上。

（2）其他 100kVA（kW）及以上电力客户和大、中型电力排灌站，功率因数为 0.85 以上。

（3）趸售和农业客户，功率因数为 0.80。

（4）凡自然功率因素达不到以上要求时，必须装设足够的无功补偿装置。对客户装设的无功补偿电容器，应加装自动切换装置，并在无功电能表上加装防倒装置。

9.2.8 电能计量装置安装要求有哪些？

答 （1）电能计量装置应装设在产权分界处，并应装设在供电电压侧，如条件限制也可不在分界处。在二次电压侧装设电能计量装置时，应计及线路、变压器损失。

（2）电能计量方式和装设位置由供电部门指定，客户应按要求预留位置和进行一次回路的施工。电能计量使用的附属设备、二次回路应单独使用，以保证其准确性。

（3）电能计量装置应视其计费方式，分别装设有功、无功最大需量和分时计量电能表，电力定量器等表计和附件。

（4）电能计量装置这些设备由供电部门提供，但对成套设备上已配置的有功、无功电能表及其附件，经供电部门检验合格后，双方协商进行资产移交。

9.2.9 对客户报审资料的审核要求有哪些？

答 （1）对客户设计资料的审核意见，应详细说明并一次提出书面意见，要求客户修改。

（2）客户送审设计资料一式两份，审核后，一份退客户修改或据以施工。

（3）进行较大修改后的设计资料应再补送修改部分到供电部门复审，双方同意后，客户才能正式施工。

（4）还要提出施工进度计划和隐蔽工程、主要电气设备解体检查的日期，以便用电检查人员安排中间和竣工检查。

（5）客户变电站的设计单位应根据供电部门的审核意见修改设计，然后施工。用电检查人员应密切注意客户安装工程的进展情况，及时安排中间检查；客户亦应根据工程进展情况通知供电部门进行中间检查。

9.2.10 为什么要对电气装置进行中间检查？

答 中间检查是指在施工过程中按照供电部门批准的设计文件，对客户变电站的电气装置，包括开关设备、变压器、继电保护、防雷设施、接地装置、照明等各个方面进行阶段性的检验，确定各种电气设备的安装工艺是否符合有关的国家、行业、地方标准及有关的规范和规程。中间检查能及时地发现不符合设计要求与工艺要求等情况，提出改进意见及早改正，避免完工后再进行大量返工，影响竣工日期。每次中间检查提出的改进意见要做到齐全、清楚、符合规程规定，防止查一次提一些，随心所欲，随便更改返工的现象。中间检查可以进行多次，这对于保证隐蔽工程的施工质量是很重要的。对于低压供电的普通客户，一般可不进行中间检查；但有隐蔽工程时，也应及时进行中间检查。

9.2.11　中间检查工作的内容包括哪些？

答　（1）检查安装工程是否符合设计要求。

（2）检查有关的技术文件是否齐全，如设备的规格及其说明书、产品出厂合格证件等。

（3）检查电气装置的安全措施是否符合规程规定，各种电气净距是否充分，若不充分应采取哪些措施，如加强绝缘、加装遮栏等。要为变电站的运行检修人员提供安全工作的条件。

（4）对全部电气装置进行外观检查，确定工程质量是否符合规程规定。

（5）检查隐蔽工程的施工质量，如电缆沟的施工、电缆头的制作、接地装置的埋设等。

（6）检查高压开关的联锁装置、双电源的联锁装置。

（7）检查通讯联络装置是否齐全，对于35kV及以上的变电站，要求安装专用电话，10kV及以下供电的小电力客户，也应有联络电话及联系人。

（8）中间检查时，在检查记录票上签署检查意见和改进要求，由客户盖章认可，同时协助客户配备必备、合格的安全工器具及必需的设备和仪表，建立必要的电气工作规程制度，做好接电前的各项准备工作。

（9）如有必要应安排再检查，若经检查符合要求，可通知客户缴纳帖费和其他费用。

（10）当客户缴齐费用后，将供电方案转有关部门进行施工，同时下达继电保护检查记录通告单、高压设备交接试验检查通知单和表计检查记录通知单，分别通知有关部门，安排进行客户受电总开关继电保护装置的检查和调试、客户一次高压电气设备的交接试验和计量表的检查安装。

9.2.12　中间检查对建筑物的要求有哪些？

答　（1）房屋建筑的中间检查，首先对照设计图纸检查是否符合设计要求，如面积大小、质量要求、工艺要求等。

（2）现场检查土建工程是否完工，房屋建筑粉刷工作是否完成，一般在电气设备安装前，下水道应畅通，土建工作部分应全部完工。

（3）配电室房屋墙壁已全部粉刷完毕，屋顶的防水隔热层已敷设好，地平已结束粗制地面抹光工作，再进行电气设备的接线安装。

9.2.13　什么是电气装置的竣工检查?

答　客户的电气装置经过设计审查、中间检查，已全部安装、调试完毕后，在接电之前，必须对整个工程进行一次全面的工程质量检查，称为竣工检查。竣工检查是设备接电前的最后一次检查，对保证设备的安全质量起着决定性的作用，对接电后电气设备的安全运行有着重大意义。

9.2.14　竣工检查客户应提供审查的技术文件有哪些?

答　当客户受电装置或用电设备安装完工，要求进行竣工检查时，客户应提供下列资料：

（1）施工过程中经过双方协商，设计单位修改设计的修改图、补充计算结果。

（2）符合现场安装的二次回路安装图，如继电保护回路、信号回路、测量回路等接线，各种端子排和电器连接的编号，并应与实际接线相符，在经过核对后应正确无误。

（3）一次主设备制造厂的技术说明书，出厂检验报告及合格证，安装图纸等技术文件。

（4）设备安装调整记录和电气设备解体检查记录，包括变压器吊芯、干燥记录，断路器解体检查测试记录等。

（5）交接试验记录，包括所有一次电气设备和二次回路应有记录，试验记录项目应齐全，数据准确，结论明确，试验人员与单位印章齐全。

（6）运行值班人员名单及与电力调度联系的工作负责人名单。

（7）现场操作、运行规程及事故处理规程的初稿。

（8）保安工具的配备和试验报告，消防工具的配备明细表。

（9）各分路的继电保护校试整定记录。

（10）隐蔽工程的施工记录和竣工图。

（11）接地装置的测量记录。

9.2.15　供电部门怎样组织对供电客户进行竣工检查?

答　参加竣工检查小组的人员组成，应根据检查对象的用电性质、容量大小、设备复杂程度和组织机构的分工而定。一般可参照下列情况组成：

（1）3 ~ 10kV 小容量的客户和低压供电客户，由用电检查人员进行现场检查验收。

（2）报装容量在 1000kVA 以上的客户，由用电检查负责技术的专责人员和用电检查员参加验收。

（3）35kV 及以上的大型重要客户，由用电管理部门主管工程师或技术负责人主持并会同有关监察员参加检查和验收。

（4）客户变电站或配电室的进线电源开关的继电保护检查与验收、鉴定、校试、加封等工作，应由供电部门的继电保护人员进行，其结果写成书面报告一式二份，一份交用电检查人员，一份交客户。

（5）用电检察人员应了解试验情况是否良好，各电源开关机构能否正确动作，如有问题应向客户提出并督促改进。当客户第一道进线保护选用熔丝保护时，则应由用电检查人员负责检查其熔丝的配备是否合理。

（6）客户的出线分开关的用电设备的继电保护，则应由客户自行负责校验，并将其整定值、计算资料、校验报告一并交用电检查人员审查。

9.2.16 对供电客户进行竣工检查的程序是怎样的？

答 （1）客户电气装置安装工程已全部完工并按照规定要求提供各项资料，即可组织检查小组进行竣工检查。检查的重点是与系统直接连接的一次设备，但对其他用电设备，特别是高压用电设备，也应进行检查，不可忽视。

（2）客户一次设备检查验收和继电保护调试工作结束，应由用电检查人员整理与草拟书面意见书一式两份，按组织分工的要求进行审核后向客户提出改进意见并与客户协商改进的办法和完成日期，经双方签字认可，在客户改装完毕后，检查人员前往现场进行复查。

（3）检查验收合格，确认该工程已具备送电条件，则在用电申请书上注明“合格，可以送电”字样，交由下一道业务部门签订各种供电协议、办理接电手续。这时，竣工检查告一段落，等待接电试运行。

（4）完成电能计量装置的安装和外线工程验收后，可决定接电日期，用电检查人员应到现场参加试运行工作。试运行无故障且各种指示仪表正常，方可离开现场。至此对这一客户的全部竣工检查完成。

（5）接电试运行后，应将该客户图纸资料分别处理，有关设备出厂资料退回客户，其余资料与现场记录整理成册归档。

（6）竣工检查除了验收设备安装质量是否符合安全要求外，还应检查运行人员的配备、技术培训，现场规章制度的制订，安全用具、消防用具配备等。

9.3 需求侧管理

9.3.1 什么是供电需求侧管理?

答 供电需求侧管理可定义为：电力企业采取有效的激励和诱导措施以及适宜的运作方式，为减少电量消耗和电力需求所进行的管理活动。

供电需求侧管理是综合资源规划的一项主要内容，重在提高终端用电效率和改善用电方式，提供节电资源，减少对供电的依赖。终端节电资源的发掘，要通过需求侧管理来实现。电力企业是实施综合资源规划的主体，需求侧管理的运营活动主要是由电力企业完成的。供电需求侧管理与电力部门传统的用电管理相比本质上不是一码事，而是管理方式的一种演进和变革。

9.3.2 什么是综合资源规划?

答 综合资源规划（integrated resource planning，IRD）是将供应侧和需求侧（demand side management，DSM）各种形式的资源，作为一个整体进行的资源规划。概括地说，它的基本思路是：除供应侧资源外，还把需求侧提高用电效率减少的电量消耗和改变用电方式降低的电力需求视为一种资源同时参与电力规划，对供电方案和节电方案进行技术筛选和成本效益分析，经过优选组合形成对社会、电力企业、电力用户等各个收益、成本最低、又能满足同样能源服务的综合规划方案，旨在通过需求侧管理更合理有效地利用能源资源，控制环境质量，减少电力建设投资，降低电网运营支出，激励用户主动节能节电，为用户提供最低成本的能源服务。

9.3.3 综合资源规划的基本观点是什么?

答 （1）它改变了传统的资源概念，把节电也作为一种资源纳入了电力规划。它克服了传统电力规划只注重电源开发的缺陷，节电不仅仅是弥补电力供应的缺口，更主要的是最经济和最有效地利用能源资源。

（2）它改变了传统的电力规划模式，把综合经济效益置于突出地位。它把电力供应和终端利用界定在一个规划系统之内，以成本效益为准则，以社会效益为主要评价标准，注意协调供需双方的贡献和利益，达到改善社会整体经济环境的目的。实质上，综合资源规划是一个开发、节能、效益、运营一体化的资源规划。

（3）它改变了传统电力规划在节电方面的模糊性，把终端节电的实施作为一个重要的规划领域，它克服了重节能规划轻节能实施、规划与实施脱节的倾向。

9.3.4 综合资源规划的优点是什么？

答 根据国外实践经验和我国的试点示范研究来看，综合资源规划的突出优点如下：

（1）把能源开发和节约置于同等地位参与优选竞争，能更合理配置和有效地利用能源资源。

（2）可通过需求侧管理更有力地激励用户改变粗放型消费行为，主动参与节能节电活动，并获得相应的收益。

（3）在提供同样能源服务条件下，可减少电力建设投资，实施需求侧管理节约每千瓦的投资远低于新建电厂的千瓦造价。

（4）可减缓发供电边际成本的过快增长，抑制电价的上升幅度，有利于稳定电价。

（5）可强力推动电网移峰填谷，缓解拉闸限电，改善电网运行的经济性和可靠性，提高电网的运营效益。

（6）可从电网减少的新增电量成本增加额中积累部分节电资金，作为需求侧管理的节电投入，以节电收益推动节电。

（7）可减少发电燃料消耗，更有力地遏制环境的恶化，保护人类赖以生存的空间和地面环境，减少二氧化碳、二氧化硫、氮氧化物和烟尘等污染控制费用。

（8）可推动高新节能节电技术产业的发展，有利于开拓潜力巨大的节能节电市场，牵引社会向优质高效方向发展。

9.3.5 供电需求侧管理的营运特点是什么？

答 （1）需求侧管理非常强调在提高用电效率的基础上取得直接的经济收益。需求侧管理是一种运营活动，它讲求效率，更追求效益。任何一项节能节电措施，都要给社会、电力企业和用户带来经济收益，既要节电，又要省钱，使电力企业和用户都有利可图。电力企业在运营过程中，在获得允许的节电收益前提下，要采取以鼓励为主的市场手段推动用户主动节能节电，使用户尽可能地减少电费开支，缩短节电投资回收年限。

（2）需求侧管理非常强调建立电力企业与用户之间的伙伴关系。供电系统是以输配网络的形式连接千家万户的，它具有高度的垄断性，其市场竞争机制并不明显，用户对电能几乎没有选择的余地，常常处于求助地位，特别是在电力供应紧张的时候往往给用户带来了过重的负担。需求侧管理要求电力企业和用户，无论是在电力短缺的时候，还是在电力富余的时候，都要为供电和用电效果付出代价，共同承担风险，共同争得利益。只有在他们之间建立起一种融洽的合作感情，携手相伴，方能在电力开发和节电领域取得更大的整体效益，使供需双方获得更大的收益。

（3）需求侧管理非常强调基于用户利益基础之上的能源服务。优质能源服务是电力企业运营活动的基础，也是用户的根本要求，它不主张强行采取拉闸限电、轮休、倒班等不顾及用户承受能力和经济利益的做法去减少用电需求，更多的是鼓励采用科学的管理方法和先进的技术手段，在不强行改变正常生产秩序和生活节奏的条件下，促使用户主动改变消费行为和用电方式，提高用电效率和减少电力需求，既提高了电网运行的经济性，又节省了用户的电费开支。

9.3.6　需求侧资源管理包括哪些主要工作？

答　需求侧资源指的是用户潜在的节电资源。凡是有用电的地方都存在节电资源。概括起来大体上包括以下几方面工作：

（1）提高照明、空调、电动机、电热、冷藏、电化学等设备用电效率所节约的电力和电量。

（2）蓄冷、蓄热、蓄电等改变用电方式所节约的电力。

（3）能源替代、余能回收所减少和节约的电力和电量。

（4）合同约定可中断负荷所节约的电力和电量。

（5）建筑物保温等完善用电环境条件所节约的电力和电量。

（6）用户改变消费行为用电所节约的电力和电量。

（7）自备电厂参与高度后所减供的电力和电量。

9.3.7　资源管理规划及需求侧管理计划的实施条件是什么？

答　开展综合资源规划和需求侧管理计划需要有相适应的条件：充分发挥政府、电力企业、电力用户、能源服务公司等各方面的作用，克服在体制、法规、制度、政策方面存在的障碍，创造一个有利于综合资源规划和需求侧管理计划的实施环境，方能开通有效的实施途径和寻求具体的操作办法。

9.3.8　资源规划和需求侧管理中政府的作用是什么？

答　政府在综合资源规划的制订和实施过程中起主导作用。政府是社会利益的维护者，综合资源规划和需求侧管理不单纯是部门和行业行为，更主要的是社会行为。只有在宏观调控指导下充分发挥市场调节的基础作用，才能争得最好的综合经济效益。政府发挥主导作用同时，在法制和政策等方面采取强有力的手段，推动采用综合资源规划方法进行电源开发的最小成本规划，运用需求侧管理技术促使用户主动节能节电。

9.3.9 资源规划和需求侧管理中电力企业的作用是什么？

答 电力企业是实施综合资源规划和需求侧管理的主体。赋予电力企业担任需求侧管理的使命，与电源开发和供电一样把节电纳入日常运营活动。这不仅仅因为它是综合资源规划和需求侧管理计划的直接受益者，更重要的是它与用户存在着不可侵害的运营联系，更了解用户的用电和节能状况，能和用户全面沟通，共同采取有效措施和动作方式提高用户执行需求侧管理计划的参与率，提供更多的节电资源，争得更大的整体效益。

9.3.10 资源规划和需求侧管理中能源（节能）服务公司的作用有哪些？

答 （1）能源（节能）服务公司是需求侧管理的实施中介。为有力地推进规划的实施进程，部分节电项目的执行工作往往由具备资格的节能服务公司、能源管理公司或能源效率中心来承担，协助政府和配合电力公司实施需求侧管理计划。

（2）能源（节能）服务公司可通过为用户提供各种形式的能源服务，包括能源审计、节能诊断、筹集节能投资、进行节能设计、安装节能设备、操作培训到获得节能节电收益和一条龙服务，与用户共同承担节能投资风险，共同分享节能收益，使节能投资分担和节能收益分享联系起来。

（3）节能服务公司可以是独立经营的实体，也可以是电力公司下属的一个子公司。

9.3.11 资源规划和需求侧管理中电力用户的作用是什么？

答 用户是终端节能节电的主体，是节能节电整体增益的主要贡献者。只有用户参与需求侧管理计划才能提高终端用电效率节约能源，移峰填谷减少发电装机需求。

9.3.12 需求侧管理的目标是什么？

答 需求侧管理的目标，主要集中在用户电力和电量的节约上：

（1）通过负荷管理技术改变用户的用电方式，降低电网的最大负荷，取得节约电力、减少电力系统装机容量的效益。

（2）通过用户采用先进技术和高效设备提高终端用电效率减少电量消耗，取得节约电量效益。其中峰荷期间运行的节电设备还可降低电网最大负荷，同时获得节约电力减少系统装机容量的效益，但并不强调一定要带来这一方面的效益。

9.3.13 需求侧管理的对象是什么？

答 需求侧管理的对象要求具体明确地落实在终端，以便于采取有针对性的实施对策和运营策略。理论上，其范围应包括所有与减少供应侧资源有关的终端用能设备，以及与用电环境条件有关的设施。概括起来，可供选择的选择对象有下列几个主要方面：

（1）用户终端的主要用能设备，如照明、空调、电动机、电热、电化学、冷藏、热水器、暖气、通风设备等。

（2）可与电能相互替代的用能设备，如燃气、燃油、燃煤、太阳能、沼气等热力设备。

（3）与电能利用有关的余热回收和传热设备，如热泵、热管、余热锅炉、换热器等。

（4）与用电有关的蓄能设备，如蒸汽蓄热器、热水蓄热器、电动汽车蓄电瓶等。

（5）自备发电厂，如自备背压式、抽背式或抽汽式热电厂、轮机电厂、柴油机电厂、余热和余压发电等。

（6）与用电有关的环境设施，如建筑物的保温、自然采光和自然采暖及遮阴等。

9.3.14 需求侧管理的技术手段有哪些？

答 需求侧管理的手段是以先进的技术设备为基础，以经济效益为中心，以法制为保障，以政策为先导，采用市场经济运作方式，讲究贡献和效益为最终目的。需求侧管理的手段概括起来主要有技术手段、财政手段、诱导手段、行政手段等四种。

9.3.15 电力企业在需求侧管理中应采取哪些措施？

答 （1）体制上要明确把节电列入电力企业的职能范围。电力企业既然是实施需求侧管理的主体，就要实施需求侧管理计划、投资于节电销售效率，实现供电与节电运营一体化，才能使需求侧管理计划得以实现，使节能节电形成持久的良性循环。

（2）法规制定应鼓励电力企业主动承担实施需求侧管理计划。电力企业投资于终端节电，通常的办法是通过提高供电电价来获得允许的节电投资回报率。通过需求侧管理活动将低成本的节电资源替代高成本的供电资源，抑制了电价的过快增长，使用户获得了低成本的能源服务，这正是需求侧管理的一大特殊贡献。为更好地执行需求侧管理计划，把节电纳入正常的运营轨道，要建立起完善的容量和节电投资回收机制与电价制度。

（3）政策上要允许电力企业以财政激励手段推动需求侧管理计划的实施。从电力供需角度观察，电力和电量的节约主要来自电力用户，要获得节电的社会效益，就要采取一切必要的市场手段激励用户参与节电活动。财政激励是需求侧管理对用户节电响应能力最主要的激励于段，也是需求侧管理在运营策略方面的一个重点，政策上要允许电力企业以财政激励手段去实施需求侧管理计划。财政激励手段主要包括在供应侧制定面向用户的多种可供选择的鼓励性电价推动用户移峰填谷，如容量电价、峰谷电价、分时电价、季节性电价、可中断负荷电价等；对需求侧终端用户，采用节电技术设备的折让销售、节电效益还贷、节电特别奖励、节电招标等市场手段来鼓励用户提高用电效率，节约使用能源。

（4）在电源开发的制度中把需求侧管理计划纳入法定的审批程序。把电源开发和电力节约视为一个整体纳入审批程序，把需求侧管理计划列入其中的审批内容并参加电力电量平衡，使开发与节约联系在一起，统一筹划，同步实施，把节约落在实处，才能改变电力部门单纯注重依靠增加电力供应来满足需求增长的传统模式，走上资源开发利用集约型管理的轨道。

9.3.16 电力系统的负荷特性有哪些？

答 电力系统的负荷特性又称为电力系统的负荷方式，它每时每刻都在发生变化，通常是用负荷特性曲线来表示。电力系统的负荷特性主要包括年负荷特性曲线和日负荷特性曲线两种，有的还有周、月和季负荷特性。年负荷特性基本上有两种：一种是负荷峰期出现在冬季，另一种是负荷峰期出现在夏季。日负荷特性也有两种：一种是峰期最大负荷出现在夜晚，另一种是峰期最大负荷出现在白天，它们的负荷谷期均出现在后夜。

9.3.17 电力负荷特性的相关因素有哪些？

答 （1）电力系统的负荷特性与一系列因素有关主要取决于电网所在地区的经济结构和用户的生产特点，当地的气候条件、生活水平和风俗习惯，以及电网规模等；

（2）对一个具有一定规模的电网来讲，电力系统的负荷方式主要是由终端用电方式决定；但是由于供电能力不足和线路容量堵塞等拉闸停电的影响，负荷特性不是完全满足终端用电需求的自然负荷特性，否则电网负荷的峰谷差距还要拉大；

（3）随着市场经济的发展和人们生活品质的不断提高，电网负荷的峰谷差距还有进一步的发展趋势，电力负荷特性也在发展变化中。

9.3.18 什么是电力负荷管理技术？

答 电力负荷管理技术就是负荷整形技术，也就是改变用户的用电方式是通过负荷管理技术来实现的。

它是根据电力系统的负荷特性，以某种方式将用户的电力需求从电网负荷高峰期削减、转移或增加电网负荷低谷期的用电，以达到改变电力需求在时序上的分布，减少日或季节性的电网峰荷的目的，从而提高系统运行的可靠性和经济性。

在规划中的电网，主要是减少新增装机容量和节省电力建设投资，从而降低预期的供电成本。

9.3.19 电力负荷整形技术主要有哪几种手段？

答 电力负荷整形技术主要有削峰、填谷、移峰填谷三种。

（1）削峰是在电网高峰负荷时期减少用户的电力需求，避免增设边际成本高于平均成本的装机容量，并且由于平稳了系统负荷，提高了电力系统运行的经济性和可靠性，降低了平均发电成本。

（2）填谷是在电网低谷时段增加用户的电力电量需求，有利于启动系统空闲的发电容量，并使电网负荷趋于平稳，提高了系统运行的经济性。

（3）移峰填谷是将电网高峰负荷的用电需求推移到低谷负荷时段，同时起到削峰和填谷的双重作用。

9.3.20 用电负荷削峰的控制手段主要是什么？

答 削峰的控制手段主要有两个：一个是直接负荷控制；另一个是可中断负荷控制。

（1）直接负荷控制是在电网峰荷时段，系统调度人员通过远动或自控装置随时控制用户终端用电的一种方法。直接负荷控制多于城乡居民的用电控制，对于其他用户以停电损失最小为原则进行排序控制。

（2）可中断负荷控制是根据供需双方事先的合同约定，在电网峰荷时段系统调度人员向用户发出请求信号，经用户响应后中断部分供电的一种方法。它特别适合可以放宽对供电可靠性苛刻要求的那些塑性负荷，主要应用于工业、商业、服务业等，如有工序产品或最终产品存储能力的用户。

（3）控制方法主要是利用时间控制器和需求限制器等自控装置实现负荷

的间歇和循环控制，是对电网错峰比较理想的控制方式。它虽然改变了用户的发电方式，但通常不会或较少影响用户到用户的用电模式和服务质量，如空调、风机、水泵、大耗电工艺设备等的间歇和循环控制，但是需要有完善的控制系统才能达到预期效果。

（4）削峰控制不但可以降低电网峰荷，还可以减少用户变压器的装置容量；但另一方面削峰会减少一定的峰期售电量，同时也降低了电力公司的部分收入。

9.3.21　用电负荷填谷的技术措施有哪些？

答　比较常用的填谷技术措施如下：

（1）增加季节性用户负荷，在电网年负荷低谷时期，增加季节性用户负荷；在丰水期间鼓励用户多用水电，以电力替代其他能源。

（2）增添低谷用电设备，在夏季尖峰的电网可适当增加冬季用电设备，在冬季尖峰的电网可适当增加夏季用电设备。在日负荷低谷时段，投入电气锅炉或蓄热装置采用电气保温，在冬季后夜可投入电暖气或电气采暖空调等进行填谷。

（3）增加蓄能用电，在电网日负荷低谷时段投入电气蓄能装置进行填谷，如电气蓄热器、电动汽车蓄电瓶和各种可随机安排的充电装置等。

（4）填谷非但对电力企业有益，用户利用廉价的谷期电量可以减少电费开支。但是由于填谷要部分地改变用户的工作程序和作业习惯，也增加了填谷技术的实施难度。

（5）填谷的重点对象是工业、服务业和农业等部门。

9.3.22　电力负荷中移峰填谷的重要性是什么？

答　（1）充分利用移峰填谷，一方面增加了谷期用电量，从而增加了电力企业的销售电量。

（2）另一方面却减少了峰期用电量，又减少了电力公司的销售电量，电力系统的销售收入取决于增加的谷电收入和降低的运行费用对减少峰电收入的低偿程度。

在电力严重短缺、峰谷差距大、负荷调节能力有限的电力系统，一直把移峰填谷作为改善电网经营管理的一项主要任务。对于拟建电厂，移峰填谷可以减少新增装机容量和电力建设投资。

9.3.23　电力负荷中移峰填谷的主要技术措施有哪些？

答　（1）采用蓄冷蓄热技术。中央空调采用蓄冷技术是移峰填谷最为有效的手段，它是在后夜电网负荷低谷时段制冰或冷水，并把冰或水等蓄冷介质储存起来，在白天或前夜电网负荷高峰时段把冷量释放出来转化为冷气空调，达到移峰填谷的目的。

（2）能源替代运行。在夏季尖峰的电网，在冬季用电加热替代燃料加热，在夏季可用燃料加热替代电加热；在冬季尖峰用电的电网，在夏季可用电加热替代燃料加热，在冬季可用燃料加热替代电加热。在日负荷的高峰和低谷时段，亦可采用能源、替代技术实现移峰填谷，其中燃气和太阳能是易于与电能相互替代的能源。

（3）调整作业程序。调整作业程序是一些国家曾经长期采取的一种平抑电网日内高峰负荷的常用办法，在工业企业中把一班制作业改为二班制，把二班制作业改为三班制。作业制度大规模的社会调整，对移峰填谷起到了很大作用，但却也在很大程度上干扰了职工的正常生活节奏和家庭生活节奏，也增加了企业不少的额外负担，尤其是在硬性电价下，企业这种额外负担不能得到任何补偿，不易被社会所接受，也是电力部门能力不足的表现。

（4）调整轮休制度。调整轮休制度也是一些国家长期采取的一种平抑电网日间高峰负荷的常用办法，在企业间实行周内轮休来实现错峰，取得了很大成效。

第 10 章 用电安全管理

10.1　设备接地及接地电阻

10.1.1　什么是接地装置？

答　接地装置。电气设备的任何部分与土壤间做良好的连接称为接地。与土壤直接接触的金属体称为接地体。连接接地体与电气设备之间的金属导线称为接地线。接地线和接地体合称为接地装置。

10.1.2　电力系统中常用的接地方式有哪几种？

答　（1）工作接地。在正常或事故情况下，为了保证电气设备的安全运行，必须将电力系统某一点进行接地，称为工作接地，如把变压器的中性点接地。

（2）保护接地。为了防止由于绝缘损坏而造成触电危险，把电气设备不带电的金属外壳用导线和接地装置连接，称为保护接地，如电动机外壳接地。

（3）重复接地。将中性线上的一点或多点与地做再一次的连接，称为重复接地。

10.1.3　在电力系统中各种接地作用是什么？

答　（1）保护接地的作用：电气设备的绝缘一旦击穿，可将其外壳对地电压限制在安全电压以内，防止人身触电事故。

（2）重复接地的作用：在重复接地的低压系统中，能降低漏电设备的对地电压，减轻中性线断裂时的触电危险，缩短碰壳或接地短路故障的持续时间，对照明线路能避免因中性线断线而引起烧坏灯泡等事故发生。

（3）工作接地的作用：降低人体的接触电压，迅速切断故障设备，降低电气设备和电力线路的设计绝缘水平。

10.1.4 保护接地使用范围有哪些?

答　(1)电机、变压器、照明器具、携带式或移动式用电器具和其他电器的金属外壳和底座。

(2)电气设备的传动装置。

(3)室内外配电装置的金属(或钢筋混凝土)构架以及靠近带电部分的金属遮栏和金属门。

(4)配电、控制和保护用的屏(柜、箱)及操作台的金属框架和底座。

(5)交、直流电力电缆的接头盒及终端盒的金属外壳,电缆的金属护层,可触及的电缆金属保护管和穿线的钢管。

(6)电缆桥架、支架和井架。

(7)装有避雷线的电力线路杆塔。

(8)装在配电线路杆上的电力设备。

(9)封闭母线的外壳及其他裸露的金属部分。

(10)六氟化硫封闭组合电器和箱式变电站的金属箱体。

(11)控制电缆的金属护层。

10.1.5 重复接地使用范围有哪些?

答　(1)中性点直接地的低压线路、架空线路的终端、分支线长度超过200m 的分支处及沿线每隔 1km 处,中性线应重复接地。

(2)高、低压线路同杆架设时,两端杆上的低压线路的中性线应重复接地。

(3)无专用中性线或用金属外皮做中性线的低压电缆,应重复接地。

(4)电缆和架空线路在引入建筑物处,如离接地点超过 50m,应将中性线重复接地,或者在室内将中性线与配电屏、控制屏的接地装置相连。

(5)采用金属管配线时,应将金属管与中性线连接后再重复接地。

(6)采用塑料管配线时,在管外应敷设截面积不小于 10mm² 的纲线与中性线连接后,再重复接地。

(7)每一重复接地电阻,一般不得超过 10Ω;而电源(变压器)容量在 100kVA 以下者,每一重复接地电阻可不超过 30Ω,但至少要有三处进行重复接地。

10.1.6 电气设备接地的一般原则是什么?

答　电气设备接地的一般原则:

（1）为保证人身和设备安全，电气设备应接地或接中性线，三线制直流回路的中性点应直接接地。

（2）应尽量利用一切金属管道及金属构件作为自然接地体，但输送易燃、易爆物质的金属管道除外。

（3）不同用途和不同电压的电气设备，一般应使用一个总的接地体，而接地电阻要以其中要求最小的电阻为准。

（4）当受条件限制，电气设备实行接地困难时，可设置操作和维护电气设备用的绝缘台，并考虑操作者站在台上工作不致偶然触及周围物体。

（5）低压电网的中性点可直接接地或不接地，但380/220V低压电网的中性点必须直接接地。

（6）中性点直接接地的低压电网，应装设能迅速自动切除接地短路故障的保护装置。

（7）1kV以下中性点接地的架空线路，以下情况都应重复接地：

1）每隔1km的地方；

2）分支线的终端杆；

3）进户线入口附近。

（8）避雷器与放电间隙，应与被保护设备的外壳共同接地。

（9）架空线路的避雷线，可与管型避雷器共同接地。

（10）接地线圆钢直径为10mm，扁钢为25mm×4mm。

10.1.7 变配电所设备的接地有何要求?

答 变配电所的变压器、开关设备和互感器的金属外壳，配电柜、控制保护屏、金属构架、防雷设备及电缆头、金属遮栏等电气设备必须接地。

（1）变配电所的接地装置，接地体应水平敷设。室内角钢基础及支架要用截面积不小于25mm×4mm的扁钢相连做接地干线；而室内接地部分可共用一组接地装置，并与户外式接地装置连接。

（2）接地体应离变、配电所墙3m以外，接地体长度以2.5m，两根接地体间距5m为宜。

（3）接地网形式以闭合环形为好，当接地电阻不能满足要求时，可辅加外引式接地体。

（4）接地网的外缘应闭合，外缘各角要做成圆弧形，其半径不小于均压带间距的一半，接地网的埋设深度应不小于0.6m，并敷设水平均压带。

（5）变压器中性点的工作接地线，要分别与人工接地网连接。

（6）避雷针（线）宜设单独的接地装置。

（7）整个接地网的接地电阻应不大于4Ω。

10.1.8 架空输电线路的接地有何要求?

答 架空输电线路的以下部分应进行接地:

(1)有避雷线的 3 ~35kV 线路的铁塔或钢筋混凝土杆。

(2)接地杆塔上避雷线、金属横担、绝缘子底座。

(3)1kV 以下杆塔在接零系统中，可将杆塔与中性线相连，且中性点应接地。

(4)在 500A 以下的小接地短路电流系统中，无避雷线的 3~10kV 线路的铁塔或钢筋混凝土杆。

10.1.9 电缆线路的接地有何要求?

答 电缆绝缘损坏时，在电缆的外皮、铠甲及接头盒上均可能带电，因此要求电缆线路必须接地。

(1)如果电缆在地下敷设，两端都应接地。

(2)低压电缆线路除在特别危险的场所(潮湿、腐蚀性气体、导电尘埃)需接地外，其他正常环境不必接地。

(3)金属外皮的电缆，其支架可不接地，但电缆外皮是塑料或橡皮等非金属材料及电缆与支架间有绝缘层时，支架必须接地。

(4)截面积为 $16mm^2$ 及以上的单芯电缆，为消除涡流，外皮的一端应接地。

(5)两根单芯电缆平行敷设时，为限制产生过高的感应电压，应在多处接地。

10.1.10 易燃、易爆场所电气设备的接地或接零有何要求?

答 易燃、易爆场所电气设备的接地或接零，应符合以下要求:

(1)易燃易爆场所的电气设备、机械设备、金属管道和建筑物的金属结构都应接地，并在管道接头处敷设跨接线。

(2)接地或接零的导线应有足够大的截面，在 1kV 以下中性点接零线路中，当线路用熔断器保护时，保护装置的动作安全系数不小于 4，用断路器保护时不小于 2。

(3)对电机、电器和其他电气设备的接头、导线和电缆芯线的电气连接应进行压接，并保证接触良好。

(4)在不同方向上的接地和接零干线与接地体的连接点不少于 2 个，并在建筑物两端分别与接地体相连。

(5)为防止测量接地电阻时发生火花而引起事故，应在无爆炸危险的地方进行测量，或将测量用的端钮引至易燃、易爆场所以外进行测量。

10.1.11 电力系统中对接地电阻的要求有哪些？

答 接地电阻的大小直接影响接地装置能否发挥其应有的保护作用。接地电阻大了，当设备发生绝缘击穿时，故障电流通过接地装置流入大地时产生压降大，人体接触故障设备时，作用于人体的接触电压或跨步电压将超过人体所承受的安全电压。因此，为保证人身安全，接地装置的电阻值应使接触电压或跨步电压不超出人体所承受的安全电压。

10.1.12 1kV 及以上大接地短路电流系统中对电气设备接地电阻的要求是什么？

答 1kV 及以上大接地短路电流系统的电气设备，在这种系统中，线路电压很高，接地电流很大，若系统发生短路，当电气设备绝缘发生破坏时，形成单相短路，使继电保护动作，保护开关迅速断开。单相短路电流流经的时间极短，此时人接触的机会很少，而且对于这种设备，运行维护人员进行维护操作时，都使用绝缘靴、绝缘手套等防护用具，危险较小。

一般情况下，当接地短路电流经过接地装至流入大地时，接地网的电位升高不应超过 2kV。因此，1kV 及以上大接地短路电流系统中的电气设备接地电阻，可按下式进行计算

$$R_e \leqslant 2000 / I_e$$

式中：R_e 为接地装置的接地电阻（Ω）；I_e 为接地短路电流（A）。

当 $I_e > 4000$A 时，在大接地短路电流系统中，接地电阻除了要满足人身安全的要求外，还应考虑在电力系统中各种可能的运行方式下，继电保护和自动装置都能按照要求迅速准确地动作，要求接地电阻应小于 0.5Ω。

为了保证安全，即使采用自然接地装置已可满足该接地电阻要求，还应装设人工接地装置，人工接地装置的接地电阻不应大于 1Ω。为了减小跨步电压应采用均压措施，在土壤电阻率较高地区，接地电阻允许提高，但不应超过 5Ω。

10.1.13 1kV 及以上小接地短路电流系统中对电气设备接地电阻的要求是什么？

答 1kV 及以上小接地短路电流系统的电气设备，其对地安全电压要根据是否与低压电气设备采用共同接地装置而定。

如果电气设备与 1kV 以下的低压电气设备具有共同的接地，由于接地的并联回路很多，对地电压只要不超过安全电压的一倍就可以，一般采用 125V。如果接地装置仅用于 1kV 及以上的电气设备，对地电压可以比共同接地情况再提高一倍，即采用 250V。

因为这种电气设备分布的范围比低压设备小，而且一般只有熟练人员才能维护操作。因此，当与 1kV 以下的电气设备共同接地时，其接地电阻可用下式计算

$$R_e \leqslant 125 / I_e$$

式中：R_e 为接地装置的接地电阻（Ω）；I_e 为接地短路电流（A）。

当接地装置仅用于 1kV 以上的高压电气设备时，其接地装置的接地电阻为

$$R_e \leqslant 250 / I_e$$

接地装置的接地电阻一般不应大于 10Ω。在有电容电流补偿的装置中，则不得超过 4Ω；在土壤电阻率高地区，接地电阻允许提高，但对变配电所电气设备不得超 15Ω，其余电气设备不得超过 30Ω。

10.1.14　1kV 以下中性点不接地系统中对电气设备接地电阻的要求有哪些?

答　在 1kV 以下的中性点不接地系统的电气设备中，当发生单相接地短路时，一般不会发生很大的短路电流，最大不超过 15A，对于一般的电气设备，其接地电阻规定不超过 4Ω。单台容量或并联容量不超过 100kVA 的变压器，由于内电阻较大，不会产生较大的接地短路电流，因此，接地电阻可不大于 10Ω。

10.1.15　1kV 以下中性点直接接地系统中对电气设备接地电阻的要求有哪些?

答　1kV 以下中性点直接接地系统中，电气设备的接地电阻一般规定不超过 4Ω，重复接地电阻不大于 10Ω。对于容量不超过 100kVA 的变压器供电的电气设备，其重复接地的电阻可不大于 30Ω，但重复接地处应不少于 3 处。

10.1.16　架空线路接地电阻的要求有哪些?

答　（1）35kV 以上有避雷线的架空线路，接地电阻与土壤电阻率的大小与接地形式有关。测量时，如果避雷线不隔离，测出的电阻将受相邻杆塔接地装置的影响。

（2）在 35kV 以上无避雷线的小接地短路电流系统中，架空线路的钢筋混凝土杆、金属杆和木杆的铁横担，其接地电阻一般应不超过 30Ω。

（3）3kV 及以上无避雷线小接地短路电流系统中的架空线，在居民区的钢筋混凝土杆、金属杆的接地电阻不超过 30Ω。

（4）低压中性点直接接地的架空线路，钢筋混凝土杆的铁横担和金属杆应与零线相连，并将进户线的绝缘子铁脚接地，其接地电阻不大于 30Ω。零线应重复接地，其接地电阻不大于 10Ω。

10.1.17 电气设备接零装置的要求有哪些？

答 （1）三相四线制 380 / 220V 电源的中性点必须有良好的接地，接地电阻不大于 4Ω。且将零线重复接地，否则零线一旦发生断路，在零线回路上的接零设备中，只要有一台外壳带电，就会使断线点以下接零设备外壳带电，直接危及人身安全。

（2）零线的截面在符合最小截面的前提下，应保证当任何一点发生短路时，其短路电流为熔丝额定电流的 4 倍，或断路器断开电流的 1.5 倍。电气设备发生碰壳短路时，必须要求保护设备立即动作切断电源，否则仍有可能发生触电事故。

（3）同一低压电网中，不允许将一部分电气设备采用保护接地，而另一部分电气设备采用保护接零。否则接地设备发生碰壳故障时，使零线电位升高，接零设备外壳接触电压升高，增大了发生触电的危险性。

（4）采用保护接零时，零线上不允许加装隔离开关、自动空气断路器、熔断器等电气设备。

（5）采用保护接零时，设备的保护零线与工作零线应分开，不得共用。

10.1.18 保护接地与保护接零的主要区别有哪些？

答 （1）保护原理不同。保护接地是限制设备漏电后的对地电压，使之不超过安全范围。在高压系统中，保护接地除限制对地电压外，在某些情况下，还有促使电网保护装置动作的作用。保护接零是借助接零线路使设备漏电形成单相短路，促使线路上的保护装置动作，以及切断故障设备的电源。此外，在保护接零电网中，保护零线和重复接地还可限制设备漏电时的对地电压。

（2）适用范围不同。保护接地既适用于一般不接地的高低压电网，也适用于采取了其他安全措施（如装设漏电保护器）的低压电网；保护接零只适用于中性点直接接地的低压电网。

（3）线路结构不同。如果采取保护接地措施，电网中可以无工作零线，只设保护接地线；如果采取了保护接零措施，则必须设工作零线，利用工作零线作接零保护。保护接零线不应接开关、熔断器，当在工作零线上装设熔断器等开断电器时，还必须另装保护接地线或接零线。

10.1.19 接地装置在运行中的检查周期是如何规定的?

答 接地装置在运行中的检查周期如下:

(1) 变电站的接地网一般每年检查一次。

(2) 根据车间的接地线及零线的运行情况，每年一般应检查 1~2 次。

(3) 各种防雷装置的接地线每年 (雨季前) 检查一次。

(4) 对有腐蚀性土壤的接地装置，安装后应根据运行情况，一般每 5 年左右挖开局部地面检查一次。

(5) 手动电动工具及移动式电气设备的接地线，在每次使用前应进行检查。

(6) 接地电阻一般 1~3 年测量一次。

10.1.20 接地装置在运行中的检查内容是如何规定的?

答 接地装置在运行中检查内容如下:

(1) 检查接地线各连接点的接触是否良好，有无损伤、折断和腐蚀现象。

(2) 对含有重酸、碱、盐和金属矿岩等化学成分的土壤地带，应定期对接地装置的地下 500mm 以上部位挖开地面进行检查，观察接地体的腐蚀程度。

(3) 检查分析所测量的接地电阻值变化情况是否符合要求，并在土壤电阻率最大时进行测量，应做好记录，以便分析、比较。

(4) 设备每次检修后，应检查接地线是否牢固。

(5) 检查接地支线和接地干线是否连接牢固。

(6) 检查接地线与电气设备及接地网的接触是否良好，若有松动脱落现象，要及时修补。

(7) 对移动式电气设备的接地，每次使用前检查接地情况，观察有无断股等现象。

10.1.21 低压电网的绝缘监视内容是如何规定的?

答 在低压未接地电网中，当一相发生接地故障时，其他两相的对地电压升高到接近线电压。由于一相接地的接地电流很小，而其他两相的电流也相应增加，如果不能及时发现和排除故障，线路和设备仍能继续运行，使隐患可能长时间存在，对设备和人身安全都是非常不利的。因此，应进行低压电网的绝缘监视。

低压电网的绝缘监视，最简单的办法是用三只同样规格的电压表来实现，正常时，三只电压表平衡，读数都为相电压，当一相接地时，该相电压表读数急剧下降，另外两相电压表的读数显著上升。即使系统未有接地，而是一相或两相对地绝缘相当恶化，这时三只电压表读数不同，应引起注意。为不影响系统中保护接地的可靠性，最好采用高内阻的电压表来进行绝缘监视。

10.1.22　高压电网的绝缘监视内容是如何规定的？

答　高压电网的绝缘监视。高压电网的绝缘监视与低压电网相似，但电压表必须通过电压互感器与高压连接，电压互感器有两组低压绕组，一组接成星形，供电网的绝缘监视连接仪表（电压表）用，另一组接成开口三角形接信号继电器。正常时，三相电压平衡，三只电压表读数相同，三角形开口处的电压为零，信号继电器不动作。当一相接地或一、二相对地绝缘明显恶化时，电压失去平衡，三只电压表便出现不同的读数，而三角形开口处出现电压，这时信号继电器动作，发出信号，应引起注意。

10.1.23　接地装置在运行中的日常维护有何要求？

答　接地装置在运行中的日常维护有以下要求：

（1）要经常观察人工接地体周围的环境情况，不应堆放具有强烈腐蚀性的化学物质。

（2）当发现运行中的接地装置其接地电阻不符合要求时，可采用降低接地电阻的措施。

（3）对于接地装置与公路、铁道或管道等交叉的地方，要采取保护措施，避免接地体受到损坏。

（4）电气设备每次大修后，要检查接地体连接情况。

（5）接地装置在接地线引入建筑物的入口处，最好设有明显标记，为运行维护工作提供方便。

（6）明敷的接地体表面所涂的标记应完好无损。

10.1.24　接地电网中零线带电有哪些症状？

答　（1）线路上有的电气设备的绝缘破损而漏电，保护装置未动作。

（2）线路上有一相接地，电网中的总保护装置未动作。

（3）零线断裂，断裂处后面的个别电气设备漏电或有较大的单相负荷。

（4）在接零电网中，个别电气设备采用保护接地，且漏电；个别单相电气设备采用一相一地制（即无工作零线）。

（5）变压器低压侧工作接地连接处接触不良，有较大的电阻；三相负荷不平衡，电流超过允许值。

（6）高压窜入低压，产生磁场感应或静电感应。

（7）高压采用两线一地运行方式，其接地体与低压工作接地或重复接地的接地体相距太近，高压工作接地的电压降影响低压侧工作接地。

（8）由于绝缘电阻和对地电容的分压作用，电气设备的外壳带电。

前5种情况较为普遍，应查明原因，采取相应措施给予消除。在接地网中采取保护接零措施时，必须有一个完整的接零系统，才能消除带电。

10.1.25 电力系统中接地点的土壤电阻率很高如何处理?

答 接地点的土壤电阻率很高，常采用的方法有：

（1）换土。用电阻率较低的黏土、黑土或砂质黏土替换电阻率较高的土壤，一般换掉接地体上部的1/3长度，周围0.5m以内的土壤，换新土后应进行夯实。

（2）深埋。若接地点的深层土壤电阻率较低，可适当增加接地体的埋设深度，最好埋到有地下水的深处。

（3）外引接地。由金属引线将接地体引至附近电阻率较低的土壤中或常年不冻的河、塘水中，或敷设水下接地网，以降低接地电阻。

（4）化学处理。在接地点的土壤中混入炉渣、废碱液、木炭、炭黑、食盐等化学物质，或采用专门的化学降阻剂，均可有效地降低土壤的电阻率。

（5）保水。将接地极埋在建筑物的背阳面或比较潮湿处；将污水引向埋设接地体的地点，当接地体用钢管时，每隔200mm钻一个直径为5mm的孔，使水渗入土中。

（6）延长。延长接地体，增加与土壤的接触面积，以降低接地电阻。

（7）对冻土处理。在冬天往接地点的土壤中加泥炭，防止土壤冻结，或将接地体埋在建筑物的下面。

10.1.26 电力系统中接地装置会出现哪些异常现象？如何处理?

答 （1）接地体的接地电阻增大，一般是因为接地体严重锈蚀或接地体与接地干线接触不良引起的，应更换接地体或紧固连接处的螺栓或重新焊接。

（2）接地线局部电阻增大，因为连接点或跨接过渡线轻度松散，连接点的接触面存在氧化层或污垢，引起电阻增大，应重新紧固螺栓或清理氧化层和污垢后再拧紧。

（3）接地体露出地面，把接地体深埋，并填土覆盖、夯实。

（4）遗漏接地或接错位置，在检修后重新安装时应补接好或改正接线错误。

（5）接地线有机械损伤、断股或化学腐蚀现象，应更换截面积较大的镀锌或镀铜接地线，或在土壤中加入中和剂。

（6）连接点松散或脱落，发现后应及时紧固或重新连接。

10.1.27　在电力系统中如何寻找接地故障?

答　(1)当发现接地指示仪的一相电压降低，其他两相电压正常时，应先检查绝缘监视用的电压互感器的熔体有无熔断。

(2)断开分段断路器，判断接地点在哪一段母线上。

(3)首先断开绝缘性能较差、防雷性能较弱、路径较长、分支线较多、负荷较轻而重要性较小的线路，当线路有重合闸装置时，可利用该装置来查找接地故障。

(4)配电线路试拉完后，若故障仍然存在，应检查母线上的电器和电源，最后用调换备用母线的方法来检查母线系统。

(5)寻找接地故障时，可进行外观检查，直接用于操作断路器，用钳形电流表测量接地电流，但应戴绝缘于套、穿绝缘靴，防止直接触及接地的金属。

(6)如发现接地故障危及人身和设备的安全，应立即拉闸断开故障线路，及时进行处理。

10.1.28　为什么防雷接地的引下线不允许穿保护钢管?

答　若防雷接地引下线穿保护钢管，高频雷电流会在钢管中产生涡流，相当于人为增大了接地装置的接地阻抗，不利于雷电流导入大地。因此，引下线不允许穿保护管。

10.2　安全用电常识

10.2.1　电流对人体的伤害有哪些?

答　(1)伤害呼吸、心脏和神经系统，使人体内部组织破坏，甚至最后死亡。

(2)当电流流经人体时，人体会产生不同程度的刺痛和麻木，并伴随不自觉的肌肉收缩。触电者会因肌肉收缩而紧握带电体，不能自主摆脱电源。

(3)此外，胸肌、膈肌和声门肌的强烈收缩会阻碍呼吸，甚至导致触电者窒息死亡。

10.2.2　经常发生的触电形式有几种?

答　经常发生的触电形式有：

(1)单相触电。

(2)两相触电。

(3)跨步电压触电。

（4）接触电压触电。

（5）感应电压触电。

（6）剩余电荷触电。

（7）雷击触电。

10.2.3 什么是电击、电伤和电击伤害？

答 （1）当人体直接接触带电体时，电流通过人体内部，对内部组织造成的伤害称为电击。电击是最危险的触电伤害，多数触电死亡事故是由电击造成的。

（2）电伤是指电流对人体外部（表面）造成的局部创伤。电伤往往在肌体上留下伤痕，严重时，也可导致人的死亡。

（3）电击伤害主要是伤害人体的心脏、呼吸和神经系统，因而破坏人的正常生理活动，甚至危及人的生命。例如，电流通过心脏时，心脏泵室作用失调，引起心室颤动，导致血液循环停止；电流通过大脑的呼吸神经中枢时，会遏止呼吸并导致呼吸停止；电流通过胸部时，胸肌收缩，迫使呼吸停顿、引起窒息。所以电击对人体的伤害属于生理性质的伤害。

10.2.4 电击有哪几种情况？

答 （1）当人体将要触及1kV以上的高压电气设备带电体时，高电压能将空气击穿，使其成为导体，这时电流通过人体而造成电击。

（2）低压单相（线）触电，两线触电会造成电击。

（3）接触电压和跨步电压触电会造成电击。

10.2.5 电伤可分为哪几类？

答 （1）灼伤。灼伤是指电流热效应产生的电伤。最严重的灼伤是电弧对人体皮肤造成的直接烧伤。例如，当发生带负荷拉刀开关、带地线合刀开关时，产生的强烈电弧会烧伤皮肤。灼伤的后果是皮肤发红、起泡，组织烧焦并坏死。

（2）电烙印。电烙印是指电流化学效应和机械效应产生的电伤。电烙印通常在人体和带电部分接触良好的情况下才会发生。其后果是，皮肤表面留下和所接触的带电部分形状相似的圆形或椭圆形的肿块痕迹。电烙印有明显的边缘，且颜色呈灰色或淡黄色，受伤皮肤硬化。

（3）皮肤金属化。皮肤金属化是指在电流作用下，产生的高温电弧使电弧周围的金属熔化、蒸发并飞溅渗透到皮肤表层所造成的电伤。其后果是皮肤变得粗糙、硬化，且呈现一定颜色。根据人体表面渗入紫铜为绿色，渗入黄铜为蓝绿色。金属化的皮肤经过一段时间后会逐渐剥落，不会永久存在而造成终身痛苦。

10.2.6　什么是单相触电?

答　当人站在地面上，碰触带电设备的其中一相时，电流通过人体流入大地，这种触电的方式称为单向触电。此外，在高压设备或带电体附近的人员，虽未直接碰触带电体，当人体距高压带电体小于规定的安全距离时，将发生高压带电体对人体放电，造成触电事故，这种触电方式也称为单相触电。

10.2.7　单相触电的类型有哪几种?

答　在低压电网通常采用变压器供电，在变压器的低压侧，有采用中性点直接接地（通过保护间隙接地）及中性点不直接接地两种接线方式，所以发生单相触电的情况也有不同，下面分别加以说明：

（1）在中性点直接接地的低压电力系统中，当人体触及一相带电体时，该相电流通过人体经大地回到中性点形成回路。由于人体电阻比中性点直接接地的电阻大得多，电压几乎全部加在人体上，造成触电。

（2）在中性点不接地的低压电力系统中，电气设备对地有相当大的绝缘电阻，若发生单相触电时，通过人体的电流很小，一般不至于造成对人体的伤害。当电气设备、导线绝缘损坏或绝缘老化，其对地绝缘电阻降低时，这种低压电力系统同样会发生电流通过人体流入大地的单相触电事故。

（3）在中性点不接地的高压电力系统中，特别是在较长的电缆线路上，当发生单相触电时，另两相对地电容电流较大，触电的危害程度也较大。一般在单相触电时，接地电流在30A以下时，继电保护装置未达到动作整定值，不能动作，对人体的伤害程度就更为严重。因此，在中性点不接地的高压电力系统中，单相触电是非常危险的。

（4）此外，在高压架空线路发生断线时，如果人碰及断落的导线也会造成单相触电事故。同时，由于高压线搭地还会使更多的人由于跨步电压造成触电。

10.2.8　什么是两相触电?

答　人体同时接触带电设备或带电线路的两相时，以及在高压电力系统中，人体距高压带电体小于规程要求的安全距离，造成电弧放电时，电流从一相导体流入另一相导体的触电方式称为两相触电。两相触电加在人体上的电压为线电压，触电的危险性最大。对于380V的线电压，两相触电时通过人体的电流能达到260~270mA，这样大的电流通过人体，只要经过0.1~0.2s，人就会死亡。所以两相触电比单相触电危险程度严重得多。

10.2.9 何谓跨步电压和接触电压？有什么危险？

答 （1）当运行中的电气设备因绝缘损坏漏电时，或是一根带电导线断落在地上时，接地电流通过接地体向大地流散，以接地体为圆心、半径为20m的圆面积内形成分布单位。如有人在接地故障点周围通过，其两脚之间（人的跨步距离按 0.8m 计算）的电位差称为跨步电压。

由于跨步电压的作用，电流从人的一只脚经下身，通过另一只脚流入大地形成回路，造成触电事故。这种触电方式称作跨步电压触电。触电者先感到两脚麻木，然后跌倒。人跌倒后，由于头与脚之间距离加大，电流将在人体内脏重要器官通过，如果通过电流的时间达到 2s，人就有生命危险。

跨步电压的高低取决于人体与接地故障点的距离，距故障点越近，跨步电压越高。当人体与故障点的距离达到 20m 及以上时，可以认为此处的电位为零，跨步电压亦为零，就不会发生触电的危险了。

（2）运行中的电气设备由于绝缘损坏或其他原因造成接地短路故障时，接地电流通过接地点向大地流散，会形成以接地故障点为中心、20m 为半径的分布电位。如果人用于触及漏电设备外壳时，电流通过人手、人体和大地构成回路，造成触电事故，这种触电方式称为接触电压触电，人的手与脚之间的电位差称为接触电压（以人站在发生接地短路故障设备的旁边，距设备水平距离 0.8m，人手触及设备外壳处距地 1.8m 计算）。

接触电压值的大小随人体站立点的位置而异，当人体距离接地短路故障点越远时，接触电压值越大，当人体站在距接地短路故障点在 20m 以外的地方触及漏电设备外壳时，接触电压达到最大值，等于漏电设备的对地电压。当人体站在接地故障点与漏电设备外壳接触时，接触电压为零。

（3）此外，由于触电者穿的靴、鞋及所站处所的地板都有一定的电阻，可减小人所承受的接触电压。因此，严禁裸臂、赤脚去操作电气设备，在操作电气设备时，应穿长袖工作服，使用辅助安全用具，在专人监护下进行，以保安全。

10.2.10 什么是感应电压触电和剩余电压触电？如何预防？

答 （1）一些不带电的线路，由于大气变化（如雷电活动），会产生感应电荷，还有一些停电后可能产生感应电压的设备未挂临时地线，这些设备和线路对地都存在感应电压。人触及这些带有感应电压的设备和线路时会造成触电事故，这种触电现象称为感应电压触电。因此在电气安全工作规程中规定，在停电线路上工作，遇有危及工作人员人身安全的天气（如雷雨、闪电），全体工作人员应离开工作现场，对于停电后可能产生感应电压的设备和线路应悬挂临时接地线后方可进行工作。这些都是防止感应电压触电的措施。

（2）检修人员在检修、摇测停电后的并联电容器、电力电缆电路、电力变压器及大容量电动机等设备时，由于检修、摇测前或摇测后没有对其充分放电，使这些设备的导体上有一定数量的剩余电荷。另外并联电容器因其放电电路故障而不能及时放电，电容器退出运行后又未进行人工放电，电容器的极板上将带有大量的剩余电荷。此时如有人触及了这些带有剩余电荷的设备，带有电荷的设备将通过人体放电，造成触电事故。这种触电现象称为剩余电荷触电。

为了防止这类触电事故发生，对于停电后的并联容器、电力电缆、电力变压器及大容量的交流电动机等设备，在检修前必须充分人工放电后才能进行工作，在摇测这些电气设备的绝缘后，还必须及时进行充分的人工放电，防止发生剩余电荷触电事故发生。

10.2.11　不同电流强度对人体的影响有哪几种?

答　通过人体的电流越大，人体的生理反应越明显感觉越强烈，从而引起心室颤动所需要的时间越短，致命的危险程度就越大。按照电流通过人体时的不同生理反应，可将电流大致分为以下三种：

（1）感觉电流。使人体有感觉的最小电流，称为感觉电流。实验表明，平均感觉电流，成年男性约为 1mA（工频），成年女性约为 0.7mA（工频）；对直流而言，约为 5mA。

（2）摆脱电流。人体触电后能自主摆脱电源的最大电流称为摆脱电流。实验表明，平均摆脱电流，成年男性约为 16mA（工频）以下，成年女性约为 10mA（工频）以下，对直流而言，约为 50mA；儿童的摆脱电流较成人小些。

（3）致命电流。在较短的时间内，危及生命的最小电流称为致命电流。一般情况下，通过人体的工频电流超过 50mA 时，心脏就会停止跳动、发生昏迷，并出现致命的电灼伤。工频 100mA 的电流通过人体时很快使人致命。

10.2.12　一般人体电阻是多少？人体的安全电流（交流、直流）是多少?

答　（1）人体皮肤干燥未破损时，人体电阻一般为 10000 ~ 100000Ω；皮肤出汗潮湿或操作时，约 1000Ω。

（2）对 50 ~ 60Hz 的交流电，人体安全电流为 10mA；对直流电，人体的安全电流为 50mA。

10.2.13 当发现人身触电后，首先采取什么措施？

答 （1）首先尽快使触电者脱离电源，以免触电时间过长而难以抢救。

（2）电源开关或刀闸距触电者较近时，则尽快切断开关或刀闸。

（3）电源开关较远时，可用绝缘钳子或带有干燥木柄的斧子、铁锹等切断电源。

（4）也可用木杆、竹竿等将导线挑开脱离触电者。

10.2.14 心肺复苏法支持生命的三项基本措施是什么？

答 心肺复苏法支持生命的三项基本措施是：畅通气道；口对口（口对鼻）人工呼吸；胸外心脏按压。

10.2.15 紧急救护中的“六会”内容是什么？

答 紧急救护中的“六会”内容是：

（1）会止血。

（2）会包扎。

（3）会转移搬运重伤员。

（4）会处理外伤或中毒。

（5）会心肺复苏。

（6）会脱离电源。

10.2.16 电气工作人员必须具备哪些条件？

答 电气工作人员必须具备体格、紧急救护知识和电气知识三项从业条件，这是工作本身所要求的，具体如下：

（1）经医师鉴定，无妨碍工作的病症（体格检查约两年一次）。

（2）具备必要的电气知识，且按职务和工作性质，熟悉《电力安全工作规程》的有关部分，并经考试合格。

（3）学会紧急救护法，首先学会触电解救法和人工呼吸法。

10.2.17 如何正确使用低压验电笔？

答 （1）先进行外观检查，使用前应在确有电源处测试，证明验电笔确实良好。

（2）使用时，应逐渐靠近被测物，只有氖管不亮时，手才可与被测物直接接触。

10.2.18　什么是基本安全用具和辅助安全用具?

答　安全用具是为防止触电、坠落、烧伤、煤气中毒等事故，保证工作人员安全的各种专用安全工具。安全用具大体可分为两大类，即基本安全用具和辅助安全用具。基本安全用具是绝缘强度大，能长时间承受电气设备的工作电压，能直接用来操作带电设备，如绝缘杆、绝缘夹钳等。辅助安全用具其绝缘强度小，不足以承受电气设备的工作电压，只是用来加强基本安全用具的保安作用，如绝缘台、绝缘垫、绝缘手套、绝缘鞋等。

10.2.19　倒闸操作前后应注意哪些问题?

答　（1）倒闸操作前，应按操作票顺序与模拟图板核对相符。

（2）操作前后都应核对现场设备名称、编号和断路器、隔离开关断合的位置。

（3）操作完后，受令人应立即报告发令人。

10.2.20　倒闸操作中产生疑问时，应如何应对?

答　倒闸操作中如产生疑问时，不准擅自改变操作票，必须向值班调度员或工区值班员报告，弄清楚疑问后再进行操作。

10.2.21　设备验电时，哪些情况不能作为设备已停电的依据?

答　不能作为设备已停电的依据有：

（1）设备的分合闸指示牌的指示。

（2）母线电压表指示为零位。

（3）电源指示灯已熄灭。

（4）电动机不转动。

（5）电磁线圈无电磁声响。

（6）变压器无声响。

10.2.22　验电“三步骤”指的是什么?

答　验电的“三步骤”指的是：

（1）验电前将验电器在有电的设备上验明其完好。

（2）在被验电的电气设备进出线两端逐次验电。

（3）最后再将验电器在有电的设备上检查一遍。

10.2.23　使用万用表需注意哪些问题?

答　（1）要熟读说明书，按有关规定正确使用。

（2）接线端子的选择。被测直流电压的正极接表的“+”端，被测直流电的流入方向接表的“+”端。

（3）测量种类选择。根据测量对象，将转换开关置于需要的位置，如直流电压、电流。

（4）注意交流电压、电流、电阻等挡位的选择。严禁用 Ω 挡、电流挡测电压。

（5）正确读数，分清各类标尺。

（6）测量结束后，要将万用表的转换开关置于交流电压最大挡，以保护万用表。

10.2.24　怎样使触电者脱离低压电源?

答　（1）利用开关刀闸切断电源。

（2）利用带绝缘的工具割断电源线。

（3）利用绝缘的物体挑开电源线。

（4）利用绝缘手段拉开触电者。

（5）在触电者身下塞入干燥板等绝缘物，使之与地之间形成绝缘。

10.2.25　防止触电的措施有哪些?

答　最有效措施是利用接地，具体做法有：

（1）将电器、电机及配电箱等金属外壳或支架及电缆的金属包皮、管路等，用导线和接地线紧密可靠的连接。

（2）三相四线制的配电网，还可采用保护接中性线的措施，做法是将用电设备不带电的金属部分，如用电设备的外壳与电网的中性线相接。

10.2.26　在高压设备上工作，必须遵守的原则是什么?

答　（1）填用工作票或口头、电话命令。

（2）至少应有两人在一起工作。

（3）完成保证工作人员安全的组织措施和技术措施。

10.2.27　工作负责人（监护人）的安全责任有哪些?

答　（1）正确安全地组织工作。

（2）结合实际进行安全思想教育。

（3）督促、监护工作人员遵守《电力安全工作规程》。

（4）负责检查工作票所载安全措施是否正确完备，值班员所做安全措施是否符合现场实际条件。

（5）工作前对工作人员交代安全事项。

（6）确认工作班人员变动是否合适。

10.2.28　电气绝缘安全用具怎样分类?

答　电气绝缘安全用具分为两类：

（1）基本安全用具，如绝缘棒、绝缘夹钳、试电笔。

（2）辅助安全用具，如绝缘手套、绝缘靴、绝缘垫、绝缘台。

10.2.29　安全工具使用前的检查主要有哪些内容?

答　不论是普通安全工具，还是特殊作业绝缘工具，都应按照相关的规程规定进行检查。主要内容有：

（1）工器具保管良好，外观清洁、干燥、无损伤痕迹和变形，无挪作他用的现象。

（2）安全工具的电压等级应与运行设备的电压等级相符，并在试验合格的有效期间内。

（3）使用安全工具时应严格执行规程规定。基本安全工具必须借助于辅助安全工具的配合，才可实施操作。

（4）检查发现安全工具存在损伤，绝缘性能降低时，应予以澄清，否则应进行可靠性试验证明。

10.2.30　什么是防爆安全型设备?

答　防爆安全型设备正常时不产生火花、电弧或危险温度，并在设备上采取适当措施，以提高安全性能。

10.2.31　在什么条件下应使用安全带？安全带有哪几种?

答　安全带是防止高处附落的安全用具。凡是在离地面3m以上的地点进行的工作，都应视作高处作业。高度超过1.5m，没有其他防止坠落的措施时，必须使用安全带。过去安全带用皮革、帆布或化纤材料制成，按国家标准现已生产了锦纶安全带。安全带按工作情况分为高空作业绵纶安全带、架子工用锦纶安全带、电工用绵纶安全带等。

10.2.32　发现有人触电应如何急救?

答　应立即断开电源，如来不及可用绝缘物或干燥的木棍等使其脱离电源。如触电人在高处，应采取防止跌伤的措施。切不可用手去拉。

10.2.33 哪些场所应使用安全电压照明?

答　以下场所应使用安全电压照明:

(1) 手提照明灯。

(2) 危险环境。

(3) 厂房内灯具高度不足 2.5m 的一般照明。

(4) 工作地点狭窄、行动不便,有危险易触电的地方。

(5) 金属容器内工作。

10.2.34 电流对人体的伤害程度与通电时间的长短有何关系?

答　(1) 通电时间愈长,引起心室颤动的危险也愈大。这是因为通电时间越长,人体电阻因出汗等原因而降低,导致通过人体的电流增加,触电的危险性也随之增加。

(2) 心脏每搏动一次,中间有 0.1 ~ 0.2s 的时间对电流最为敏感。通电时间越长,与心脏最敏感瞬间重合的可能性也就越大,危险性也就越大。

10.2.35 绝缘操作棒的用途及使用注意事项是什么?

答　(1) 绝缘操作棒用来闭合或断开高压隔离开关、跌落式熔断器,也可用来安装和拆除临时接地线以及用于测量和试验工作。

(2) 使用注意事项:不用时应垂直放置,最好放在支架上,不应使其与墙壁棒接触,以免受潮。

10.2.36 验电器(笔)的用途及使用注意事项是什么?

答　验电器(笔),是用来检查设备是否带电的一种专用安全用具,分高压、低压两种。使用注意事项如下:

(1) 应选用电压等级相符,且经试验合格的产品。

(2) 验电前应先在确知带电的设备上试验,以证实其性能完好后,方可使用。

(3) 使用高压验电器时,不要直接接触设备的带电部分,而要逐渐接近,到氖灯发亮为止。

(4) 使用时应注意避免因受邻近带电设备影响而使验电器氖灯发亮,引起误判断。验电器与带电设备距离应为:电压为 6kV 时,大于 150mm;电压为 l0kV 时,大于 250mm。

10.2.37 绝缘手套的用途及使用注意事项是什么?

答　(1) 绝缘手套主要用于在高压电气设备上进行操作。

（2）使用注意事项：不许作其他用，使用前要认真检查是否破损、漏气，用后应单独存放，妥善保管。

10.2.38　绝缘鞋（靴）的用途及使用注意事项是什么？

答　（1）绝缘鞋（靴）是进行高压操作时用来与地保持绝缘。

（2）使用注意事项：严禁作为普通靴穿用，使用前应检查有无明显破损，用后要妥善保管，不要与石油类油脂接触。

10.2.39　绝缘站台的用途及使用注意事项是什么？

答　（1）绝缘站台可在任何电压等级的电力装置中带电工作时使用，多用于变电站和配电室，如用于室外。

（2）使用注意事项：不应使台脚陷于泥土或台面触及地面，以免过多地降低其绝缘性能。

10.2.40　绝缘橡皮垫的用途及使用注意事项是什么？

答　（1）绝缘橡皮垫是在带电操作时用来与地绝缘。

（2）使用注意事项：最小尺寸不得小于 0.8m × 0.8m，使用中应保持干燥、清洁，防止硬伤，不要与石油类油脂接触。

10.2.41　临时接地线的用途及使用注意事项是什么？

答　（1）临时接地线是为防止向已停电检修设备送电或产生感应电压而危及检修人员生命安全而采取的技术措施。

（2）使用注意事项：挂接地线时要先将接地端接好，然后再将接地线挂到导线上；拆接地线的顺序与此相反。

10.2.42　防护遮栏、标示牌的用途及使用注意事项是什么？

答　（1）防护遮栏、标示牌用于提醒工作人员或非工作人员应注意的事项。

（2）使用注意事项：标示牌内容正确悬挂地点无误；遮栏牢固可靠；严禁工作人员和非工作人员、移动遮栏或取下标示牌。

10.3　电气防火及漏电保护

10.3.1　电气防火防爆的措施有哪些？

答　电气防火防爆的措施有：

（1）排除可燃、易燃物质。

（2）排除电气火源。

（3）采取土建和其他方面的措施。

10.3.2 带电灭火时应注意什么？

答 带电灭火时应注意以下几点：

（1）电气设备着火时，应立即将有关设备的电源切断，然后进行救火。

（2）应选择合适的灭火器具。对带电设备使用的灭火剂应是不导电的，如常用的二氧化碳、四氯化碳干粉灭火器，不得使用泡沫灭火器灭火；对注油设备应使用泡沫灭火器或干燥的沙子等灭火。

（3）应保持灭火机具的机体、喷嘴及人体与带电体之间的距离，不少于带电作业时带电体与接地体间的距离。

10.3.3 电气设备灭火前首先应进行什么工作？

答 （1）电气设备发生火灾时，首先要立即切断电源，然后进行灭火。

（2）若无法切断电源时，要采取带电灭火保护措施，以保证灭火人员的安全和防止火热蔓延扩大。

（3）发电厂的转动设备和电气元件着火时，不准用泡沫灭火器和沙土灭火，应使用四氯化碳灭火剂。

10.3.4 电气设备着火，必须用哪几种灭火器材？

答 电气设备着火时，必须用防止人身触电的灭火器材，先停电后再灭火。应使用以下灭火器材：

（1）二氧化碳灭火器：二氧化碳是电的不良导体，但只适用于600V时。

（2）干粉灭火器：干粉是不导电物质，可以用于扑灭带电设备的火灾。

（3）1211灭火器：1211灭火剂无腐蚀作用，绝缘性能好，可用于充油电气设备火灾。

（4）也可使用沙袋等。

10.3.5 防止电力变电器火灾可采取哪些措施？

答 防止变压器火灾，可采取以下措施：

（1）安装变压器前，检查绝缘和使用条件应符合变压器的有关规定。

（2）变压器应正确安装保护装置，当发生故障时应迅速切断电源。对大容量变压器要装设气体继电器。

（3）变压器应安装在一、二级耐火的建筑物内，并通风良好。变压器安装在室内时，应有挡油设施或蓄油坑，蓄油坑之间应有防火分隔。安装在室外的变压器，其油量在600kg以上时，应有卵石层作为储油池。

（4）大型变压器可设设置专用灭火装置，如1211灭火剂组成固定固定式灭火装置。

（5）大容量超高压变压器，可安装变压器自动灭火装置，这种装置在15s内能把火扑灭。

（6）注意巡视、监视油面温度不能超过85℃。

10.3.6 防火隔门的作用是什么？装设在什么地点？

答 （1）防火隔门的作用是将火灾限制在一定的范围内，防止事故扩大。

（2）防火隔门一般装设在变电站高压室的进、出口处。

10.3.7 漏电保护的作用是什么？

答 较常见的漏电保护装置包括漏电保护器和漏电继电器。其主要作用是防止人们触及带电电气设备的金属外壳及其带电体而造成触电伤亡事故，也可以防止因漏电造成的接地故障而引发的火灾或爆炸事故。当设备或线路发生漏电性质的故障时，漏电保护器能迅速切断电源。站在地面上的人员意外触及带电体时，漏电保护器也能动作，保护人身安全。

10.3.8 漏电保护装置通常安装在哪些场所？

答 （1）机关、学校、宾馆、娱乐场所、幼儿园、住宅以及重要建筑物、仓库等防火要求较高、触电危险性大的场所。

（2）安装在潮湿、隧洞、高温、强腐蚀性等恶劣环境内的电气设备。

（3）建筑施工工地、临时用电线路上的电气设备以及手持式电动工具和移动性电气设备。

（4）直接接触病人的医用电气设备。

（5）浴池、游泳池及其他水中作业的电气设备和照明线路。

10.3.9 漏电保护装置的有哪些类型？

答 （1）漏电保护装置按动作原理可分为：

1）电压动作型；

2）电流动作型；

3）交流脉冲型等。

（2）漏电保护装置按保护功能和特征可分为：

1）漏电继电器；

2）漏电保护器；

3）漏电保护插座等。

10.3.10 电压动作型漏电保护器的特点是什么？

答 （1）电压动作型漏电保护器结构简单，价格低廉。

（2）缺点是只适用于设备的漏电保护，对人体触电没有保护作用。

10.3.11 电流动作型漏电保护器的类型有哪些？

答 电流动作型漏电保护器的动作原理和结构形式较多，常用的主要是零序电流型的泄漏电流型，零序电流型又分为有互感器的和无互感器的。

10.3.12 交流脉冲型漏电保护器的特点有哪些？

答 （1）能区分电网平稳漏电流和人身触电电流。

（2）电网漏电流的变化是缓慢的、平稳的。据测定，一般在额定电流为25A左右的用电设备，正常的漏电流在0.1mA以下。

（3）在发生人身触电时，漏电流是突变的。交流30mA为触电电源不会自动消失时的允许电流值，一般取30mA作为漏电保护器的突变动作值。

（4）电网正常漏电电流的动作值可根据线路和用电设备的正常漏电流适当定得大些，以便减少由于电网三相不平衡漏电流对保护器工作稳定性的影响，避免由于正常漏电流所引起的不必要的动作而影响正常供电。

10.3.13 漏电保护装置的选用原则是什么？

答 （1）选用漏电保护装置时应根据系统的保护方式、使用目的、安装场所、电压等级等来确定。

（2）由于电压型漏电保护装置已渐为电流型漏电保护装置所取代，所以在一般情况下，尽量选用电流型漏电保护装置。

（3）电流型漏电保护装置的选用。在电流型漏电保护装置中，宜优先选用电磁式的，因为它的可靠性较高，只要电流达到其电磁继电器的额定动作电流值，继电器便动作，使断路器跳闸，切断电源。电子式的虽有较高灵敏度（最小整定动作电流可达5mA），但需要有辅助电源，而辅助电源常取线路自身，一旦电源断相，电子式电流漏电保护装置便将失去辅助电源，而丧失保护功能。

（4）保护装置的额定电压和电流应大于或等于被保护电路的额定电压和计算负载电流，保护装置的脱扣器的额定电流应大于或等于被保护线路的计算电流。

（5）极数的选择。保护器的极数应与负荷相对应，即负荷为单相，则选2极的；负荷为三相三线，则选3极的；负荷为三相四线，则选4极的。

（6）额定动作电流（灵敏度）的选择。保护装置动作电流越小，灵敏度越高，安全性也越高。但这只是问题的一方面，另一方面是，由于分布电容的影响及绝缘水平的限制，任何电气装置和线路都不可避免的有一定的泄漏电流。如果动作电流选得过低，则可能造成正常情况下的误动作。因此，额定动作电流的选取应根据用电设备及线路正常的泄漏电流来选择。

（7）一般来说，若漏电保护仅针对某一电路分支，则可选用较低的动作电流，通常取其正常泄漏电流最大值的2.5倍，取5或10mA。若对主干线或全线路进行总保护，则动作电流应大于正常泄漏电流的2倍。

（8）正常泄漏电流的测定。在农村地区不易实现，设保护装置的动作电流为I_d，电路实际最大负荷电流为I_m，则对照明及居民用电的单相电路，可按下列经验公式进行估算

$$I_d \geqslant \frac{I_m}{2000}$$

对于三相动力线路或动力照明混合线路，可取

$$I_d \geqslant \frac{I_m}{1000}$$

（9）若漏电保护仅用于一台用电设备或装置，例如手提电钻、电动理发用具等，可在满足其额定电流的前提下，尽量选用灵敏度高的漏电保护装置，或者直接应用插座式漏电保护开关（或称漏电保护插座）。插座式漏电保护开关还特别适用于一般移动式电动工具类及家电类电气设备。

（10）选用漏电保护装置时应考虑使用场合。在潮湿、露天无防雨条件以及涵洞等场合，应安装动作电流在15~30mA并能在0.ls内动作的保护装置。对游泳池类的环境，除应使用安全电压、安全电源外，还应安装动作电流在15mA以下并能在0.ls内动作的装置。

10.3.14 漏电保护装置的安装要求是什么？

答 （1）安装漏电保护装置时，必须按其铭牌和使用说明，检查额定电压、额定工作电流、额定漏电动作电流和动作时间等技术数据是否与电路的要求相匹配。若保护装置采用辅助电源，则应检查辅助电源的额定电压是否与主电路工作电压一致。

（2）保护装置不能安装在具有腐蚀、可燃气体的环境，也不能安装在振动和雨雪侵蚀的场所。

（3）准确判断保护装置的电源侧（或进线侧）和负载侧（或出线侧），

应按规定安装接线，不得反接。一般电源侧在上方，负载侧在下方。

（4）漏电保护装置一般应在电能表或总闸刀的后面，安装时应先断开电源。

（5）安装时必须准确区分工作零线和保护零线，对四极式漏电装置通有工作电流的导线，包括工作零线在内，应通过漏电保护装置。通过漏电保护装置的工作零线不得兼作保护零线，保护零线不能通过保护装置。

（6）安装结束后，应接入额定电压电源，在空载状态下，连续 3 次按动试验按钮，进行动作试验。若能立即脱扣跳闸，说明保护装置正常。试验正常后，即可投入使用。动作试验只能用试验按钮进行，不宜用相线对地短路方式。

（7）安装漏电保护装置后，供电线路及用电设备原有的保护接地、保护接零等用电安全措施均应继续保留。

10.3.15　漏电保护装置的运行与维护有何要求?

答　要使漏电保护装置真正起到保护作用，主要应做好以下几项管理工作：

（1）漏电保护装置在投入运行后，应定期进行动作试验。一般每月一次，雷雨季节可适当增加试验次数，并做好运行及试验记录。

（2）漏电保护装置动作后，应查明原因，确定是线路漏电还是有人触电。经查验后未发现明显异常，可试送电一次，如果再次动作，不得再次试送电或强行送电，必须对线路或保护装置本身进行检查，找出故障。

（3）在漏电保护装置保护范围内，如发生触电事故，应检查保护装置的动作情况。如果保护装置未能动作，应查明原因。在查验人员进行检查以前，非查验人员不能拆动保护装置。

10.4　安全用电检查

10.4.1　用电检查的内容有哪些?

答　（1）客户执行国家有关电力供应与使用的法规、方针、政策、标准、规章制度情况。

（2）客户受（送）电装置工程施工质量检验。

（3）客户受（送）电装置中电气设备运行安全状况。

（4）客户保安电源和非电性质的保安措施。

（5）客户反事故措施。

（6）客户进网作业电工的资格、进网作业安全状况及作业安全保障措施。

（7）客户执行计划用电、节约用电情况。

（8）用电计量装置、电力负荷控制装置、继电保护和自动装置、调度通信等安全运行状况。

（9）供用电合同及有关协议履行的情况。

（10）受电端电能质量状况。

（11）违章用电和窃电行为。

（12）并网电源、自备电源并网安全状况。

10.4.2 用电检查的范围包括哪些？

答 用电检查的主要范围是客户受电装置，但被检查的客户有下列情况之一者，检查的范围可延伸到相应目标所在处：

（1）有多类电价的。

（2）有自备电源设备（包括自备发电厂）的。

（3）有二次变压配电的。

（4）有违章现象需延伸检查的。

（5）有影响电能质量的用电设备的。

（6）发生影响电力系统事故需做调查的。

（7）客户要求帮助检查的。

（8）法律规定的其他用电检查。

客户对其设备的安全负责。用电检查人员不承担因被检查设备不安全引起的任何直接损坏或损害的赔偿责任。

10.4.3 电网经营企业用电检查人员的职责包括哪些？

答 各跨省电网、省级电网和独立电网的电网经营企业，其用电管理部门应配备专职人员、负责网内用电检查工作。其职责是：

（1）负责受理网内供电企业用电检查人员的资格申请、业务培训、资格考核和发证工作。

（2）依据国家有关规定，制订并颁发网内用电检查管理的规章制度。

（3）督促检查供电企业依法开展用检查工作。

（4）负责网内用电检查的日常管理和协调工作。

10.4.4 供电企业用电检查人员的职责包括哪些？

答 供电企业用电检查人员负责并组织实施下列工作：

（1）负责客户受（送）电装置工程电气图纸和有关资料的审查。

（2）负责客户进网作业电工培训、考核并统一报送电力管理部门审核、

发证等事宜。

（3）负责对承接、承修、承试电力工程单位的资质考核，并统一报送电力管理部门审核、发证。

（4）负责节约用电措施的推广应用。

（5）负责安全用电知识宣传和普及教育工作。

（6）参与对客户重大电气事故的调查。

（7）组织并网电源的并网安全检查和并网许可工作。

10.4.5　申请用电检查人员必备的条件有哪些？

答　（1）申请一级用电检查资格者，应已取得电气专业高级工程师或工程师、高级技师资格；或者具有电气专业大专以上文化程度，并在用电岗位上连续工作 5 年以上；或者取得二级用电检查资格后，在用电检查岗位工作 5 年以上者。

（2）申请二级用电检查资格者，应已取得电气专业工程师、助理工程师、技师资格；或者具有电气专业中专以上文化程度，并在用电岗位连续工作 3 年以上；或者取得三级用电检查资格后，在用电检查岗位工作 3 年以上者。

（3）申请三级用电检查资格者，应已取得电气专业助理工程师、技术员资格；或者具有电气专业中专以上文化程度，并在用电岗位工作 1 年以上；或者已在用电检查岗位连续工作 5 年以上者。

10.4.6　各级用电检查人员的工作范围有哪些？

答　（1）三级用电检查员仅能担任 0.4kV 及以下电压受电的客户的用电检查工作。

（2）二级用电检查员能担任 10kV 及以下电压供电客户的用电检查工作。

（3）一级用电检查员能担任 220kV 及以下电压供电客户的用电检查工作。

10.4.7　聘任的用电检查人员应具备什么条件？

答　（1）作风正派，办事公道，廉洁奉公。

（2）已取得相应的用电检查资格。聘为一级用电检查员者，应具有一级用电检查资格；聘为二级用电检查员者，应具有二级及以上用电检查资格；聘为三级用电检查员者，应具有三级以上用电检查资格。

（3）经过法律知识培训，熟悉与供用电业务有关的法律、法规、方针、政策、技术标准以及供用电管理规章制度。

10.4.8 对用电检查人员的要求有哪些?

答　用电检查工作涉及面广、工作内容多、政策性强，技术业务复杂，工作重要，责任十分重大。因此，对用电检查人员自身素质的要求也很高，除了要具备丰富的专业知识外，还应具备良好的思想道德品质；并且熟悉国家有关用电工作的法规、政策、方针，具备良好的政策理解水平。

10.4.9 用电检查人员应该具备的专业知识有哪些?

答　(1)电工基础理论及知识。

(2)电机、变压器、高低压开关、操作机构、电力电容器、避雷器的原理、结构、性能。

(3)高压电气设备的交接与预防性试验。

(4)电能表、互感器的原理、结构、接线及倍率计算。

(5)一般通用的电气设备，如电焊机、电弧炉、机床等的用电特性。

(6)主要用电行业的生产过程和用电特点。

(7)继电保护与自动装置的基本原理。

(8)安全用电的基本知识。

(9)合理与节约用电的一般途径、改善功率因数的方法、单位产品电耗的计算。

(10)所辖区域的电气系统结构图和接线图。

10.4.10 用电检查人员应该具备的技能要求有哪些?

答　(1)能讲解一般的电气理论知识。

(2)能检查发现高、低压电气设备缺陷及不安全因素。

(3)能现场处理电气事故，并能分析判断电气事故的原因和指出防止事故的对策。

(4)能看懂客户电气设计图纸，包括原理图、展开图、安装图等。

(5)能看懂电气设备的交接与预防性试验报告。

(6)能绘制客户的一次系统接线图。

(7)能正确配备客户的电能计量装置，并能发现错误接线和倍率计算的差错。

(8)会使用万用表、绝缘电阻表、电流表、电桥、功率因数表等常用电工仪表，会使用秒表测算负荷。

(9)能指导客户开展安全、合理与节约用电及提高功率因数的工作。

（10）能发现客户的违章用电和窃电。

（11）能依照有关规定签订供用电合同。

（12）能根据现场检查情况撰写用电检查报告。

10.4.11　用电检查人员应掌握电网的结构和保护方式有哪些内容？

答　应掌握组成电网的各种电压等级及容量的变电站和各种不同电压等级及长度的电力线路的情况，包括：

（1）电力系统接线。

（2）电网与客户的设备分界点。

（3）电网采用的主要保护方式及所辖客户继电保护、自动装置的配置方案和整定值等。

（4）常用电网参数和定值。

第 11 章 光伏发电的安全技术要求与规范

11.1 光伏发电站设计规范

11.1.1 何为光伏发电单元？

答 在光伏发电站中，以一定数量的光伏板（将光能转换成电能）组件串联在一起，通过直流汇流箱汇集，经逆变器（将直流电变成交流电）逆变与隔离升压变压器升压成符合电网频率和电压要求的电源系统，称为光伏发电单元，又称单元模块。

11.1.2 何为光伏方阵？

答 将若干个光伏组件在机械和电气上按一定方式组装在一起并且有固定的支撑结构而构成的直流发电单元，称为光伏方阵，又称光伏阵列。

11.1.3 何为光伏发电系统？

答 光伏发电系统是指利用太阳电池的光生伏特效应，将太阳辐射能直接转换成电能的发电系统。

11.1.4 何为光伏发电站？

答 光伏发电站是指以光伏发电系统为主，包括各类建（构）筑物及检修、维护、生活等辅助设在内的发电站。

11.1.5 光伏发电系统是如何分类的？

答 （1）光伏发电系统按接入并网可分为：并网光伏发电系统、独立光伏发电系统。

（2）并网光伏发电系统按接入并网点的不同可分为：用户侧光伏发电系

统、电网侧光伏发电系统。

（3）光伏发电系统按安装容量可分为下列三种系统：

1）小型光伏发电系统：安装容量小于或等于1MW；

2）光伏发电系统：安装容量大于1MW和小于或等于30MW；

3）大型光伏发电系统：安装容量大于30MW。

（4）光伏发电系统按是否与建筑结合可分为：与建筑结合的光伏发电系统、地面光伏发电系统。

11.2 光伏发电站防雷技术要求

11.2.1 光伏发电站的防雷系统有何要求？

答 （1）光伏发电站的防雷应统一规划，做到安全可高，技术先进，经济合理，防止和减少雷电对光伏发电站造成的人身伤亡和设备损坏。

（2）光伏发电站的防雷设计因地制宜，综合考虑光伏发电站的容量、地区年雷暴日强度、土壤地质条件和投资成本等因素，经技术经济分析和安全风险评估，确定相应防雷措施。

（3）与建筑物结合的光伏发电站，其防雷系统应与建筑的防雷系统相结合。

11.2.2 光伏发电站的防雷系统的有何技术要求？

答 （1）光伏发电站的光伏方阵、光伏发电单元其他设备以及站区升压站、综合楼等建筑结构物应采取防雷措施，防雷设施不应遮挡光伏组件。

（2）光伏组件金属柜或夹件应接地良好。

（3）光伏方阵的接地网应根据不同的电站类型采取相应的接地网形式，工作接地与保护接地应统一规划，共用的接地网电阻应满足设备对最小工频接地电阻的要求。

（4）光伏发电站交流电气装置的接地要求应满足GB / T 50065—2011《交流电气装置的接地设计规范》的规定。

11.2.3 光伏发电站的光伏方阵的防雷有何要求？

答 （1）光伏方阵电气线路应采取防雷击电磁脉冲和闪电电涌侵入的措施。

（2）光伏方阵的金属构件应与防雷装置进行等电位连接并可靠接地。

（3）独立接闪（避雷）器和泄流引下线应与地面光伏方阵电气装置、线路保持足够的安全距离，应符合GB / T 50065—2011的规定。

（4）光伏方阵外围独立接闪器宜设置独立接地装置，其他防雷接地宜与站内设施共用接地网。

（5）地面光伏发电站方阵接地装置的工频电阻不宜大于10Ω，高电阻地区（电阻率大于2000Ω·m）最大值应不高于30Ω。

（6）地面光伏发电站方阵所在建筑的雷电保护等级进行防雷设计。

（7）屋面光伏发电站光伏方阵各组件之间的金属支架应相互连接网格状，其边缘应就近与屋面接闪带连接。

11.2.4 光伏发电站的接闪器应如何接入?

答 （1）光伏发电站可增加专设接闪器。专设接闪器可采用下列的一种或多种方式接入：

1）独立接闪针、接闪线（带）；

2）直接装设在光伏方阵框架、支架的接闪针、接闪带；

3）直接装设在建筑物上的接闪针、接闪带。

（2）屋面光伏发电站可利用屋面永久性金属物作为接闪器，但其部件之间均应电气连。

（3）接闪器应能改变预期雷电流所产生的机械效应和热效应，接闪器材料的使用条件按照GB 50057—2010《建筑物防雷设计规范》的标准执行。

（4）接闪针可采用热镀锌圆钢或钢管制成的普通接闪针，也可采用其他类型接闪针。接闪针采用热镀锌圆钢或钢管制成时应符合下列规定：

1）针长1m以下时，圆钢直径不应小于12mm，钢管外径不应小于20mm，厚度不应小于2.5mm；

2）针长1~2m时，圆钢直径不应小于16mm，钢管外径不应小于25mm，厚度不应小于2.5mm。

（5）架空接闪线宜采用截面积不小于50mm^{2}热镀锌钢绞线或铜绞线。

（6）除利用混凝土构件或在混凝土内专设钢材作为接闪器外，钢质接闪器应热镀锌。在腐蚀性较强的场所，应加大其截面或采取其他防腐措施。

（7）接闪器保护范围应按照滚球法计算。

（8）专设接针最大抗风强度应满足当地最大风速的要求。

11.2.5 低压电源系统电涌保护器的选择应满足哪些要求?

答 （1）各级电涌保护器的有效电压保护水平应低于本级保护范围内被保护设备的耐冲击电压额定值。

（2）交流电源电涌保护器的最大持续工作电压应大于系统工作电压的1.15倍。

（3）安装在汇流箱、逆变器处的直流电源电涌保护器的最大持续工作电压应大于或等于光伏组件的最高开路电压。

（4）各级电涌保护器应能承受安装位置处预期的雷电。

11.2.6 接闪器由什么组成?

答 接闪器由拦截闪击的接闪杆、接闪带、接闪线、接闪网以及金属屋面、金属构件等组成。

11.2.7 光伏发电站防雷装置应如何定期检查?

答 光伏发电站防雷装置应定期进行下列检查：

（1）接闪器、引下线的腐蚀及断裂情况。

（2）接地装置的接地电阻。

（3）等电位连接设施的腐蚀及断裂情况。

（4）屏蔽及布线设施的腐蚀及断裂情况。

（5）电涌保护器的运行状态。

11.2.8 光伏发电站防雷装置的检测周期是如何规定的?

答 （1）第一类防雷建筑物上的屋面光伏发电站检测周期为 6 个月。

（2）第二类、第三类防雷建筑物上的屋面光伏发电站和地面光伏发电站检测周期为一年。

（3）检测宜于每年春季进行。

（4）电涌保护器的检测宜于雷雨季节前和雷雨季节后进行。

（5）接地装置的腐蚀情况，宜综合考虑当地气候、地质等条件，每 6~10 年进行开挖检测。

11.3 光伏发电系统接入配电网检测规程

11.3.1 何为光伏集电线路?

答 在分散逆变、集中并网的光伏发电系统中，将各个光伏组件串联输出的电能经汇箱汇流至逆变器，并通过逆变器输出端汇集到发电母线的直流和交流输出线路，就是光伏集电线路。

11.3.2 何为光伏并网点?

答 对于升压站的光伏发电站，光伏并网点指升压站高压侧母线或节点。对于无升压站的光伏发电站，光伏并网点指光伏发电站的输出汇总点。

11.3.3　何为光伏电站孤岛现象?

答　在电网失压时，光伏电站仍保持对失压电网中某一部分线路继续供电的状态，即为孤岛现象。

11.3.4　何为有计划光伏电站孤岛现象?

答　按预先设置的控制策略，在电网失压时有计划地让一部分光伏电站孤岛运行对失压电网中某一部分线路继续供电的状态，即为有计划光伏电站孤岛现象。

11.3.5　何为非计划光伏电站孤岛现象?

答　非计划光伏电站孤岛现象是指非计划、不受控出现光伏电站孤岛现象。

11.3.6　何为光伏电站防孤岛?

答　光伏电站孤岛是指防止非计划性光伏电站孤岛现象的发生。

11.3.7　何为光伏电站低电压穿越?

答　光伏电站低电压穿越是指当电力系统故障或扰动引起光伏发电站并网点电压跌落时，在一定的电压跌落范围和时间间隔内，光伏发电站能够保证不脱网连续运行。

11.3.8　何为光伏跟踪系统?

答　通过支架系统的旋转对太阳入射方向进行实时跟踪，从而使光伏方阵受光面尽量多的太阳辐照量，以增加发电量的系统，就是光伏跟踪系统。

11.3.9　何为光伏单轴跟踪系统?

答　绕单轴旋转，使得光伏组件受光面在一维方向尽可能垂直于太阳光的入射角的跟踪系统，就是光伏单轴跟踪系统。

11.3.10　何为光伏双轴跟踪系统?

答　绕双轴旋转，使得光伏组件受光面始终垂直于太阳光的入射角的跟踪系统，就是光伏双轴跟踪系统。

11.3.11　光伏发电系统中逆变器的配置容量有何要求?

答　光伏发电系统中逆变器的配置容量应与光伏方阵的安装容量相匹配，逆变器允许的最大直流输入功率应不小于其对应的光伏方阵的实际最大直流输出功率。

11.3.12 光伏组件的类型应根据什么条件来选择?

答 （1）依据太阳辐射量、气候特征、场地面积等因素，经技术经济比较确定。

（2）太阳辐射量较高，直射分量较大的地区宜选用晶体硅光伏组件或聚光光伏组件。

（3）太阳辐射量较低，散射分量较大，环境温度较高的地区宜选用薄膜光伏组件。

（4）在与建筑相结合的光伏发电系统中，当技术经济合理时，宜选用与建筑结构相协调的光伏组件。建材型的光伏组件，应符合相应建筑材料或构件的技术要求。

11.3.13 光伏发电系统的逆变器性能应满足哪些条件?

答 （1）用于并网光伏发电系统的逆变器性能应符合接入公用电网相关技术要求的规定，并且有有功功率和无功功率连续可调功能。用于大、中型光伏发电站的逆变器还应具有低压穿越功能。

（2）逆变器应按型式、容量、相数、频率、冷却方式、功率因数、过载能力、温度、效率、输入输出电压、最大功率点跟踪（MPPT）、保护和检测功能、通信接口、防护等级等技术条件选择。

（3）逆变器应按环境温度、相对湿度、海拔、地震烈度、污秽等级等使用环境条件进行校验。

（4）湿热带、工业污秽严重和沿海滩涂地区使用的逆变器，应考虑潮湿污秽及盐雾的影响。

（5）海拔高度在 2000m 及以上高原地区使用的逆变器，应选用高原型产品或采取降容使用措施。

11.3.14 汇流箱应具备哪些保护功能?

答 （1）汇流箱应设置防雷保护装置。

（2）汇流箱的输入回路宜具有防逆流及过电流保护；对于多级汇流光伏发电系统，如前级已有防逆流保护，则后级可不做逆流保护。

（3）汇流箱的输出回路应具有隔离保护措施。

（4）汇流箱宜设置监控装置。

（5）室外汇流箱应具有防腐、防锈、防暴晒等措施，汇流箱箱体的防护等级不应低于 IP54。

11.3.15　独立光伏电站应如何配置储能装置?

答　(1)独立光伏电站应配置恰当容量的储能装置，并满足向负载提供持续、稳定电力的要求。并网光伏发电站可根据实际需要配置恰当容量的储能装置。

(2)独立光伏电站配置的储能系统容量应根据当地日照条件、连续阴雨天数、负载的电能需要和所配储能电池的技术特性来确定。

储能电池的容量应按下列公式计算

$$C_c = DFP_o / (UK_a)$$

式中：C_c 为储能电池容量(kWh)；D 为最长无日照期间用电时数(h)；F 为储能电池放电效率的修正系数，通常为1.05；P_o 为平均负荷容量(kW)；U 为储能电池放电深度，通常为0.5~0.8；K_a 为包括逆变器等交流回路的损耗率，通常为0.7～0.8。

(3)用于光伏电站的储能电池宜根据储能效率、循环寿命、能量密度、功率密度、响应时间、环境适应能力、充放效率、自放率、深放电能力等技术条件进行选择。

(4)光伏电站储能系统宜选用大容量单位储能电池，减少并联数，并宜采用储能电池组分组控制充放电。

11.3.16　光伏电站充电控制器应如何配置?

答　(1)充电控制器应依据型式、额定电压、额定电流、输入功率、温度、防护等级、输入输出回路数、充放电电压、保护功能等技术条件进行选择。

(2)充电控制器应按环境温度、相对湿度、海拔、地震烈度等使用环境条件进行校验。

(3)充电控制器应具有短路保护、过电流保护、蓄电池过充(放)保护、欠(过)压保护及防雷保护功能，必要时应具备温度补修、数据采集和通信功能。

(4)充电控制器宜选用低耗节能型产品。

11.3.17　光伏跟踪系统可分为哪几种?

答　光伏跟踪系统可分为单轴跟踪系统和双轴跟踪系统。

11.3.18　光伏跟踪系统的控制方式可分哪几种?

答　光伏跟踪系统的控制方式可分为手动控制方式、被动控制方式和复合控制方式。

11.3.19 光伏跟踪系统的选择应符合哪些要求?

答 （1）光伏跟踪系统的选型应结合安装地点的环境情况、气候特征等因素，经技术经济比较后确定。

（2）水平单轴跟踪系统宜安装在低纬度地区。

（3）倾斜单轴和斜面垂直单轴跟踪系统宜安装在中、高纬度地区。

（4）双轴跟踪系统宜安装在中高纬度地区。

（5）容易对传感器产生污染的地区不宜选用被动控制方式的跟踪系统。

（6）宜能在紧急状态下通过远程控制将跟踪系统的角度调整至受风最小位置。

11.3.20 光伏跟踪系统的跟踪精度应满足哪些规定?

答 （1）单轴跟踪系统跟踪精度不应低于 ±5°。

（2）双轴跟踪系统跟踪精度不应低于 ±2°。

（3）线聚焦跟踪系统跟踪精度不应低于 ±1°。

（4）点聚焦跟踪系统跟踪精度不应低于 ±0.5°。

11.3.21 光伏发电站升压站主变压器的选择应考虑哪些因素?

答 （1）应优先选用自冷式、低损耗电力变压器。

（2）当无励磁调压电力变压器不能满足电力系统调压要求时，应采用有载调压电力变压器。

（3）主变压器容量可按光伏发电站的最大连续输出容量进行选取，且宜选用标准容量。

11.3.22 光伏方阵内就地升压变压器的选择应考虑哪些因素?

答 （1）宜优先选用自冷式、低损耗电力变压器。

（2）变压器容量可按光伏方阵单元模块最大输出功率选择。

（3）可选用高压（低压）预装式箱式变电站或变压器、高低压电气设备等组成的装配式变电站。对于在沿海或风沙大地区的光伏发电站，当采用户外布置时，沿海地区防护等级应达到 IP65，风沙大地区的光伏电站防护等级应达到 IP54。

（4）就地升压变压器可采用双绕阻变压器或分裂变压器。

（5）就地升压变压器宜选用无励磁调压变压器。

11.3.23 光伏电站发电母线电压应如何确定?

答 光伏电站发电母线电压应根据接入电网的要求和光伏电站的安装容

量，经技术经济比较后确定，并宜符合下列规定：

（1）光伏电站安装总容量小于1MW时，宜采用0.4~10kV电压等级。

（2）光伏电站安装总容量大于1MW时，且不大于30MW时，宜采用10~35kV电压等级。

（3）光伏电站安装容量大于30MW时，宜采用35kV电压等级。

11.3.24 光伏发电站发电母线的接线方式如何确定？

答　光伏电站发电母线的接线方式应按本期、远景规划的安装容量，安装可靠性，运行灵活性和经济合理性等条件选择，并应符合下列要求：

（1）光伏电站安装容量小于或等于30MW时，宜采用单母线分段接线。

（2）光伏电站安装容量大于30MW时，宜采用单母线或单母线分段接线。

（3）当分段时，宜采用分段断路器。

11.3.25 10kV或35kV光伏发电站内中性点接地有何要求？

答　（1）光伏电站内10kV或35kV系统中性点可采用不接地或经消弧线圈接地方式。经汇集形成光伏发电站群的大中型光伏发电站，其站内汇集系统宜采用经消弧线圈接地或小电阻接地的方式。就地升压变压器的低压侧中性点是否接地应依据逆变器的要求确定。

（2）当采用消弧线圈接地时，应装设隔离开关。消弧线圈的容量选择和安装要求应符合DL / T 620—1997《交流电气设备装置的过电压保护和稳定配合》的规定。

11.3.26 光伏电站站用电工作电源引接方式有何要求？

答　光伏电站站用电工作电源引接线方式宜符合下列要求：

（1）当光伏电站有发电母线时，宜从发电母线引线供给自用负荷。

（2）当技术经济合理时，可由外部电网引接电源供给发电站自用负荷。

（3）当技术经济合理时，就地逆变升压室站用电也可由各发电单元逆变器变流出线侧引接，但升压站（或开关站）站用电应按上述的第（1）条或第（2）条中的方式引接。

11.3.27 光伏电站站用备用电源引接线有何要求？

答　光伏电站站用电系统应设置备用电源，其引接方式宜符合下列要求：

（1）当光伏电站只有一段发电母线时，宜由外部电网引接电源。

（2）当发电母线为单母线分段接线时，可由外部电网引接电源，也可由其中的另一段母线上引接电源。

（3）各发电单元的工作电源分别由各自的就地升压变压器低压侧引接时，宜采用邻近的两发电单元互为备用的方式或由外部电网引接电源。

（4）工作电源与备用电源间宜设置备用电源自动投入装置。

11.3.28 光伏电站站用变压器容量应如何确定？

答 光伏电站站用电变压器容量选择应符合下列要求：

（1）站用电工作变压器容量不宜小于计算负荷的 1.1 倍。

（2）站用电工作变压器的容量与工作变压器容量相同。

11.3.29 光伏电站的过电压保护和接地有何要求？

答 （1）光伏电站的升压站区和就地逆变升压室的过电压保护和接地应符合 DL / T 620—1997《交流电气装置的过电压保护和绝缘配合》的规定。

（2）光伏电站生活辅助建（构）筑物防雷应符合 GB 50057—2010《建筑物防雷设计规范》的规定。

（3）光伏方阵场地内应设置接地网，接地网除应采用人工接地极外，还应充分利用支架基础的金属构件。

（4）光伏方阵接地应连续、可靠，接地电阻应小于 4Ω。

11.3.30 光伏电站的保护系统有何要求？

答 （1）光伏电站系统应符合 GB / T 14285—2006《继电保护和安全自动装置技术规程》GB / T 14285 的规定，且应满足可靠性、选择性、灵活性和速动性的要求。专线接入公用电网的大、中型光伏电站可配置光纤电流差动保护。

（2）小型光伏电站应具备快速检测孤岛且立即断开与电网连接的能力，其防孤岛保护应与电网侧线路保护相结合。

（3）大、中型光伏电站的公用电网继电保护装置应保障公用电网在发生故障时可切除光伏发电站，光伏发电站可不设置防孤岛保护。

（4）在并网线路同时 T 接有其他用电负荷情况下，光伏电站防孤岛保护动作时间应小于电网侧线路保护重合闸时间。

（5）接 66kV 及以上电压等级的大、中型光伏电站应装设专用故障记录装置，故障记录装置应记录故障前 10s 到故障后 60s 的情况，并能够与电力调度部门进行数据传输。

11.3.31 光伏电站计量点装置有何要求？

答（1）光伏电站计量点宜设置在电站与电网设施的产权分界处或合同协

议中规定的贸易结算点，光伏电站站用电取自公用电网时，应在高压引入线高压侧设置计量点。每个计量点均应装设电能计量装置。电能计量装置用符合 DL / T 448—2016《电能计量装置技术管理规程》和 DL / T 5137—2001《电测量及电能计量装置设计技术规程》的规定。

（2）光伏电站应配置具有通信功能的电能计量装置和相应的电能量采集装置。同一计量点应安装同型号、同规格、准确度相同的主、备电站表各一套。

（3）光伏电站电能计量装置采集的信息应接入电力调度部门的电能信息采集系统。

11.3.32 光伏电站的消防供电有何要求？

答 （1）消防水泵、火灾探测报警、火灾应急照明应按Ⅱ类负荷供电。

（2）消防用电设备采用双电源或双回路供电时，应在最末一级配电箱处自动切换。

（3）应急照明可采用蓄电池作为备用电源，其连续供电时间不应小于 20min。

11.3.33 光伏电站并网电压偏差应满足哪些要求？

答 （1）通过 10（6）kV 电压等级接入电网的光伏电站，其并网点电压偏差为相应系统标准电压的 ±7%。

（2）通过 35 ~ 110kV 电压等级接入电网的光伏电站，其并网点电压偏差为相应系统标准电压的 -3% ~ +7%，事故后恢复电压为系统标准电压的 ±10%。

（3）通过 220kV 电压等级接入电网的光伏电站，其并网点电压偏差为相应系统标准的 0% ~ 10%，事故后恢复电压为系统标准电压的 -5% ~ + 10%。

11.3.34 光伏电站运行电压适应性有何要求？

答 （1）光伏电站的无功电源应能够跟踪光伏出力的波动及系统电压控制要求并快速响应。

（2）光伏电站的无功调节需求不同，所配置的无功补偿装置不同，其响应时间应根据光伏发电站接入后电网的调节需求确定。

（3）光伏发电站动态无功响应时间应不大于 30ms。

（4）在电网正常运行情况下，光伏电站的无功补偿装置应适应电网各种运行方式变化运行控制要求。

（5）光伏电站处于非发电时段，光伏电站安装的无功补偿装置应按照电力系统调度机械的指令运行。

（6）光伏电站安装并联电抗器 / 电容器组或调压式无功补偿装置，在电网故障或异常情况下，引起光伏发电站并网点电压高于1.2倍标准电压时，无功补偿装置容性部分应在0.2s内退出运行，感性部分应能至少持续运行5min。

（7）当光伏电站安装动态无功补偿装置，在电网故障或异常情况下，引起光伏电站并网点电压高于1.2倍标准电压时，无功补偿装置可退出运行。

第12章

电力用户用电信息采集系统的基本应用

12.1 电力用户用电信息采集系统简介

12.1.1 电力用户用电信息采集系统有什么功能?

答　电力用户用电信息采集系统简称采集系统，由基本应用、高级应用、运行管理、统计查询、系统管理五大类模块组成，为电力营销业务应用系统提供用电信息数据源和用电控制手段，以及营销管理综合应用分析功能。

电力用户用电信息采集系统主界面主要分为操作对象选择区、导航栏、主操作区三个部分。采集系统主界面如图12-1所示，右上角是一级菜单，包括五大类功能模块。选择一级菜单模块，在左边显示其对应的二级菜单，二级菜单下是左边树，包括“用户”“采集点”“地区”“行业”“电网结构”“群组”TAB页面。右下角是操作区，用于设置参数和任务、查询各类信息及进行相关系统操作。

12.1.2 电力用户用电信息采集系统的基本应用模块具有哪些功能?

答　采集系统基本应用模块包括档案管理、终端管理、数据采集管理、接口管理、资产管理、用电分析、抄表稽查计划等，其中的数据采集管理、用电分析等功能应用为用电检查、电能计量等电力营销管理工作提供了重要支撑。

12.1.3 数据采集管理功能之数据召测（专配变）有什么作用?

答　数据召测（专配变）的作用是对专用变压器（简称专变）、配电变压器（简称配变）用户进行一类（实时数据）、二类（历史冻结数据）和三类（终端事件）数据的召测。召测数据时，可以选择测量点进行召测，也可以选择所有测量点进行召测。

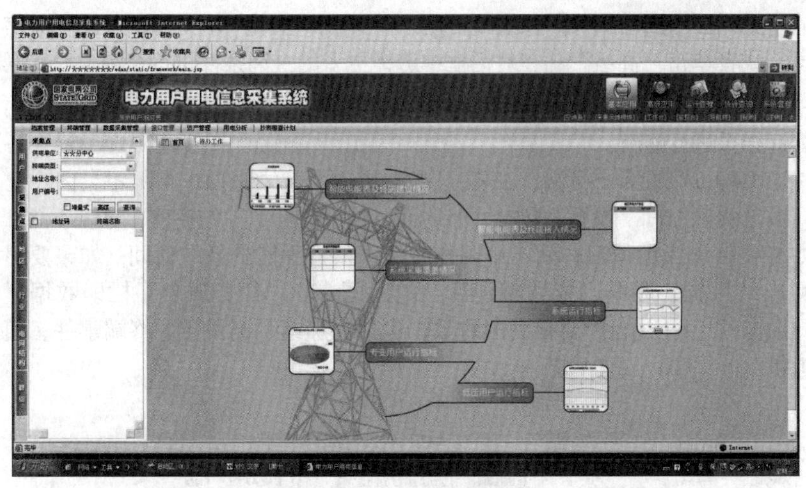

图 12-1　采集系统主界面

12.1.4　数据采集管理功能之数据召测（专配变）如何操作？

答　(1) 如图 12-2 所示，采集系统主界面→基本应用→数据采集管理→数据召测（专配变）。

(2) 单击“数据召测（专配变）”，出现如图 12-3 所示的界面。

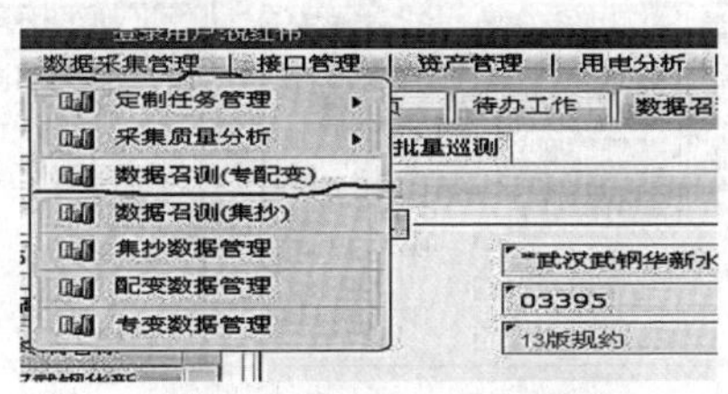

图 12-2　数据采集管理界面

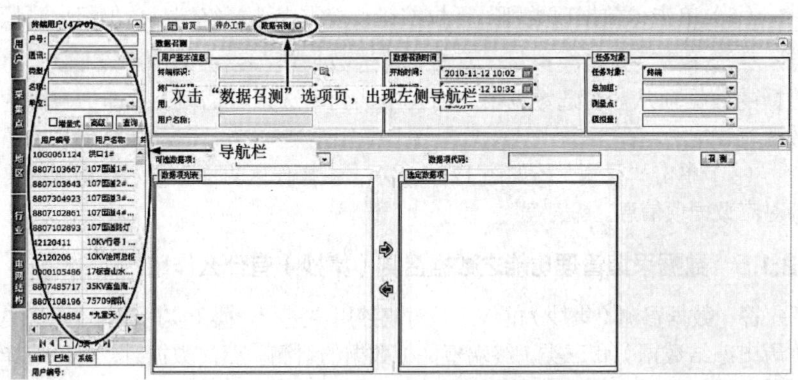

图 12-3　数据召测（专配变）界面

（3）在导航栏中输入要查询的条件，单击“查询”，导航栏显示相关信息，或者单击“高级”，在对话框中选择更多的查询条件进行查询。导航栏中如果选中 ☑增量式，在查询的结果中会增加要查询的记录，不会将原来的查询结果进行刷新。

（4）选中某一终端，在数据召测界面显示如图 12-4 所示。图中，“数据召测时间”设置栏包括开始时间、结束时间、冻结密度、电表事件。如果要召测当前值，时间不用调整就是进入页面时的系统时间；如果要召测冻结数据，时间则要调整到冻结的时间点。“任务对象”栏即数据召测对象栏，可以选择要召测的对象，包括总加组、测量点、终端事件、模拟量。

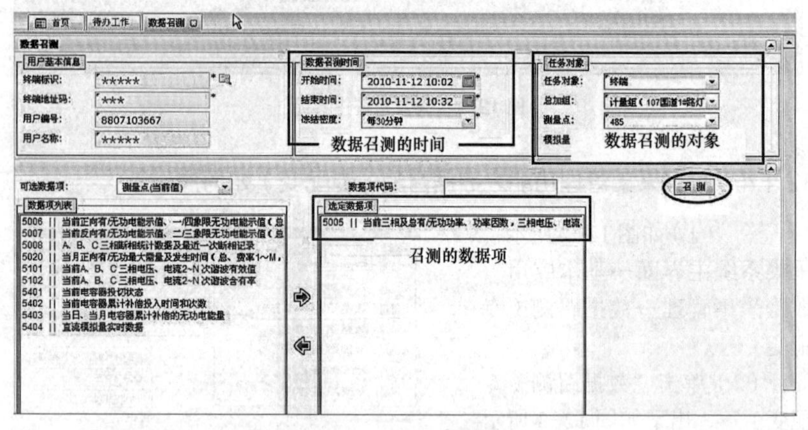

图 12-4　数据召测界面

（5）单击“数据项类别”下拉按钮，按需求选择终端、总加组、测量点、穿透采集、直流模拟量，双击“可选数据项”或者选中后点 ➡，将选择的数据项从“可选数据项”列表中选到“选定数据项”，即为召测的数据项。

（6）单击“召测”，如图 12-5 所示，主操作区界面上显示召测回的终端对应数据项信息。

12.1.5　数据采集管理功能之数据召测（集抄）有什么作用？

答　数据召测（集抄）的作用是对集抄用户进行一类（实时数据）、二类（历史冻结数据）和三类（终端事件）数据的召测。召测数据时，可以选择测量点进行召测，也可以选择所有测量点进行召测。

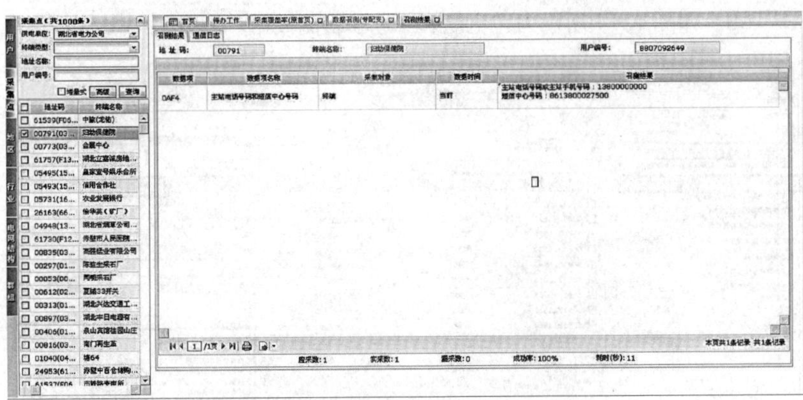

图 12-5　召测结果示例

12.1.6　数据采集管理功能之数据召测（集抄）如何操作？

答　（1）操作顺序为采集系统主界面→基本应用→数据采集管理→数据召测（集抄）。先在导航栏输入查询条件，如采集点→供电单位→地址名称或用户编号→查询→勾选需查询的用户。操作区域左侧数据项名称罗列出集中器、电能表所能查询的数据项名称，“数据项”包含终端、电能表、穿透采集等选项，其选择与“集中器”“电能表”及数据项名称等有对应关系，在数据项名称栏选择需查询数据项，单击“开始召测”，数据召测区显示召测结果。

（2）如图 12-6 所示为“集中器”选项召测数据。

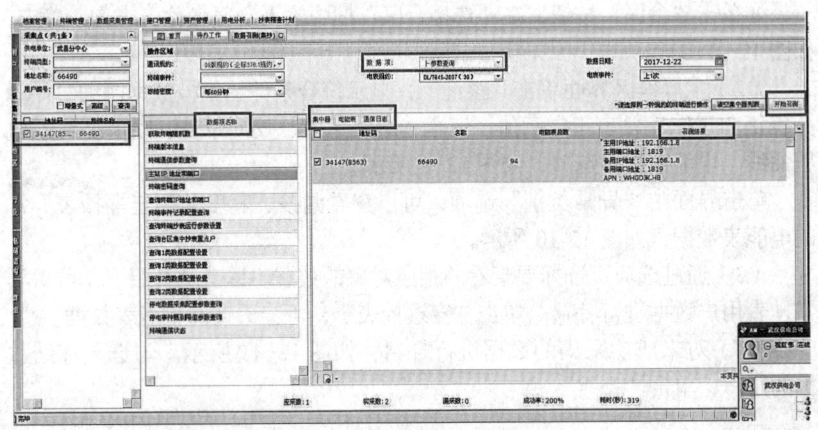

图 12-6　“集中器”选项召测数据

（3）如图 12-7 所示为“电能表”选项召测数据。

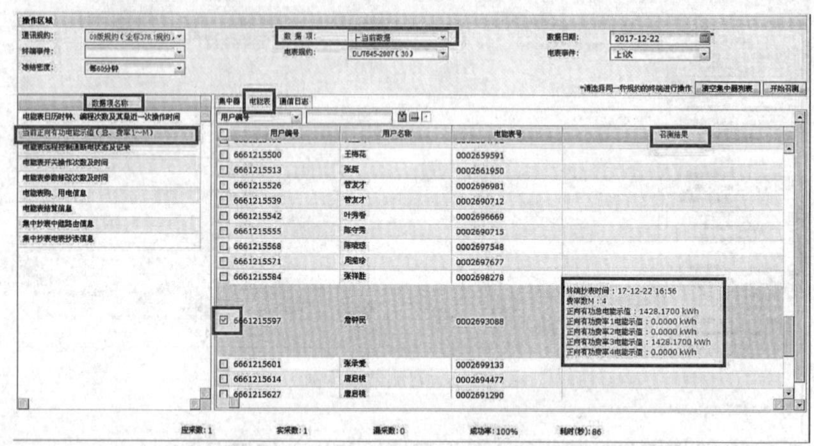

图 12-7 “电能表”选项召测数据

12.1.7 数据采集管理功能之集抄数据管理有什么作用?

答 集抄数据管理的作用在于查询低压集抄的抄表数据，以及异常数据的统计。

12.1.8 数据采集管理功能之集抄数据管理如何操作?

答 （1）操作顺序为采集系统主界面→基本应用→数据采集管理→集抄数据管理。选择供电单位，输入地址码、抄表段、用户编号、台区等条件之一，如单击“台区”按钮，在“选择台区”框中输入台区名称，查询、确定，如图 12-8 所示。

（2）主操作区界面单击“查询”，显示符合条件的集抄数据明细。显示分表正向示值、总表正向示值、三合一总表示值、反向示值、功率曲线、电压曲线、电流曲线等选项，如图 12-9 所示。

单击界面中“异常类别”选项，可以查看漏抄、零度、倒走等抄表异常的电能表数据，如图 12-10 所示。

（3）通过选项页选择要查看的相应对象的数据。单击“补召”，可对异常抄表用户数据进行补召。单击“穿透抄表”，可穿透查询电能表数据。

（4）对未成功采集的数据进行补召，如图 12-11 所示。勾选无冻结数据的用户，单击“补召”。

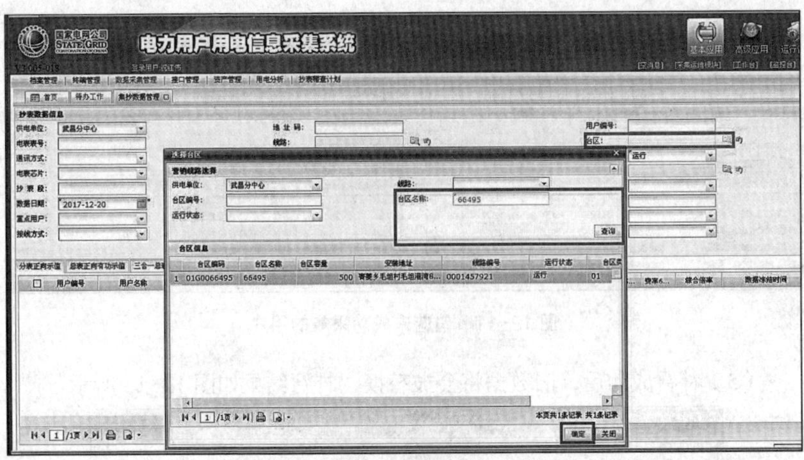

图 12-8　选择台区

	用户编号	用户名称	电表表号	数据日期	总示数	峰示数	平示数	谷示数	费率5...	费率6...	总电量	峰电量	平电量	谷电量	费率5...	费率6...	综合倍率	数据冻结时间
1	6661158366	[illegible]	0002696563	2017-12-20	446.53	0	446.53	0			0.64	0	0.64	0			1	2017-12-2:
2	6661158467	段秀云	0002693898	2017-12-20	14451.1	0	14451.1	0			12.31	0	12.31	0			1	2017-12-2:
3	6661158555	[illegible]	0002696224	2017-12-20	7061.74	0	7061.74	0			7.89	0	7.89	0			1	2017-12-2:
4	6661162574	[illegible]	0002699063	2017-12-20	1.25	0	1.25	0			0	0	0	0			1	2017-12-2:
5	6661162721	[illegible]	0002698959	2017-12-20	4662.68	0	4662.68	0			3.32	0	3.32	0			1	2017-12-2:
6	6661162763	[illegible]	0002692888	2017-12-20	6143.16	0	6143.16	0			4.97	0	4.97	0			1	2017-12-2:
7	6661162776	[illegible]	0002699117	2017-12-20	2.83	0	2.83	0			0	0	0	0			1	2017-12-2:
8	6661219023	[illegible]	0000930302	2017-12-20	4948.44	0	4948.44	0			4.31	0	4.31	0			1	2017-12-2:
9	6661219081	[illegible]	0000932283	2017-12-20	13291.2	0	13291.2	0			17.74	0	17.74	0			1	2017-12-2:

本页共117条记录 共117条记录

图 12-9　集抄数据明细

异常类别：

漏抄

零度

倒走

图 12-10　“异常类别”选项

表码 | 集中器总表 | 三合一总表

		用户编号	用户名称	电表表号	数据日期	总示数	峰示数	平示数	谷示数	总电量	峰电量	平电量	谷电量	数据冻结时间	数据入库时间	测量点号	通讯地址	终端地址码	终端名称
4	☐	7063013619	喻祖波	0000529963	2015-02-27	1878.57	0	1878.57	0	4.03	0	4.03	0	2015-02-28 00:05:00	2015-02-28 02:34:27	16	0000005299...	59460(E844)	天平山1#台区
5	☐	7063013654	张忠友	0001382485	2015-02-27	422.28	0	422.28	0	2.03	0	2.03	0	2015-02-28 00:05:00	2015-02-28 02:33:27	17	0000013824...	59460(E844)	天平山1#台区
6	☐	7063013667	毛元桢	0000815201	2015-02-27	1431.42	0	1431.42	0	2.55	0	2.55	0	2015-02-28 00:06:00	2015-02-28 02:33:27	18	0000008152...	59460(E844)	天平山1#台区
7	☐	7063013697	张明杰	0000814406	2015-02-27	520.64	0	520.64	0	2.08	0	2.08	0	2015-02-28 00:16:00	2015-02-28 02:33:56	19	0000008144...	59460(E844)	天平山1#台区
8	☐	7063013603	向华银	0001395580	2015-02-27	509.84	0	509.84	0	8.85	0	8.85	0	2015-02-28 00:05:00	2015-02-28 02:33:52	3	0000013955...	59460(E844)	天平山1#台区
9	☐	7063013630	周勇	0000633797	2015-02-27	1445.16	0	1445.16	0	2.47	0	2.47	0	2015-02-28 00:06:00	2015-02-28 02:33:39	4	0000006337...	59460(E844)	天平山1#台区
10	☐	7063013656	景忠柱	0001387683	2015-02-27	801.2	0	801.2	0	3.57	0	3.57	0	2015-02-28 00:05:00	2015-02-28 02:33:23	5	0000013876...	59460(E844)	天平山1#台区
11	☑	7063013622	丁天泽	0000530638	2015-02-27									2000-01-01 00:00:00	2015-02-28 14:30:41	6	0000005306...	59460(E844)	天平山1#台区
12	☐	7063013704	廖方选	0001395096	2015-02-27	225.27	0	225.27	0	0.44	0	0.44	0	2015-02-28 00:12:00	2015-02-28 02:33:52	7	0000013950...	59460(E844)	天平山1#台区
13	☐	7063013655	向长直	0000751865	2015-02-27	464.57	167.23	193.07	104.26	0.48	0.11	0.2	0.16	2015-02-28 00:09:00	2015-02-28 02:33:52	9	0000007518...	59460(E844)	天平山1#台区
14	☐	7063013600	熊大山	0000529965	2015-02-27	1898.99	0	1898.99	0	2.83	0	2.83	0	2015-02-28 00:07:00	2015-02-28 02:33:31	10	0000005299...	59460(E844)	天平山1#台区
15	☐	7063013613	曾照玉	0001433127	2015-02-27	638.81	0	638.81	0	8.71	0	8.71	0	2015-02-28 00:05:00	2015-02-28 02:33:56	11	0000014331...	59460(E844)	天平山1#台区
16	☐	7063013648	谢远財	0000805947	2015-02-27	1537	0	1537	0	3.89	0	3.89	0	2015-02-28 00:05:00	2015-02-28 02:34:27	12	0000008059...	59460(E844)	天平山1#台区

图 12-11　勾选未成功采集的用户

（5）补召成功后，旧数据将会被替换，补召结果如图 12-12 所示。

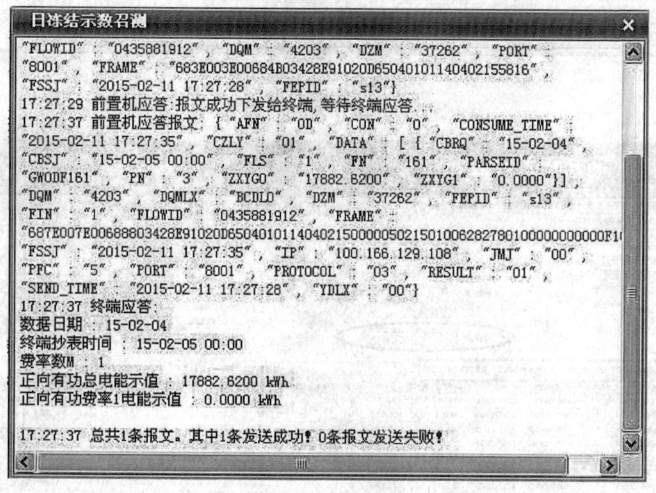

日冻结示数召测

"FLOWID" : "0435881912" , "DQM" : "4203" , "DZM" : "37262" , "PORT" :
"8001" , "FRAME" : "683E003E00684B03428E91020D65040101140402155816" ,
"FSSJ" : "2015-02-11 17:27:28" , "FEPID" : "s13"}
17:27:29 前置机应答:报文成功下发给终端,等待终端应答....
17:27:37 前置机应答报文: { "AFN" : "0D" , "CON" : "0" , "CONSUME_TIME" :
"2015-02-11 17:27:35" , "CZLY" : "01" , "DATA" : [{ "CBRQ" : "15-02-04" ,
"CBSJ" : "15-02-05 00:00" , "FLS" : "1" , "FN" : "161" , "PARSEID" :
"GWODF161" , "PN" : "3" , "ZXYG0" : "17882.6200" , "ZXYG1" : "0.0000"}] ,
"DQM" : "4203" , "DQMLX" : "BCDLD" , "DZM" : "37262" , "FEPID" : "s13" ,
"FIN" : "1" , "FLOWID" : "0435881912" , "FRAME" :
"687E007E00688803428E91020D6504010114040215000005021501006282780100000000000F1
"FSSJ" : "2015-02-11 17:27:35" , "IP" : "100.166.129.108" , "JMJ" : "00" ,
"PFC" : "5" , "PORT" : "8001" , "PROTOCOL" : "03" , "RESULT" : "01" ,
"SEND_TIME" : "2015-02-11 17:27:28" , "YDLX" : "00"}
17:27:37 终端应答:
数据日期 : 15-02-04
终端抄表时间 : 15-02-05 00:00
费率数M : 1
正向有功总电能示值 : 17882.6200 kWh
正向有功费率1电能示值 : 0.0000 kWh

17:27:37 总共1条报文。其中1条发送成功! 0条报文发送失败!

图 12-12　日冻结数据召测终端应答报文

（6）穿透抄表是直接抄此电能表中的示数，抄当前数据是抄终端里面储存的当前电能表示数。勾选要操作的用户，单击“穿透抄表”或“抄当前数据”，显示界面如图 12-13 所示。

12.1.9　数据采集管理功能之配变数据管理有什么作用？

答　配变数据管理的作用在于查询配变终端、三合一抄表数据，以及异常数据的统计。

12.1.10　数据采集管理功能之配变数据管理如何操作？

答　（1）操作顺序为采集系统主界面→基本应用→数据采集管理→

配变数据管理。选择供电单位，输入地址码、抄表段、数据日期、台区等条件之一，单击“查询”，如图 12-14 所示为配变用户冻结数据的展示界面。

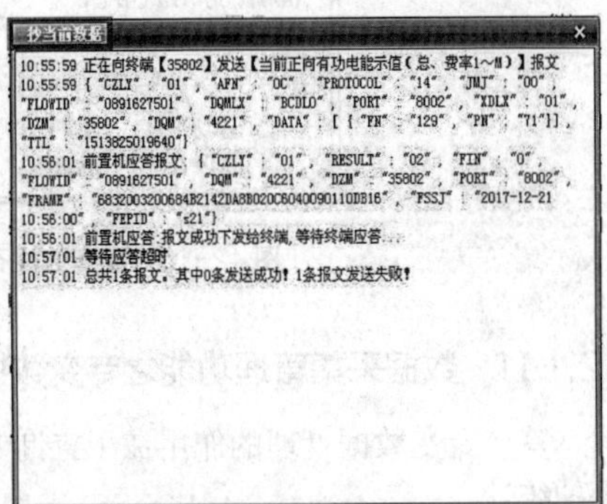

图 12-13 “穿透抄表”和“抄当前数据”终端应答报文

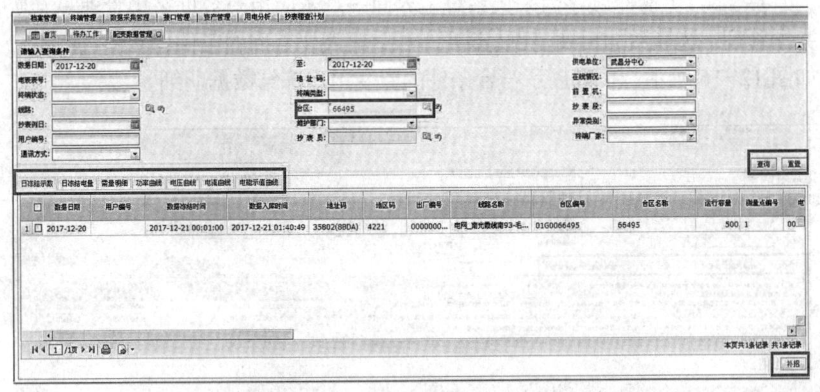

图 12-14 配变数据管理界面

（2）查询结果显示有日冻结示值、日冻结电量、需量明细、功率曲线、电压曲线、电流曲线、电能示值曲线等选项。默认显示“日冻结示数”，可手动选择“日冻结电量”“需量明细”“功率曲线”“电压曲线”“电流曲线”“电能示值曲线”等其他选项，单击“查询”便可查看这几类表码信息。

（3）对未成功采集的数据可进行补召。勾选无冻结数据的用户，单击“补召”，补召结果如图 12-15 所示。

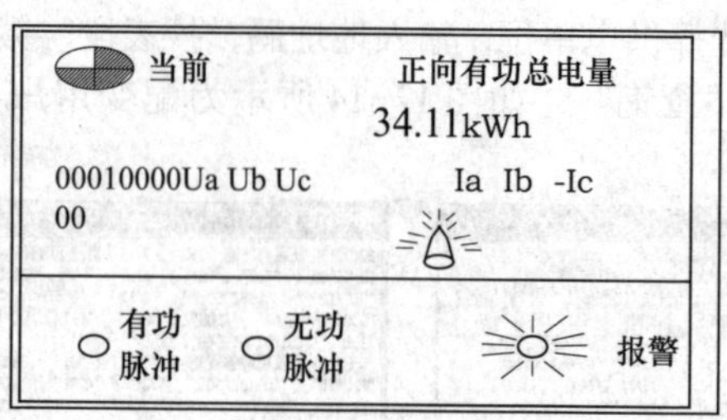

图 12-15 配变数据召测终端应答报文

12.1.11 数据采集管理功能之专变数据管理有什么作用？

答 专变数据管理的作用在于查询专变负控终端抄表数据，以及异常数据的统计。

12.1.12 数据采集管理功能之专变数据管理如何操作？

答 （1）操作顺序为采集系统主界面→基本应用→数据采集管理→专变数据管理。选择数据日期范围、供电单位，输入要查询的条件，单击“查询”，如图 12-16 所示，页面展示符合条件的专变用户冻结数据明细。

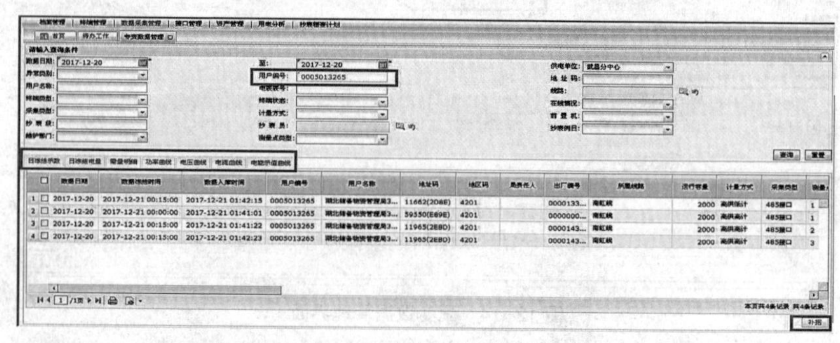

图 12-16 专变数据管理界面

（2）默认显示“日冻结示数”，可手动选择“日冻结电量”“需量明细”“功率曲线”“电压曲线”“电流曲线”“电能示值曲线”等其他选项，单击“查询”便可查看这几类的表码信息。

（3）对未成功采集的数据可进行补召。勾选无冻结数据的用户，单击“补召”，补召结果如图 12-17 所示。

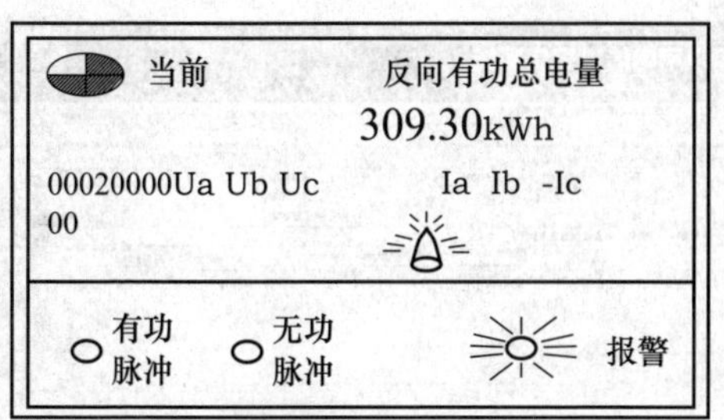

图 12-17 专变数据召测终端应答报文

12.1.13 用电分析功能之负荷分析有什么作用？

答 负荷分析的作用在于按日期查看终端各测量点的负荷曲线图及明细数据，对终端进行负荷分析。

12.1.14 用电分析功能之负荷分析如何操作？

答 （1）如图 12-18 所示，操作顺序为采集系统主界面→基本应用→用电分析→负荷分析。

图 12-18 用电分析界面

（2）单击“负荷分析”，出现图 12-19 所示界面。

（3）双击“负荷分析”选项，左侧出现查询终端导航栏，在导航栏中输入要查询的地址名称、用户编号等条件，单击“查询”。或者单击“高级”，在出现的对话框中选择更多查询的条件进行查询。导航栏中如果选中 ☑增量式，在查询的结果中会增加要查询的记录，不会将原来的查询结果进行刷新。

（4）选中导航栏中某一终端，终端基本信息栏同步显示该终端的相关信息，选择“日负荷（测量点）”“日负荷（起止日期）”“日负荷（总加组）”“周负荷”“月负荷”“年负荷”“测量点对比”等选项，如图 12-20 所示，即可查看不同的负荷曲线图及对应的明细数据。

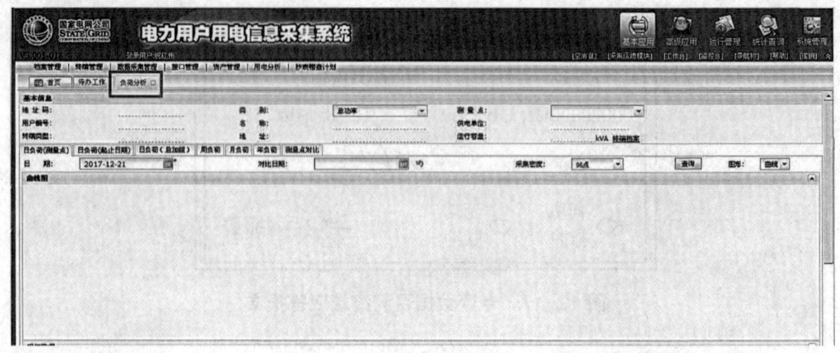

图 12-19　负荷分析界面

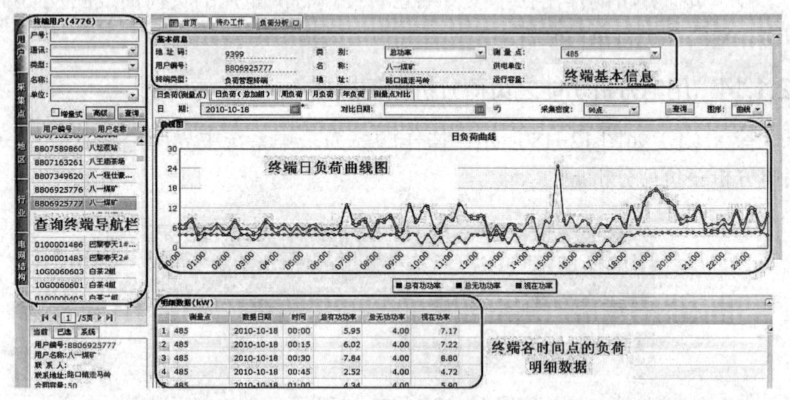

图 12-20　负荷曲线及其数据明细

12.1.15　用电分析功能之电量分析有什么作用?

答　电量分析的作用在于按日期查看终端各测量点的电量曲线图及明细数据，对终端进行电量分析。

12.1.16　用电分析功能之电量分析如何操作?

答　(1) 操作顺序为采集系统主界面→基本应用→用电分析→电量分析。双击“电量分析”选项后，左侧出现查询终端导航栏，在导航栏中输入要查询的地址名称、用户编号等条件，单击“查询”。或者单击“高级”，在出现的对话框中选择更多查询的条件进行查询。导航栏中如果选中

☑增量式，在查询的结果中会增加要查询的记录，不会将原来的查询结果进行刷新。

（2）选中导航栏中某一终端，终端基本信息栏同步显示该终端的相关信息，选择“日电量”“日电量（起止日期）”“周电量”“月电量”“年电量（按月）”“年电量（按季）”“测量点对比”等选项，如图 12-21 所示，即可查看不同的电量曲线图及对应的明细数据。

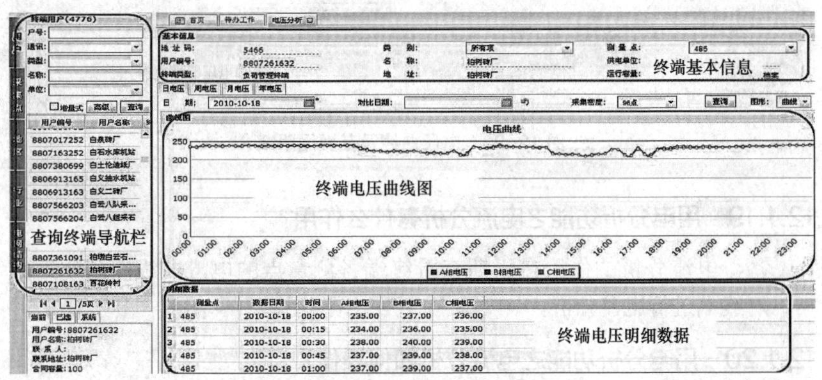

图 12-21　电量曲线及其数据明细

12.1.17　用电分析功能之电压分析有什么作用？

答　电压分析作用在于按日期查看终端各测量点的电压曲线图及明细数据，对终端进行电压分析。

12.1.18　用电分析功能之电压分析如何操作？

答　（1）操作顺序为采集系统主界面→基本应用→用电分析→电压分析。双击“电压分析”选项后，左侧出现查询终端导航栏，在导航栏中输入要查询的地址名称、用户编号等条件，单击“查询”。或者单击“高级”，在出现的对话框中选择更多查询的条件进行查询。导航栏中如果选中☑增量式，在查询的结果中会增加要查询的记录，不会将原来的查询结果进行刷新。

（2）选中导航栏中某一终端，终端基本信息栏同步显示该终端的相关信息，选择“日电压”“日电压（起止日期）”“周电压”“月电压”“年电压”等选项，如图 12-22 所示，即可查看不同的电压曲线图及对应的明细数据。

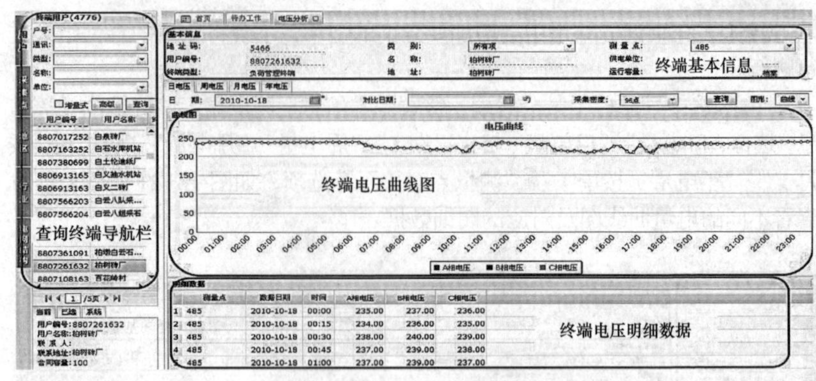

图 12-22　电压曲线及其数据明细

12.1.19　用电分析功能之电流分析有什么作用?

答　电流分析的作用在于期查看终端各测量点的电流曲线图及明细数据，对终端进行电流分析。

12.1.20　用电分析功能之电流分析如何操作?

答　（1）操作顺序为采集系统主界面→基本应用→用电分析→电流分析。双击“电流分析”选项后，左侧出现查询终端导航栏，在导航栏中输入要查询的地址名称、用户编号等条件，单击“查询”。或者单击“高级”，在出现的对话框中选择更多查询的条件进行查询。导航栏中如果选中☑增量式，在查询的结果中会增加要查询的记录，不会将原来的查询结果进行刷新。

（2）选中导航栏中某一终端，终端基本信息栏同步显示该终端的相关信息，选择“日电流”“日电流（起止日期）”“周电流”“月电流”“年电流”等选项，如图 12-23 所示，即可查看不同的电流曲线图及对应的明细数据。

12.1.21　用电分析功能之功率因数分析有什么作用?

答　功率因数分析的作用在于按日期查看终端各测量点的功率因数曲线图及明细数据，对终端进行功率因数分析。

12.1.22　用电分析功能之功率因数分析如何操作?

答　（1）操作顺序为采集系统主界面→基本应用→用电分析→功率因数分析。双击“功率因数分析”选项后，左侧出现查询终端导航栏，在导航栏中输入要查询的地址名称、用户编号等条件，单击“查询”。或者单击“高级”，在出现的对话框中选择更多查询的条件进行查询。导航栏中如果选中 ☑增量式，在查询的结果中会增加要查询的记录，不会将原来的查询结果进行刷新。

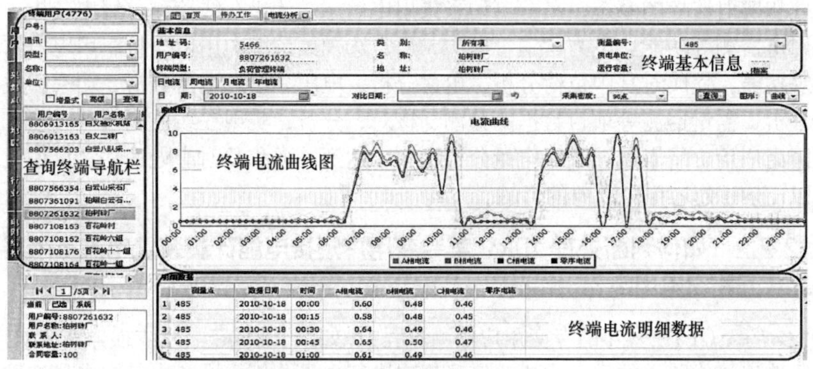

图 12-23　电流曲线及其数据明细

（2）选中导航栏中某一终端，终端基本信息栏同步显示该终端的相关信息，选择“日功率因数”“日功率因数（起止日期）”“周功率因数”“月功率因数”“年功率因数”等选项，如图 12-24 所示，即可查看不同的功率因数曲线图及对应的明细数据。

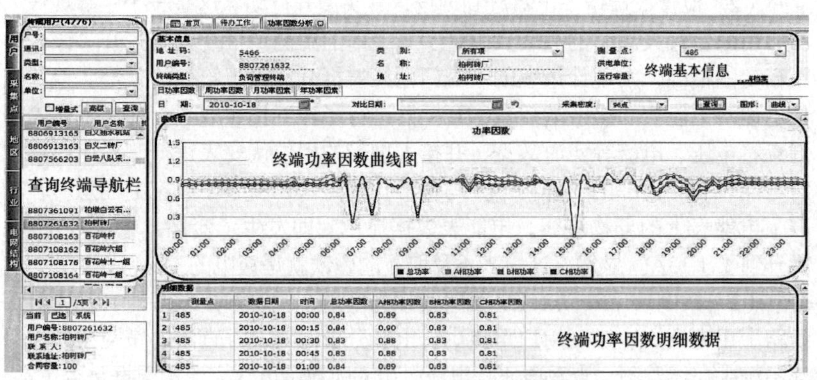

图 12-24　功率因数曲线及其数据明细

12.2 用电信息采集系统在电力用户用电管理中的应用

12.2.1 电力用户用电信息采集系统在用电管理中的应用是什么？

答　电力用户用电信息采集系统是对电力用户的用电信息进行采集、处理和实时监控的系统，具有自动采集用电信息、计量在线监测、用电分析、用电监测等功能。电力营销管理中，通常选采集系统中用电分析、用电监测等功能，完成对其中负荷分析、电量分析、电压分析、电流分析、功率因数分析、需量监测等项目数据的监测、核对、分析，实现在线监测管理。通过同用户历史用电数据进行电量分析比较，达到监视和及时查处违约、反窃电以及辨识超容用电现象的目的。

12.2.2 如何判断处理 10kV 某专变用户短接电能计量装置电流互感器二次回路窃电用电？

答　（1）在多年的专变用户监测过程中，如某10kV硫酸线线损异常波动，筛选出该线路上的用电大户、嫌疑用户进行电量分析，排查出其中电量波动较大的用户，应用采集系统对这些用户监测核对，确定和锁定了嫌疑户为某大酒店。正值春节期间，检查人员监测发现该酒店的负荷突然降为零，而此时的酒店是不能不用电的，可能是用户以为春节刚过，不会查窃电，又开始偷窃了。图 12-25 显示该户有功功率（负荷）从零时 225kW 陡降为零的 24h 监测曲线图。

（2）检查人员备齐工具赶到现场，分头展开行动。这是一个中等规模的酒店用户，灯火通明的酒店大堂证实了之前的猜测。检查人员打开了该户专用箱变的柜门，发现计量室的玻璃门已经被拆开放置于箱体的顶部。检查人员迅速对电能表、接线端钮盒、互感器进行了检查拍照取证，通过电能表按键查看电压、电流等实时数据，并接入携带的相位伏安表进行测量比对。此时电能表右侧顶部的一异物——马鞍形状的磁铁，引起了大家的注意。轻轻取下电能表上的异物观察，电能表数据显示旋即发生了变化，电流由 0.01A 飙升到了 1.13A。显然，这块来不及取下的磁铁就是窃电的工具。

（3）案例启示：以 10kV 线路线损为基础，线路用户较多时，宜先对该线路上用电大户、嫌疑用户重点进行电量分析比对，排查出的嫌疑用户在采集系统中在线监测，查看电压、电流、功率因数等电气交流量数据是否正常，推断出窃电用户；线路用户少时，可在采集系统中对每户逐一分析，排查出窃电嫌疑用户。

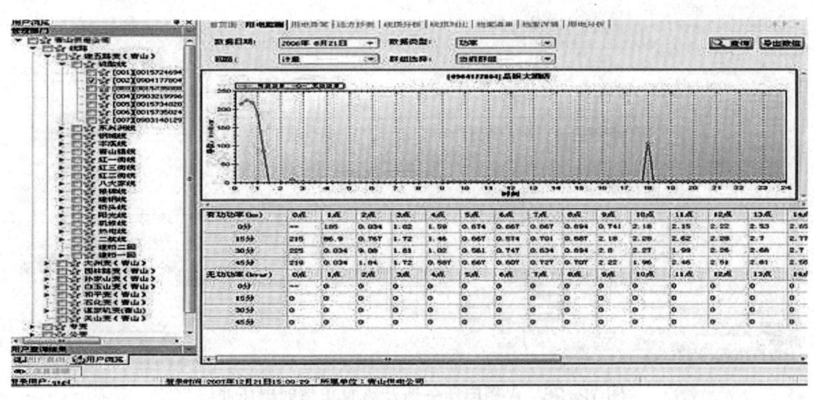

图 12-25　24h 功率数据曲线异常截图

12.2.3　如何判断专变用户电能计量装置电压互感器二次回路断路的用电异常情况？

答　（1）某 10kV 灰砖线的售电量统计出来，突减 30%。检查人员马上核对该线路关口电量和售电报表，发现线损畸高，损失电量近 20 万 kWh，同时查看抄表记录簿推测各用户用电情况，初步确定了问题用户为某建材公司。查看采集系统中用电分析之电压分析，果然发现该用户电能计量装置 C 相电压接近为零。检查人员赶到现场，同用户一起打开专用配电箱变大门检查，计量室封铅被剪断，反复检查才发现用户将接入电能表的电压线在绝缘层内扳断了，外观看不出损坏的痕迹。在事实面前，用户在违章窃电通知书上签了字。其实，这得益于公司在营销工作上下的真功夫：实行“线损问责制”，做实“四分”工作，通过建立跟踪抄表制度，细化考核。实施以来，检查人员及时根据采集系统采集的实时电压、电流、功率等电气交流量数据，综合分析用户的用电情况，核对各线路的售电量和关口电量，分析线路运行情况和电量数据，查清线损高与低的原因，使反窃电活动成为有数据支撑的、科学的、针对性强的降损利器。在多年的线损数据上，用户稍有“动作”就会立即被发现。

（2）如图 12-26 所示曲线为某户年电压曲线图，1~4 月电压正常，为 100V 左右。5 月 A 相电压为 22.00V，C 相电压为 102.50V。推断故障原因为 A 相失压，现场检查系 A 相电压互感器熔丝断所致。图 12-26 中显示，9 月底计量装置电压恢复到 100V 左右的正常值范围。

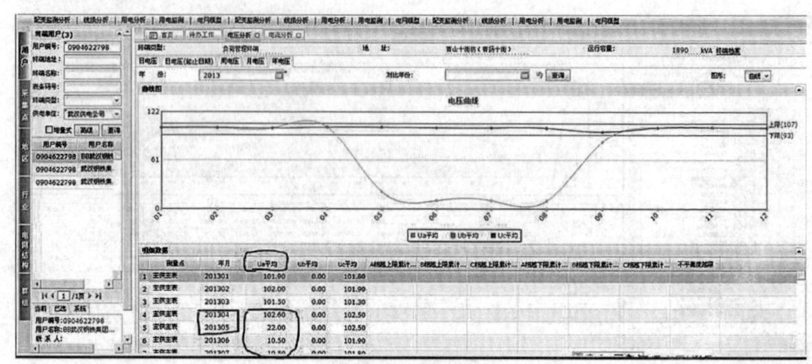

图 12-26　A 相电压失压及恢复正常时电压曲线

（3）图 12-27 所示曲线为某户备用电源 8 月月电压曲线图。采集系统显示该电源 8 月 5 日投运，当天 A 相电压为 101.60V，C 相电压为 12.00V，即 C 相电压失压，推断故障原因为 C 相失压，现场检查系 C 相电压互感器熔丝断所致。8 月 15 日 A 相电压为 102.60V，C 相电压为 102.10V，复制到 100V 左右的正常值范围。

（4）案例启示：一是分电压等级、分区域、分线、分台区的“四分”线损管理工作到位后，窃电用户无处遁形；二是合格的检查人员应熟悉所辖用户的生产工艺流程，通过月度巡查记录台账即可分析判断嫌疑用电户；三是要做到检查人员对采集系统的常态化正确使用；四是抄表人员现场抄表时一定要检查电能计量装置封铅的完整性，发现问题及时报告处理。

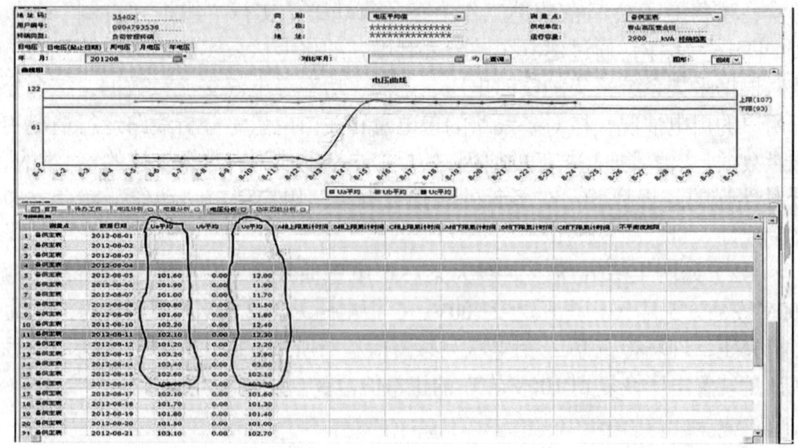

图 12-27　C 相电压失压及恢复正常时电压曲线

12.2.4 举例分析判断什么是低谷超容用电？

答 （1）对照采集系统分析用户的月电量波动、月平均功率因数高低、月最大负荷，做到当天线损当天分析，可以及时发现高损线路、用户。10kV阳逻线是一条12km长专线，该户装有2台1600kW高压电动机等用电设备。供用双方协商签订的供用电合同约定计费容量为5376kVA（统计时千瓦视同千伏安）。新装送电投产时负荷较小，线路线损一直很正常。但正式投产后的二个月线损一直很高。4月损失电量277594kWh，线损率9.49%。5月损失电量389056kWh，线损率11%。这大大超过了0.5%的考核指标。检查人员反复突击检查没有发现窃电的嫌疑，于是跟踪抄录比对采集系统、变电站的关口表和用户处的计费表数据分析，如表12-1所示。

表12-1 关口表和计费表数据 kW

5月8日		5月13日	
关口表总功率	1896.05	关口表总功率	1966.48
计费表总有功功率	1738.03	计费表总有功功率	1823.44
计费表总无功功率	594.15	计费表总无功功率	600.7
计费表 最大需量	0.919	计费表最大需量	0.9283

关口表安装在变电站，倍率为8000。5月8日至5月13日所计电量为

$$(1966.48-1896.05)\times 8000=563440\ (\text{kWh})$$

计费表安装在用户侧，倍率为6000。5月8日至5月13日所计电量为

$$(1823.44-1738.03)\times 6000=512460\ (\text{kWh})$$

期间功率因数正切值为（600.7−594.15）/（1823.44−1738.03）≈0.08，即功率因数近似为1。

（2）分析一：5月8日至5月13日，关口表走了563440kWh，计费表走了512460kWh，5天损耗50980kWh，和统计的线损是一致的。线路长，负荷大，实测用户处线路电压仅为9000V，即用户侧压降大，11%的线损真的是损在线路上了。

（3）分析二：如图12-28所示为该户7月26日的日负荷曲线，“采集密度”选择96点，即每15min采集记录一次。如00：00时，总有功功率5742.00kW，总无功功率2131.20kvar，视在功率6124.75kVA；00：10时，总有

功功率 5827.20kW，总无功功率 2166.00kvar，视在功率 6216.74 kVA；00∶30 时，总有功功率 5980.80kW，总无功功率 2166.00kvar，视在功率 6360.94 kVA。采集系统曲线图和明细数据表明：用户生产用电完全避开高峰及平段用电时段，用足低谷 0∶00～8∶00 时段，充分利用了最低优惠电价，期间最大负荷均超过合同约定的 5376 kVA。

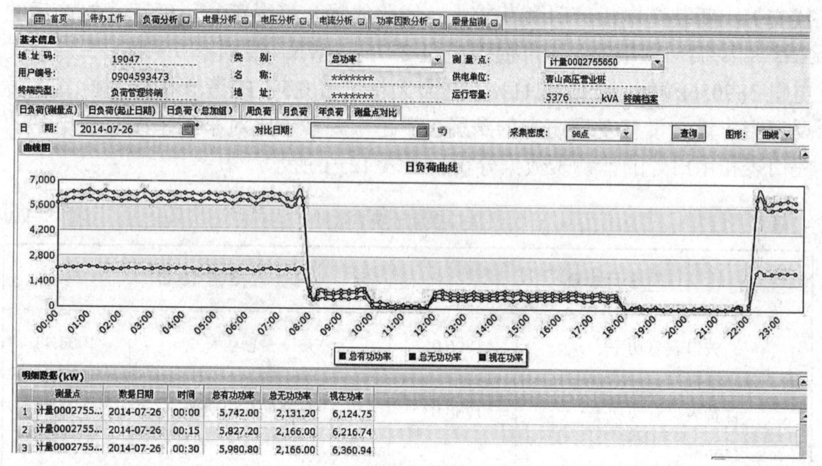

	测量点	数据日期	时间	总有功功率	总无功功率	视在功率
1	计量0002755...	2014-07-26	00:00	5,742.00	2,131.20	6,124.75
2	计量0002755...	2014-07-26	00:15	5,827.20	2,166.00	6,216.74
3	计量0002755...	2014-07-26	00:30	5,980.80	2,166.00	6,360.94

图 12-28　日负荷曲线及明细数据

（4）分析三：跟踪抄表 5 天最大需量最小为 0.919kW，即其最大负荷为 0.919 × 6000 = 5514kW，超过了合同约定 5376kVA 的容量。原来，该 1600kW 高压电动机的功率因数标为 0.889，实际运行时向系统吸收的功率超出 1600kW，实测为 1780kW 左右，是因为期间功率因数近似为 1，即功率因数越高时实际向系统吸取的有功功率越大，直至超过设备铭牌标注额定容量。当然随之通过线路的电流变大，在线路上的损耗就更大。

（5）案例启示：一是执行两部制电价的大工业用户，供用电合同中约定高压电动机容量时，千瓦视同千伏安的常规处理值得商榷，需要修订，以便给日常出现的低谷超容或超容现象提供处理依据。或依高压电动机有功功率及其功率因数推算其视在功率作为合同约定计费用电容量，或对装有高压电动机的客户约定按其月度最大需量计收当月基本电费。二是按《供电营业规则》规定，电能计量装置应安装在产权分界点处，避免不必要的纠纷。三是消除用户低电压用电现状，降低线损，切实做好优质服务工作。

12.2.5 某10kV专变用户超负荷用电，如何处理？

答 （1）8月运监中心对某10kV用户用电预警，提示该户超负荷用电。进入电力营销业务应用系统，查该户装有一台315kVA变压器，临时基建用电，高供高计，电能计量装置综合倍率400倍。

（2）进入采集系统查看分析该户用电情况。如图12-29所示该户8月月电压曲线及明细数据，8月1日至8月31日计量装置电压均在100V左右正常值范围。

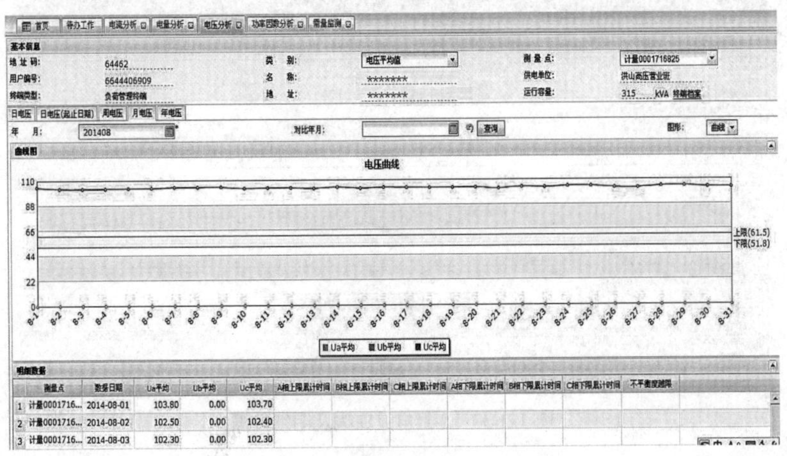

	测量点	数据日期	Ua平均	Ub平均	Uc平均	A相上限累计时间	B相上限累计时间	C相上限累计时间	A相下限累计时间	B相下限累计时间	C相下限累计时间	不平衡度越限
1	计量0001716...	2014-08-01	103.80	0.00	103.70							
2	计量0001716...	2014-08-02	102.50	0.00	102.40							
3	计量0001716...	2014-08-03	102.30	0.00	102.30							

图 12-29 8月电压曲线及明细数据

（3）如图12-30所示该户8月电流曲线及明细数据。8月1日至8月28日接入电能表电流基本大于电流互感器额定二次电流5A的限值，即超负荷了。8月1日A相最大电流7.738A，C相最大电流7.654A，记录时间18∶11；8月2日A相最大电流8.139A，C相最大电流8.189A，记录时间01∶25；8月3日A相最大电流12.834A，C相最大电流13.126A，记录时间18∶37。即均超过电流互感器额定二次电流5A的限值，三相负荷基本平衡。

（4）如图12-31所示该户7月30日至8月5日专变数据管理中需量明细。

最大需量计算如下：

7月30日为0.5768×400＝230.72kW，发生时间17∶13。

7月31日为0.7293×400＝291.72kW，发生时间11∶00。

8月1日为0.7612×400＝304.48kW，发生时间08∶08。

8 月 2 日为 0.7612 × 400 = 304.48kW，发生时间 08：08。

8 月 3 日为 0.8752 × 400 = 350.08kW，发生时间 15：15。

8 月 4 日为 0.8752 × 400 = 350.08kW，发生时间 15：15。

8 月 5 日为 0.8752 × 400 = 350.08kW，发生时间 15：15。

则该户计费区间最大需量发生时间为 8 月 3 日 15：15，为 0.8752 × 400 = 350.08kW。

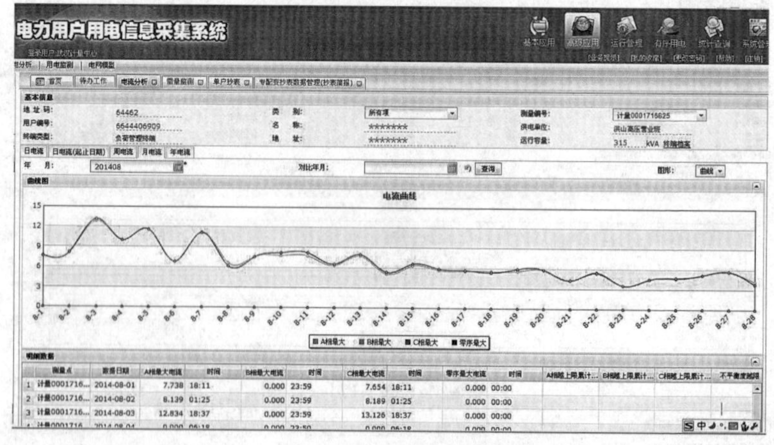

	测量点	数据日期	A相最大电流	时间	B相最大电流	时间	C相最大电流	时间	零序最大电流	时间	A相越上限累计...	B相越上限累计...	C相越上限累计...	不平衡度越限
1	计量0001716...	2014-08-01	7.738	18:11	0.000	23:59	7.654	18:11	0.000	00:00				
2	计量0001716...	2014-08-02	8.139	01:25	0.000	23:59	8.189	01:25	0.000	00:00				
3	计量0001716...	2014-08-03	12.834	18:37	0.000	23:59	13.126	18:37	0.000	00:00				

图 12-30　8 月电流曲线及明细数据

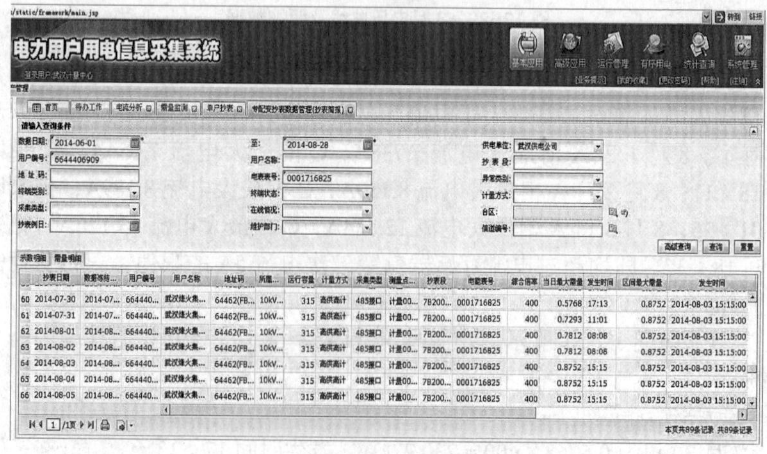

	抄表日期	数据冻结...	用户编号	用户名称	地址码	所属...	运行容量	计量方式	采集类型	测量点...	抄表段	电能表号	综合倍率	当日最大需量	发生时间	区间最大需量	发生时间
60	2014-07-30	2014-07...	664440...	武汉烽火集...	64462(FB...	10kV...	315	高供高计	485接口	计量00...	78200...	0001716825	400	0.5768	17:13	0.8752	2014-08-03 15:15:00
61	2014-07-31	2014-07...	664440...	武汉烽火集...	64462(FB...	10kV...	315	高供高计	485接口	计量00...	78200...	0001716825	400	0.7293	11:01	0.8752	2014-08-03 15:15:00
62	2014-08-01	2014-08...	664440...	武汉烽火集...	64462(FB...	10kV...	315	高供高计	485接口	计量00...	78200...	0001716825	400	0.7812	08:08	0.8752	2014-08-03 15:15:00
63	2014-08-02	2014-08...	664440...	武汉烽火集...	64462(FB...	10kV...	315	高供高计	485接口	计量00...	78200...	0001716825	400	0.7812	08:08	0.8752	2014-08-03 15:15:00
64	2014-08-03	2014-08...	664440...	武汉烽火集...	64462(FB...	10kV...	315	高供高计	485接口	计量00...	78200...	0001716825	400	0.8752	15:15	0.8752	2014-08-03 15:15:00
65	2014-08-04	2014-08...	664440...	武汉烽火集...	64462(FB...	10kV...	315	高供高计	485接口	计量00...	78200...	0001716825	400	0.8752	15:15	0.8752	2014-08-03 15:15:00
66	2014-08-05	2014-08...	664440...	武汉烽火集...	64462(FB...	10kV...	315	高供高计	485接口	计量00...	78200...	0001716825	400	0.8752	15:15	0.8752	2014-08-03 15:15:00

图 12-31　需量明细

（5）数据表明该户 8 月计费区间，其负荷在 8 月 3 日 15：15 达到最大值为 350.08kW，超过合同约定 315kVA 容量。检查人员到达现场检查，掘土机、卷扬机、电焊机等机器都在运转。检查该户专用配电箱变，尚未到达箱变跟前就已听到变压器过负荷运行的沉重的嗡鸣声，打开低压室查看低压电流表指针已达 500A 的最大刻度值，该户已达变压器 111.1% 容量用电，违反国家发展和改革委员会有关超容 105% 安全用电规定。

（6）案例分析：《供电营业规则》第一百条明确超容属违约用电行为，应承担相应的违约责任。其中第二款规定：私自超过合同约定的容量用电的，除应拆除私增容设备外，属于两部制电价的用户，应补缴私增设备容量使用月数的基本电费，并承担 3 倍私增容量基本电费的违约使用电费；其他用户应承担私增容量每千瓦（千伏安）50 元的违约使用电费。如用户要求继续使用者，按新装增容办理手续。据此，检查人员下达用电检查结果通知书，要求用户限期整改。

12.2.6 2016 年 10 月底采集运维监控中心提示 35kV 某公司计量装置运行异常，请问如何处理？

答 （1）查询该户电量等相关信息，查找其异常现象、发生时间范围等。进入电力营销业务应用系统“抄表管理”界面，输用户编号，查询核对“抄表电量信息”，如图 12-32 所示，与上月比较总电量、需量无异常变化，但同期分析比较本月电量减少 20 万 kWh 以上。

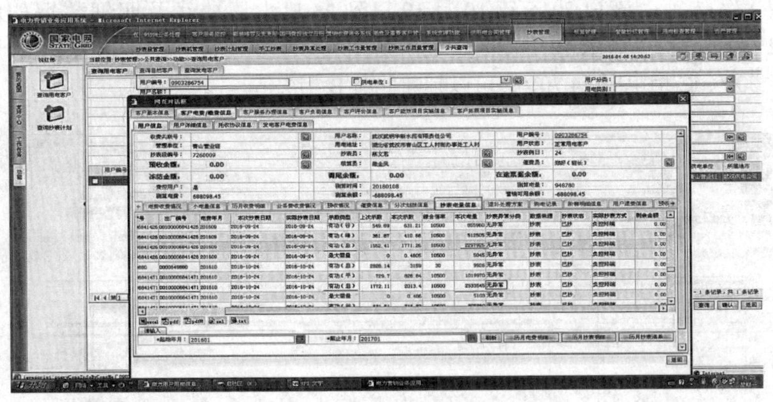

图 12-32 抄表电量信息

（2）查该户各类曲线图，分析其计量是否正常。

1）进入采集系统“基本应用”界面，双击“首页”，左侧导航栏之“采集点”下输用户编号，单击“查询”，之后选中该户并打“√”。选择“用电分析”，单击其中“负荷分析”之“年负荷”选项，该户2016年年负荷曲线及明细数据如图12-33所示，显示10月负荷减少，作为大型水泥制造企业，正常生产时负荷基本稳定，可以判断该户存在异常。

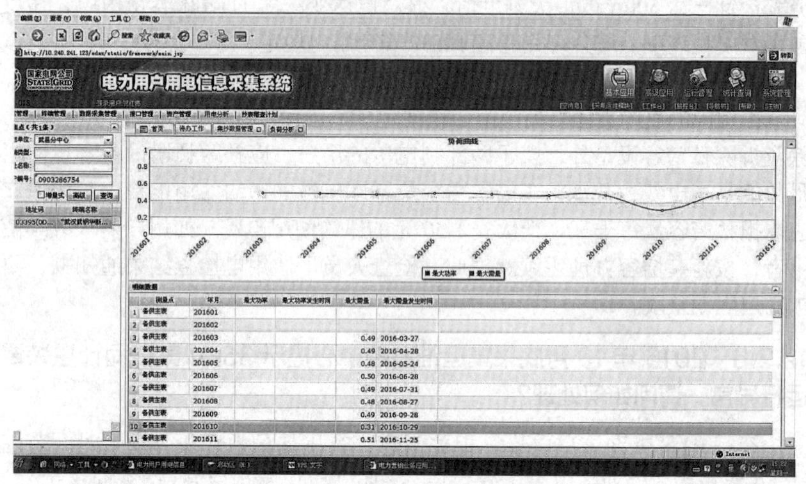

	测量点	年月	最大功率	最大功率发生时间	最大需量	最大需量发生时间
1	备供主表	201601				
2	备供主表	201602				
3	备供主表	201603			0.49	2016-03-27
4	备供主表	201604			0.49	2016-04-28
5	备供主表	201605			0.48	2016-05-24
6	备供主表	201606			0.50	2016-06-28
7	备供主表	201607			0.49	2016-07-31
8	备供主表	201608			0.48	2016-08-27
9	备供主表	201609			0.49	2016-09-28
10	备供主表	201610			0.31	2016-10-29
11	备供主表	201611			0.51	2016-11-25

图12-33　年负荷曲线及明细数据

2）选择“用电分析”，单击其中“电压分析”之“日电压（起止日期）”选项，该户2016年10月19日到26日电压曲线及明细数据如图12-34所示，显示10月20日22：45开始电压波动，23：15 A相电压51.60V、C相电压64.70V，可以判断此时B相失压。

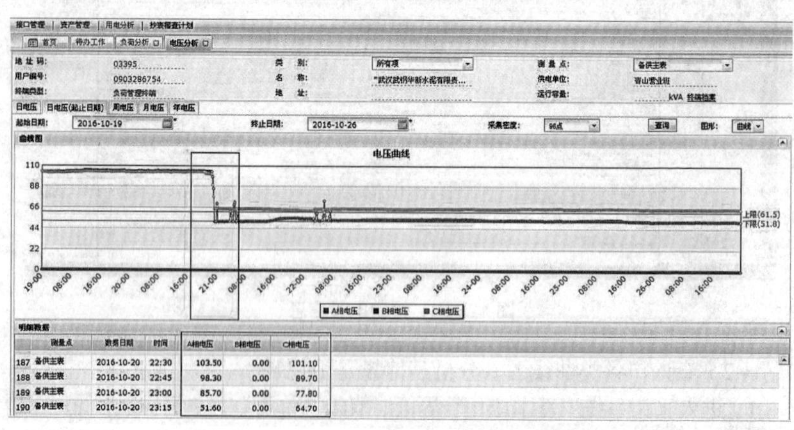

	测量点	数据日期	时间	A相电压	B相电压	C相电压
187	备供主表	2016-10-20	22:30	103.50	0.00	101.10
188	备供主表	2016-10-20	22:45	98.30	0.00	89.70
189	备供主表	2016-10-20	23:00	85.70	0.00	77.80
190	备供主表	2016-10-20	23:15	51.60	0.00	64.70

图12-34　10月电压曲线及明细数据

3）选择“用电分析”，单击其中“电流分析”之“月电流”选项，该户 2016 年 10 月电流曲线及明细数据如图 12-35 所示，显示负荷基本平稳，电流无异常。

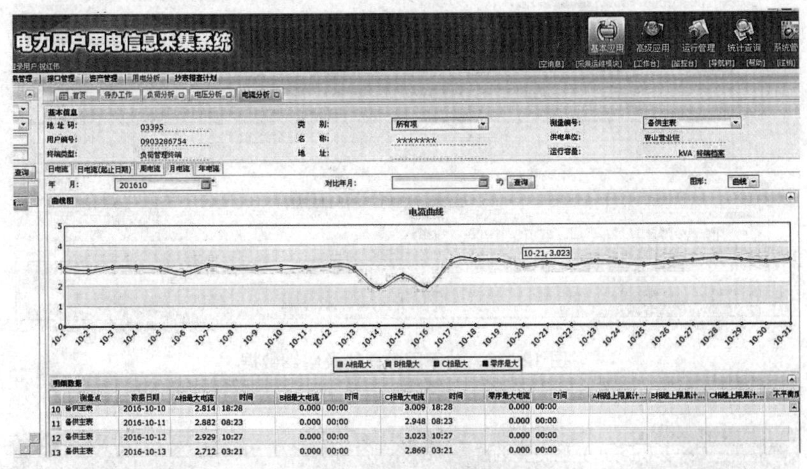

	测量点	数据日期	A相最大电流	时间	B相最大电流	时间	C相最大电流	时间	零序最大电流	时间	A相越上限累计...	B相越上限累计...	C相越上限累计...	不平衡度
10	备供主表	2016-10-10	2.814	18:28	0.000	00:00	3.009	18:28	0.000	00:00				
11	备供主表	2016-10-11	2.882	08:23	0.000	00:00	2.948	08:23	0.000	00:00				
12	备供主表	2016-10-12	2.929	10:27	0.000	00:00	3.023	10:27	0.000	00:00				
13	备供主表	2016-10-13	2.712	03:21	0.000	00:00	2.869	03:21	0.000	00:00				

图 12-35　10 月电流曲线及明细数据

4）选择“用电分析”，单击其中“功率因数分析”之“日功率因数（起止日期）”选项，功率因数曲线及明细数据如图 12-36 所示。该户 2016 年 10 月 20 日 22∶45 的 A 相功率因数为 68.50、C 相功率因数为 98.70，23∶00 的 A 相功率因数为 73.40、C 相功率因数为 98.50，23∶15 的 A 相功率因数为 90.70、C 相功率因数为 85.60，23∶30 的 A 相功率因数 91.30、C 相功率因数为 86.10。

5）通过相量图分析可知，正常运行时 A 相功率因数较低，这是因为其相位角较大；C 相功率因数较高，这是因为其相位角较小。而 B 相电压失压时 A 相功率因数较高，这是因为其相位角变小，与 C 相比较其角度更小；C 相功率因数变小，这是因为其相位角有所增加。由此可推出 23∶15 这一刻为最接近故障发生的时间，且故障应为 B 相电压失压。

（3）确定该户故障起、止时刻电能表电能示值，以便追补故障期间未计电量。进入电力用户用电信息采集系统基本应用界面，进入“数据采集管理”之“数据召测（专配变）”界面，查询有功功率曲线、电能示值、当前电能表止码等，如图 12-37 所示。

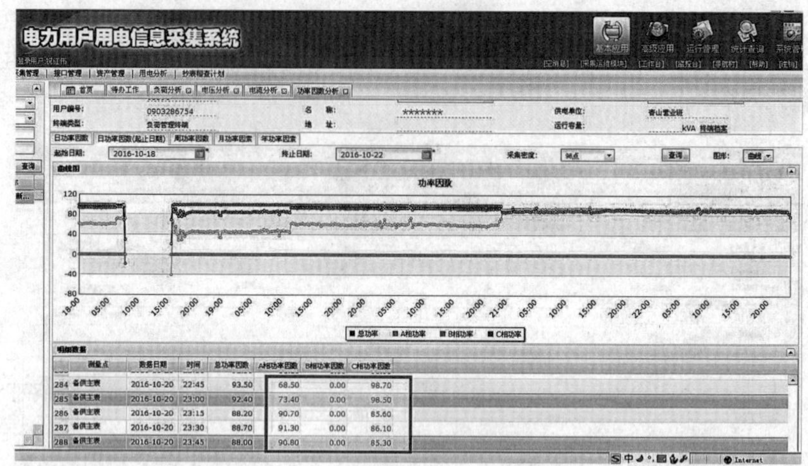

图 12-36　功率因数曲线及明细数据

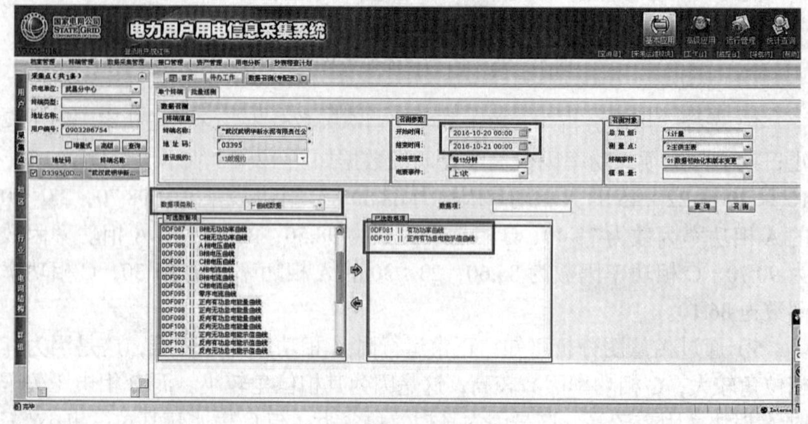

图 12-37　数据召测（专配变）

1）如图 12-38 所示，进入“数据召测（专配变）”选项，核对“终端信息”“召测对象”，确定“召测参数”中开始时间为 2016 年 10 月 20 日，结束时间为 2016 年 10 月 21 日，冻结密度设置为每 15min。选择“数据项类别”→“测量点”→“曲线数据”，双击“有功功率曲线”选项，单击“召测”，核对分析故障时间 23：15 前后有功功率变化情况。

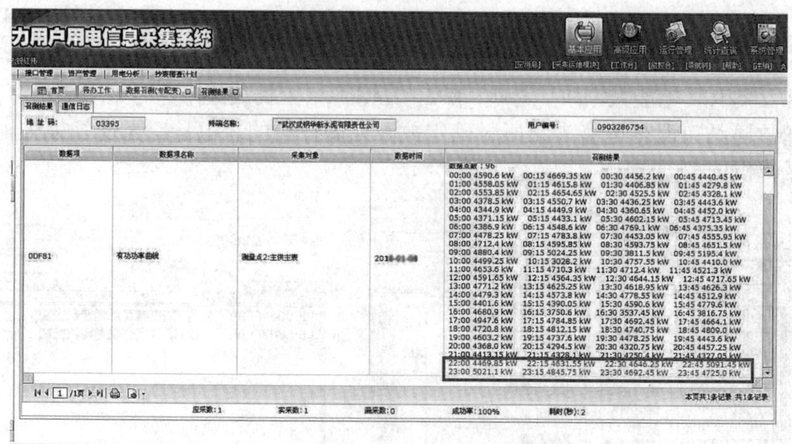

图 12-38　有功功率召测结果

2）如图 12-39 所示，进入“数据召测（专配变）”选项，核对“终端信息”“召测对象”，确定“召测参数”中开始时间为 2016 年 10 月 20 日，结束时间为 2016 年 10 月 21 日，冻结密度设置为每 15min。选择“数据项类别”→“测量点”→“曲线数据”，双击“正向有功总电能示值曲线”“反向有功总电能示值曲线”选项，单击“召测”，查找确定故障时间 23∶15 电能示值，即故障开始时刻电能表起码。

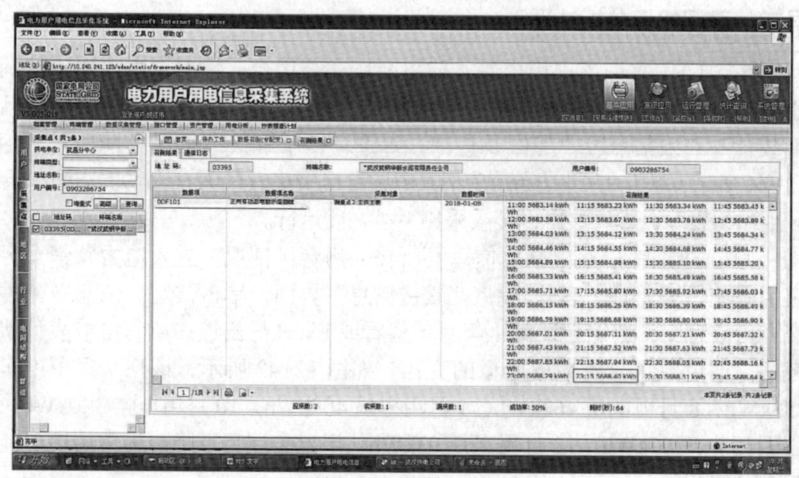

图 12-39　电能示值召测结果

3）同上，数据召测（专配变）界面，选择“数据项类别”→“穿透采集”→“当前数据”，如图 12-40 所示，双击“当前正向有功电能数据块”“当前反向有功电能数据块”选项，单击“召测”，查找故障排除时刻电能示值，即故障结束时刻电能表止码，确定故障期间计量的总电量，为追补损失电量提供依据。

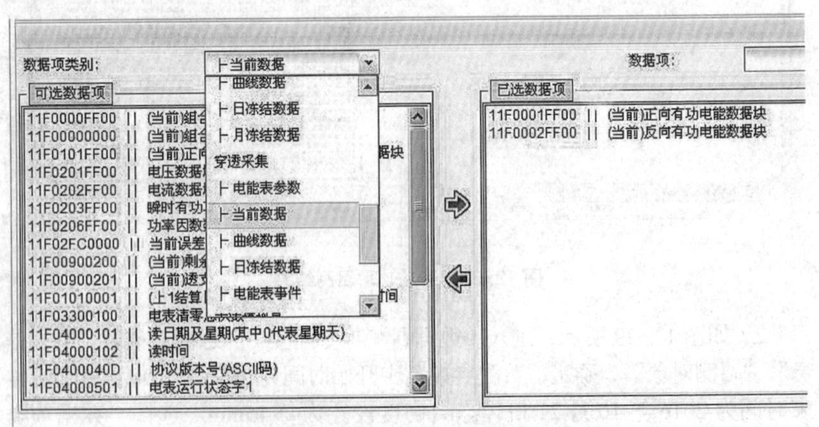

图 12-40　穿透采集故障排除后电能表止码

12.2.7　2017 年 12 月采集运维监控中心提示某居民用户计量装置运行异常，请问如何分析处理？

答　（1）查询该户用电基本信息及所在公用台区情况。进入电力营销业务应用系统抄表管理客户基本信息界面，单击“用电客户基本信息”“计量装置”“采集点”“工作单查询”等选项，了解该户供用电情况。如图 12-41 所示，单击“采集点信息”记录所在台区采集点名称为 66490，单击“台区用户列表”，查看该户已接入采集系统在线运行。

（2）查询该户用电基本信息及所在公用台区情况。进入电力营销业务应用系统抄表管理“客户电费 / 缴费信息”界面，单击“用户信息”“抄表电量信息”，选定起始截止年月，查看或 Execl 导出该户所有电能表计费表格，通过数据分析该户电量的变化。如图 12-42 所示，该户 7 月用电量 253kWh，8 月用电量 462kWh，9 月用电量 407kWh，10 月用电量 140kWh，11 月用电量 97kWh，12 月用电量 93kWh，用电量逐月下降，异常用电可能在 10 月发生。

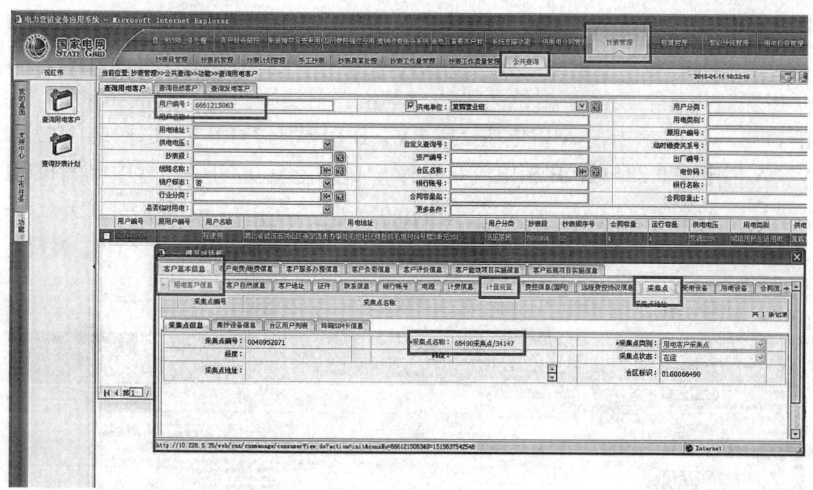

图 12-41　客户基本信息

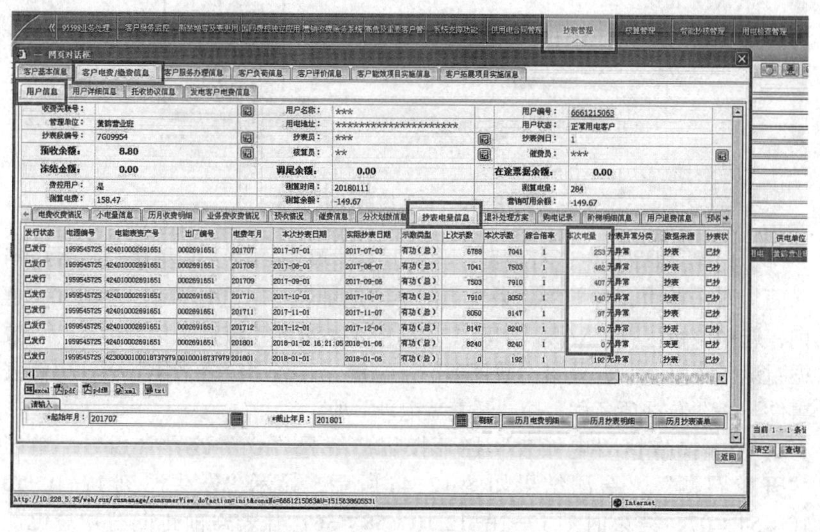

发行状态	电源编号	电能表资产号	出厂编号	电费年月	本次抄表日期	实际抄表日期	示数类型	上次示数	本次示数	综合倍率	本次电量	抄表异常分类	数据来源	抄表状
已发行	1959545725	424010002691651	0002691651	201707	2017-07-01	2017-07-03	有功（总）	6788	7041	1	253	无异常	抄表	已抄
已发行	1959545725	424010002691651	0002691651	201708	2017-08-01	2017-08-07	有功（总）	7041	7503	1	462	无异常	抄表	已抄
已发行	1959545725	424010002691651	0002691651	201709	2017-09-01	2017-09-06	有功（总）	7503	7910	1	407	无异常	抄表	已抄
已发行	1959545725	424010002691651	0002691651	201710	2017-10-01	2017-10-07	有功（总）	7910	8050	1	140	无异常	抄表	已抄
已发行	1959545725	424010002691651	0002691651	201711	2017-11-01	2017-11-07	有功（总）	8050	8147	1	97	无异常	抄表	已抄
已发行	1959545725	424010002691651	0002691651	201712	2017-12-01	2017-12-04	有功（总）	8147	8240	1	93	无异常	抄表	已抄
已发行	1959545725	424010002691651	0002691651	201801	2018-01-02 16:21:05	2018-01-06	有功（总）	8240	8240	1	0	无异常	变更	已抄
已发行	1959545725	4230000100018737979	00100018737979	201801	2018-01-01	2018-01-06	有功（总）	0	192	1	192	无异常	抄表	已抄

图 12-42　抄表电量信息

（3）召测异常户所在公变台区终端运行数据，判断终端计量是否正常。进入电力用户用电信息采集系统基本应用界面，双击首页，导航栏“采集点”下“地址名称”选项中输入 66490，查询，选中该台区打“√”。如

图 12-43 所示，进入“数据采集管理”之“数据召测（专配变）”选项，单击“数据项类别”下拉键，选“测量点”→“当前数据”→“可选数据项”，有电流、电压、功率、相位角等项，单击“召测”查看“召测结果”“通信日志”，显示当前 A 相电压 231.7 V，B 相电压 231.6 V，C 相电压 231.4 V，A 相电流 0.286 A，B 相电流 0.095 A，C 相电流 0.350 A，零序电流 0.251 A，$\dot{U}_{ab}$、$\dot{U}_{a}$相位角 0.0°，$\dot{U}_{b}$ 相位角 119.9°，$\dot{U}_{cb}$、$\dot{U}_{c}$相位角 240.2°，I_a 相位角 354.9°，I_b 相位角 116.3°、I_c 相位角 235.0°，这些数据表明该台区计量装置运行正常。

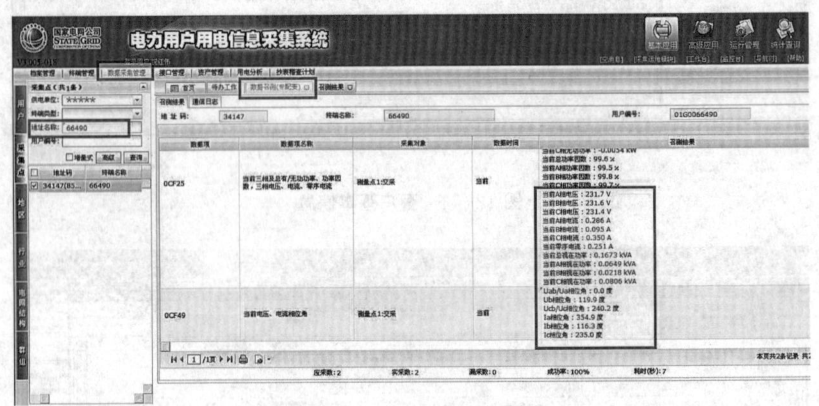

图 12-43　台区终端计量正常

（4）召测异常户运行数据，判断其异常情况。进入采集系统基本应用界面，双击首页，导航栏“采集点”下“地址名称”选项中输入 66490，查询，选中该台区打“√”。如图 12-44 所示，选择“数据采集管理”→“数据召测（集抄）”，单击“数据项”下拉键，选择“穿透采集”→“电能表事件”→“数据项名称”→“开表盖记录”项。

（5）操作区“电能表”栏下按用户编号“√”该异常用户，单击“开始召测”，召测结果如图 12-45 所示，显示“发生时刻 17-10-12 10：54：07，结束时刻 17-10-12 10：58：36，开表盖前正向有功总电能 000066.06，开表盖后正向有功总电能 000066.06”等数据，与电力营销应用系统抄表电量信息相吻合，确定该户存在开表盖故意损坏电能表的行为，000066.06 为该户异常计量的起始码，为处理该户窃电行为提供依据。

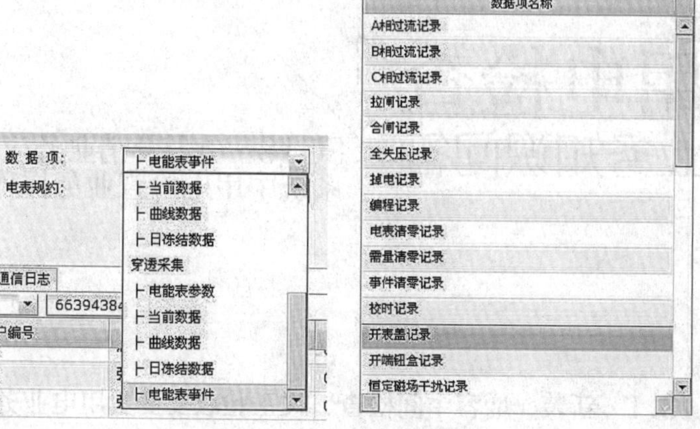

图 12-44　电能表事件之开表盖记录

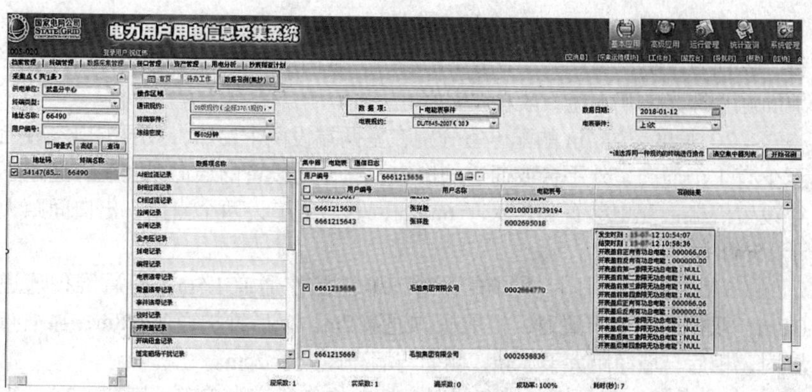

图 12-45　开表盖记录召测结果

YONGDIAN JIANCHA
YEWU ZHISHI WENDA

用电检查
业务知识问答

第13章 SG186电力营销业务应用系统中用电检查业务操作

13.1 新装、增容中间检查、竣工验收及变更用电业务

13.1.1 新装、增容中间检查有哪些项目及其标准?

答 (1)配电室土建部分符合设计并全部完工。面积大小、房屋空间相符,屋顶敷设防水隔热层,墙壁全部粉饰,室内所开窗、孔采取防雨雪措施,地面地平抹光,下水道、散水坡完好。

(2)长度超过7m的配电室分别在室两端设两个出口,双层配电室楼上至少有1个通向室外平台或通道的出口,有搬运设备的通道或孔洞,通道不得设置门槛;配电装置长度大于6m的,其后通道设两个出口,出口间距大于15m时增加出口。

(3)固定式高压柜单排布置时,柜前操作通道1.5m,柜后维护通道0.8m;双排面对面布置时,柜前操作通道2m,柜后维护通道0.8m;靠墙布置时,柜后与墙净距大于5cm,侧面与墙净距大于2cm。

(4)手车式高压柜单排布置时,柜前操作通道为单车长度加1.2m,柜后维护通道0.8m;双排面对面布置时,柜前操作通道为双车长度加0.9m,柜后维护通道0.8m。

(5)固定式低压柜单排布置时,柜前操作通道1.5m,柜后维护通道1m;双排面对面布置时,柜前操作通道2m,柜后维护通道1m。

(6)抽屉式低压柜单排布置时,柜前操作通道1.8m,柜后维护通道1m;双排面对面布置时,柜前操作通道2.3m,柜后维护通道1m。

(7)电缆沟平整光滑,坡度不小于2%,设有积水井,沟内无杂物,盖板齐全。

(8)可能积水、积尘、积油的电缆沟中,应设置经防腐处理的金属电缆支架,电缆支架焊接牢固,全线同层横档在同一水平面上,接地良好,安装

平直无扭。

（9）支架间距离 1000 ~ 1500mm，一边支架时架与壁间水平净距不小于 300mm，两边支架时水平净距不小于 300mm，支架最上层距盖板不小于 20cm，层间及最下层距沟底不小于 25cm。

（10）直埋电缆埋入前需将沟底铲平夯实，深度不小于 0.7m，并排间距不小于 0.1m。引入建筑物、绕越或交叉地下物体时，采取保护措施后可浅埋。

（11）直埋电缆上、下部应铺以不小于 100mm 厚的沙层或软土，土层上部用预制的混凝土盖板盖好。直线段每隔 50 ~ 100m、电缆接头、转弯、进入建筑物等处，设置电缆标桩。

（12）电缆管材质、型号符合设计要求，管体无裂缝，管口和内壁光滑，埋深不小于 0.7m，有不小于 0.1% 的排水坡度；管群排列整齐，接缝严密，转角部位、管口应倒角抹圆。

（13）接地体顶面埋设深度不应小于 0.6m，引至地面的一段线做防腐处理，垂直接地体的长度不应小于 2.5m，垂直接地体的间距一般不小于 5m；接地体埋设位置距建筑物不小于 3m，填埋土层应分层夯实。

（14）接地体（线）的连接应采用焊接，焊接必须牢固无虚焊。扁钢间焊接时焊接长度为其宽度的 2 倍，圆钢为其直径的 6 倍。

（15）接至电气设备上的接地线，应用镀锌螺栓连接，有色金属接地线不能采用焊接时，也可采用螺栓连接，有放松措施。

（16）每个应接地的部件应以单独分支线接入接地体或接地干线上，禁止多个部件串联接地。

（17）接地电阻在 4Ω 以下，不合标准的加装接地体；变压器中性点接地和用电设备接地分开敷设，且接地点间距离大于 5m；接地网电阻小于 0.5Ω 时变压器和用电设备可共用一个接地网。

（18）配电设备基础型钢顶部高出抹平地面 10mm，安装允许误差不大于 5mm，基础型钢有明显的可靠接地。

（19）填写中间检查意见书。

13.1.2 新装、增容竣工验收有哪些项目?

答 （1）检查施工单位资质。

（2）检查一次设备接线及安装电气设备容量与供电企业批复的供电方案应一致。

（3）检查电气设备安装施工工艺、设备材料选用符合相关规范标准要求。

（4）检查施工工程隐蔽部分的施工记录和图纸标识。

（5）检查影响电能质量的用电设备采取的治理限制措施。

（6）检查无功补偿装置安装容量应符合设计要求，具备投运条件。

（7）检查电能计量装置安装配置应符合规程标准要求，供用电合同已签订。

（8）检查电气设备绝缘试验、继电保护装置试验合格，试验单位具备相应资质。

（9）检查双电源防误闭锁装置可靠齐全，各种操作机构安全可靠，设备外观清洁编号正确醒目，一次模拟图与实际接线相符，符合安全规程和技术标准要求。

（10）安全工器具、测量仪表、消防器材、调度通信等配备齐全合格。

（11）电气运行管理制度正确齐全，设备技术资料和调试报告保存完备。

（12）进网作业电工取得作业资格许可证，熟悉配电系统运行方式。

（13）查收客户受电工程竣工报验资料清单。填写竣工检验意见通知书。

13.1.3 新装、增容竣工验收过程中土建及设备本体等检查有哪些要求？

答 （1）按中间检查要求完成接地及隐蔽施工工程检查。

（2）配电室大门向外开启，相邻室间的门双向开启；窗台距室外地坪不低于1.8m，临街一面不开窗；通风孔、采光窗安装0.6cm×0.6cm钢板网；门框处安装不低于60cm的高防鼠板，板与周边缝隙小于0.6cm。

（3）严密封堵电缆沟、管等配电室孔、洞，室内备有不少于5处捕鼠器械或投放鼠药。

（4）室内照明器具充足，悬挂高度不得低于2.5m，不得安装于配电设备正上方。

（5）门窗采用防火材料制成，室内配备不少于4只干粉灭火器，长度大于6m的配电室其两端放置灭火器，重要的配电场所安装火警监视报警器。

（6）设备资料报告齐全，试验及校试单位具备资质；运行名称标识齐全清晰，设备本体内外清洁、完整，无损伤、无锈蚀、无遗留物，柜内接点紧固，孔洞封闭，接地连接可靠，锁具齐全，不带电试投3次无卡滞且指示准确，送电前处于断开位置。

（7）装在室内的非封闭式干式变压器，装设不低于1.7m的固定遮栏，遮栏孔不大于0.4cm×0.4cm，与变压器外廓最小净距0.6m，变压器之间净距不小于1m；油浸式变压器易靠近方位装设不低于1.2m栅状遮栏，最低栏杆距地面不大于20cm，加锁并挂警示牌，与变压器外壳最小净距0.6m。

13.1.4 新装、增容竣工验收过程中开关柜的安装检查有哪些要求？

答 （1）安装位置与设计图纸一致，柜间及柜内设备连接牢固，水平及盘面偏差小于 1mm，接缝小于 2mm。

（2）柜体完好，铭牌清晰，模拟母线图清晰正确，设备双编号与送电工作单一致。

（3）柜内接地母线与接地网可靠连接，接地材料规格符合设计要求，每段柜体接地引下线不少于 2 点；装有电器的可开启的门用裸铜软线与柜体金属构架可靠连接；泄压通道符合规程要求，泄压板能正常开启。

（4）柜内开关、刀闸、熔断器及熔体、绝缘子等型号规格符合设计要求，继电保护装置功能配置符合设计要求，保护定值设定与定值单一致。

（5）母线配置符合设计要求，紧固部件齐全，连接牢固，相间及对地电气距离符合要求，相色正确完好。

（6）端子排完好，电流、电压回路连接正确，接线端子与二次导线匹配；电流二次回路使用 500V、$2.5mm^2$ 铜质绝缘线，其他二次回路截面积不小于 $1.5mm^2$，用于门上电器等可动部位的应用多股软线，导线绝缘良好无接头，线端号码管正确齐全。

（7）“五防”装置可靠，柜内照明完好，停电试投切 3 次无卡滞并指示正确。

（8）电气及机械联锁可靠，两路及以上进线与联络开关闭锁关系清晰，传动闭锁正确可靠。

13.1.5 新装、增容竣工验收过程中电容补偿柜安装检查有哪些要求？

答 （1）电容补偿柜或电容器组配置安装符合设计要求，电容器容量满足运行要求。

（2）铭牌清晰，其保护、监视、放电回路完整，模拟自动投切运行正常。

（3）外壳无凹凸或渗油，套管完整无裂纹，引出端子连接牢固，外壳及构架接地正确可靠。

（4）电容器室通风装置良好，消防设施齐全合格。

13.1.6 新装、增容竣工验收其中变压器安装检查有哪些要求？

答 （1）配置安装符合设计要求，电容量满足运行要求。

（2）设备编号正确，外观完整，高低压套管无裂纹及瓷釉损坏。

（3）配电变压器三点接地正确牢靠，所有紧固点部件完整连接牢固。

（4）油浸式变压器油位正常无渗油，呼吸器硅胶颜色正常。

（5）变压器柜温控器齐全可靠，具备报警及跳闸功能，开门报警装置灵敏可靠。

（6）变压器室通风装置良好，消防设施齐全合格。

13.1.7　新装、增容竣工验收过程中电缆本体安装检查有哪些要求?

答　（1）规格型号、安装位置符合设计要求，外观无损伤变形。

（2）最小转弯半径不小于电缆外径的 15 倍。并列敷设的电缆间最小净空距离：沟底为 0.35m，支架上为 0.15m；与热力设施平行距离不小于 1m，交叉不小于 0.5m。

（3）垂直敷设的电缆每个支架上应固定，水平敷设的电缆其首末两端及转弯处应固定，桥架上的电缆每隔 2m 固定，紧固件为热镀锌钢制夹具或尼龙扎带。

（4）进出电缆夹层、沟槽、管井、盘柜及建筑物等出入口应用防火堵料封堵严实，两端头悬挂醒目规范运行标识牌。

13.1.8　新装、增容竣工验收过程中直流设备安装检查有哪些要求?

答　（1）直流柜配置容量及安装符合设计要求。

（2）直流柜充电模块运行正常，蓄电池电压正常。

（3）直流柜充电电源应有两路低压交流电源供电。

13.1.9　新装、增容竣工验收过程中自备应急电源安装检查有哪些要求?

答　（1）自备应急电源配置及安装符合设计要求。

（2）自备发电机闭锁可靠，不带电试投切其控制开关柜 3 次应无卡滞且指示正确，与市电联络开关装设有可靠闭锁装置。

（3）不间断电源（UPS）、应急电源（EPS）等电流、电压指示正常，自动闭锁装置正常。

13.1.10　新装、增容竣工验收过程中安全运行管理检查有哪些要求?

答　（1）一次系统图上墙并与配电设备运行方式一致。

（2）保证安全运行的规章制度完备正确并上墙，各类运行日志齐全完备，值班人员资质证上墙。

（3）绝缘工具、验电器、接地线、仪器仪表等安全工器具合格齐备，分组编号，存放整齐，配电柜前后通道铺设厚 5mm、长 1m 绝缘垫。

（4）配电室内设备、物品标识醒目，整洁无杂物堆放。

13.1.11　举例说明高压用户如何办理更名 / 过户。

答　（1）更名 / 过户流程：受理→现场勘察→符合办理条件→签订供用电合同；受理→现场勘察→不符合条件→终止。

（2）进入电力营销业务应用系统，在左侧边栏选择“工作任务”，单击“待办工作单”，在右侧操作界面“申请编号”处输入申请编号 ×××，单击“查询”，则可看见该更名业务工作单，如图 13-1 所示，双击该工作单。

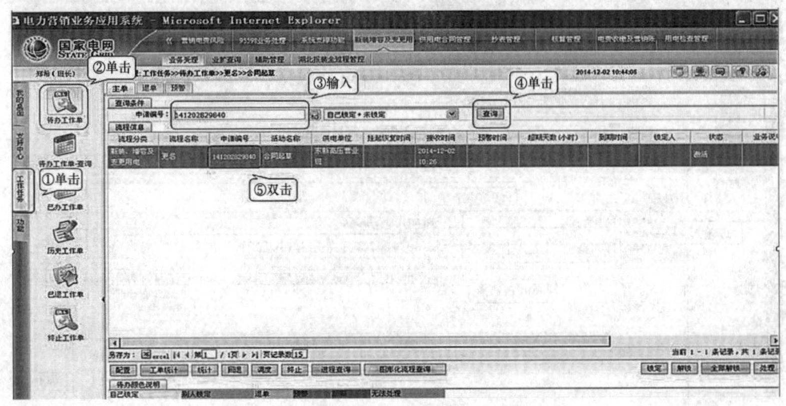

图 13-1　更名业务工作单

（3）进入“合同起草”界面，如图 13-2 所示，在“供电单位”处选择相应的单位后，单击“确认”。

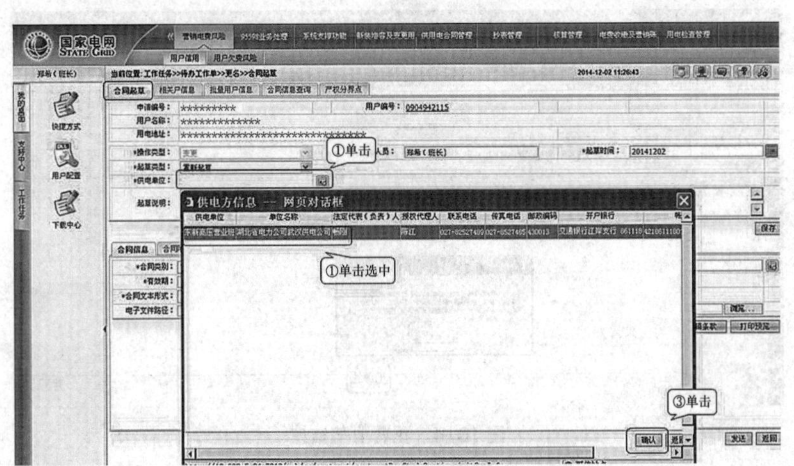

图 13-2　更名业务供电方信息界面

（4）在“起草说明”中输入现场勘查的情况后，单击“保存”。如图 13-3 所示，选择“合同类别”“范本名称”“有效期”（正式合同一般为 36 个月，临时合同按实际情况填写），“合同文本形式”选择“自由格式文本”，在“电子文件路径”后单击“浏览”导入合同的电子文本。导入合同后单击“保存”→“发送”。

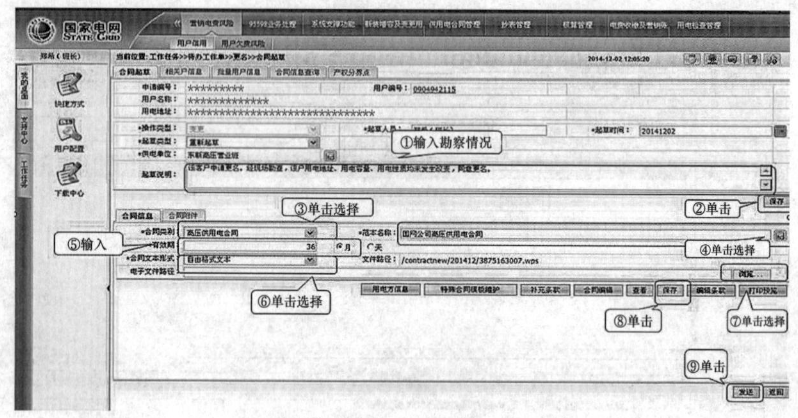

图 13-3　更名业务合同信息

（5）系统界面显示该业务流程的下一个环节以及处理部门，单击“确定”，如图 13-4 所示，此流程结束。

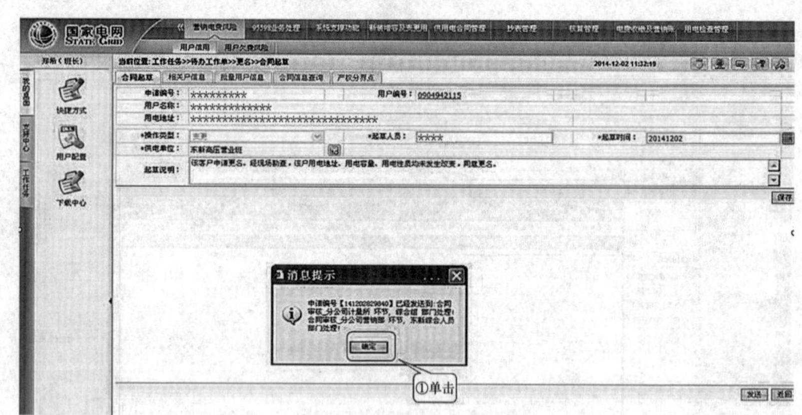

图 13-4　更名业务结束

13.1.12　举例说明高压用户如何办理暂停。

答　（1）暂停流程：受理→现场勘察→符合办理条件→停电加封→签订合同；受理→现场勘察→不符合条件→终止。

（2）某用户申请暂停 2 台 1600kVA 的变压器，暂停时间从 2014 年 12

月 5 日至 2014 年 12 月 31 日止。营业窗口人员受理暂停业务后，将业务审批单（申请编号 141××××××）及用户暂停申请资料转至用电检查人员，检查人员完成现场勘查后，在电力营销业务应用系统中完成“现场勘查”相关流程。

（3）进入电力营销业务应用系统，在左侧边栏选择“工作任务”→“待办工作单”，在右侧操作界面“申请编号”处输入申请编号 141×××，单击“查询”，则可看见该暂停业务工作单，如图 13-5 所示，双击该工作单。

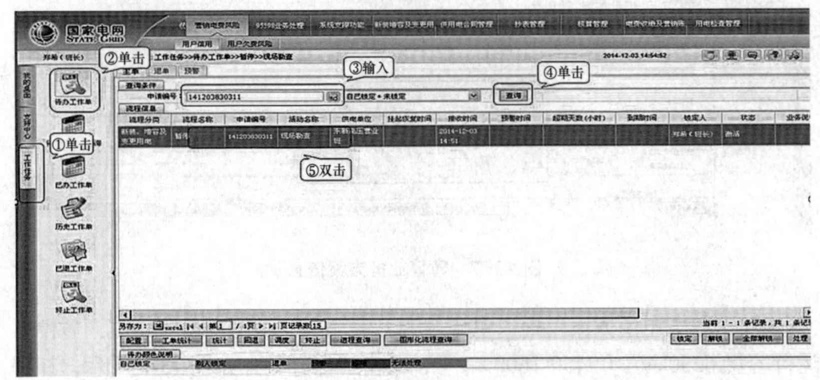

图 13-5　暂停业务工作单

（4）进入“现场勘查”界面，在“勘查方案”→“勘查信息”→“勘查意见”中填入现场勘查的情况后，单击“保存”，如图 13-6 所示，在弹出的对话框单击“确定”。

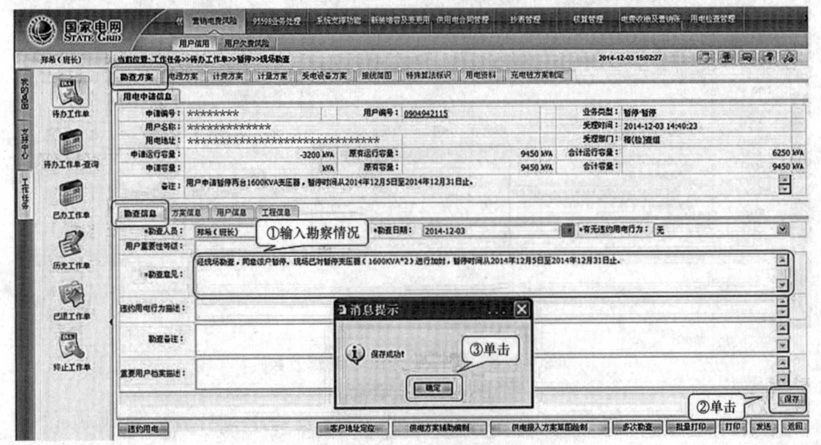

图 13-6　暂停业务现场勘查界面

（5）在“方案信息”→“是否有工程”中选择“无工程”后，单击“保存”，如图 13-7 所示，在弹出的对话框单击“确定”。

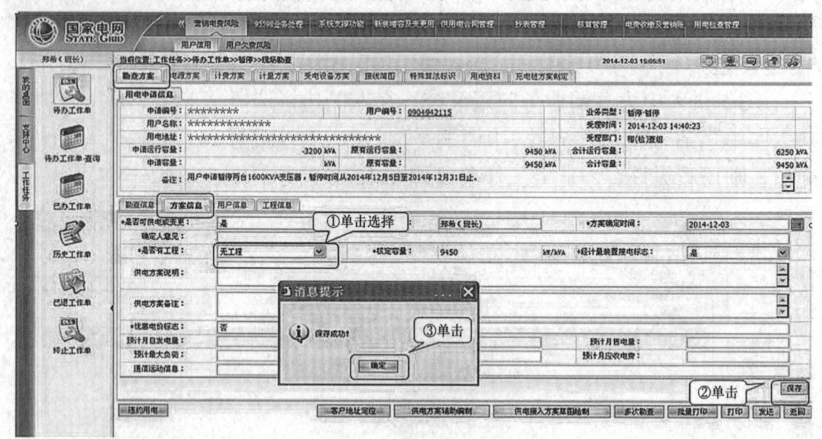

图 13-7　暂停业务方案信息

（6）在“电源方案”→“供电电源方案”→“供电容量”中填入暂停后运行容量 6250kVA（9450-1600×2），单击“保存”，如图 13-8 所示，在弹出的对话框单击“确定”。

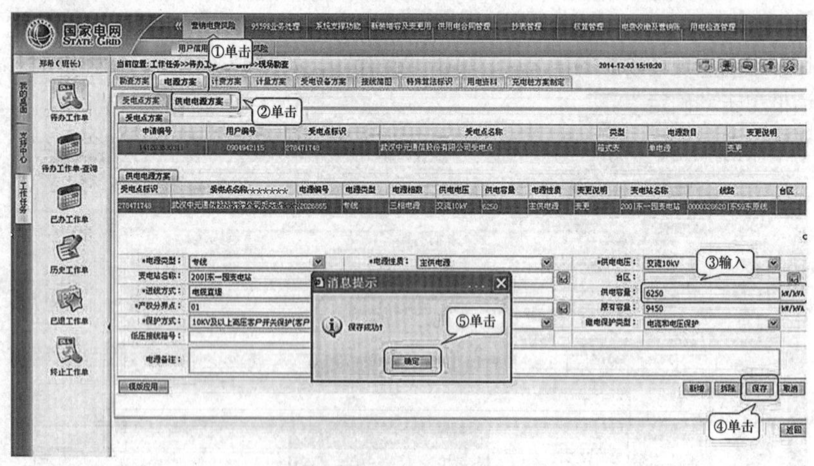

图 13-8　暂停业务供电电源方案

（7）注意：如图 13-9 所示，在“计费方案”中，按发改办价格

〔2016〕1583 号文的要求，“定价策略类型”仍执行“两部制”，“用户电价方案”中相应电价仍应执行“大工业电价”。

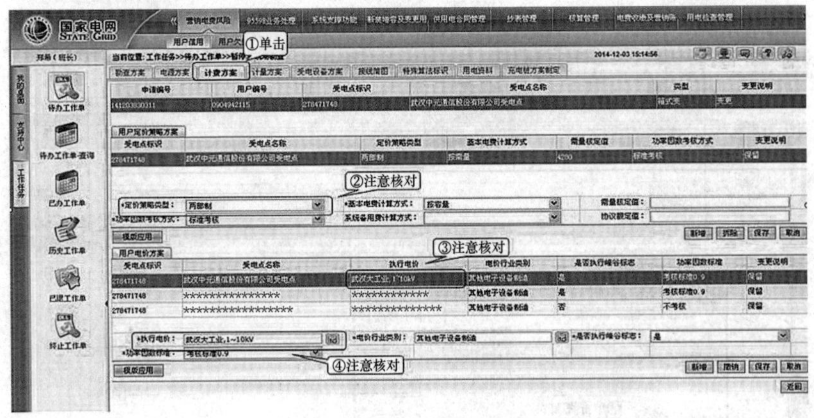

图 13-9　暂停业务计费方案

（8）在“计量方案”→“电能表方案”中，选择“原有电能表”下的电能表（每块表都要进行虚拆），点击“虚拆”，如图 13-10 所示，在弹出的对话框单击“确定”。

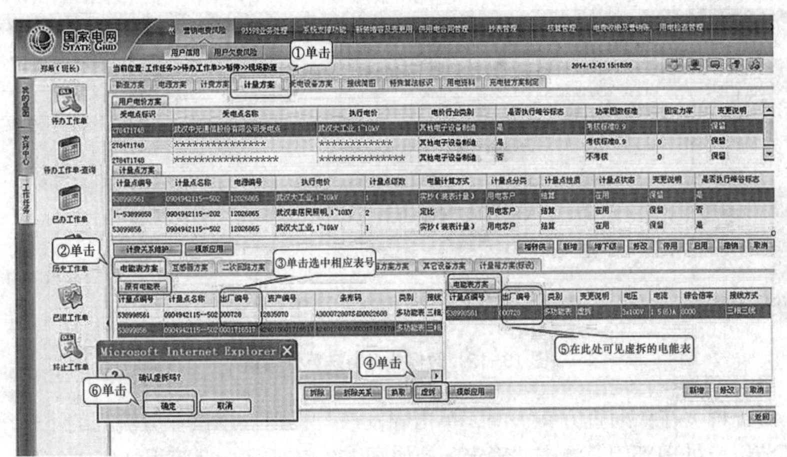

图 13-10　暂停业务计量方案

（9）在“受电设备方案”中，在右下角“受电设备方案”中选择已停用的设备，单击“修改”，在弹出的“受电设备”对话框中，根据现场勘查的情况修改“实际停用日期”及“计划恢复日期”后，单击“保存”，如图 13-11 所示，在弹出的对话框单击“确定”。

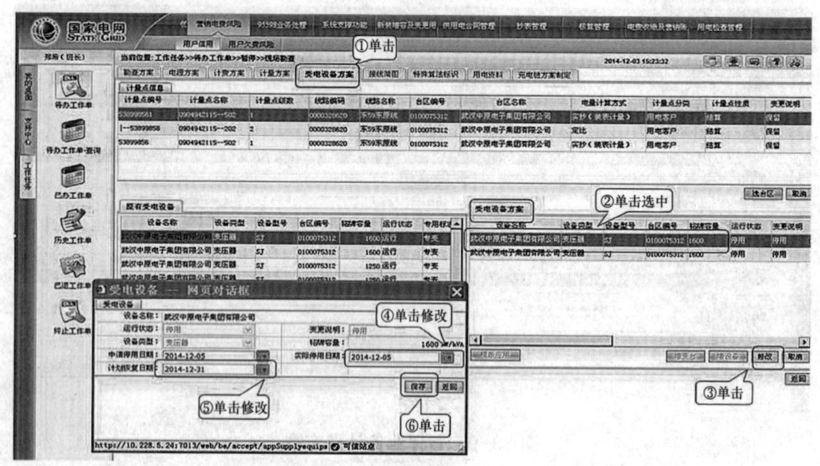

图 13-11 暂停业务受电设备方案

（10）在“特殊算法标识”中，选择“否”，单击“保存”，如图 13-12 所示，在弹出的对话框单击“确定”。

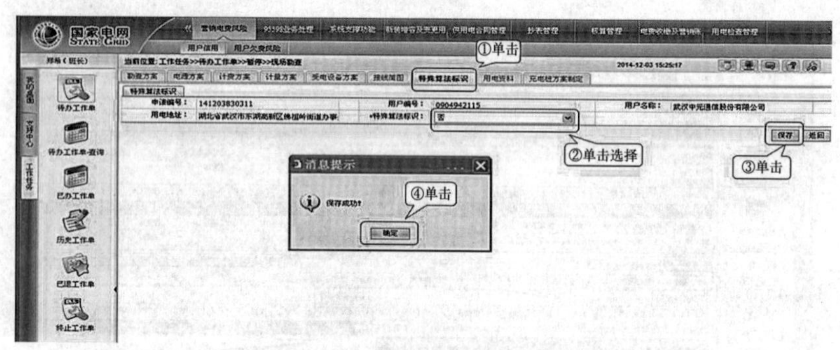

图 13-12 暂停业务特殊算法标识

（11）在“勘查方案”中，单击“发送”，则显示该业务流程的下一个环节以及处理部门，单击“确定”，如图 13-13 所示，此流程结束。

13.1.13 举例说明高压用户如何办理临时性减容。

答 （1）临时减容流程：受理→现场勘察→符合办理条件→停电加封→签订合同；受理→现场勘察→不符合条件→终止。

（2）某用户申请临时减容 2 台 1600kVA 的变压器，减容时间从 2014 年 12 月 5 日至 2015 年 12 月 4 日止。营业窗口人员受理减容业务后，将业务审批单（申请编号 141××××××）及用户减容申请资料转至用电检查人员，检查人员完成现场勘查后，在电力营销业务应用系统中完成“现场勘查”相关流程。

（3）进入电力营销业务应用系统，在左侧边栏选择“工作任务”→“待办工作单”，在右侧操作界面“申请编号”处输入申请编号 141××××××，单击“查询”，则可看见该减容业务工作单，如图 13-14 所示，双击该工作单。

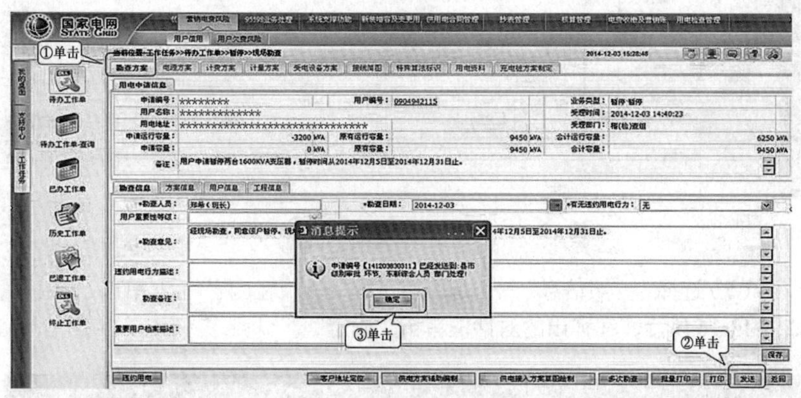

图 13-13　暂停业务结束

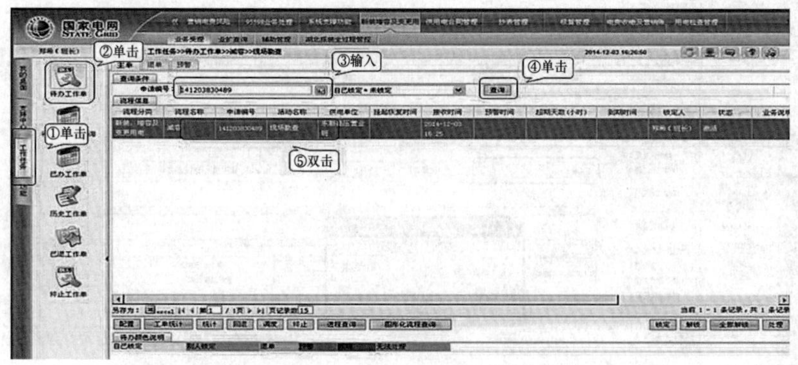

图 13-14　临时性减容业务工作单

（4）进入“现场勘查”界面，选择“勘查方案”→“勘查信息”→“勘查意见”，填入现场勘查的情况后，单击“保存”，如图 13-15 所示，在弹出的对话框单击“确定”。

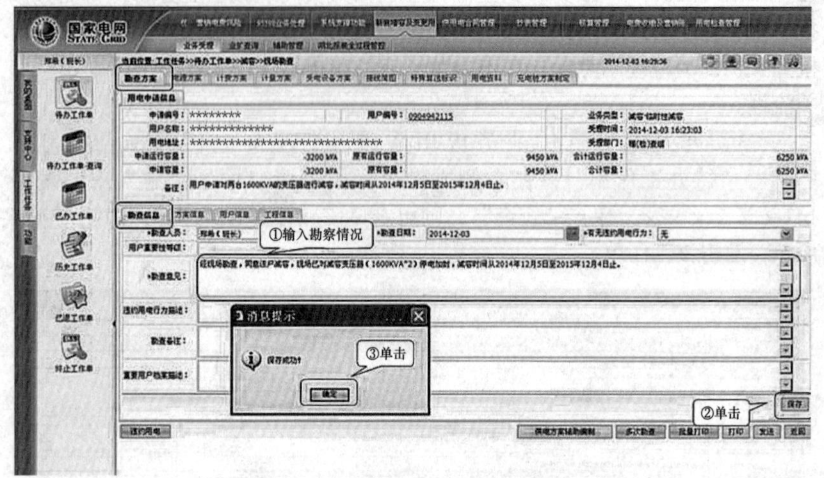

图 13-15　临时性减容业务现场勘查意见

（5）选择“方案信息”→“是否有工程”→“无工程”后，单击“保存”，如图 13-16 所示，在弹出的对话框单击“确定”。

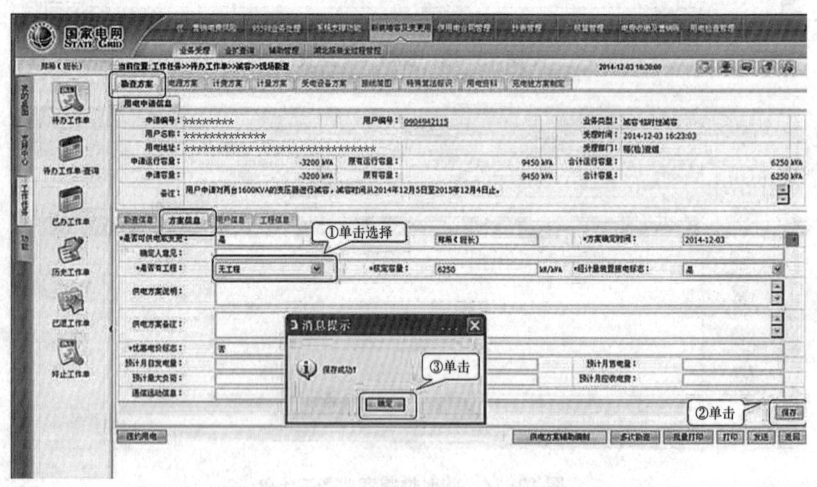

图 13-16　临时性减容业务方案信息

（6）在“电源方案”→“供电电源方案”→“供电容量”中填入减容后

运行容量 6250kVA（9450−1600×2），单击“保存”，如图 13−17 所示，在弹出的对话框单击“确定”。

（7）注意：如图 13−18 所示，在“计费方案”中，按发改办价格〔2016〕1583 号文的要求，“定价策略类型”仍执行“两部制”，“用户电价方案”中相应电价仍应执行“大工业电价”。

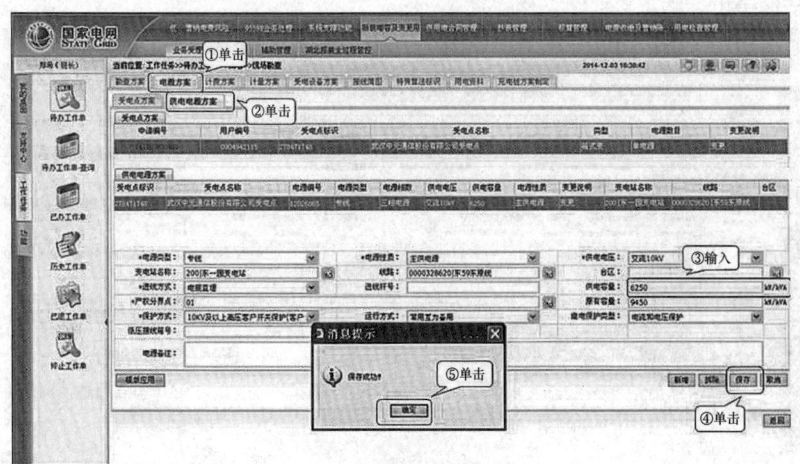

图 13−17　临时性减容业务供电电源方案

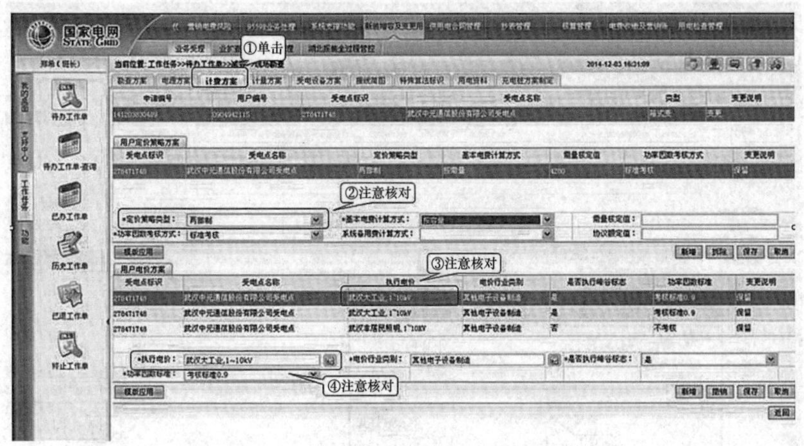

图 13−18　临时性减容业务计费方案

（8）如图 13−19 所示，在“计量方案”→“电能表方案”选项中，选择“原有电能表”下的电能表（每块表都要进行虚拆），单击“虚拆”。在弹出的对话框单击“确定”。

（9）如图 13-20 所示，在“受电设备方案”中，选择右下角已停用的设备，单击“修改”，在弹出的“受电设备”对话框中，根据现场勘查的情况修改“实际停用日期”及“计划恢复日期”后，单击“保存”。在弹出的对话框单击“确定”。

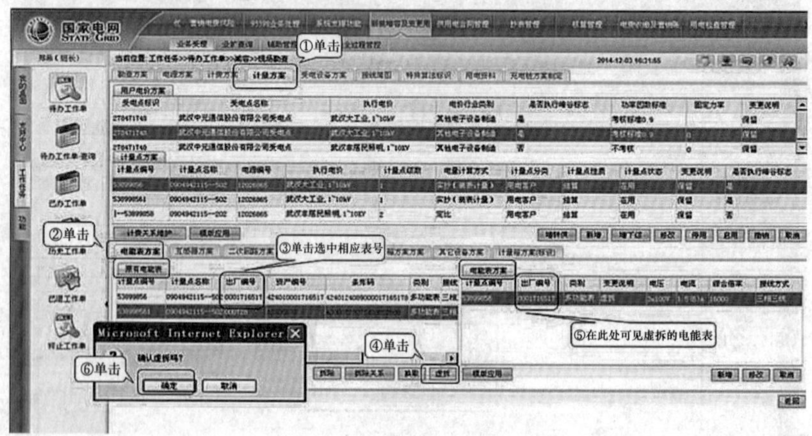

图 13-19　临时性减容业务计量方案

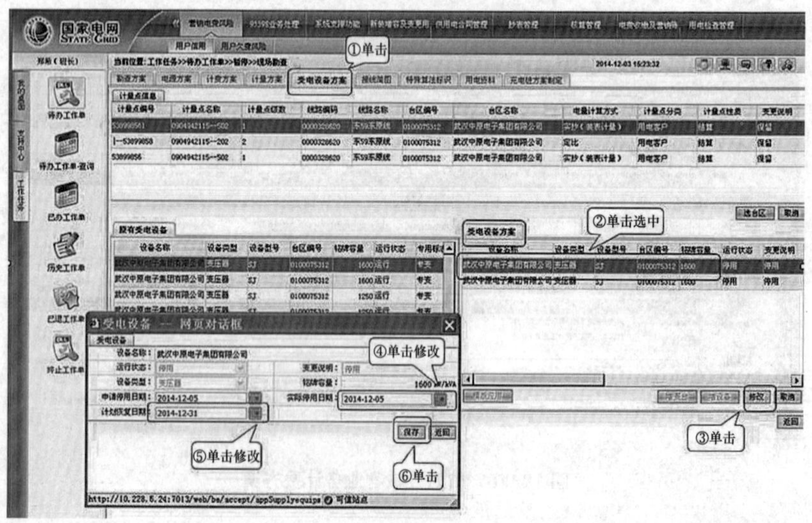

图 13-20　临时性减容业务受电设备方案

（10）如图13-21所示，在“特殊算法标识”中，选择“否”，单击“保存”。在弹出的对话框单击“确定”。

（11）在“勘查方案”中，单击“发送”，则显示该业务流程的下一个环节以及处理部门，单击“确定”，如图13-22所示，此流程结束。

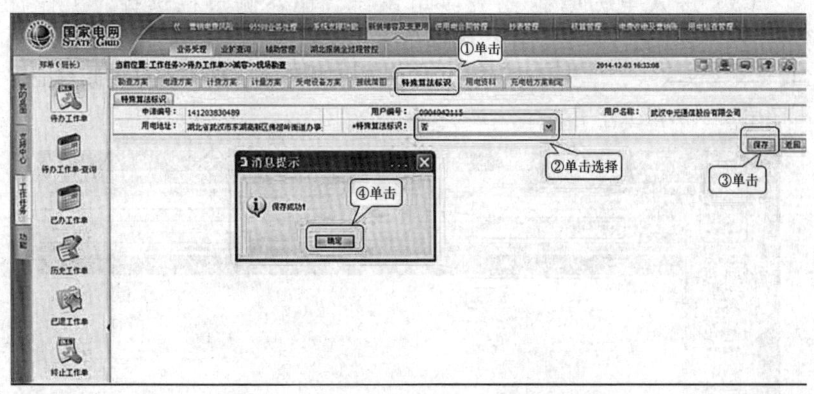

图13-21　临时性减容业务特殊算法标识

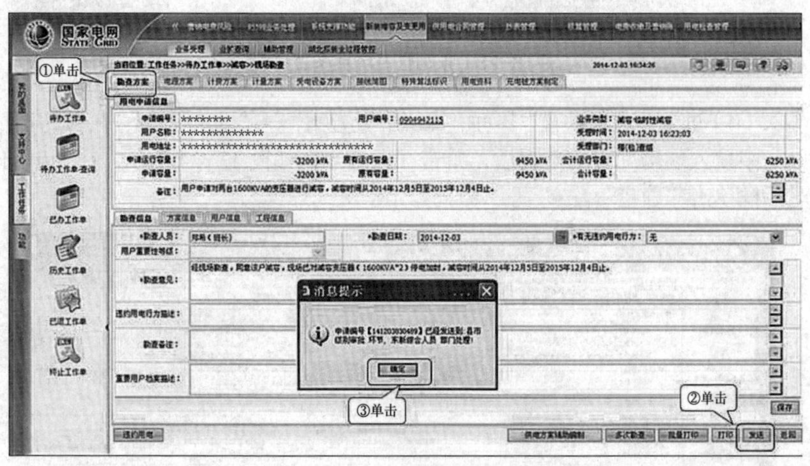

图13-22　临时性减容业务结束

13.1.14　举例说明高压用户如何办理永久性减容。

答　（1）永久减容流程：受理→现场勘察→符合办理条件→停电拆除→签订合同；受理→现场勘察→不符合条件→终止。

（2）某用户申请将 2 台 1600kVA 的变压器进行永久性减容，减容时间从 2014 年 12 月 5 日起。营业窗口人员受理减容业务后，将业务审批单（申请编号 141×××）及用户减容申请资料转至用电检查人员，检查人员完成现场勘查后，在电力营销业务应用系统中完成“现场勘查”相关流程。

（3）进入电力营销业务应用系统，在左侧边栏选择“工作任务”→“待办工作单”，在右侧操作界面“申请编号”处输入申请编号 141××××××，单击“查询”，如图 13-23 所示，则可看见该减容业务工作单，双击该工作单。

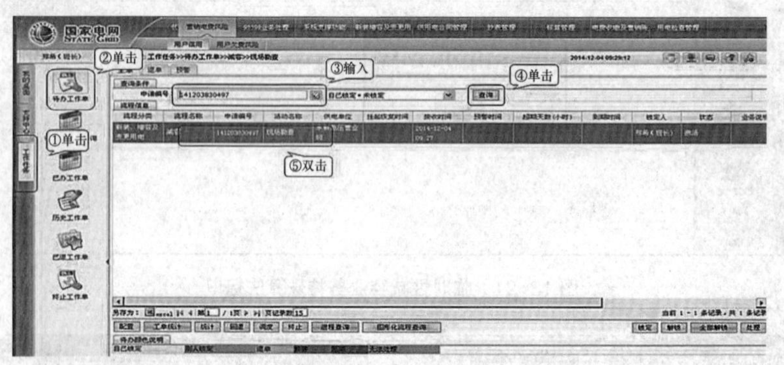

图 13-23　永久性减容业务工作单

（4）进入“现场勘查”界面，在“勘查方案”→“勘查信息”→“勘查意见”中填入现场勘查的情况后，单击“保存”，如图 13-24 所示，在弹出的对话框单击“确定”。

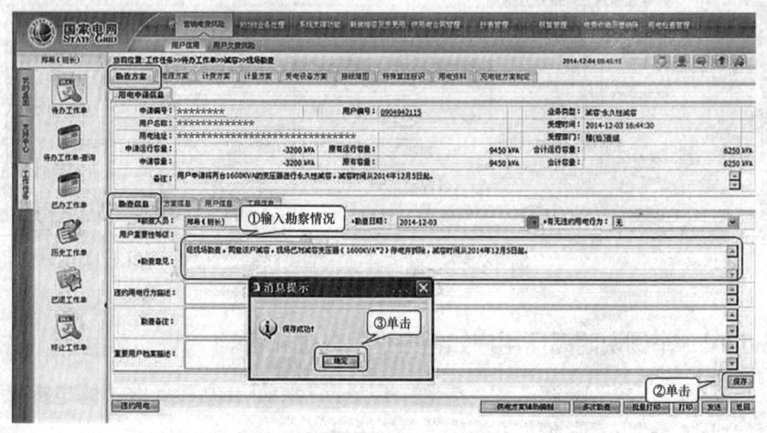

图 13-24　永久性减容业务现场勘查界面

（5）选择“方案信息”→“是否有工程”→“无工程”后，单击“保存”，如图 13-25 所示，在弹出的对话框单击“确定”。

（6）选择“电源方案”→“供电电源方案”→“供电容量”，填入减容后运行容量 6250kVA（9450-1600×2），单击“保存”，如图 13-26 所示，在弹出的对话框单击“确定”。

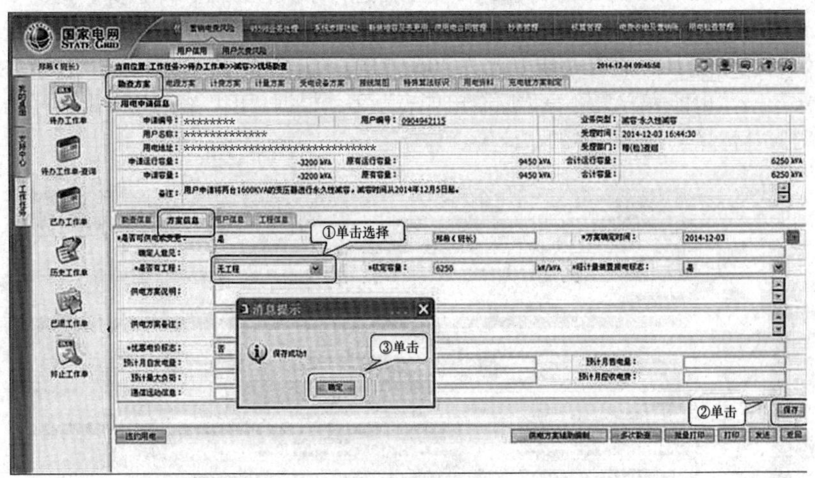

图 13-25　永久性减容业务方案信息

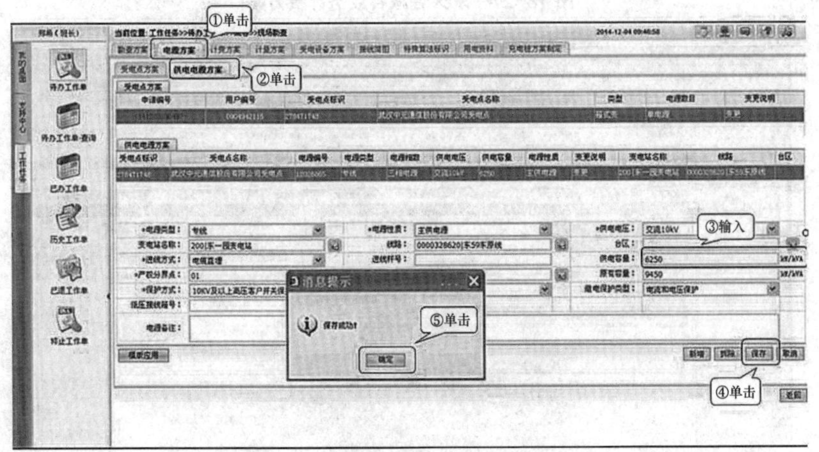

图 13-26　永久性减容业务供电电源方案

（7）注意：如图 13-27 所示，在“计费方案”中，按发改办价格〔2016〕1583 号文的要求，如减容后运行容量不满足两部制电价的要求，需将“定价策略类型”更改为“单一制”，并将“用户电价方案”中相应的大工业电价更改为普通工业电价。此户因减容 2 台 1600kVA 变压器后，仍满足执行两部制电价的要求，因此不进行更改。

（8）因用户对 2 台 1600kVA 变压器进行永久性减容，即拆除，则需要对相应电能计量装置的电流互感器进行更换。此处应将该户主供电能计量装置的电流互感器更换成变比为 400 / 5 的。如图 13-28 所示，在“计量方案”→“电能表方案”→“原有电能表”下，根据“出厂编号”（即表号）对应“计量点方案”中的“计量点编号”。

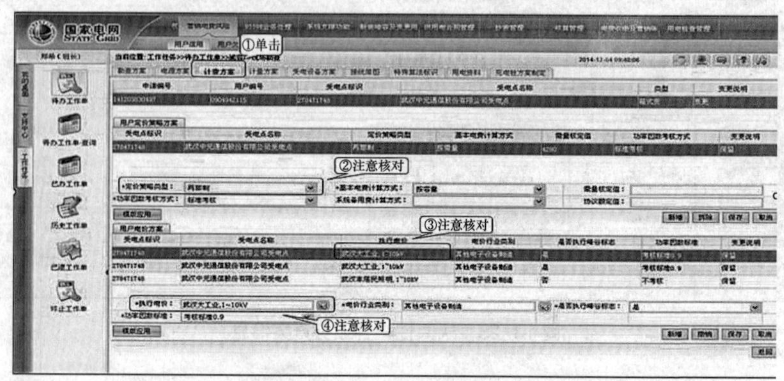

图 13-27　永久性减容业务计费方案

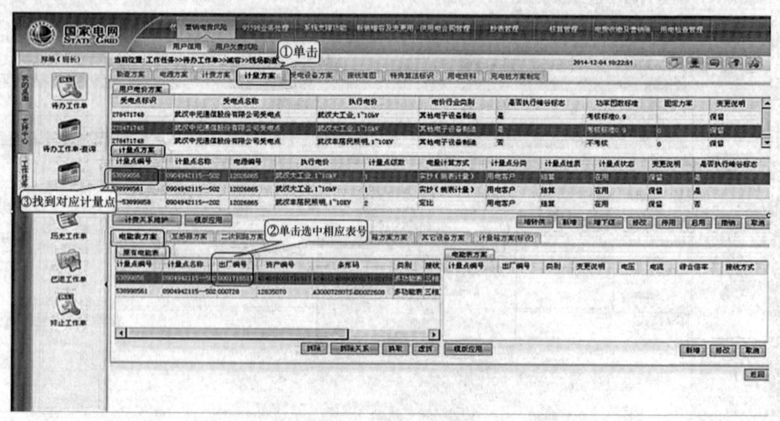

图 13-28　永久性减容业务计量方案

（9）如图 13-29 所示，在“计量方案”→“互感器方案”选项下，单击上述的计量点编号，在“互感器方案”→“原有互感器”下，可找到对应的电流互感器，单击“换取”，在弹出的对话框选择“确定”。

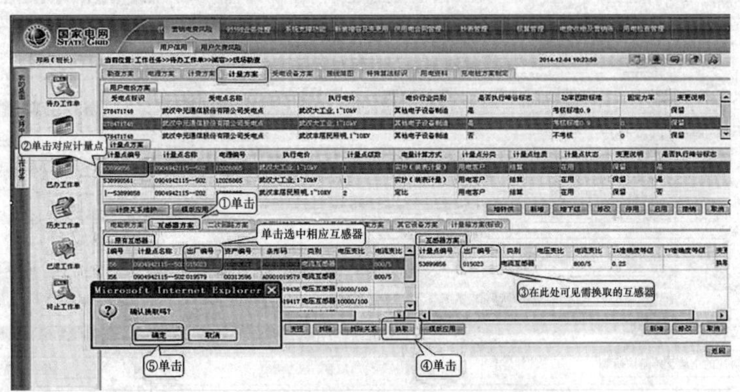

图 13-29　永久性减容业务互感器方案

（10）换取后，在右边“互感器方案”下可看见新装的互感器（无出厂编号），选择新装互感器后，单击“修改”，在弹出的对话框中将“电流变比”更改为 400 / 5，单击“保存”，如图 13-30 所示，操作完成后关闭对话框。

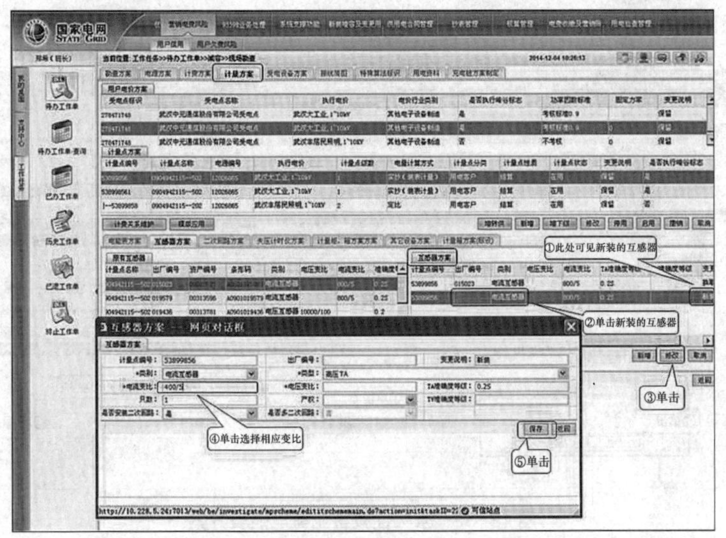

图 13-30　永久性减容业务互感器方案

（11）对应的电流互感器均换取完毕后，可看见相应新装的互感器“电流变比”均为 400 / 5，如图 13-31 所示。

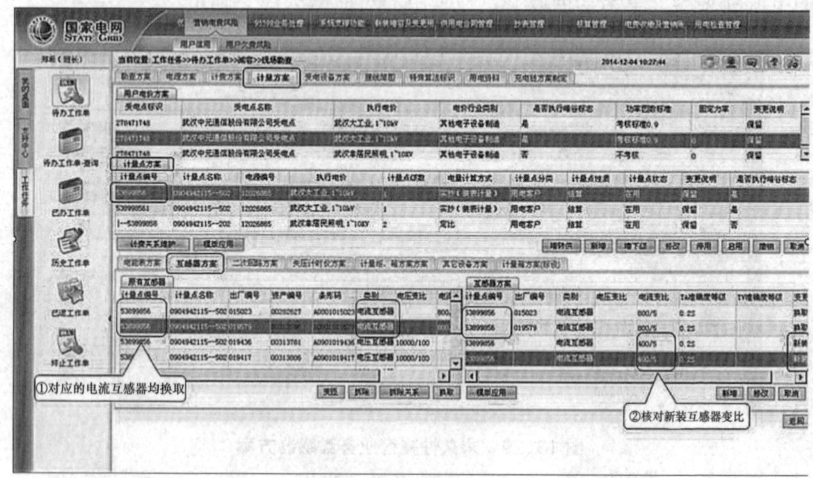

图 13-31　永久性减容业务互感器换取

（12）如图 13-32 所示，在“计量方案”→“电能表方案”选项下，选择“原有电能表”下的电能表（每块表都要进行虚拆），单击“虚拆”。在弹出的对话框单击“确定”。

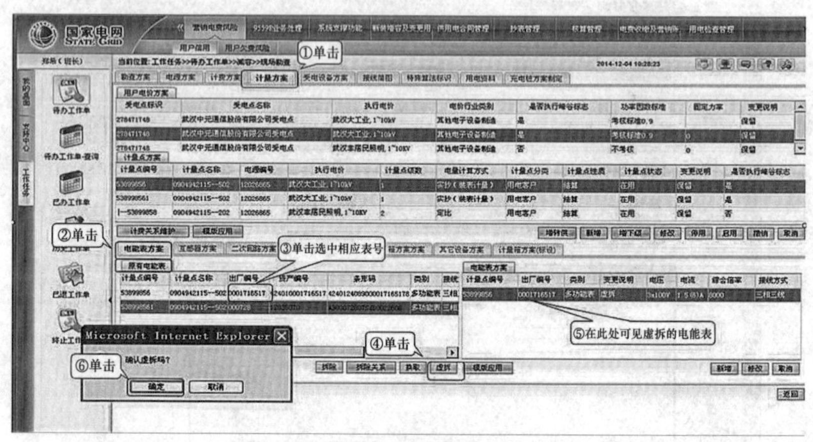

图 13-32　永久性减容业务电能表方案

（13）在“受电设备方案”中，选择右下角已拆除的设备，单击“修改”，在弹出的“受电设备”对话框中，根据现场勘查的情况修改“实际停用日期”后，单击“保存”，如图 13-33 所示，在弹出的对话框单击“确定”。

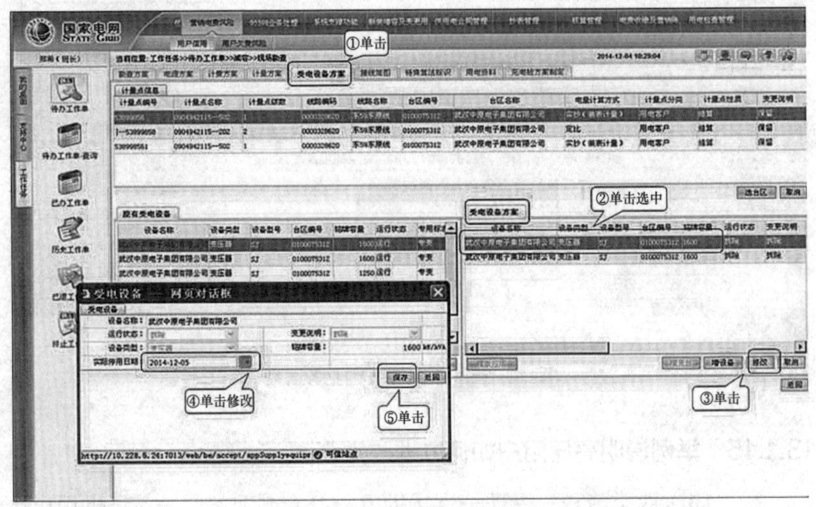

图 13-33　永久性减容业务受电设备方案

（14）如图 13-34 所示，在“特殊算法标识”中，选择“否”，单击“保存”。在弹出的对话框单击“确定”。

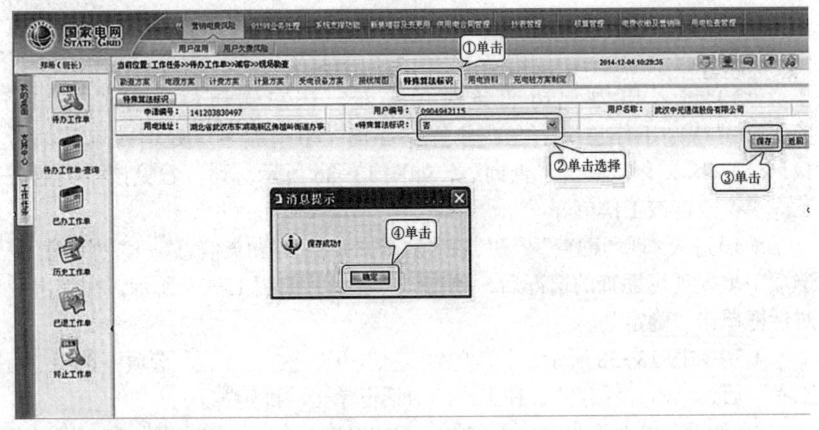

图 13-34　永久性减容业务特殊算法标识

（15）如图 13-35 所示，在“勘查方案”中，单击“发送”，则显示该业务流程的下一个环节以及处理部门，单击“确定”，此流程结束。

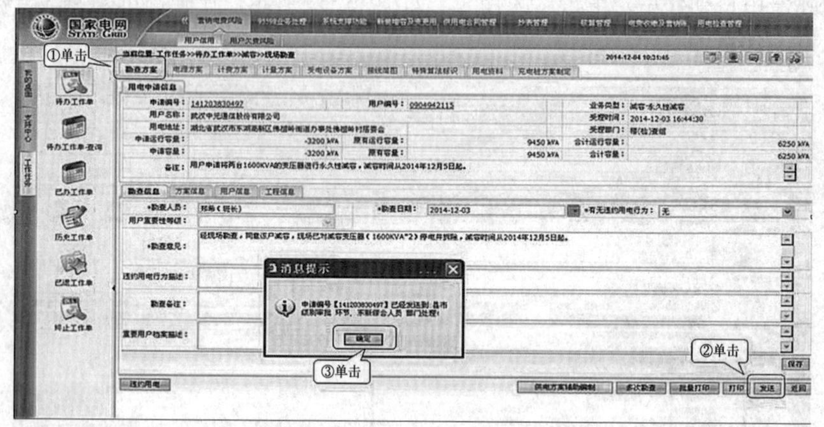

图 13-35 永久性减容业务结束

13.1.15 举例说明高压用户如何办理改类。

答 （1）改类流程：受理→现场勘察→符合办理条件→签订供用电合同；受理→现场勘察→不符合条件→终止。

（2）某用户因用电性质发生变更，申请将总表大工业电价更改为非工业电价，申请时间为 2014 年 12 月 5 日。营业窗口人员受理改类业务后，将业务审批单（申请编号 141××××××）及用户改类申请资料转至用电检查人员，检查人员完成现场勘查后，在电力营销业务应用系统中完成现场勘查相关流程。

（3）进入电力营销业务应用系统，在左侧边栏选择“工作任务”→“待办工作单”，在右侧操作界面“申请编号”处输入申请编号 141××××××，单击“查询”，如图 13-36 所示，则可看见该改类业务工作单，双击该工作单。

（4）进入“现场勘查”界面，在“勘查方案”→“勘查信息”→“勘查意见”选项下填入现场勘查的情况后，单击“保存”，如图 13-37 所示，在弹出的对话框单击“确定”。

（5）如图 13-38 所示，在“方案信息”→“是否有工程”选项下选择“无工程”后，单击“保存”，在弹出的对话框单击“确定”。

（6）用户由大工业电价更改为非工业电价，在“计费方案”中，将“定价策略类型”更改为“单一制”，将“基本电费计算方式”更改为“不计算”。单击“保存”，如图 13-39 所示，在弹出的对话框单击“确定”。

（7）如图 13-40 所示，在“用户电价方案”中，选择相应的大工业电价，单击“撤销”，在弹出的对话框中选择“确定”。然后单击“新增”，选择新的“执行电价”。

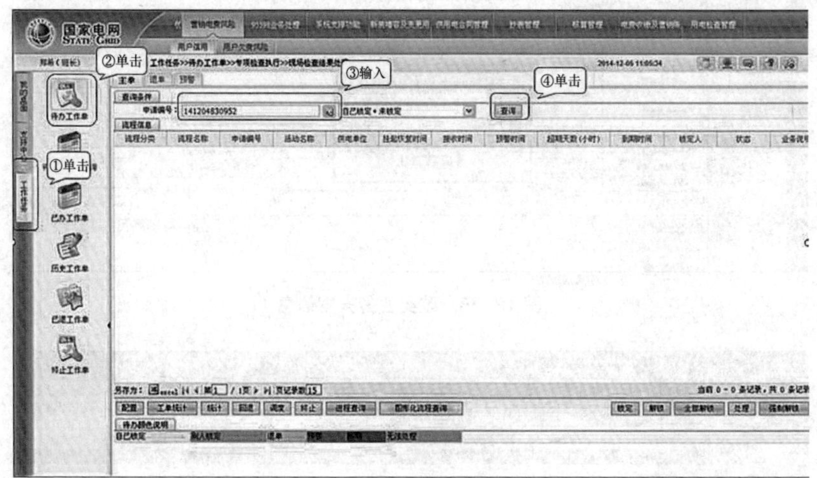

图 13-36　改类业务工作单

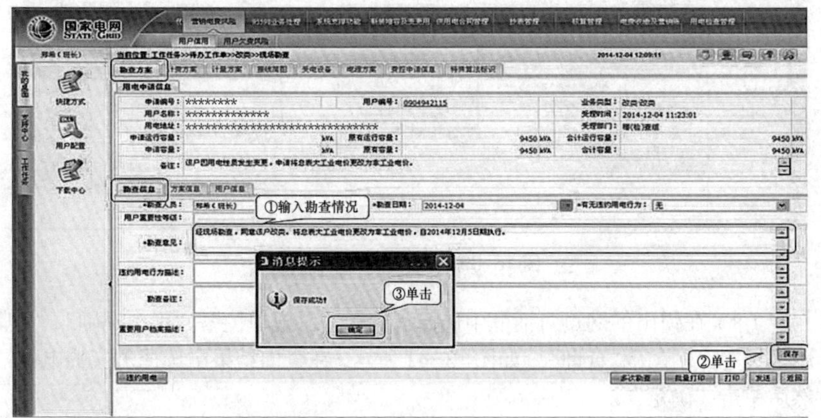

图 13-37　改类业务现场勘查界面

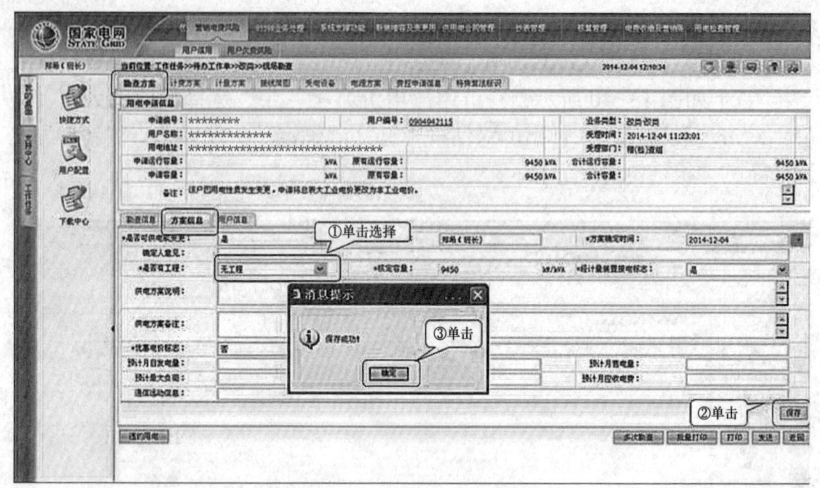

图 13-38　改类业务方案信息

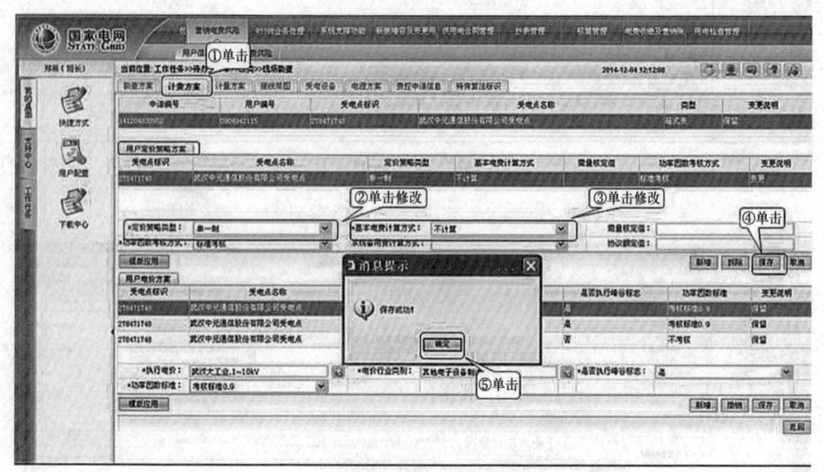

图 13-39　改类业务计费方案

（8）在弹出的网页对话框中选择正确的“供电单位”“用电类别”“电压等级”后，单击“查询”，如图 13-41 所示，在查询结果中选择对应的电价，然后单击“确定”。

（9）选择相应的“电价行业类别”“峰谷标志”以及“功率因数标准”后，单击“保存”，如图 13-42 所示，在弹出的对话框单击“确定”。

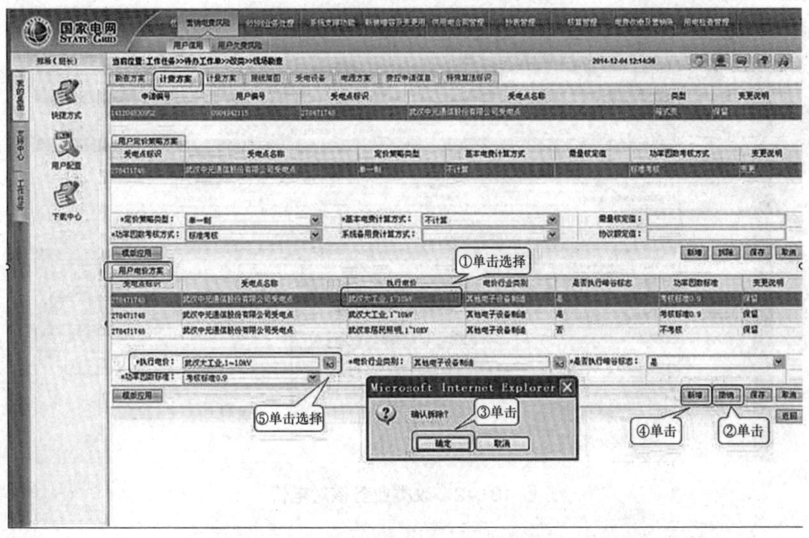

图 13-40　改类业务执行电价

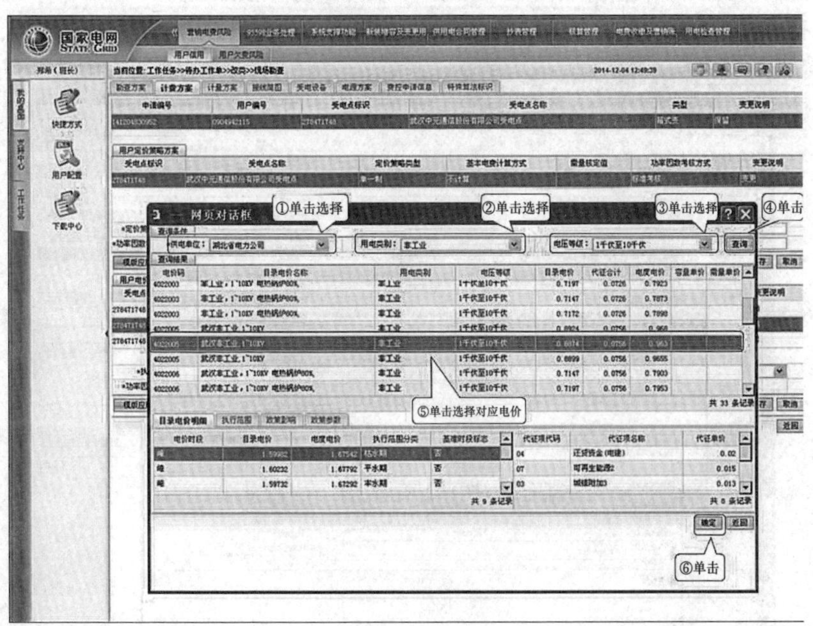

图 13-41　改类业务电价选择

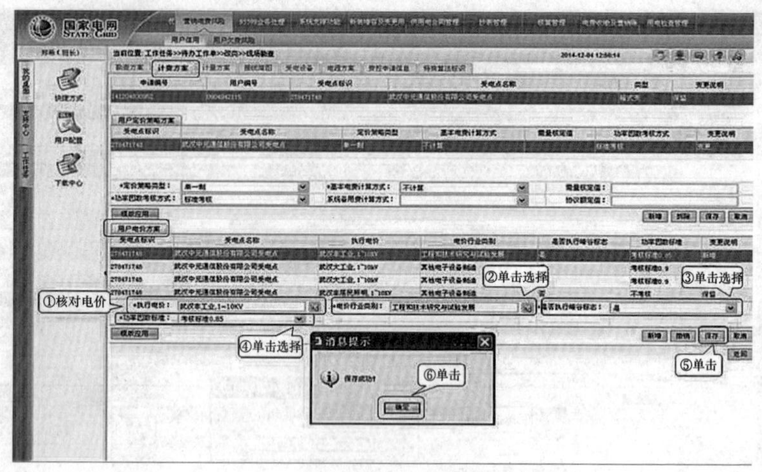

图 13-42 改类业务核对电价

（10）如图 13-43 所示，在“计量方案”→“计量点方案”选项下，选择需要更改的计量点后，单击“修改”，在弹出的对话框中修改“电价名称”。在“用户电价方案”对话框中，选择新增的变更后的电价，单击“确认”。

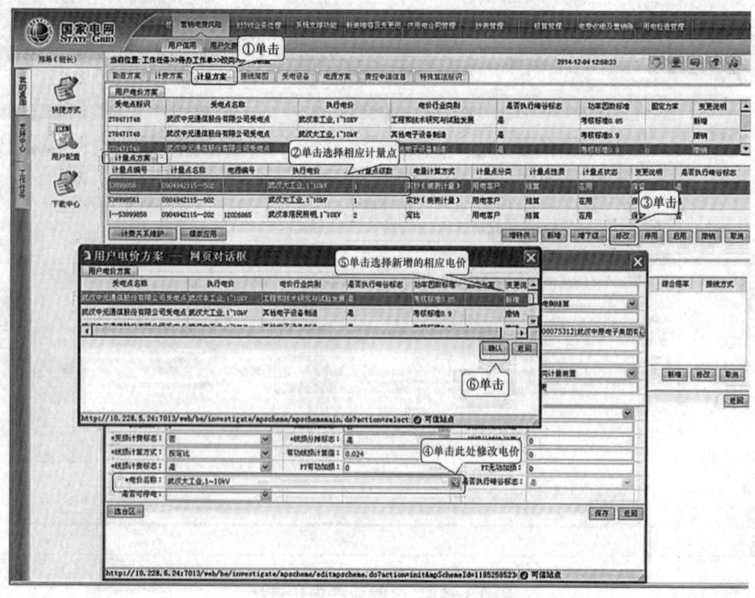

图 13-43 改类业务计量点方案

（11）如图 13-44 所示，在“计量方案”→“电能表方案”选项下，选择“原有电能表”下的电能表（每块表都要进行虚拆），单击“虚拆”，在弹出的对话框单击“确定”。

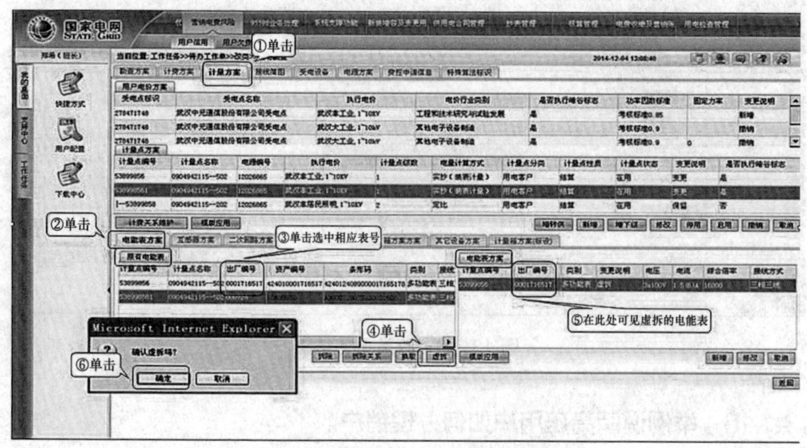

图 13-44　改类业务电能表方案

（12）如图 13-45 所示，在“特殊算法标识”中，选择“否”，单击“保存”，在弹出的对话框单击“确定”。

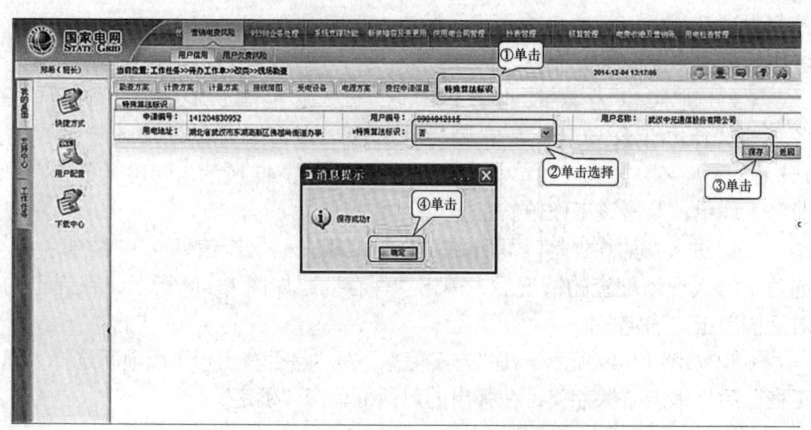

图 13-45　改类业务特殊算法标识

（13）如图 13-46 所示，在“勘查方案”中，单击“发送”，则显示该业务流程的下一个环节以及处理部门，单击“确定”，此流程结束。

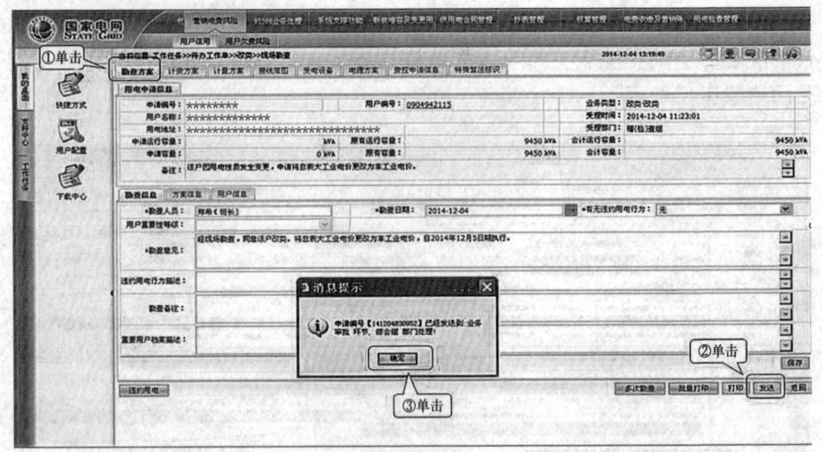

图 13-46　改类业务结束

13.1.16　举例说明高压用户如何办理销户。

答　（1）销户流程：受理→现场勘察→终止供电→终止供用电合同；受理→现场勘察→电费结清→拆除计量装置。

（2）某用户申请销户，申请时间为 2014 年 12 月 5 日。营业窗口人员受理销户业务后，将业务审批单（申请编号 141×××××××××）及用户销户申请资料转至用电检查人员，检查人员完成现场勘查后，在电力营销业务应用系统中完成相关流程。

（3）进入电力营销业务信息系统，在左侧边栏选择“工作任务”→“待办工作单”，在右侧操作界面“申请编号”处输入申请编号 141×××××××××，单击“查询”，如图 13-47 所示，则可看见该销户业务工作单，双击该工作单。

（4）进入“现场勘查”界面，在“勘查方案”→“勘查信息”→“勘查意见”选项下填入现场勘查的情况后，单击“保存”，如图 13-48 所示，在弹出的对话框单击“确定”。

（5）如图 13-49 所示，在“方案信息”→“是否有工程”选项下选择“无工程”后，单击“保存”，在弹出的对话框单击“确定”。

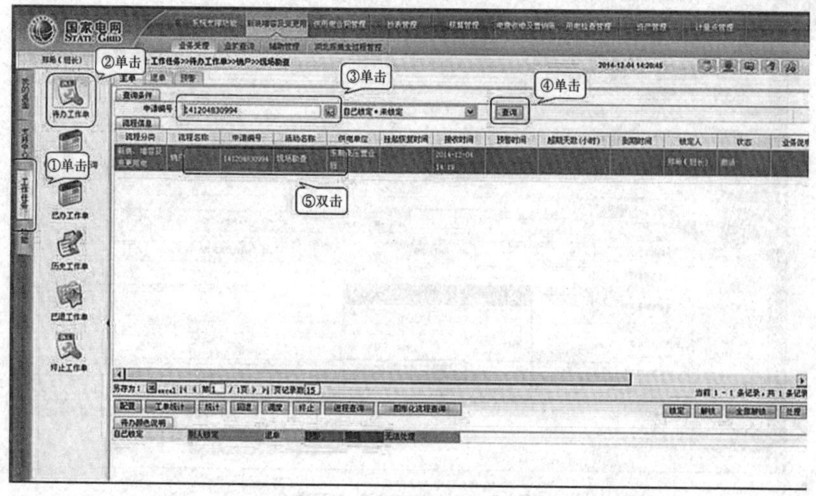

图 13-47　销户业务工作单

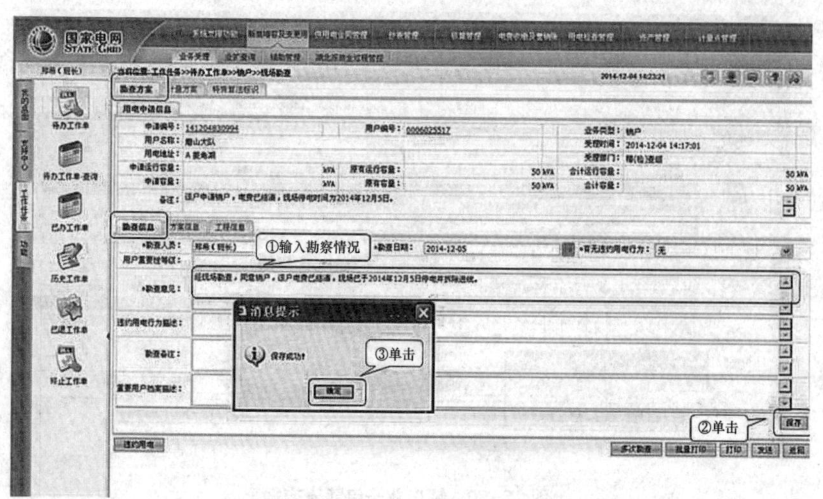

图 13-48　销户业务现场勘查界面

（6）如图 13-50 所示，在“计量方案”→“电能表方案”选项下，选择“原有电能表”下的电能表（每块表都要进行拆除），单击“拆除”，在弹出的对话框单击“确定”。操作完毕后可在右边“电能表方案”中看到所有的电能表“变更说明”为“拆除”。

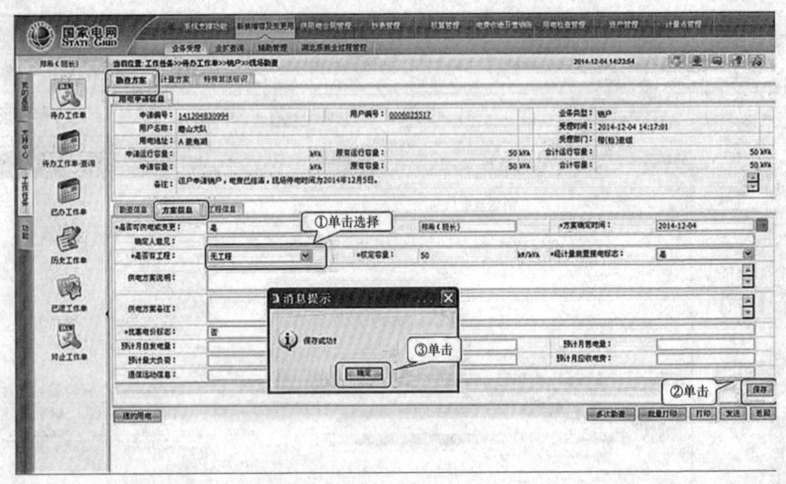

图 13-49　销户业务方案信息

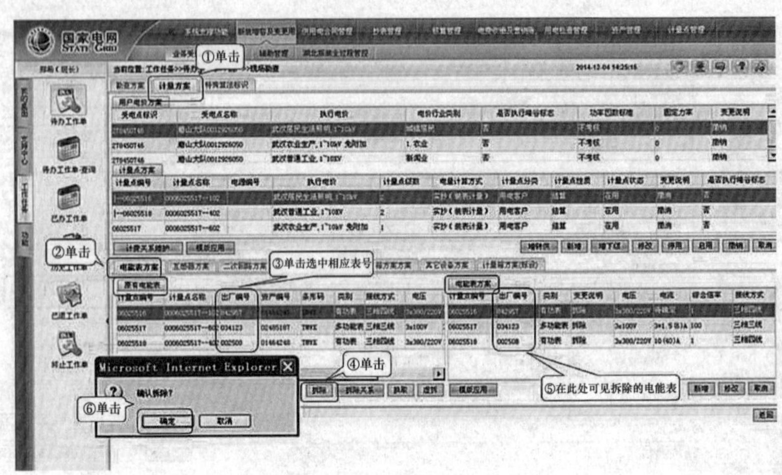

图 13-50　销户业务电能表方案

（7）如图 13-51 所示，在“特殊算法标识”中，选择“否”，单击“保存”，在弹出的对话框单击“确定”。

（8）如图 13-52 所示，在“勘查方案”选项下，单击“发送”，则显示该业务流程的下一个环节以及处理部门，单击“确定”，此流程结束。

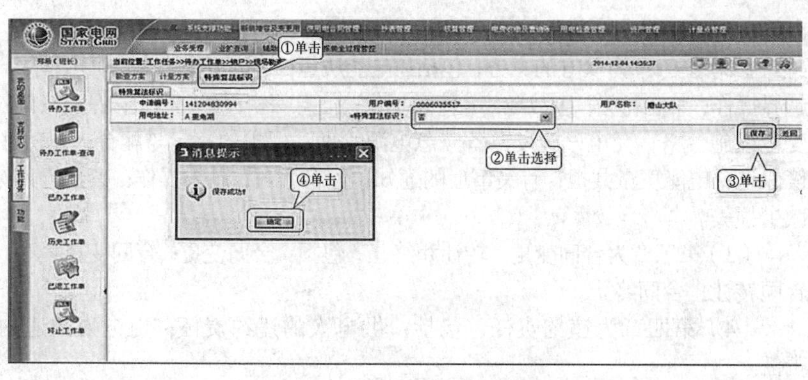

图 13-51　销户业务特殊算法标识

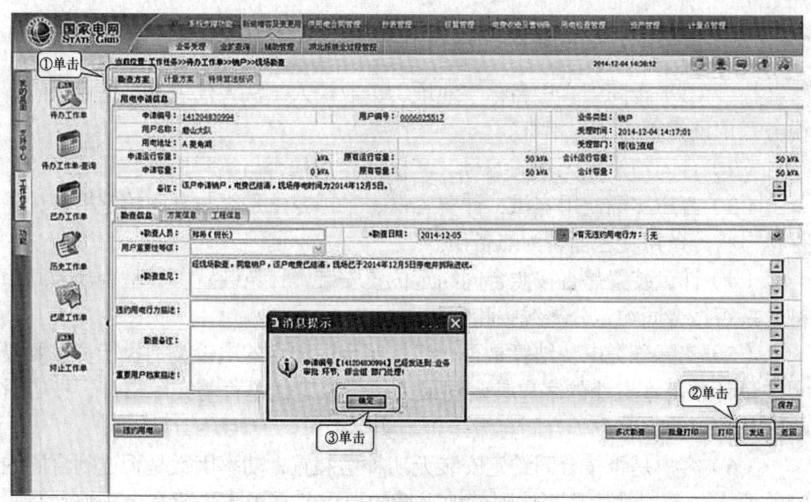

图 13-52　销户业务结束

13.2　供用电合同管理

13.2.1　供用电合同范本有哪些内容？

答　(1)第一章为供用电基本情况，包括：用电地址；用电性质；用电容量；供电方式；自备应急电源及非电保安措施；无功补偿及功率因数；产权分界点及责任划分；用电计量；电量的抄录和计算；计量失准及异议处理规则；

电价、电费；电费支付及结算。

（2）第二章为双方的义务，包括：电能质量；连续供电；中止供电程序；越界操作；禁止行为；事故抢修；信息提供；信息保密；交付电费；保安措施；受电设施合格；受电设施及自备应急电源管理；保护的整定与配合；无功补偿保证；电能质量共担；有关事项的通知；配合事项；越界操作；禁止行为；减少损失。

（3）第三章为合同变更、转让和终止，包括：合同变更；合同变更程序；合同转让；合同终止。

（4）第四章为违约责任，包括：供电人的违约责任；用电人的违约责任。

（5）第五章为附则，包括：供电时间；合同效力；调度通信；争议解决；通知及同意；文本和附件；提示和说明；特别约定。

13.2.2 供用电合同的履约检查有哪些内容？

答 （1）合同中客户名称、地址、企业法人（法人代表）、营业执照、税务登记证是否与实际相符。

（2）合同约定电源开关编号、产权分界点是否与实际相符。

（3）客户实际使用容量、计费容量、备用容量是否与合同约定相符，是否私自将冷备用变压器转为热备用。

（4）计量装置是否按照合同约定位置安装，计量装置参数是否与合同相符，是否按合同约定分摊线损和变损。

（5）实际分类电费结算是否严格按照合同约定的电价类别执行。按照最大需量计收基本电费的客户其合同最大需量核定值是否与实际相符，按容量收取基本电费的客户其合同容量是否与实际相符。

（6）客户是否按合同约定安装无功补偿装置，功率因数是否达到合同约定的要求。无功补偿是否达到就地平衡的要求，是否随负荷及电压波动及时投切。

（7）存在非线性负荷的客户，是否采取了相应的谐波检测、治理措施。

（8）客户是否按照合同约定对管辖设备进行维护管理；供用电合同是否在有效期内。

（9）在供电方的负荷高峰时，客户的功率因数应达到的技术标准，其中：100kVA及以上高压供电的客户功率因数应达到0.90以上；其他电力用户和大、中型电力排灌站、趸购转售电企业，功率因数应达到0.85以上；农业用户，功率因数应达到0.80以上。

（10）计价方式一。对受电变压器容量在315kVA及以上，从事有产品工业生产的用户，执行大工业两部制电价；对容量在 315kVA 以下的，执行普通工业单一制电价。

（11）计价方式二。对受电变压器容量在 100kVA 及以上的大工业用电、非工业、普通工业用电，应执行分时电价。

（12）计价方式三。功率因数考核标准分为 0.90、0.85、0.80 三种，其中：对 160kVA 以上高压供电工业客户、装有带负荷调整电压装置的工业供电电力客户、3150kVA 及以上的高压供电电力排灌站，执行 0.90 标准；对 100kVA 以上其他工业客户、100kVA 及以上非工业客户、100kVA 及以上电力排灌站，执行 0.85 标准；100kVA 及以上农业用电和趸购转售客户，执行 0.80 标准。

13.2.3 电力营销业务应用系统中供用电合同管理有哪些项目?

答　包括合同起草、供电方信息、合同信息查询、法律法规查询、合同范本引用查询、合同有效期监测等项目，工作界面如图 13-53 ~ 图 13-58 所示。

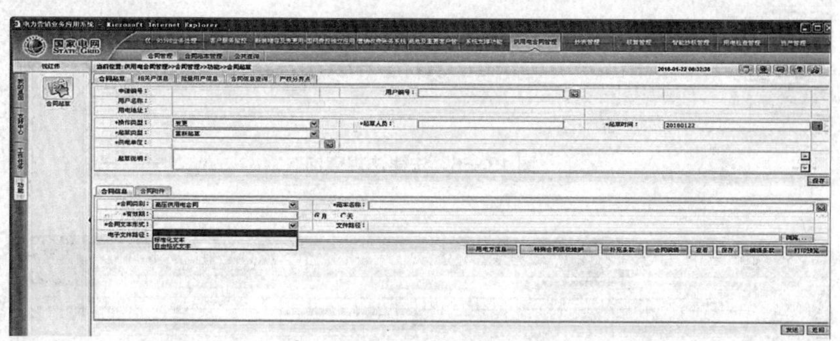

图 13-53　合同起草

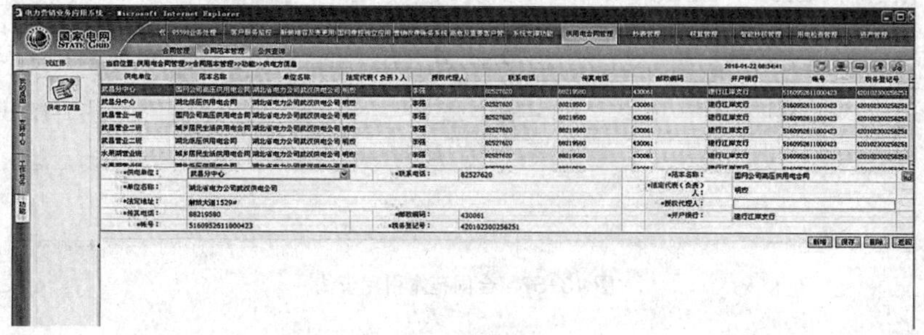

图 13-54　供电方信息

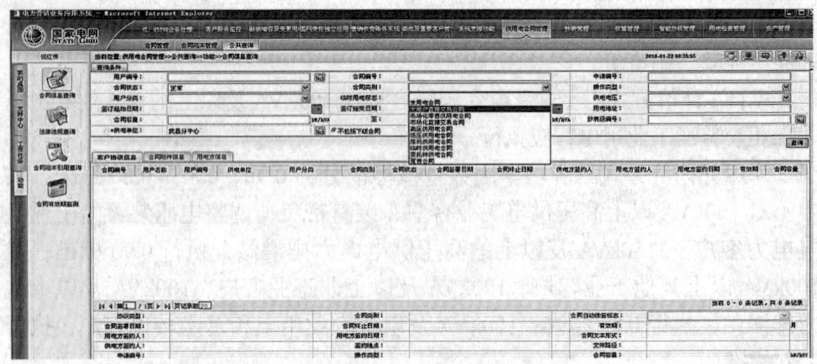

图 13-55　合同信息查询

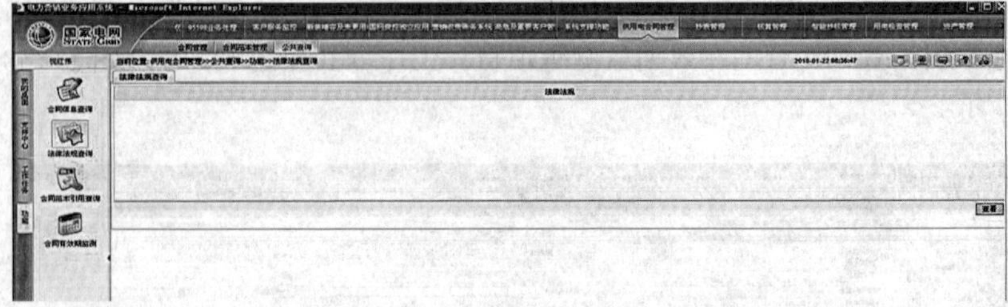

图 13-56　法律法规查询

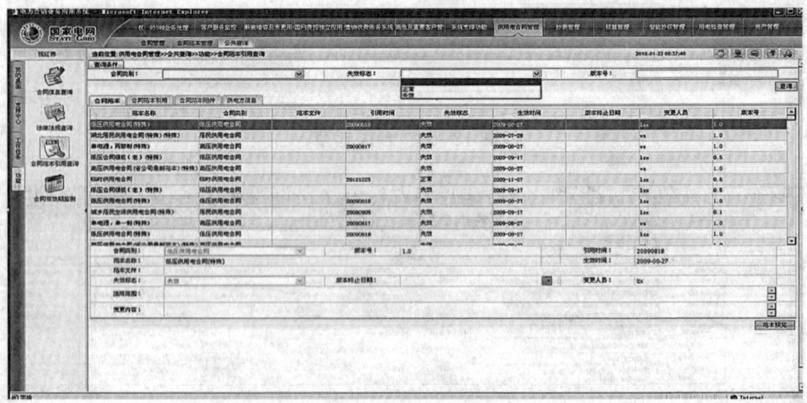

图 13-57　合同范本引用查询

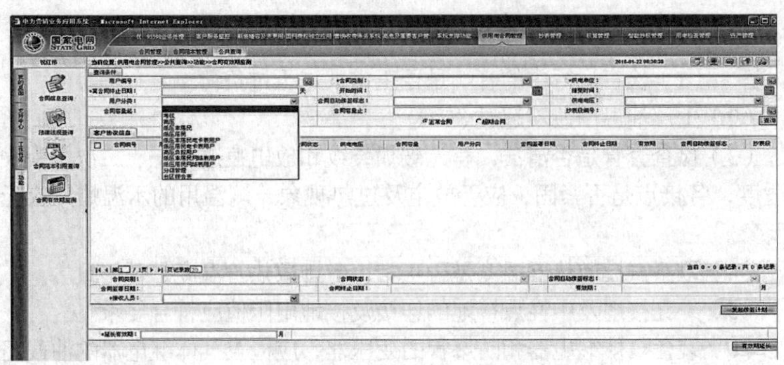

图 13-58　合同有效期监测

13.3　周期检查服务管理

13.3.1　周期检查服务中电气设备安全运行状况的检查有哪些内容？

答　（1）检查客户受电装置，即变压器、断路器、互感器、隔离开关、避雷器、架空线、电缆、操作电源及配电柜等电气设备安全运行情况，有必要时检查范围可延伸至相应目标所在处。

（2）检查的主要内容包括外观检查、技术档案检查、预防性试验检查、高压成套设备的“五防”闭锁检查、防过电压及防雷设施检查。

13.3.2　周期检查服务中土建检查有哪些内容？

答　（1）油浸变压器室的耐火等级是否降低，防火墙是否完好，储油室是否淤积。

（2）配电室屋面防水、排水设施及隔热层是否完好，沿房屋四周散水坡和排水沟是否有堵塞现象。

（3）配电室的门、窗户应符合规程要求。

（4）通向配电室的电缆沟、电缆隧道、通风口以及母线槽应有防止小动物进入和雨水及地下水渗入的措施。

（5）配电室应有足够的通风设施。如配电室在地下室时，应有足够的排水、除湿设备。

（6）电力消防用具合格齐备。

（7）配电室内应保持清洁，不得堆放杂物。

（8）配电站（室）及电气设备四周均应悬挂警示牌，进出电缆按规定挂牌和敷设。

13.3.3 周期检查服务中变压器检查有哪些内容?

答 （1）检查运行中的音响是否正常，是否过负荷。

（2）上层油温一般不超过 85℃。

（3）检查套管是否清洁，有无破损裂纹和放电痕迹，一、二次侧引线紧松适度，各接点是否紧固，应无放电及过热现象，测温用的示温蜡片应无熔化现象。

（4）以手试摸散热器温度是否正常，各排散热管温度是否一致。

（5）外壳接地及中性点接地的连接及接地电阻值应符合要求。

（6）装备气体继电器和防爆管的变压器，应检查气体继电器的油截门是否打开，是否渗漏油，防爆管的薄膜是否完整。

（7）油位应正常，外壳清洁无渗油现象。

（8）呼吸器应畅通，硅胶不应吸湿饱和，油封呼吸器的油位应供应正常。

13.3.4 周期检查服务中开关柜检查有哪些内容?

答 （1）检查注油设备有无渗油，油位、油色是否正常；真空断路器看真空泡是否进气，如进气真空泡内会有一层淡淡的雾气，真空泡不透明；六氟化硫断路器气压指示表是否正常。

（2）检查隔离开关是否合闸到位。如遇小车柜和封闭形柜看不见的，用耳听有无放电声。

（3）操动机构的分、合位置指示是否正确，红、绿灯是否正常，红灯亮表示的是分闸回路正常，绿灯亮表示的是合闸回路正常。

（4）各个接点处是否有试温腊，如没有试温腊就必须配备测温器。

（5）仪表、信号指示灯等指示是否正确；设备本体告警、跳闸回路二次接线是否正确。

（6）双电源电气联锁及机械闭锁装置是否可靠。

（7）保护装置是否动作，有无外观损伤、放电痕迹，电子式保护有无屏幕闪烁，装置内有无异响。

（8）二次回路室内接线是否正常，有无接触不好或脱落，标识是否正确、规范，保险管内熔丝正常，柜面各种压板接触良好。

（9）低压总柜的热脱扣是否按额定值设置，一般按额定值的 1.2~1.5 倍设置。低压电容器运行正常，接触器有无损坏、烧毁痕迹，电容器组有无发热、鼓胀现象。三相电流是否平衡。

（10）检查电容器柜电压显示是否正常，电流三相是否平衡。电容器室的温度不超过 40℃。电容器外壳无膨胀、鼓肚和渗漏油现象。

13.3.5 周期检查服务中高压成套设备的“五防”检查有哪些内容?

答 (1)防止带负荷接通或断开隔离开关。

(2)防止误分、合主开关。

(3)防止带电压装设接地线。

(4)防止带地线合闸送电。

(5)防止误入带电间隔。

13.3.6 周期检查服务中继电保护和直流设备检查有哪些内容?

答 (1)查看继电保护装置校验报告，对照继电保护装置定值通知单应正确一致。

(2)直流屏或保护电源满足运行要求，稳定可靠。

13.3.7 周期检查服务中受(送)电场所安全措施检查有哪些内容?

答 (1)变(配)电站室内外配电装置的最小安全净距应满足表 13-1。

表 13-1 变(配)电站室内外配电装置的最小安全净距 mm

适用范围	场所	额定电压(kV)			
		< 0.5	3	6	10
无遮拦裸带电部分至地(楼)面之间	室内	屏前 2500 屏后 2300	2500	2500	2500
	室外	2500	2700	2700	2700
有 IP2X 防护等级遮拦的通道净高	室内	1900	1900	1900	1900
裸带电部分至接地部分和不同相的裸带电部分之间	室内	20	75	100	125
	室外	75	200	200	200
距地(楼)面 2500mm 以下裸带电部分的遮拦防护等级为 IP2X 时，裸带电部分与遮拦物间水平净距	室内	100	175	200	225
	室外	175	300	300	300
不同时停电检修的无遮拦裸导体之间的水平距离	室内	1875	1875	1900	1925
	室外	2000	2200	2200	2200
裸带电部分至无孔固定遮拦	室内	50	105	130	155

续表

适用范围	场所	额定电压（kV）			
		< 0.5	3	6	10
裸带电部分至用钥匙或工具才能打开或拆卸的栅栏	室内	800	825	850	875
	室外	825	950	950	950
低压母排引出线或高压引出线的套管至屋外人行通道地面	室内	3650	4000	4000	4000

（2）露天或半露天变电站的变压器四周应设不低于 1.7m 高的固定围栏（墙）。变压器外廓与围栏（墙）的净距不应小于 0.8m，变压器底部距地面不应小于 0.3m，相邻变压器外廓之间的净距不应小于 1.5m。

（3）当露天或半露天变压器供给一级负荷用电时，相邻的可燃油油浸变压器的防火净距不应小于 5m，小于 5m 时应设置防火墙。防火墙应高出油枕顶部，且墙两端应大于挡油设施各 0.5m。

（4）可燃油油浸变压器外廓与变压器室墙壁和门的最小净距：变压器容量 100~1000kVA 时，600~800mm；变压器容量 1250kVA 及以上时，800~1000mm。

（5）设置于变电站内的非封闭式干式变压器，应装设高度不低于 1.7m 的固定遮栏，遮栏网孔不应大于 40mm × 40mm。变压器的外廓与遮栏的净距不宜小于 0.6m，变压器之间的净距不应小于 1.0m。

（6）电装置的长度大于 6m 时，其柜（屏）后通道应设两个出口，低压配电装置两个出口间的距离超过 15m 时，尚应增加出口。

（7）高压配电室内各种通道最小宽度应满足表 13-2 的要求。

表 13-2　　高压配电室内各种通道最小宽度　　mm

开关柜布置方式	柜后维护通道	柜前操作通道	
		固定式	手车式
单排布置	800	1500	单车长度 + 1200
双排面对面布置	800	2000	双车长度 + 900
双排背对背布置	1000	1500	单车长度 + 1200

固定式开关柜为靠墙布置时，柜后与墙净距应大于50mm，侧面与墙净距应大于200mm；通道宽度在建筑物的墙面遇有柱类局部凸出时，凸出部位的通道宽度可减少200mm。

（8）当电源从柜（屏）后进线且需在柜（屏）正背后墙上另设隔离开关及其手动操动机构时，柜（屏）后通道净宽不应小于1.5m，当柜（屏）背面的防护等级为IP2X时，可减为1.3m。

（9）低压配电室内成排布置的配电屏，其屏前、屏后通道的最小宽度应满足表13-3的要求。

表13-3　配电屏前、后通道的最小宽度　mm

型式	布置方式	屏前通道	屏后通道
固定式	单排布置	1500	1000
	双排面对面布置	2000	1000
	双排背对背布置	1500	1500
抽屉式	单排布置	1800	1000
	双排面对面布置	2300	1000
	双排背对背布置	1800	1000

13.3.8　周期检查服务中会同客户共同检查电能计量装置有哪些内容？

答　（1）检查其封印的完好性，各触点接触良好，线头不得外露，电能表、互感器接地完好。

（2）检查电能计量装置接线是否正确，核对电流、电压互感器一、二次极性及电能表进出端钮和相别。

（3）核对电能表显示电流、电压等实时数据与实际运行电流、电压是否相符。

（4）核对电能计量装置信息，校核计量装置配置是否合理。

（5）核对抄表员抄表数据。

（6）要求客户在平常检查工作中密切注意计量装置上显示的电流、电压，一旦出现失流或失压的情况，应及时向供电部门反映。

13.3.9 周期检查服务中安全制度检查有哪些内容?

答 （1）变、配电站（室）应有完整的规章制度，主要规章制度要上墙。10kV及以上客户变、配电站（室）应设置专职人员值班和巡视。

（2）10kV及以上电压等级、立约容量在630kVA及以上的客户配电站（室）应设置专职值班人员，每班至少2人，24小时不间断，并填写详细的值班记录和完善的交接班记录。

（3）各种操作是否按规定填写工作票和操作票，工作是否有监护，工作票、操作票是否按规定进行整理存档。七种管理制度（岗位责任制、交接班制度、巡视检查制度、倒闸操作制、设备缺陷管理制、资料管理制、清洁卫生制）是否按要求遵照执行。

（4）是否制订了针对性的防、反事故措施，并严格遵照执行。

（5）值班电工和维修电工是否有进网作业许可证，是否按规定培训，是否按要求进行年检。

（6）通信设施完善。

（7）各种操作票按规定填写，并检查已发生的操作票是否对应模拟图进行操作，做好每天的设备运行记录。

（8）电气设备的巡视需有两人进行。

（9）安全工器具应摆放在专用架上，贴上专用的试验标记。

（10）配电室的过电压保护要符合规程要求，设备接地电阻也要符合规程要求。

（11）日常巡视中注意电气设备的运行状态，发现异常情况应做好记录并采取措施限期消除设备缺陷。

（12）配电室应具备足够的照度，同时备有应急照明设备，每月定期对应急照明设备进行一次检测。

13.3.10 电力营销业务应用系统中用电检查服务管理有哪些项目?

答 （1）预防性试验年计划，如图13-59所示。

（2）客户检查周期定义，如图13-60所示。

（3）周期检查年计划管理，如图13-61所示。

（4）月计划制订，如图13-62所示。

（5）任务分派，如图13-63所示。

（6）检查人员及用户关系维护，如图13-64所示。

（7）用电检查人员资格登记等项目，如图13-65所示。

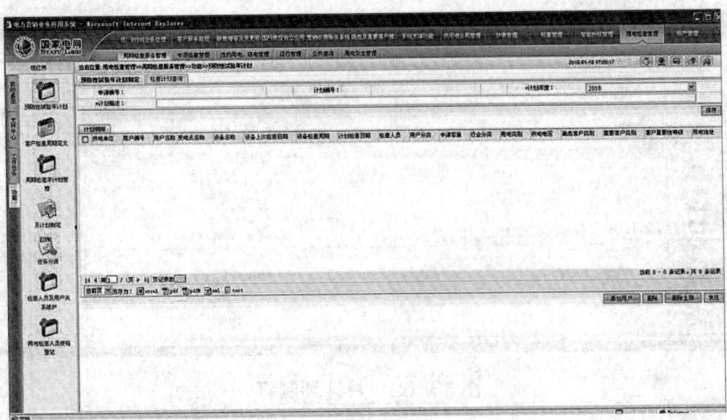

图 13-59　预防性试验年计划

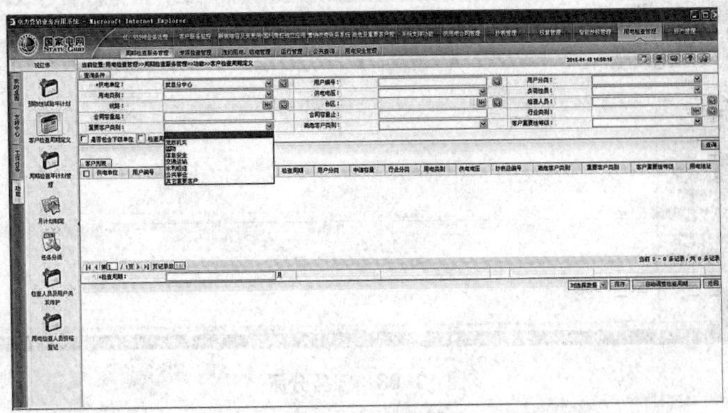

图 13-60　客户检查周期定义

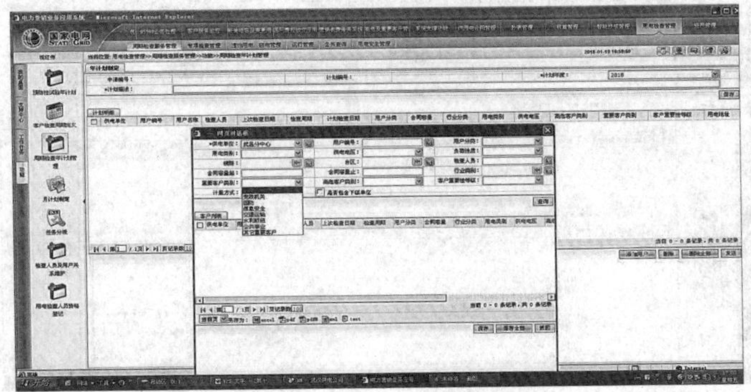

图 13-61　周期检查年计划管理

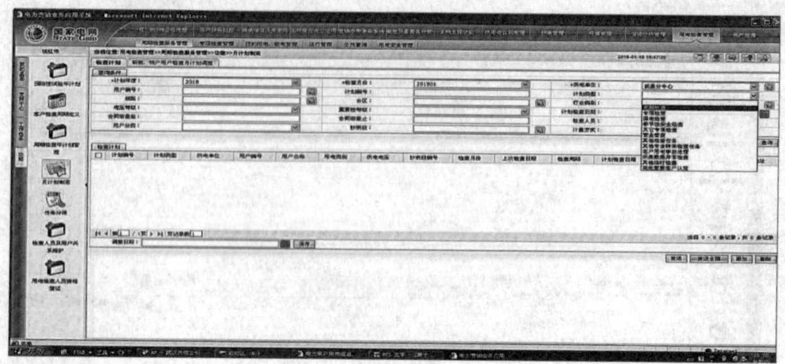

图 13-62　月计划制订

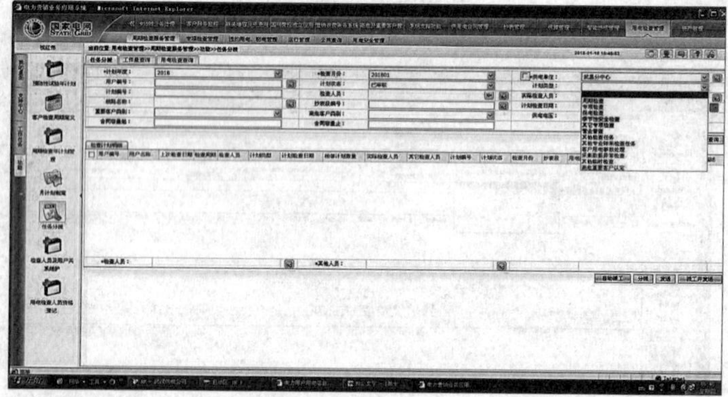

图 13-63　任务分派

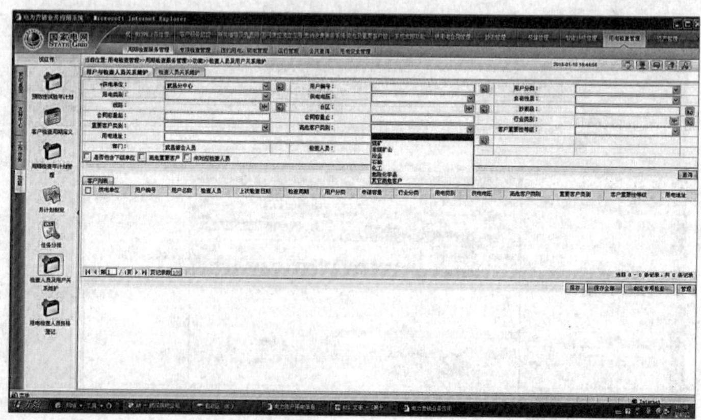

图 13-64　检查人员及用户关系维护

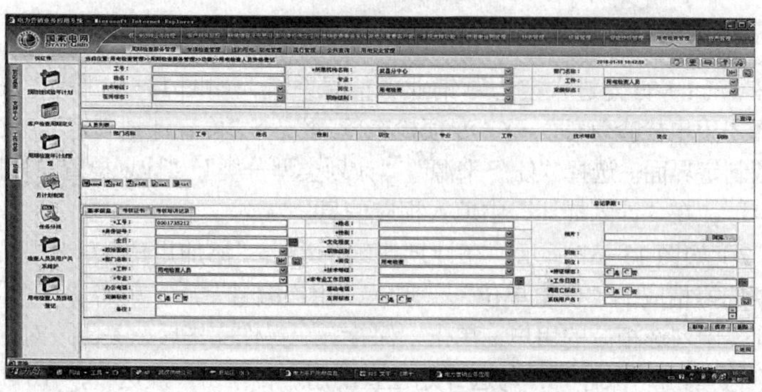

图 13-65　用电检查人员资格登记

13.4　专项检查管理

13.4.1　专项检查管理范围及内容有哪些?

答　(1) 季节性检查：按每年季节性的变化，对客户设备进行安全检查，检查内容包括防污检查、防雷检查、防汛检查、防冻检查。

(2) 事故检查：客户发生电气事故后，除进行事故调查和分析，汇报有关部门外，还要对客户设备进行一次全面、系统的检查。

(3) 经营性检查：当电费均价、线损、功率因数、分类用电比例及电费等出现大的波动或异常时，进行现场检查。

(4) 营业普查：组织有关部门集中一段时间在较大范围内核对用电营业基础资料，对客户履行供用电合同的情况及违约用电、窃电行为进行检查。

(5) 定比定量核查：根据客户的负荷性质、电气设备容量等重新核定定比定量值。

(6) 临时用电检查：临时用电客户合同到期前 6 个月、到前 1 个月分别检查一次，掌握用电情况，督促其办理销户或延期手续。

13.4.2　在电力营销业务信息系统中对用户进行用电专项检查的相关流程是什么?

答　(1) 检查计划制定。

(2) 检查任务分派。

(3) 现场向用户下达用电检查通知书并经用户签字确认。

(4) 完成现场用电检查任务后，将现场检查的结果录入系统。

(5) 整改期限到后，用电检查人员对用户进行复查。

13.4.3 用电专项检查中检查计划制定包含哪些内容?

答 (1)首先进入电力营销业务信息系统，如图 13-66 所示，在菜单上选择“用电检查管理”→“专项检查管理”→“检查计划制定”，进入专项计划制定界面。选择“任务来源”“计划类型分类”“计划检查日期”“检查内容”，在“计划描述”中填入相应信息。

(2)如图 13-67 所示，在计划明细下单击“添加用户”，在弹出的对话框中选择相应的“供电单位”，填入“用户编号”后，单击“查询”。在用户列表中勾选相应的用户，单击“保存”。操作完毕后，关闭该对话框。

(3)单击“保存”，勾选计划检查的用户，单击“发送”，在弹出的对话框中选择“确定”，如图 13-68 所示，此环节结束。

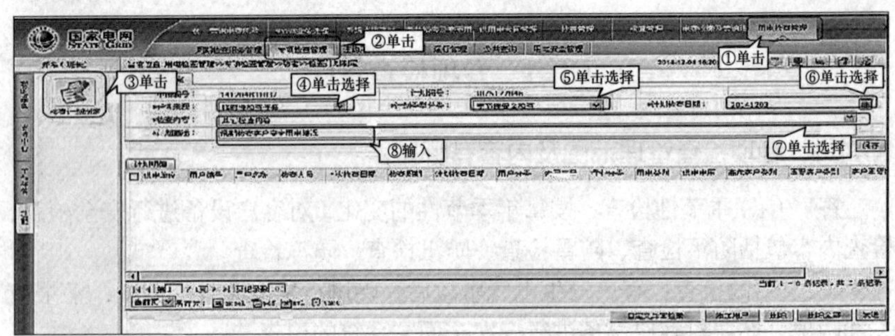

图 13-66 检查计划制定界面

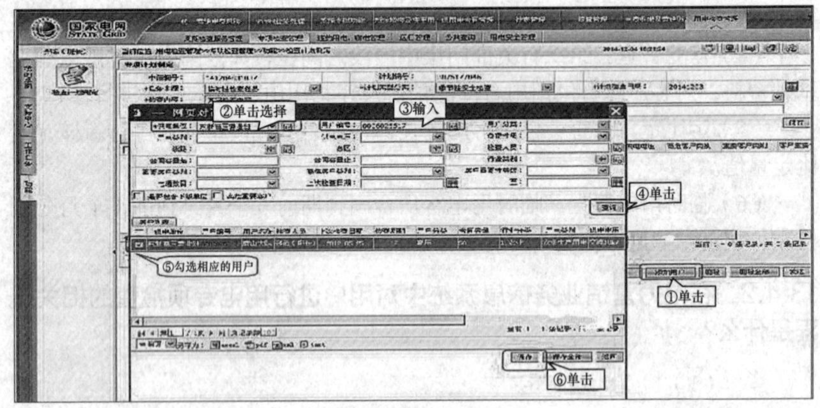

图 13-67 添加用户

(4)如图 13-69 所示，在系统左侧边栏选择“工作任务”→“待办工作单”，在右侧操作界面“申请编号”处输入申请编号 141××××××，单击“查询”，则可看见该专项检查计划工作单，双击该工作单。

（5）进入“检查计划审批”界面，“审批 / 审核结果”选择“通过”，“审批 / 审核意见”填入“同意”，单击“保存”，如图 13-70 所示，在弹出的对话框单击“确定”。

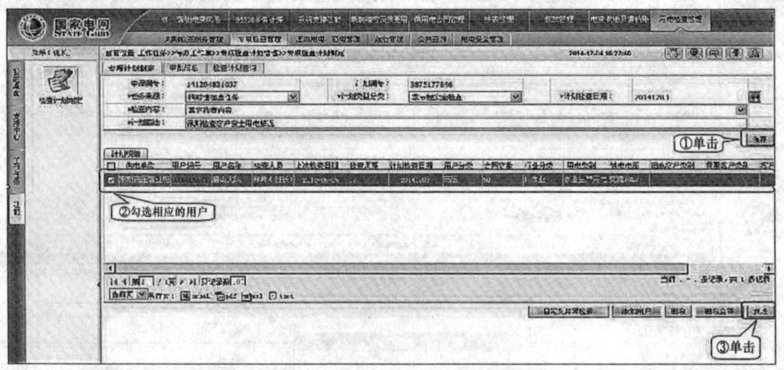

图 13-68　勾选计划检查的用户

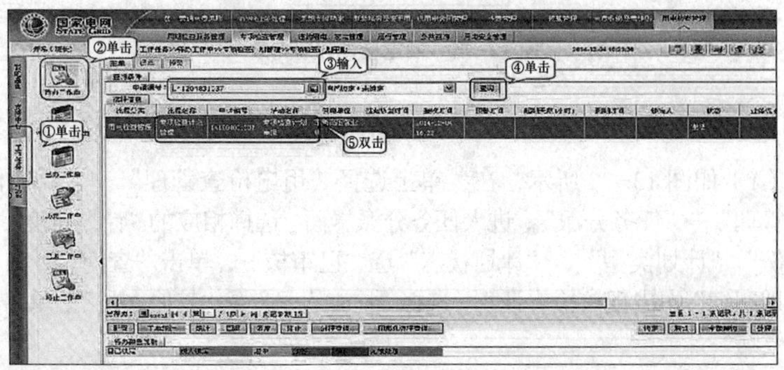

图 13-69　检查计划工作单

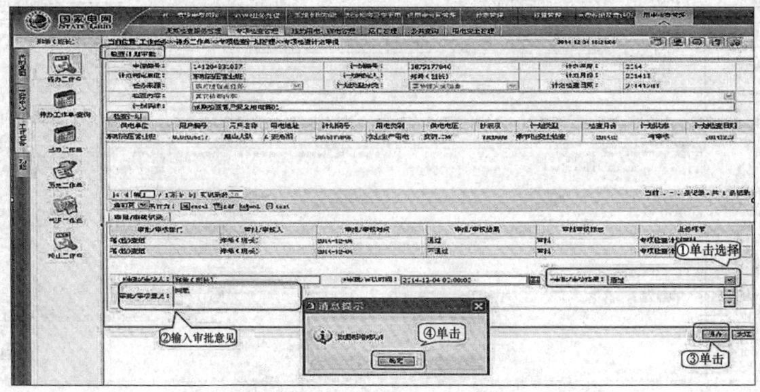

图 13-70　专项检查计划审批

（6）单击“发送”，在弹出的对话框中选择“确定”，如图 13-71 所示，此环节结束。检查计划制定完成。

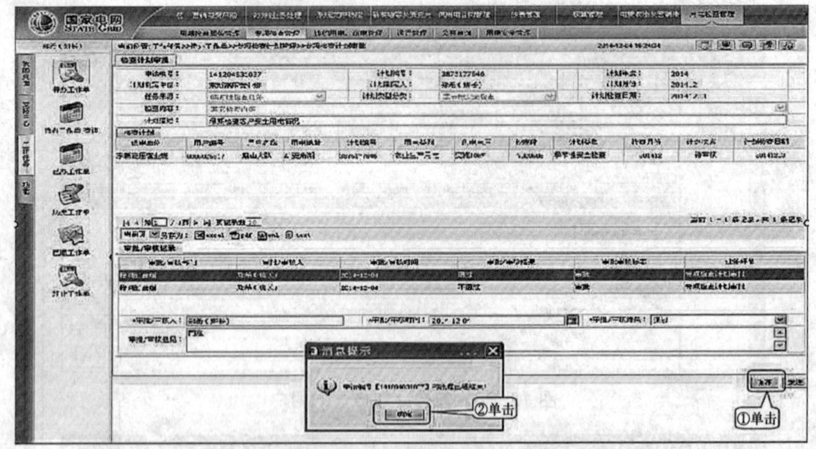

图 13-71　制定检查计划完成

13.4.4　用电专项检查中检查任务分派中包含哪些内容?

（1）如图 13-72 所示，在菜单上选择“用电检查管理”→“周期检查服务管理”→“任务分派”，进入任务分派界面。选择相应的“计划年度”“检查月份”“计划类型”，“计划状态”选“已审核”，单击“查询”。在“检查计划明细”中出现该检查计划，选择“检查人员”及“其他人员”，单击“派工并发送”。

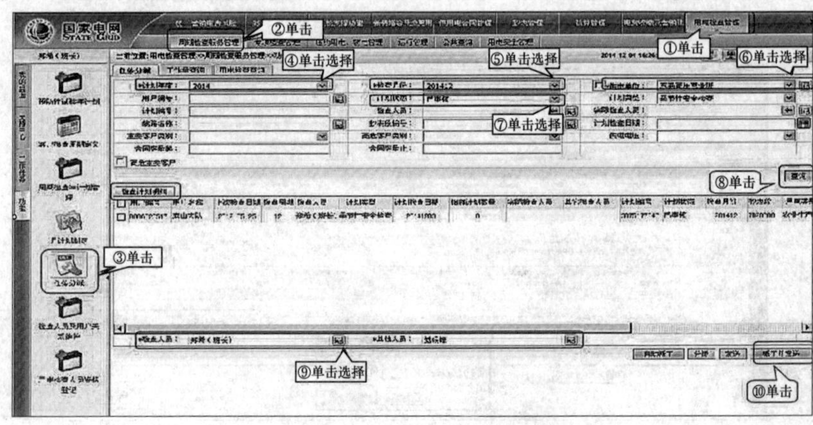

图 13-72　任务分派界面

（2）如图 13-73 所示，弹出的对话框提示流程的下一环节的申请编号 141204831039 以及处理人员，单击“确定”。

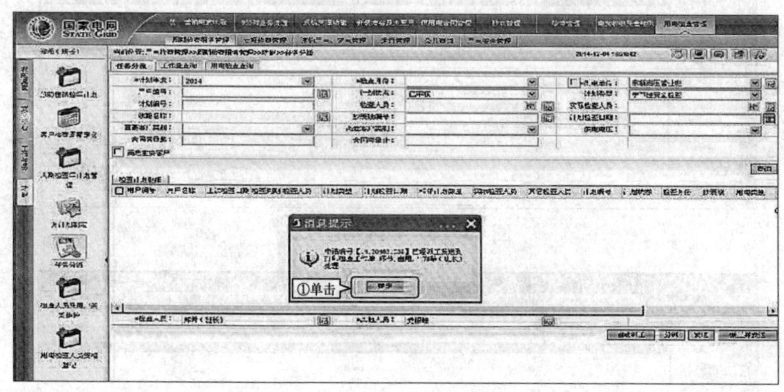

图 13-73　申请用户编号

（3）如图 13-74 所示，在系统左侧边栏选择“工作任务”→“待办工作单”，在右侧操作界面“申请编号”处输入申请编号 141××××××××，单击“查询”，则可看见该专项检查工作单，双击该工作单。

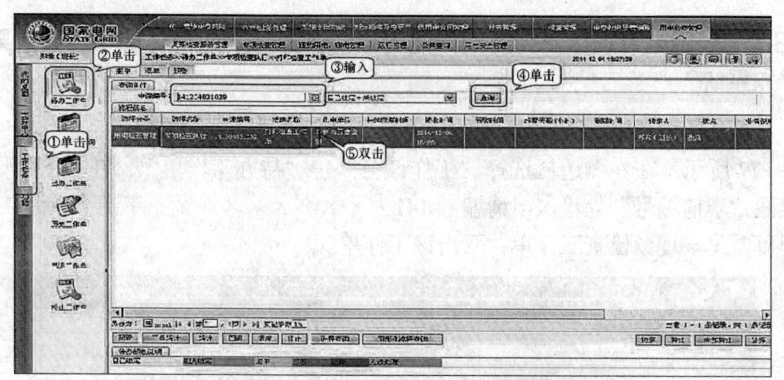

图 13-74　选择检查任务工作单

（4）进入“打印检查工作单”界面，勾选相应的检查任务，选择“高压检查工作单”，单击“打印”，如图 13-75 所示，则可打印该工作单，然后单击“发送”。

（5）弹出的对话框提示流程的下一环节以及处理人员，单击“确定”，如图 13-76 所示，检查任务分派完成。

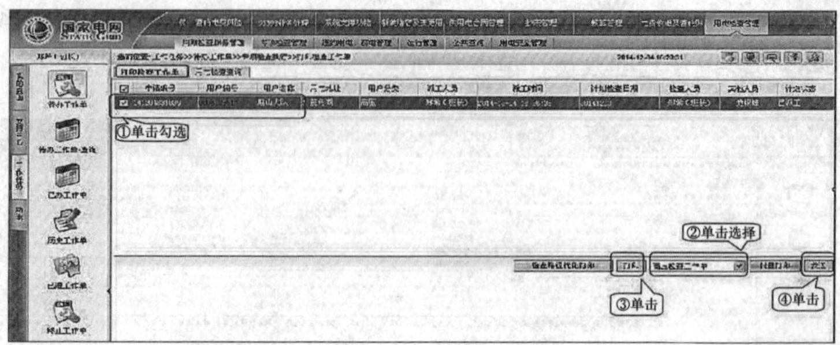

图 13-75　勾选检查任务

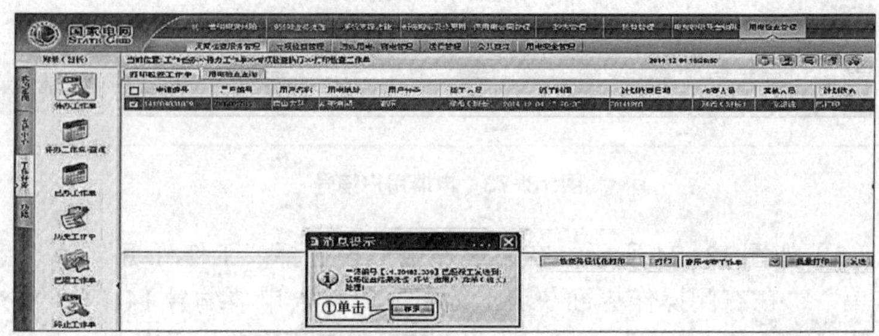

图 13-76　检查任务分派完成

13.4.5　用电专项检查完成现场用电检查任务后，如何将现场检查结果录入系统？

答　（1）完成现场用电检查任务后，进入电力营销业务应用系统，如图 13-77 所示，在左侧边栏选择“工作任务”→“待办工作单”，在右侧操作界面“申请编号”处输入申请编号 141××××××××，单击“查询”，则可看见该现场检查工作单，双击该工作单。

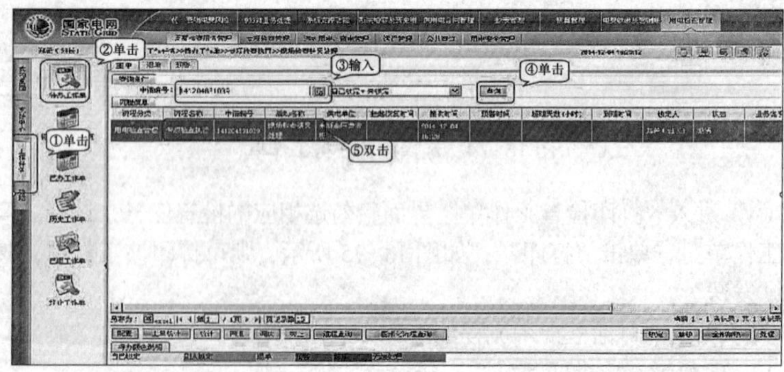

图 13-77　现场检查工作单

（2）如图13-78所示，进入“现场检查结果处理”界面，在“设备缺陷”中，选择“缺陷等级”“安全隐患类型”，在“安全隐患描述”中填入隐患的具体情况，选择“计划消缺日期”，单击“保存”，在弹出的对话框单击“确定”。

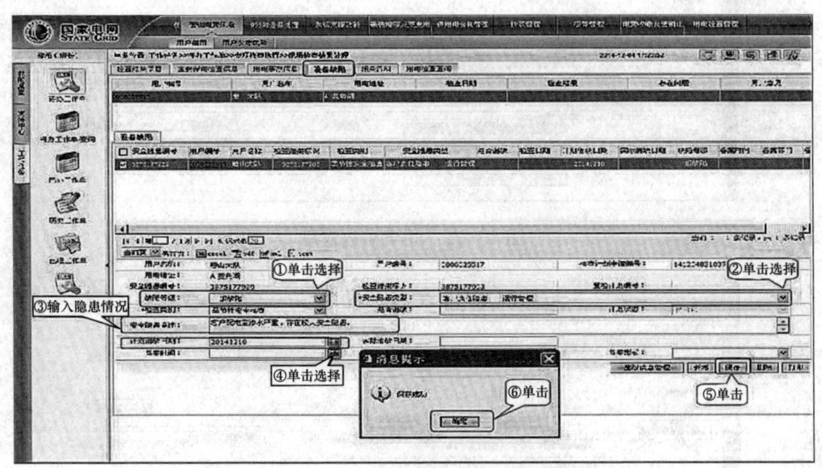

图13-78　现场检查结果处理界面

（3）因用户原因造成安全事故，在制定检查计划、计划审批以及派工后，形成检查工作单。事故调查完毕后，将事故情况录入系统。

如图13-79所示，进入“现场检查结果处理”界面，在“用电事故信息”中，选择“发生日期”“发生时间”“送电时间”“事故类型”“责任事故等级”，并填入事故发生的详细地址、原因及情况，单击“保存”，在弹出的对话框单击“确定”。

（4）如图13-80所示，在“检查结果信息”中，“检查结果”选择“存在问题”，并填入“存在问题”及“用户意见”。单击“浏览”可导入用电检查结果通知书电子版。操作完毕后单击“保存”，在弹出的对话框单击“确定”。

（5）单击“发送”，则显示该业务流程的下一个环节以及处理部门，单击“确定”，如图13-81所示，此环节结束。

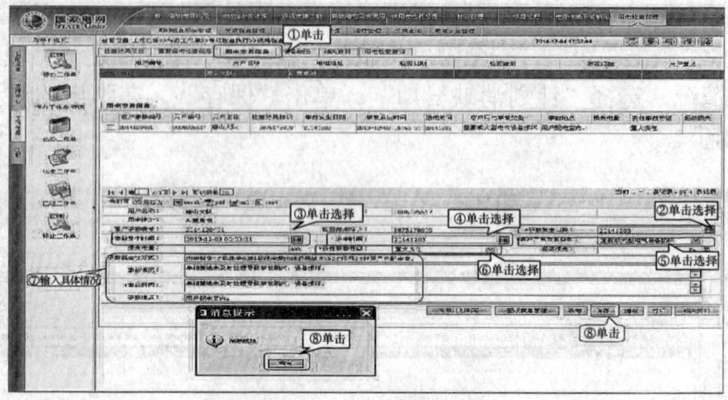

图 13-79　用电事故信息

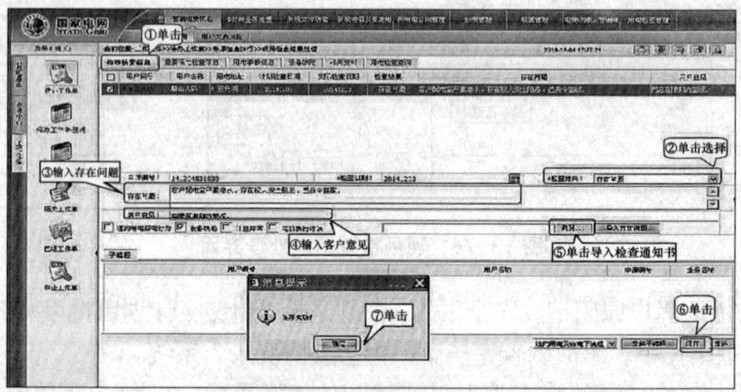

图 13-80　检查结果信息

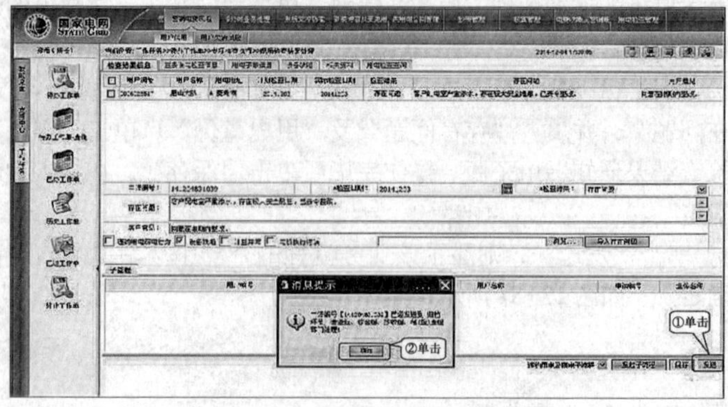

图 13-81　用电检查流程结束

13.4.6 用电专项检查完成在整改期限后用电检查人员如何对用户进行复查?

答 （1）整改期限到后，用电检查人员对用户进行复查时，如图 13-82 所示，在菜单上选择“用电检查管理”→“用电安全管理”→“设备缺陷管理”，进入查询界面，填入“用户编号”，单击“查询”，在列表中出现上次检查的缺陷记录，勾选此条记录，选择“专项计划制定”。

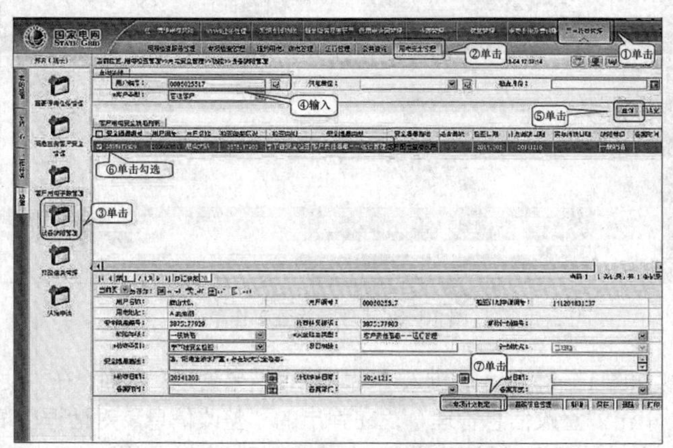

图 13-82 设备缺陷管理界面

（2）在弹出的对话框中，单击“保存”，如图 13-83 所示，操作完毕后关闭对话框。

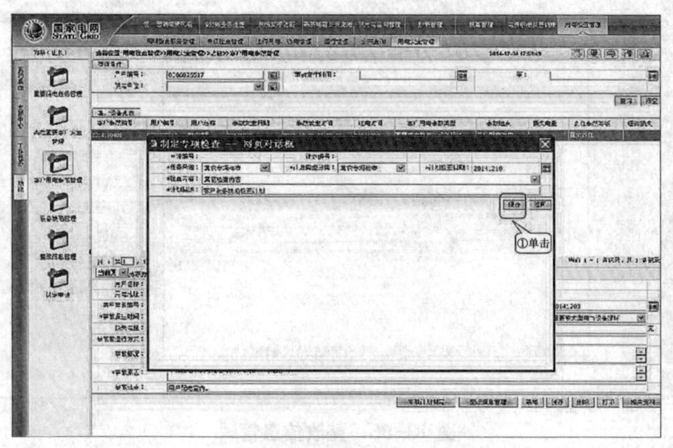

图 13-83 制定专项检查

（3）在按上述第（1）、（2）项的步骤对检查计划进行审核及派工后，如图 13-84 所示，在系统左侧边栏选择“工作任务”→“待办工作单”，在右侧操作界面“申请编号”处输入相应的申请编号，单击“查询”，则可看见该现场检查工作单，双击该工作单。

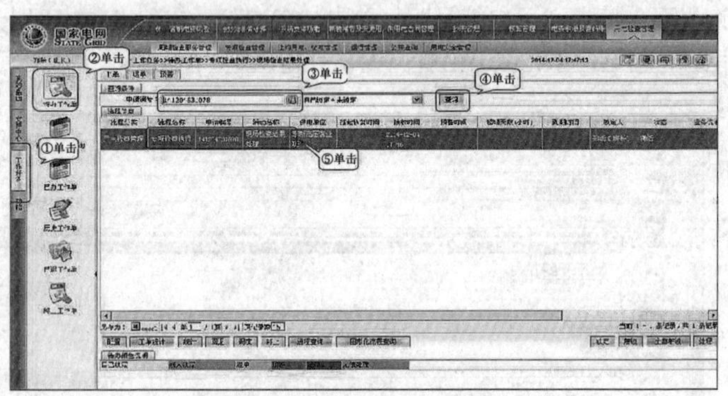

图 13-84　现场检查工作单

（4）如图 13-85 所示，进入“现场检查结果处理”界面，在“设备缺陷”选项下，单击“整改信息管理”，在弹出的“整改信息”对话框中填入“整改内容”“检查人员”，选择相应的“复查日期”“整改状态”“完成日期”“通知标志”，单击“保存”，操作完毕后关闭对话框。

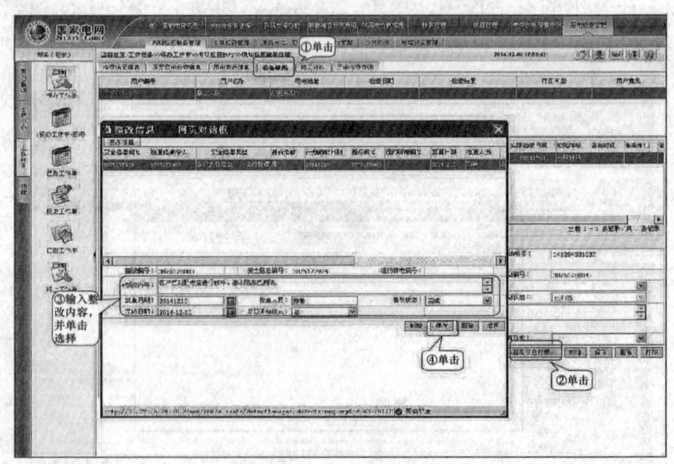

图 13-85　整改信息管理

（5）在“检查结果信息”中，“检查结果”选择“没有问题”，单击“保存”，如图13-86所示，在弹出的对话框单击“确定”。

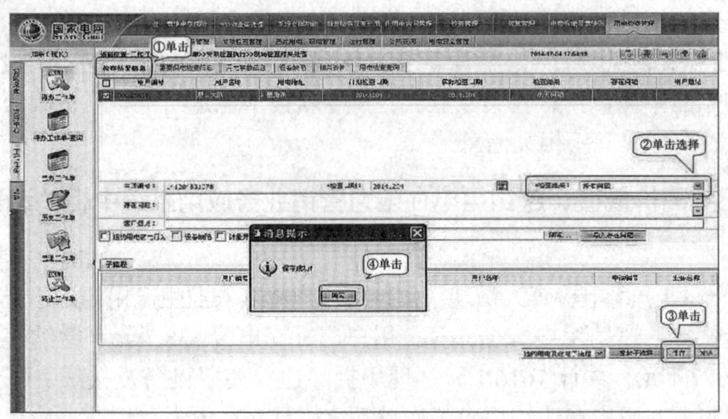

图13-86 检查结果信息

（6）单击“发送”，则显示该业务流程的下一个环节以及处理部门，单击“确定”，如图13-87所示，此环节结束。

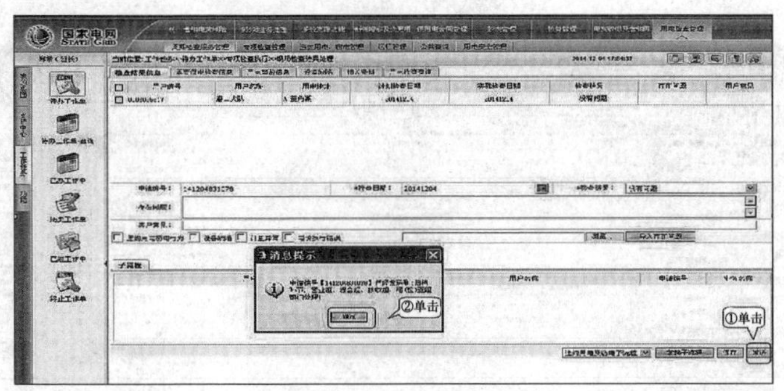

图13-87 整改信息任务结束

13.5 违约用电、窃电处理

13.5.1 违约用电的现场调查取证工作有哪些？

答 （1）封存和提取违约使用的电气设备，现场核实违约用电负荷及其用电性质。

（2）采取现场拍照、摄像、录音等手段收集违约用电的相关信息。

13.5.2 窃电的现场调查取证工作有哪些?

答 （1）现场封存或提取损坏的电能计量装置，保全窃电痕迹，收集伪造或开启的加封计量装置的封印；收缴窃电工具。

（2）采取现场拍照、摄像、录音等手段收集用电客户产品、产量、产值统计和产品单耗数据；收集专业试验、专项技术检定结论材料；收集窃电设备容量、窃电时间等相关信息。

13.5.3 高价低接、违约用电在电力营销业务应用系统中相关流程如何完成?

答 （1）用电检查人员现场发现某用户将其农业生产用电用于办公，属于高价低接、违约用电。经计算，用户应补交电费 538.7 元，缴纳违约使用电费 1077.4 元，共计 1616.1 元。现场拆除违约使用设备及接线、下达违约用电通知书、用户在违约用电工作单签字确认。在电力营销业务应用系统中相关流程如下。

（2）进入电力营销业务应用系统，如图 13-88 所示，选择“用电检查管理”→“违约用电、窃电管理”→“现场调查取证”，进入现场调查取证界面。

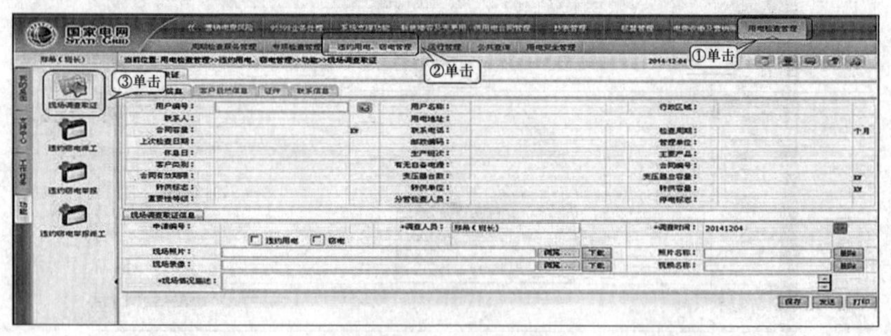

图 13-88 违约用电、窃电处理调查取证界面

（3）如图 13-89 所示，在“现场调查取证”→“用户基本信息”→“用户编号”选项下，填入用户编号，按“回车”键，出现该户的相关信息。在“现场调查取证信息”下选择相应的“调查时间”“违约用电”，单击“浏览”导入“现场照片”或“现场录像”，并将调查情况填入“现场情况描述”。操作完成后单击“保存”，在弹出的对话框单击“确定”。

（4）单击“发送”，则显示该业务流程的下一个环节以及处理部门，单击“确定”，如图 13-90 所示，此环节结束。

（5）如图 13-91 所示，在系统左侧边栏选择“工作任务”→“待办工作单”，在右侧操作界面“申请编号”处输入申请编号 141××××××××××，单击“查询”，则可看见该违约用电处理工作单，双击该工作单。

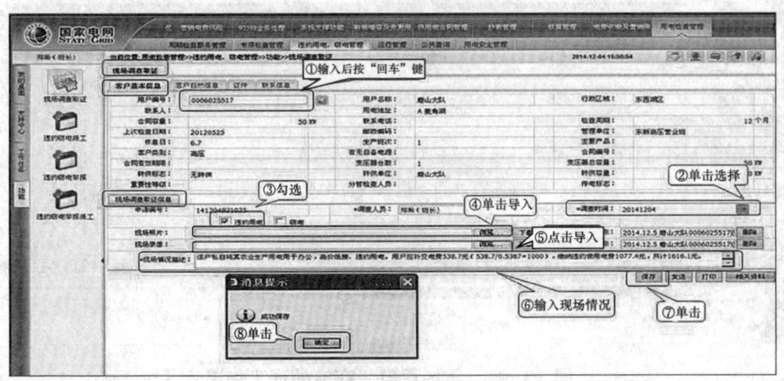

图 13-89　违约用电、窃电处理现场调查取证信息

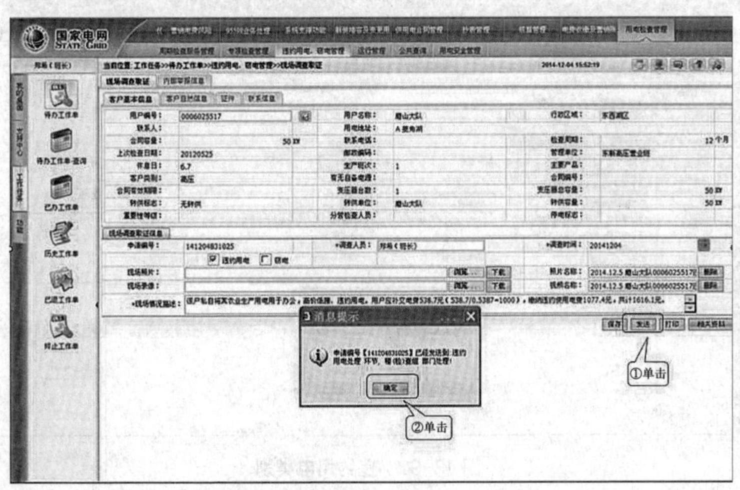

图 13-90　违约用电、窃电处理任务提交

（6）如图 13-92 所示，进入“违约用电处理”界面，勾选相应的违约用电类别，填入“发生时间”“处理情况”后，单击“保存”，在弹出的对话框单击“确定”。

（7）单击“发送”，则显示该业务流程的下一个环节以及处理部门，单击“确定”，如图 13-93 所示，此环节结束。

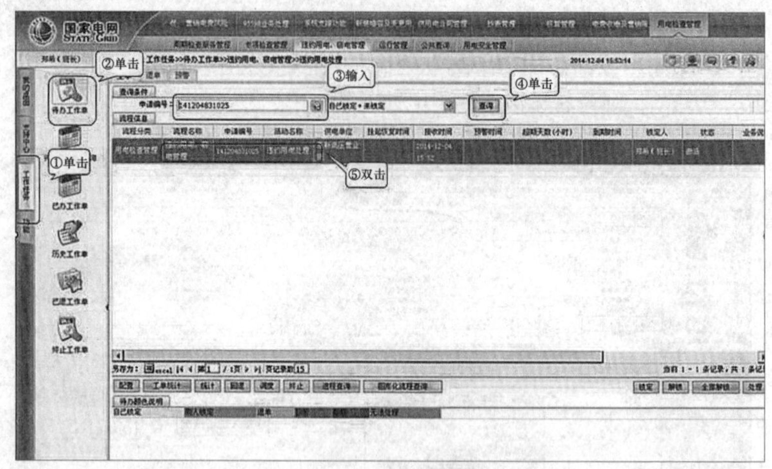

图 13-91　违约用电、窃电处理工作单

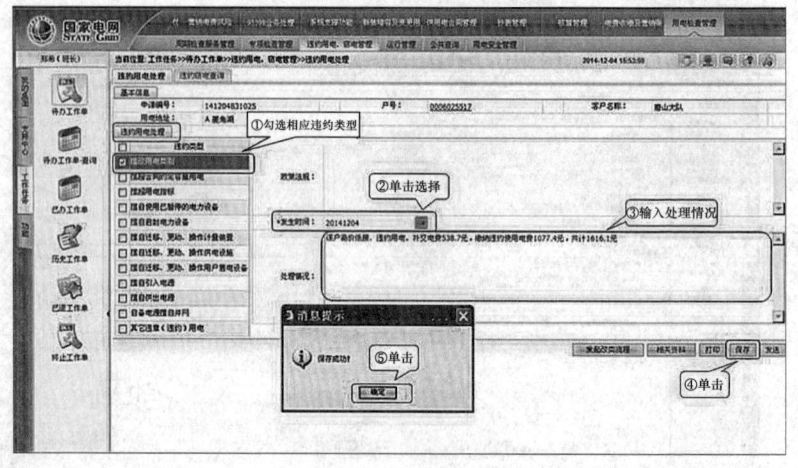

图 13-92　违约用电类别

（8）如图 13-94 所示，在系统左侧边栏选择“工作任务”→“待办工作单”，在右侧操作界面“申请编号”处输入申请编号 141××××××，单击“查询”，则可看见该违约用电处理工作单，双击该工作单。

（9）如图 13-95 所示，进入“违约用电退补处理”界面，“退补处理分类标志”选项下选择“退补电费”，“是否合并出账”选项下选择“立即出账”。操作完毕后，单击“调整电费”。

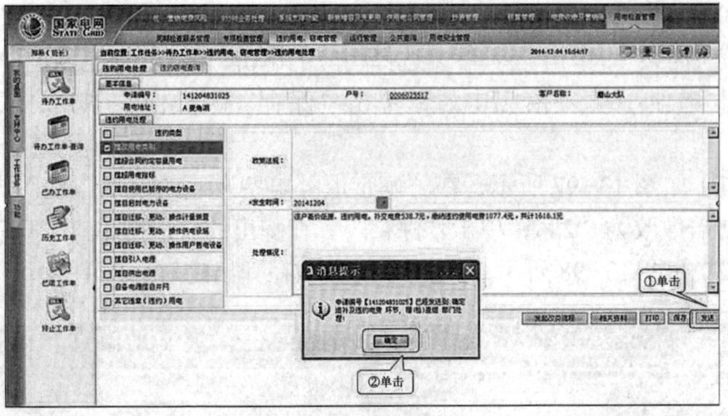

图 13-93　用电类别提交

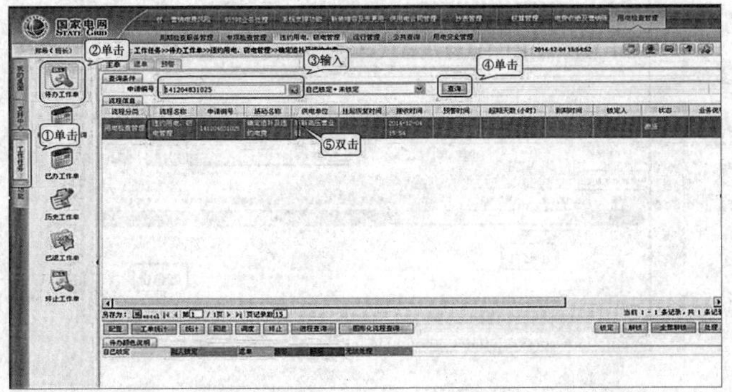

图 13-94　违约用电、窃电处理工作单界面

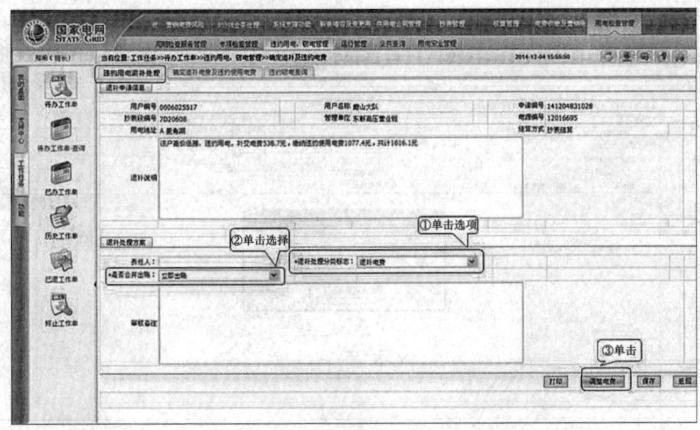

图 13-95　违约用电退补处理

（10）如图 13-96 所示，在弹出的对话框中，“电价选择方式”选项下选择“当前档案”，单击“新增”，选择相应的电价，在“退补电度电费”→“抄见电量”选项下填入相应电量，单击“保存”。操作完毕后，关闭该对话框。

（11）如图 13-97 所示，在“确定退补电费及违约使用电费”界面，将违约电费倍数改为“2”，单击“保存”。在弹出的对话框单击“确定”。

（12）如图 13-98 所示，单击“发送”，在弹出的对话框中选择“确定”。

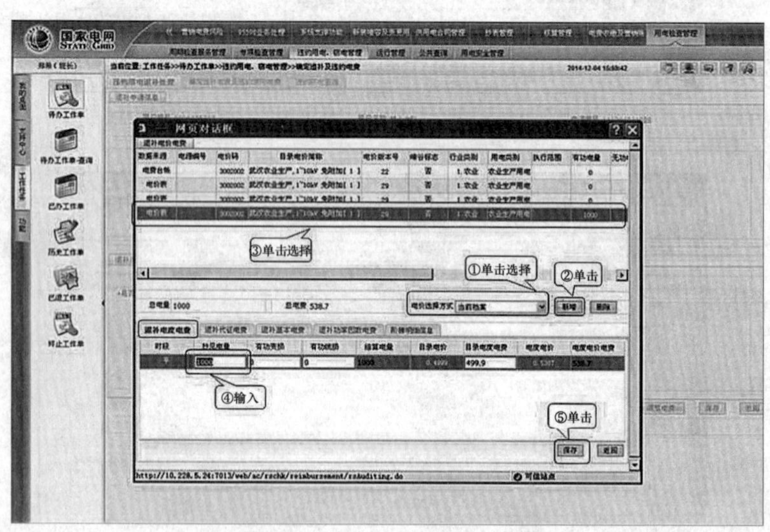

图 13-96　违约用电、窃电抄见电量修改

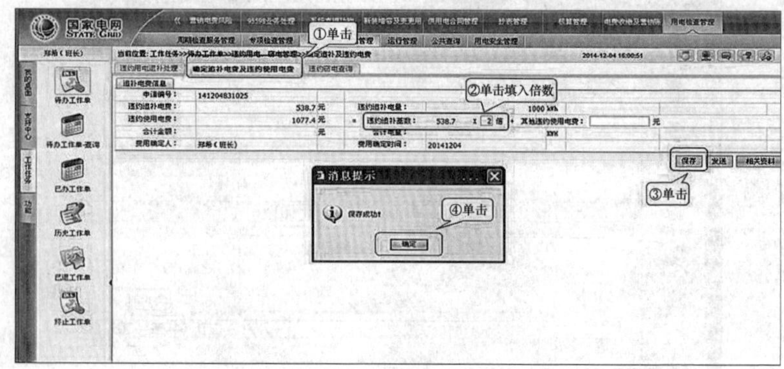

图 13-97　违约用电、窃电电费修改

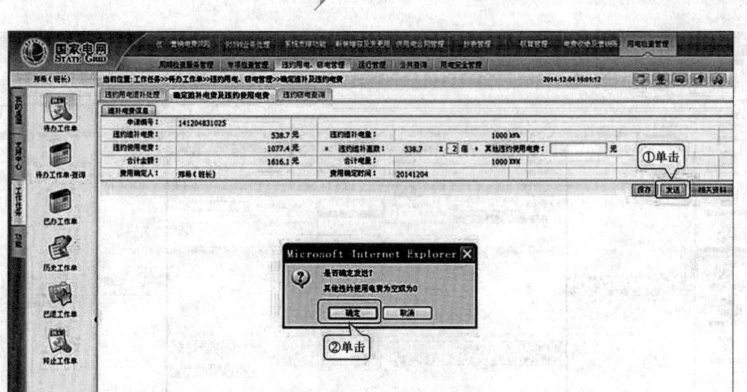

图 13-98　违约用电、窃电处理电费修改完毕

（13）如图 13-99 所示，显示该业务流程的下一个环节以及处理部门，单击“确定”，此环节结束。

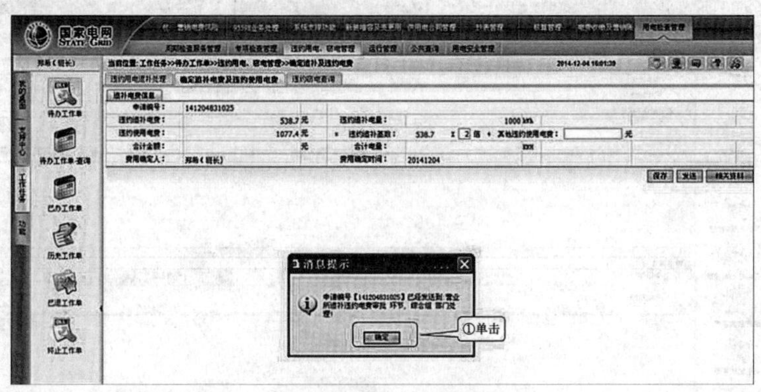

图 13-99　违约用电、窃电处理结束

13.6　运行管理

13.6.1　电力营销业务应用系统中用电检查管理之运行管理有哪些项目?

答　运行管理是为了保证客户电气设备运行安全而进行的系列管理工作，主要有以下项目：

（1）预防性试验年计划，如图 13-100 所示为其工作界面。

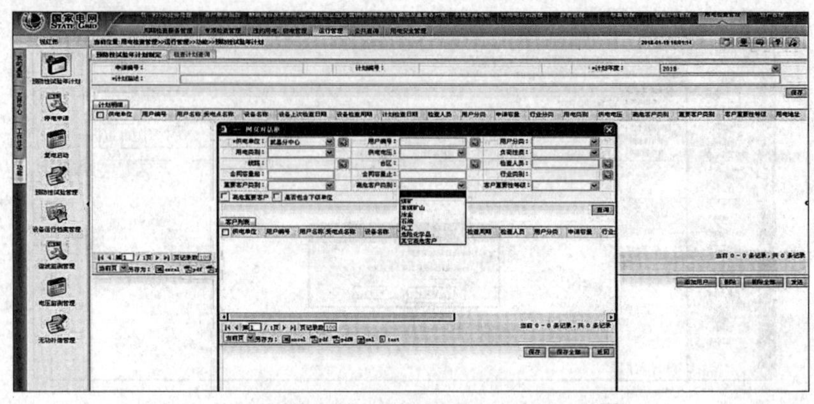

图 13-100　预防性试验年计划

（2）停复电执行管理，如图 13-101、图 13-102 所示为其工作界面。

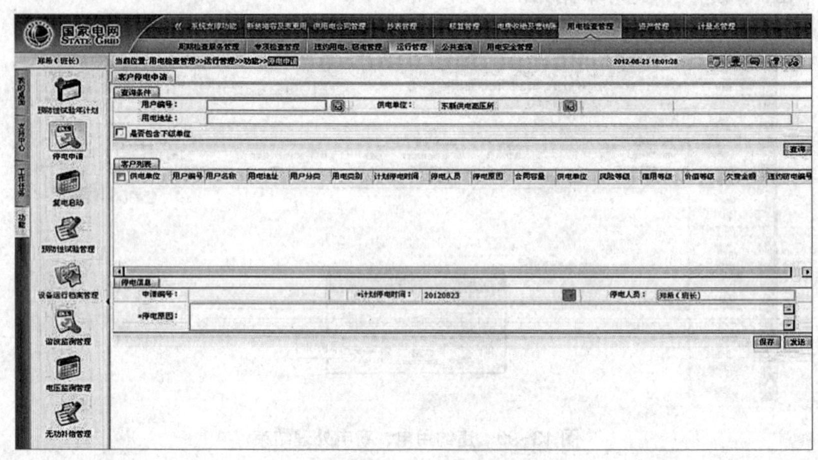

图 13-101　停电申请

（3）预防性试验管理，如图 13-103 所示为其工作界面。

（4）设备运行档案管理，如图 13-104 所示为其工作界面。

（5）谐波监测管理，如图 13-105 所示为其工作界面。

（6）电压监测管理，如图 13-106 所示为其工作界面。

（7）无功补偿管理等项目，如图 13-107 所示为其工作界面。

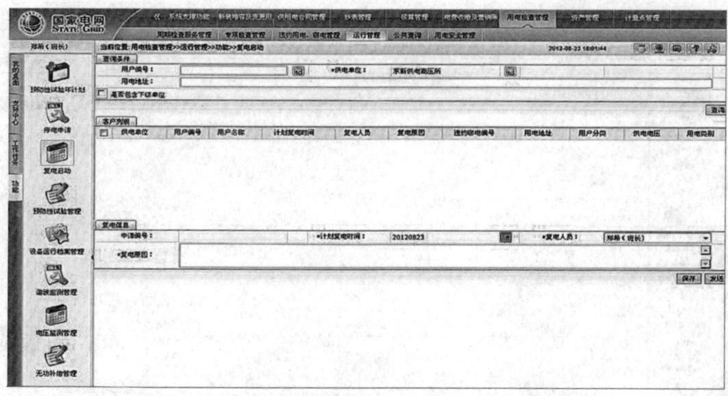

图 13-102　复电启动

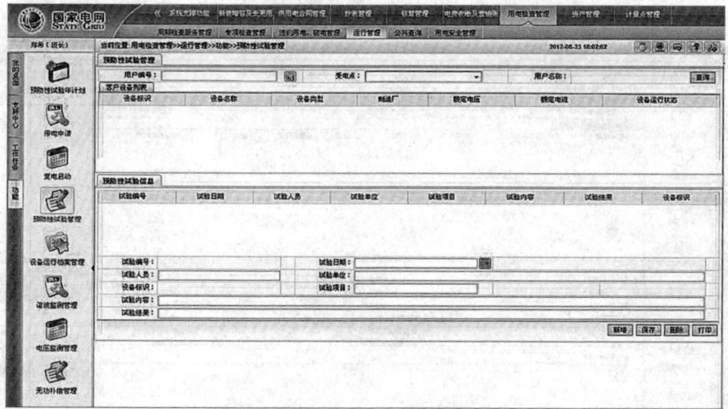

图 13-103　预防性试验管理

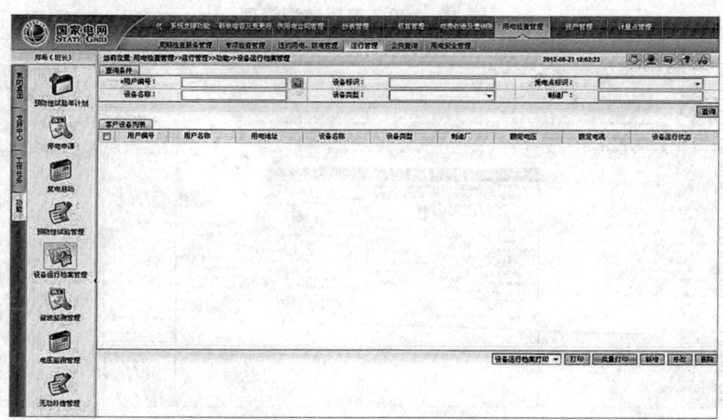

图 13-104　设备运行档案管理

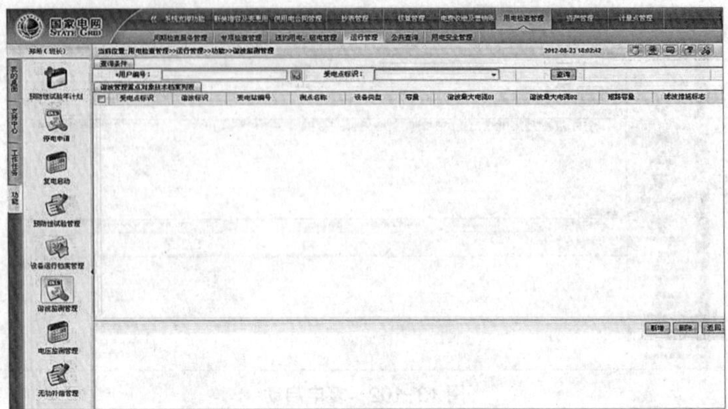

图 13-105　谐波监测管理

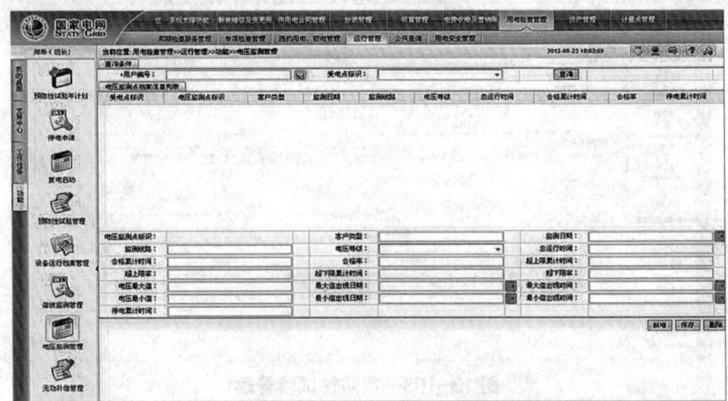

图 13-106　电压监测管理

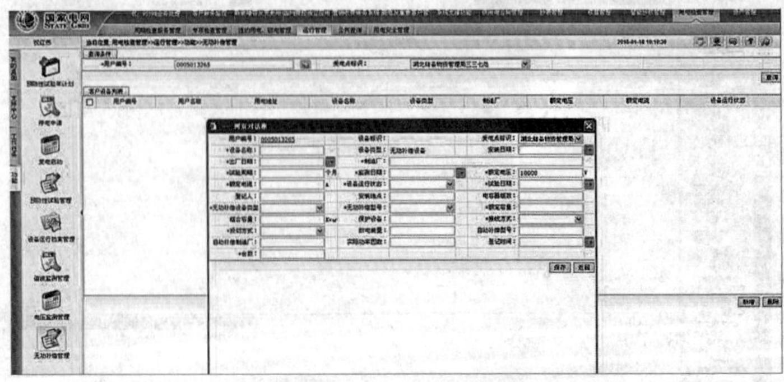

图 13-107　无功补偿管理

13.7 用电安全管理

13.7.1 电力营销业务应用系统中用电检查管理之用电安全管理有哪些项目?

答 用电安全管理的宗旨是确保电网安全运行，维护公共用电安全，协助客户防范发生用电安全事故。根据《国家电网公司客户安全用电服务若干规定》的要求，有针对性地执行用电安全管理措施，减少用电安全隐患，杜绝重大设施故障造成的停电和人身伤亡事故的发生，保证客户用电的安全可靠。包括以下项目：

（1）重要保电任务管理，如图 13-108 所示为其工作界面。

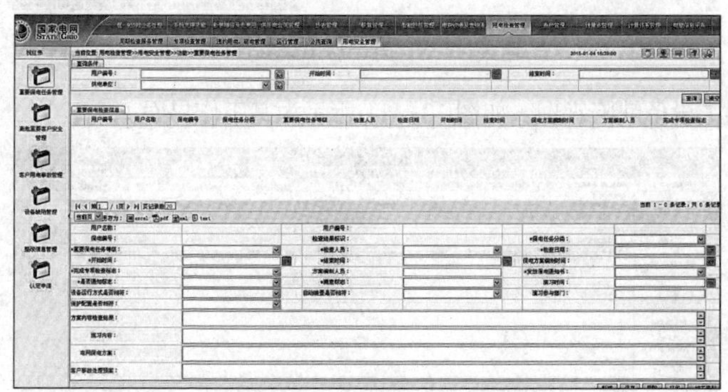

图 13-108 重要保电任务管理

（2）高危重要客户安全管理，如图 13-109 所示为其工作界面。

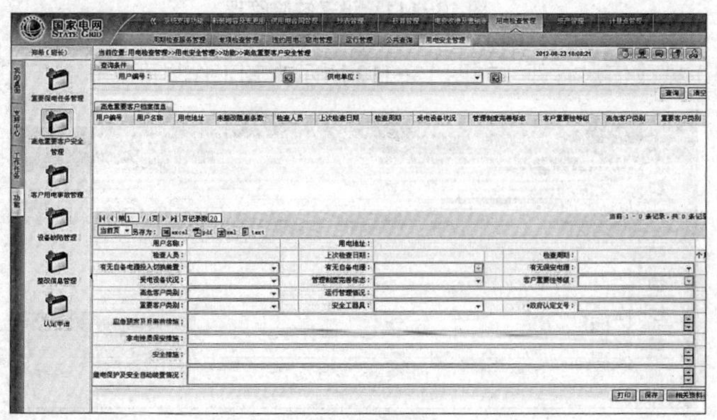

图 13-109 高危重要客户安全管理

（3）客户用电事故管理，如图 13-110 所示为其工作界面。

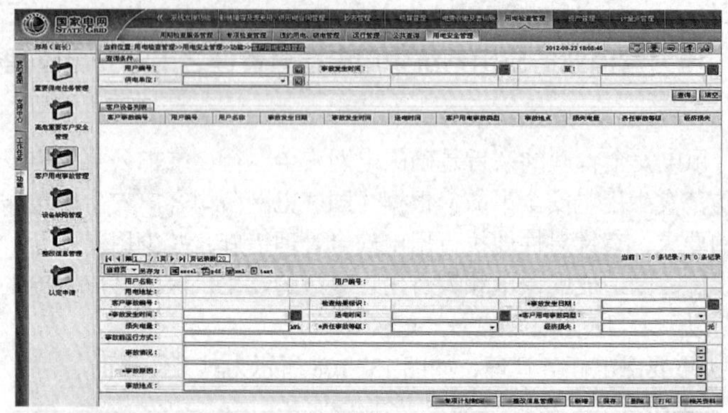

图 13-110　客户用电事故管理

（4）设备缺陷管理，如图 13-111 所示为其工作界面。

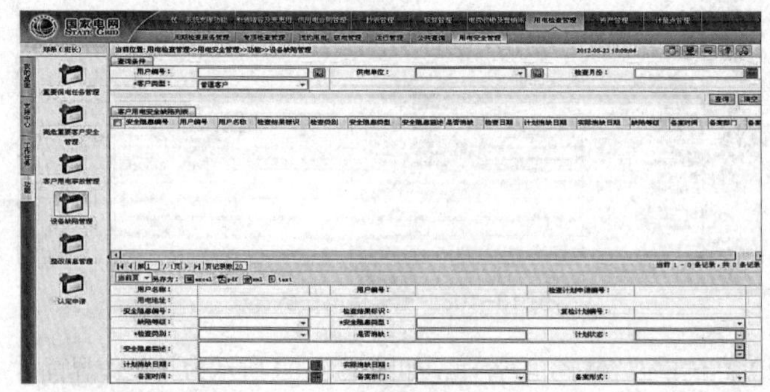

图 13-111　设备缺陷管理

（5）整改信息管理，如图 13-112 所示为其工作界面。

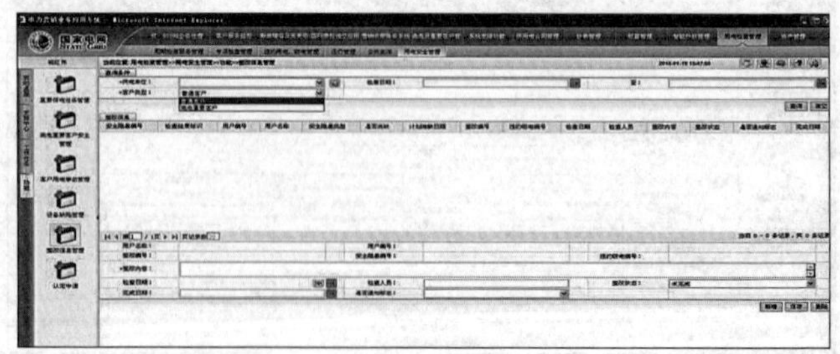

图 13-112　整改信息管理

（6）认定申请等项目，如图 13-113 所示为其工作界面。

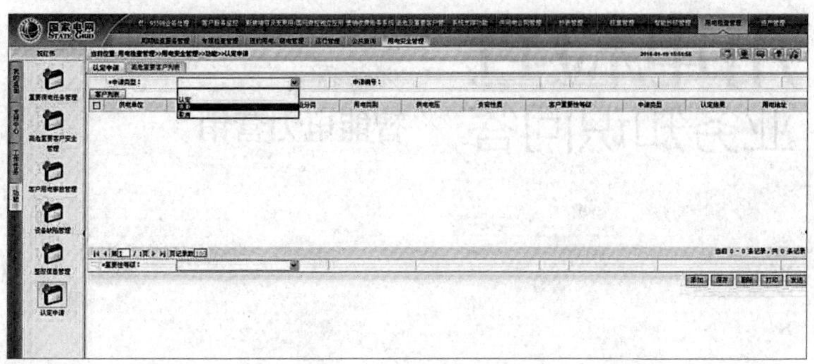

图 13-113　认定申请

YONGDIAN JIANCHA
YEWU ZHISHI WENDA

用电检查业务知识问答

第14章 智能电力营销

14.1 智能电力营销相关概念

14.1.1 什么是智能用电?

答 智能用电是指依托智能电网和现代管理理念，利用高级计量、高效控制、高速通信、快速储能等技术，实现市场响应迅速、计量公正准确、数据实时采集、收费方式多样、服务高效便捷，构建智能电网与客户电力流、信息流、业务流实时互动的新型供电关系。

14.1.2 什么是智能电网?

答 智能电网是以坚强的电网框架为基础，以通信信息平台为支撑，具有信息化、自动化、互动化特征，包含发电、输电、变电、配电、用电和调度各个环节，覆盖所有电压等级，实现电力流、信息流、业务流高度一体化融合的现代电网。智能电网不仅仅意味智能化控制，也包括对电网运行信息智能化处理和管理。

14.1.3 什么是智慧城市?

答 智慧城市是运用信息和通信技术手段感测、分析、整合城市运行核心系统的各项关键信息，建立可观、可量测、可感知、可分析、可控制的智能化城市管理与运营机制，包括城市的网络、传感器、计算资源等基础设施，以及在此基础上，通过对实时信息和数据进行分析而建立的城市信息管理与综合决策支撑等平台。

14.1.4 什么是能源互联网?

答 全球能源互联网是以特高压为骨干网架（通道），以输送清洁能源为主导，全球互联的坚强智能电网，由跨国跨州骨干网架和涵盖各国各电压等级电网的国家泛在智能电网构成，连接“一极一道”和各洲大型能源基地，适应各种分布式电源接入需要，能够将风能、太阳能、海洋能等清洁能源输送到各类用户，是服务范围广、配置能力强、安全可靠性高、绿色低碳的全球能源配置平台。

14.1.5 什么是智能电力营销？它的特性有哪些？

答 （1）智能电力营销是指基于互联网、移动通信等新技术与电力营销业务高度融合，面向开放电力市场环境下服务对象需求，能够实现能量流、信息流、业务流在电网企业、市场、客户间智能化传输和处理的系统。

（2）智能电力营销的特性：

1）开放。主要体现在开放的能源市场和交易平台，能量自治单元实现对等接入，民主运营；打破电网“单极”格局，形成远程输送与本地供应结合的市场新形态；开放的数据资源与技术标准等。

2）互联。主要体现在分布式电源、微网、虚拟电厂等新型能量单元与电网之间的能量及经营互联；新型产销者之间及其与新型能量单元间的能量共享互联；能源网与交通、建筑、金融、互联网等行业的融合互联。

3）互动。主要体现在能源网与产销者之间的互动；能源网与售能公司间的互动；微网、售能公司与终端产销者之间的互动。

14.2 智能电能表

14.2.1 什么是智能电能表？

答 智能电能表是应用电力电子、计算机、通信及计量等技术，以智能芯片为核心，由测量单元、数据处理单元、通信单元等组成，具有电能量计量、信息存储及处理、实时监测、自动控制、信息交互等功能的电能表。

14.2.2 智能电能表与智能电网的关系是什么？

答 （1）智能电网是安全可靠、经济高效、清洁环保、透明开放、友好互动的电网，是当今世界能源产业发展变革的最新方向，代表电网未来发展的动向。

（2）智能电能表是智能电网的关键元素。建设坚强智能电网，使用智能电能表，电网与用户可实现双向互动，电力供应将更安全、更优质，电力使用将更可靠、更经济，电力服务将更宽泛、更便捷、社会发展将更低碳、更科学。

14.2.3 智能电能表的特点是什么？

答 智能电能表有以下特点：

（1）装备智能芯片，功能强大。

（2）采用数字计量技术。

（3）分时、双向多功能计量。

（4）可靠性、安全性高。

（5）寿命长。

（6）信息远程交互。

14.2.4 智能电能表的功能有哪些？

答 （1）计量电费。装备智能芯片，采用数字技术，功能强大，计量准确；实现分时计量适应阶梯电价，支持电价变化；记录用电习惯，方便用电分析。

（2）自动控制。电量、电费余额不足时，启动报警；远程抄表，远程通知，远程控制；电量、电费查询简单方便。

（3）节能减排。能实现双向计量，支持分布式能源接入；计量手段灵活，方便电动汽车充放电；调控手段多样，促进电能综合利用。

（4）信息服务。可靠性、安全性高，寿命长，使用放心；信息加密，数据存储长久，使用安全；支持智能小区建设，实现社区服务、公共服务全面增值。

14.2.5 智能电能表常见的错误代码是什么？

答 智能电能表常见错误代码有：

（1）“Err—01”：表示控制回路错误。

（2）“Err—02”：表示 ESAM 错误。

（3）“Err—04”：表示时钟电池电压低。

14.2.6 智能电能表通过内置通信模块、ESAM 安全芯片、负荷开关实现远程安全停复电控制，其主要功能包括什么？

答 其主要功能包括：

（1）告警。

（2）远程允许合闸。

（3）远程停电。

（4）保电。

14.2.7 如何根据指示灯判断智能电能表的状态?

答 （1）正常状态。跳闸灯熄灭，表示用电正常，表计处于合闸状态。

（2）跳闸状态。跳闸灯会显示黄灯且长亮，表计已跳闸停电。

（3）缴费成功状态。跳闸灯会显示黄灯且闪烁，用户可以长按电能表上的白色按钮自助复电。

14.2.8 四表合一采集业务的具体内容是什么?

答 （1）“四表”为水表、气表、热表、电表，“合一”指通过统一的采集系统进行集中抄收，不再需要人工上门抄表，实现数据的自动抄表。

（2）“四表合一”是由国家电网公司主导、示范推进的一项重要工程，是电网企业服务智慧城市建设、满足客户智能用电需求的重要举措。水、热、气、电四表合一采集是基于现有用电信息采集终端及通信网络，扩展水、气、热表数据采集功能的系统解决方案。

14.2.9 四表合一采集的意义是什么?

答 （1）服务国家智慧能源发展。为水、电、气、热行业实现能源计量数据远程采集、实时监测提供智能化手段，服务国家能源阶梯价格及节能减排政策执行；为国家跨行业、跨层级能源消费统计提供高效率、低投入的解决方案，为国民经济运行和宏观调控政策提供数据支撑。

（2）服务社会公共事业发展。以服务水、气、热公共服务行业为重点，为水、气、热用能数据采集提供网络与技术共享服务，减少重复投入；为水、气、热企业用能损耗分析提供手段，降低损耗和运营成本；通过创新合作，实现公共事业一站式服务，提升公共事业服务水平，支撑智慧城市建设发展。

（3）服务百姓福祉提升。解决抄表难、交费难的问题，实现远程准确抄表而不扰民，提供用能互动化服务，实现多表一键式查询、一张卡结算、网络渠道交费的便捷服务，解决便民服务“最后一公里”难题，让老百姓在互联网 +、智慧城市建设中有实实在在的获得感。

14.2.10 四表合一联合抄表的应用场景是什么样的?

答 四表合一联合抄表应用场景如图 14-1 所示。

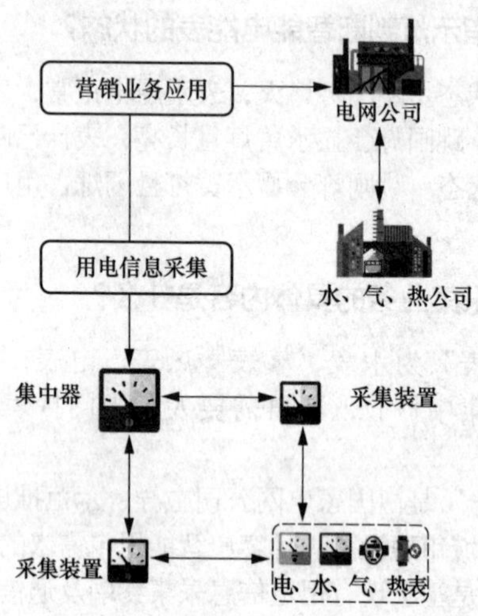

图 14-1　四表合一联合抄表应用场景

14.3　作业自动化

14.3.1　抄核收一体化是什么？

答　抄核收一体化是指在电力营销营业电费管理工作中，原有抄表、核算、收费作业方式从现有周期化、单向型向准实时化、双向型转变，作业流程从传统抄核收三段断裂式分段处理独立运行模式向自动化、工厂化流水线作业模式转变。抄核收一体化实质是基于用电信息采集系统全覆盖、全采集、全费控方式，实现高低压客户自动远程抄表、电量电费智能计算、审核并自动发行，电费收费实现社会化代收、电子化支付。

抄核收一体化主要涵盖内容：抄表自动化、核算智能化、收费电子化与支付实时化。

14.3.2　抄核收一体化的应用成效有哪些？

答　（1）抄核收作业质量显著提升。

（2）电费电价管理统一规范。

（3）电网公司人力资源优化配置。

（4）客户服务质量有效提升。

（5）客户互动服务实时响应。

14.3.3 工单电子化是指什么？有什么作用？

答 工单电子化就是实现业务传递从纸质工单到电子推送，使电子工单成为唯一的业务处理和评价依据。

通过工作方式变革和系统优化，形成流程与系统匹配、业务跨专业贯通、信息跨身份沟通的"一配两跨"格局，实现作业流程电子化、信息流转无纸化、责任界面可视化。通过实施智能营销工单电子化作业手段，实现涵盖营销全业务、通畅的线上运行的工单电子化渠道；业扩报装、业务变更、缴费等客户服务申请，均可采用电子申请或由营业网点系统受理，转向客户线下用电消费和体验，线上业务执行。

14.3.4 工单电子化的应用成效是什么？

答 （1）可实现工单的快速传递。

（2）通过电子工单可视化实现全面的业务信息管控与工单信息可视化。

（3）支持按照时间轴查看电子工单。

（4）支持按模糊检索的方式检索电子工单。

（5）支持统计各个客户与环节生成的工单数量。

14.3.5 什么是稽查智能化？

答 稽查智能化是新型营销稽查业务作业模式，通过建设营销稽查监控应用平台，使用掌上稽查移动作业终端，综合应用多维分析、大数据挖掘等信息通信技术，运用用电现场 GPS 导航等服务手段，建立营销稽查智能化工作机制，构建"在线管理、智能分析、自动跟踪、及时预警"稽查智能化工作体系，对公司经营成果、供电质量、工作质量、数据质量和服务资源进行在线监控和分析，实现营销全业务可控、在控，有效提高营销业务管控和客户服务监督能力。

稽查智能化实质是实现电力营销全业务、全过程、全岗位在线监测、多维分析、问题诊断，逐步实现营销稽查由问题处置型向智能防控型转变。

14.3.6 稽查智能化的应用成效是什么？

（1）促进稽查作业更规范。现场作业程序更严谨；稽查工单信息录入更及时；稽查现场取证更便捷；现场数据比对更精准。

（2）提高了企业营销风险防范水平。在线监控作业和掌上稽查移动作业相结合，实现任意时间、任意地点的营销日常稽查、专项稽查或临时性稽查工作需求，实现"在线管理、智能分析、自动跟踪、及时预警"稽查智能化作业模式，营销风险防范由事后分析向事前预警、全过程管控转变。

（3）稽查异常问题查处自动化、精准化。稽查规则库、典型稽查经验库、相关稽查阈值自动调节功能设置等，促进稽查异常问题筛查更全面、异常问题分析更准确、稽查任务派发更精准、作业自动化程度高。

（4）提高了客户服务水平。健全的稽查考核评价体系促使稽查作业流程标准化，视频供电营业厅建设促进营销运营内部监管可视化，应用各项技术受到建立多元化的智能预警，实现了风险评估、风险防范等风险管理体系的应用，有效控制了电力营销风险，减少了营业质量差错，降低了供电服务违规行为次数。

14.4 智能电管家应用

14.4.1 智能电管家是什么？

答 智能电管家是以智能表深化应用为核心，以互联网为手段，实行客户购、用、管一体化的移动用电管理系统。开通智能电管家服务，将提供用电管家、购电管家和专属服务专员等三项超值用电服务体验；通过手机等移动互联设备，可以轻松实现网上购电、实时查询、自助管理。

14.4.2 智能电管家能给用户带来什么好处？

答 （1）智能电能表数据抄录全部为电脑自动化采集和系统导入，抄表数据更加透明、准确、可靠。

（2）用户可以足不出户，利用电脑网络和手机等上网工具方便快捷地完成电费查询与支付，无须营业厅等待。

（3）专为用户开发的掌上电力 App 为用户提供更加详细的电量电费信息和准确的停电告知信息。

（4）完善的免费短信提醒功能，可以让用户随时随地掌握各阶段的用电量，电费异常可以得到及时发现及时处理。

14.4.3 智能电管家品牌口号（大众推广版）是什么？

答 （1）“智能电管家，把它请回家，用电妥妥哒，服务贴贴哒！”

（2）“智能电管家让您用上透明电、贴心电、自主电”。

（3）“智能电管家，服务更到家”。

14.4.4 智能电管家的服务理念是什么？

答 （1）全透明的用电体验。

（2）全方位的缴费方式。

（3）全天候的服务响应。

14.4.5 用电管家服务内容有哪些？

答 （1）每天推送表码、电量等用电信息，做节电参谋。

（2）定制计划停电通知，突发故障临时通知。

（3）通过手机可自我实现停送电管理。

（4）优先享受用电优惠政策、活动推送通知。

14.4.6 哪些用户不适合成为智能电管家客户？

答 （1）共用变压器且分摊线损的用户。

（2）转供户且共同分摊线损。

（3）存在暂缓发行微小电量的客户。

14.4.7 什么是费控？

答 费控就是用电费用控制，即客户预付费，先充值后用电。通过测算客户电费信息，对客户智能电能表进行停电、复电控制，以上行为全部由计算机系统自动控制。

14.4.8 什么是测算电费？

答 测算电费即费控系统将采集系统发送的当天抄表止码与上月电费结算时的抄表止码进行比较，止码差值结合用户执行电价计算得出的电费即为用户的测算电费。

14.4.9 什么是可用余额？

答 用户可用余额可用公式表示为：用户可用余额 = 用户预收金额 - 用户欠费金额 - 用户测算电费。

14.4.10 什么是费控策略？

答 费控策略就是对用户实施的一整套电费控制参数，包括预警值设定、透支额度设定、用户电费代扣额度设定、预警通知方式、停电通知方式、停送电条件、停送电方式。通过对用户设置执行费控策略，实现对用户的电费控制管理。

14.4.11 智能电管家业务策略内容是什么？分为哪些类别？

答 智能电管家业务策略是营销业务应用系统中为实现智能电管家业务应用功能而配置的业务处理方法、流程等业务模型。包括以下类别：

（1）催缴预警策略（预警类）。
（2）代扣充值预警策略（策略一、策略二）（预警类）。
（3）审批停电策略（停电类）。
（4）自动停电策略（停电类）。
（5）自动复电策略（复电类）。
（6）安全复电策略（复电类）。
（7）余额不足提醒策略（提醒类）。
（8）预警取消策略（其他类）。

14.4.12 智能电管家服务流程是什么？

答 智能电管家服务流程如图 14-2 所示。

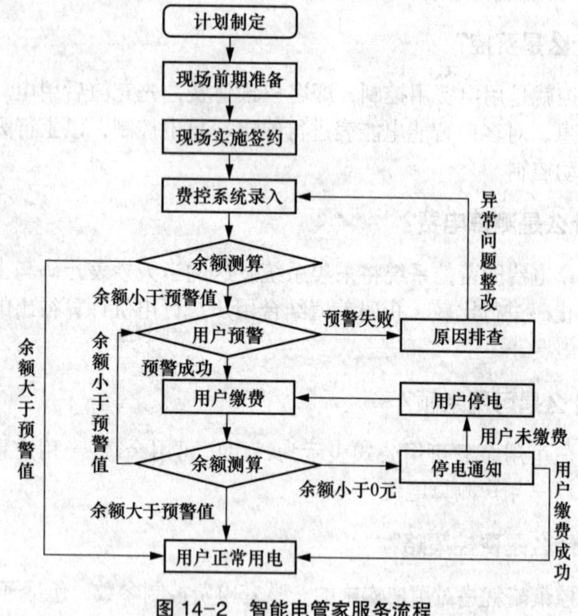

图 14-2 智能电管家服务流程

14.4.13 对不同状态用户的工作重点分别是什么？

答 不同状态用户的工作重点如图 14-3 所示。

14.4.14 低压智能电管家用户预警值是如何设定的？

答 预警值即对用户做出可用余额不足提醒的阈值，当用户可用余额低于预警值时，系统会触发预警机制，对用户发送预警提醒短信告知用户可用余额不足。低压智能电管家用户预警值通常参考用户月平均电费，建议客户按照5~7天电费设置预警值，为客户预留足够缴费时间。

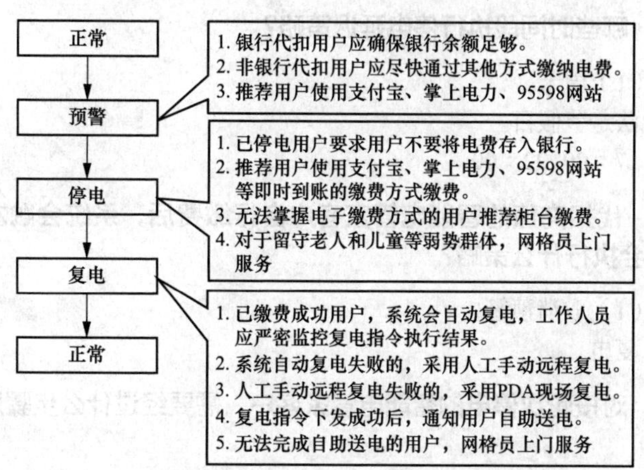

图14-3 不同状态用户的工作重点

14.4.15 低压智能电管家用户电费代扣额度是如何设定的?

答 对于有银行代扣电费需求的用电客户，在签订智能电管家协议时与用户协商确定对应的电费代扣额度。一般向用户推荐电费代扣额度不少于月平均电费且取整。

14.4.16 当智能电管家客户状态为“停电”，测算后客户可用余额大于零时，可能会触发什么策略?

答 （1）自动复电策略。

（2）安全复电策略。

14.4.17 当客户状态为“预警”，测算后可用余额小于零时，可能会触发什么策略?

答 （1）审批停电策略。

（2）自动停电策略。

14.4.18 濒临停电策略触发条件的智能电管家客户，当银行扣款失败的原因是什么时，才会实施停电策略?

答 （1）余额不足。

（2）无此账号。

（3）账号销户。

（4）非结算账户不能扣款。

14.4.19　哪些时间段执行停电延迟策略?

答　（1）周末。

（2）法定节假日。

（3）17：00~22：00。

14.4.20　代扣充值的智能电管家客户自行缴费后，系统会触发基准比对，可能会执行什么策略?

答　（1）取消预警。

（2）复电。

14.4.21　对按轮次停电的智能电管家客户，需要经过什么步骤后才会执行停电?

答　（1）停电范围确认。

（2）停电审批。

14.4.22　针对智能电管家客户电量电费测算后，测算余额首次小于预警值时，会触发什么策略?

答　（1）催费预警策略。

（2）代扣充值预警策略。

14.4.23　预警或停电后用户缴费了，用户实际可用余额为什么没有变化? 是不是没有产生取消预警或者复电策略?

答　用户缴费后，会触基准比对，比对满足取消预警或复电条件的，会产生取消预警或复电策略。用户缴费后，是否产生了取消预警或复电策略，在“核算管理→国网费控→信息查询→费控策略执行信息”查询中输入用户编号并选择指令类型，便可知是否产生取消预警或复电策略。

14.4.24　自动复电策略触发条件是什么? 应用对象是什么?

答　（1）触发条件：客户状态为“停电”，测算后客户可用余额大于零。

（2）应用对象：复电策略为“自动复电”，测算后可用余额大于零的智能电管家客户。

14.4.25 余额不足提醒策略触发条件是什么？应用对象是什么？

答 （1）触发条件：客户测算后可用余额小于提醒阈值，且客户状态为“预警”。

（2）应用对象：开通余额不足提醒策略的智能电管家客户。

14.4.26 智能电管家短信信息通知包括哪些？

答 智能电管家短信信息通知包括以下项目：

（1）预警通知。

（2）提醒通知。

（3）停电通知。

（4）复电通知。

（5）注册通知。

（6）代扣失败通知。

14.4.27 智能电管家全面应用后，各营业厅柜台收费人员收费时如何操作？

答 收费人员在收费时，如果柜台收费界面上输入用户编号后，显示信息如图 14-4 所示。

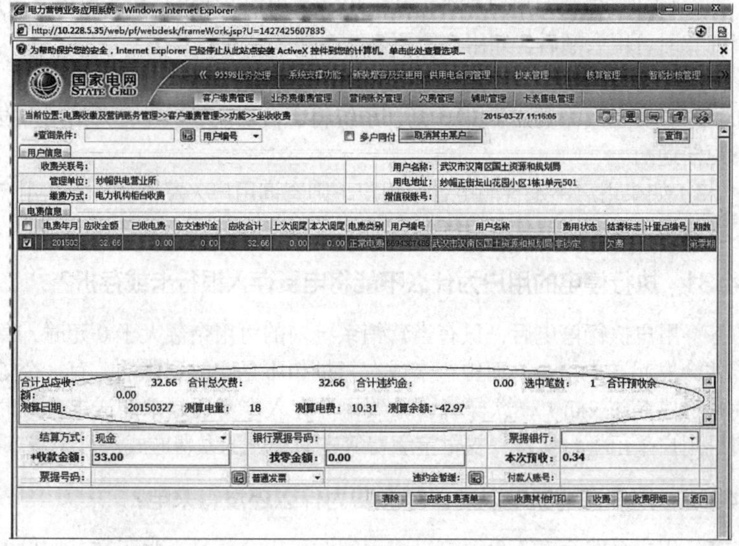

图 14-4 智能电管家收费信息

显示信息如果含有测算日期、测算电量和测算电费的，则表示该户是智能电管家用户，收费时需要提醒用户的缴费金额大于或等于可用余额，用户缴费后，除了结清应收和欠费外，其余都计入用户的预收账户中。

14.4.28 为了配合智能电管家推广，优先为用户推荐哪些缴费方式?

答 （1）银行储蓄账户自动代扣电费。优势是客户余额不足时，依据双方协议自动从账户扣费，不需要客户人工干预，不需要客户舟车劳顿到营业厅缴费，同时所有信息通过免费短信发送给客户，透明度高。

（2）手机支付宝缴费，同时支持代扣功能。电费手机支付宝缴费也十分便捷，同时也支持代扣功能，前提条件是客户必须开通支付宝账户，适合网购人群。

14.4.29 用户存在冻结状态的预收电费时，测算余额与预收总余额不一致如何处理?

答 部分用户预收电费中存在冻结状态的预收电费，此部分冻结预收电费是不参与可用余额测算的，就会导致用户预收总电费与测算余额对应不上，对于此种情况需要解除预收冻结，实现用户预收电费滚动结算。

14.4.30 用户反映欠费停电时供电人员如何处理?

答 （1）首先查询用户是否为智能电管家用户，如果是智能电管家用户，则查询实时可用余额后告知用户需要缴纳电费的金额。

（2）比如查询到用户为智能电管家用户且实时可用余额为 -10.5 元，则告知用户缴费金额需要大于 10.5 元，系统将会自动恢复供电，并给用户发送一条短信通知。

（3）如果用户不是智能电管家用户，则查询用户欠费情况，告知用户因为欠费停电，需要结清欠费后复电。

14.4.31 执行停电的用户为什么不能将电费存入银行卡或存折?

答 用户执行停电后，只有当营销系统内的可用余额大于 0 元时，营销系统才会发起送电指令，而银行卡或存折批扣不是实时到账的，有一个处理周期（通常超过 24h），这样就会导致用户存入电费还是未能送电，此时应该引导用户采用柜台缴费、支付宝缴费等实时到账的缴费方式进行缴费。

14.4.32 用户咨询断电以后已经缴费为什么还没有来电?

答 用户缴费金额不足，可以查询实时可用余额是否为正数，如果不是为正数则表示缴费金额不足。用户刚交完电费时间很短，系统还没生成复电指令，可以通过用户缴费时间和智能电管家业务策略执行情况进行分析。如果无复电策略，且缴费时间很短，可告知用户耐心等待。如果缴费时间在 15min 以上，仍未恢复供电，可采取应急处理措施予以处理。

14.5 电子化服务渠道

14.5.1 国家电网公司电子服务渠道推广工作思路是什么？

答 （1）线上为辅。

（2）线下为主。

（3）渠道协同。

（4）全面推进。

14.5.2 95598 智能互动网站如何操作？

答 （1）登录“http://www.95598.cn”，如图 14-5 所示，点击右上角“我的 95598”，选择“服务开通”，输入十位数字的用电户号和查询密码（初始查询密码为 888888），选择开通用电服务。

（2）服务开通后，选择菜单自助服务→充值缴费→电费缴纳 / 预存→选择缴费客户→为本人缴费可进行电费支付。

（3）选择菜单“用电业务查询”，可进行账户余额查询、电量电费查询、准实时电量查询、业务办理进度查询等操作。

14.5.3 掌上电力 App 的服务功能有哪些？

答 （1）支付购电：通过银联支付方式进行手机购电，支持代为他人缴费。

（2）用电查询：包括电费余额查询、购电记录查询、电量电费明细查询。

（3）信息订阅：可订阅用电信息明细、阶梯可用电量。

（4）在线客服：提供自助客服和热线直拨两种方式。

（5）网点搜索：可进行周边营业网点及指定营业网点的快速搜索。

（6）停电公告：根据停电开始、结束时间进行筛选，显示停电信息。

14.5.4 掌上电力 App 的登录绑定户号方法是什么？

答 （1）通过注册→登录→绑定户号完成登录认证服务。注册主要通过手机号验证注册，登录可通过掌上电力注册账户、QQ 账户、微信账户、电 e

宝账户进行登录。

（2）每个注册账户最多可以绑定 5 个户号，1 个户号只能被 1 个注册账户绑定。目前，注册账户信息、户号绑定信息均由“统一账户平台”管理。具体操作方法如图 14-6 所示。

图 14-5　95598 智能互动网站

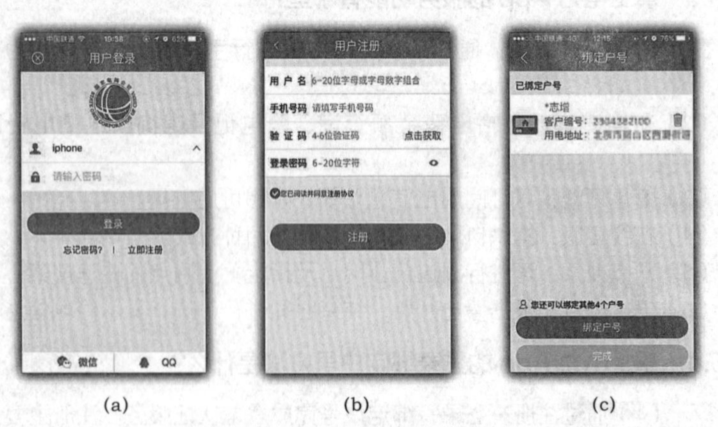

(a)　　(b)　　(c)

图 14-6　掌上电力 App 账户登录（一）

（a）用户登录；（b）用户注册；（c）绑定用户

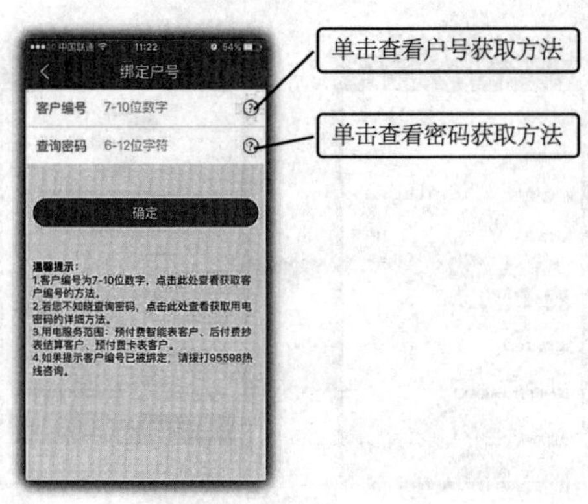

图 14-6　掌上电力 App 账户登录（二）

（d）用户绑定信息

14.5.5　如何用掌上电力 App 缴纳电费？

答　注册客户或绑定户号客户可通过电 e 宝、银联、支付宝三种支付方式缴费购电，同时可为他人代交或代购电费。具体缴费操作如图 14-7 所示。

图 14-7　掌上电力 App 缴纳电费（一）

图 14-7 掌上电力 App 缴纳电费（二）

14.5.6 用户在掌上电力高压版中点击“用电知识”，可以查看哪些内容？

答 可以查看用电常识，电力法律法规。

14.5.7 掌上电力官方版客户可通过哪些入口查看已申请的新装工单进度信息？

答 （1）通过“服务”中的“办电申请”功能的工单列表页面进入。

（2）通过“进度查询”功能进入。

14.5.8 掌上电力客户在“安全管理”中可办理以下哪些业务？

答 （1）更改登录密码。

（2）更改查询密码。

14.5.9 目前掌上电力客户在进行分享时可以通过哪些渠道？

答 电力公司工作人员为了有效推广掌上电力，在帮助用户注册绑定的同时，应指导用户分享该 App，目前掌上电力客户在进行分享时可以通过以下渠道：微信好友、微信朋友圈、QQ 好友、QQ 空间。

14.5.10 如何用支付宝缴费？

答 支付宝公共事业缴费，支持水、电、气、通信等缴费。客户可直接通过首页的“生活缴费”支付窗选择缴纳电费。

14.5.11　如何用支付宝开通智能电管家？

答　以国网湖北电力为例，支付宝开通智能电管家的流程如下：

（1）打开支付宝手机钱包，点击“朋友”→“服务窗”，顶部搜索框输入“国网湖北”，点击“添加”，添加成功后，点击“查看”，如图 14-8 所示。

图 14-8　添加朋友

（2）后期进入：点击“朋友”→“服务窗”→“国网湖北电力”，如图 14-9 所示。

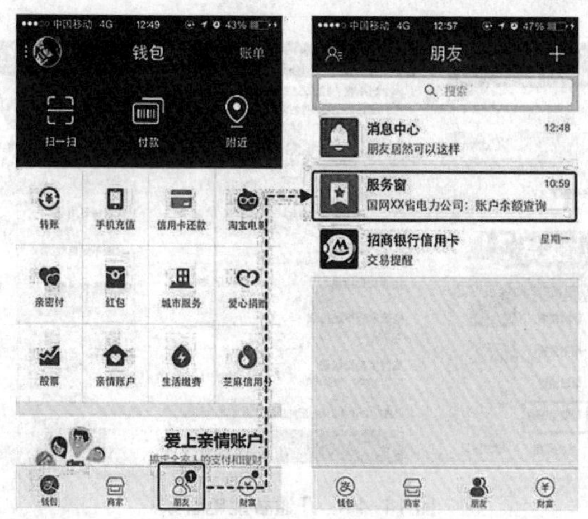

图 14-9　后期进入方法

（3）添加用电户号（一个支付宝账户目前能添加5个户号）。用户查看用电信息必须添加用电户号。点击顶部“添加户号”，进入绑定页面，输入用电户号，按提示操作即可。绑定后回到服务窗首页进行功能体验操作。具体操作如图14-10所示。

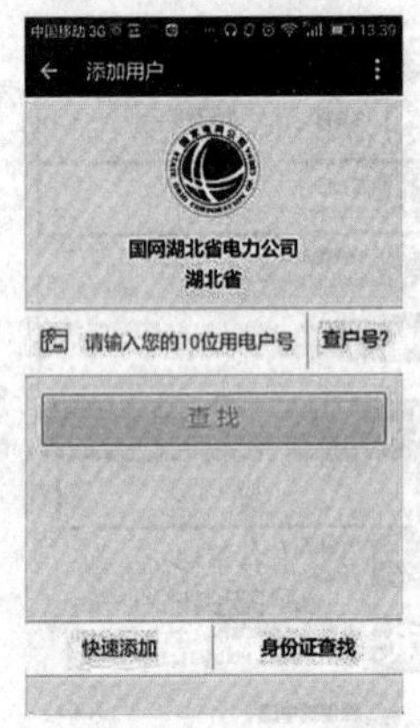

图14-10　添加用户电号

（4）开通智能电管家。单击菜单“我的用电”→“智能电管家”页面，从未开通过智能电管家（已安装智能电能表）的用户进入智能电管家签约页面，点击底部按钮确认签约，即可开通智能电管家。具体操作如图14-11所示。

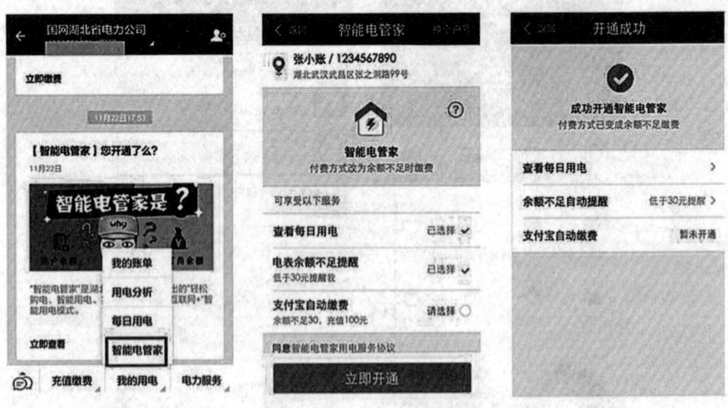

图14-11　开通智能电管家

（5）设置智能电管家。已开通用户，单击菜单“我的用电”→“智能电管家”，即可设置电管家相关。设置余额不足提醒：点击进入设置页面，“+”“-”设置余额预警值，可设置数值：20，30，50，100。具体操作如图 14-12 所示。

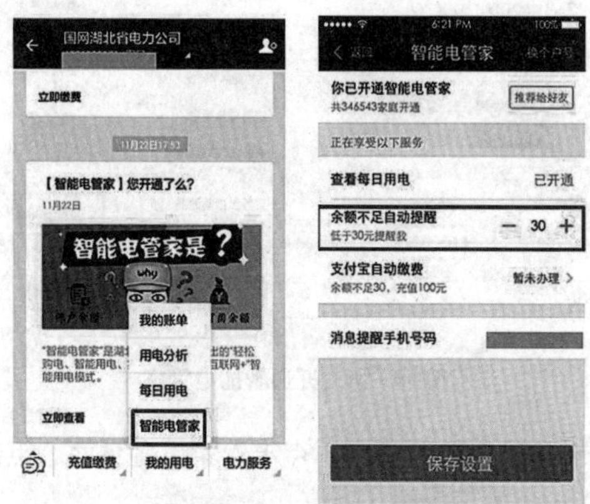

图 14-12　余额不足提醒设置

（6）设置通知手机号。点击进入设置页面，输入需要更改的手机号，确认保存即可。具体操作如图 14-13 所示。

图 14-13　设置通知手机号

（7）开通自动缴费。同时开通智能电管家和自动缴费。点击开通电管家时，请勾选自动缴费。具体操作如图 14-14 所示。

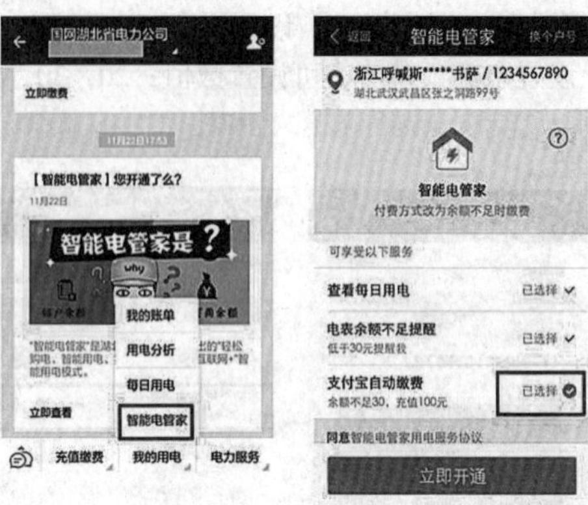

图 14-14　开通智能电管家

已开电管家未开通自动缴费时，点击管家设置页面，点击“立即开通”自动缴费。

（8）设置自动缴费。已开通自动缴费，点击菜单“我的用电”→“智能电管家”，即可设置代扣，如图 14-15 所示。

例如：支付宝自动缴费，余额不足 30 元，充值 100 元。设置方法：如图 14-16 所示箭头，自动缴费余额不足，即余额不足自动提醒设置的金额，自动缴费充值金额，首次签约智能电管家代扣协议值默认根据用户最近三个月平均电量离可设置值最近一个值，可设置数值范围：50、80、100、200、300、500、1000。

图 14-15　开通自动缴费

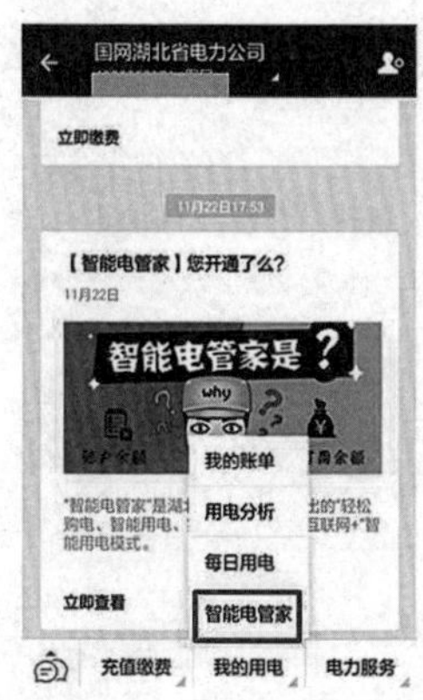

图 14-16　设置自动缴费

14.5.12　“国网统一账号”用户通过统一账号可以登录哪几个系统?

答　“国网统一账号”实现线上渠道间数据共享和融合应用，为用户带来“一次注册、全渠道应用”的便捷体验。用户通过统一账号可以登录以下两个系统：掌上电力 App、国网商城。

14.5.13　微信公众服务号如何缴费?

答　客户下载安装微信手机客户端，搜索并关注“国网湖北省电力公司”（微信号：gw_hbdl），客户可在消息显示区域看到推送消息，窗口下方有“营业厅”“活动与咨询”和“客户服务”等功能按钮，客户可根据需求进行自主操作，实现在线缴费和用电信息关注。

14.5.14　不同的缴费方式分别适合什么人群?

答　不同缴费方式适合的人群见表 14-1。

表 14-1　不同缴费方式适合的人群

序号	缴费方式	适用人群
1	电 e 宝、支付宝、微信公众服务号、掌上电力 App	偏好互联网平台、智能手机体验的客户；对用电信息查询有较高需求的客户
2	网上银行、电话银行	熟练适用银行产品，忠实于银行服务的客户
3	95598 服务互动网站	偏好互联网平台的客户；对相关用电政策有较高需求的客户